Oberstufenwissen Mathematik

Kursbuch (Analysis, Lineare Algebra/ Analytische Geometrie, Stochastik)

abiturma

D1731617

abiturma
www.abiturma.de

© 2023 **abiturma GmbH**
Hanauer Landstraße 79
60314 Frankfurt am Main
Vertreten durch die Geschäftsführer*innen Dr. Paul Bergold und Talisa Faust

Projektleitung:
Dr. Paul Bergold und Dominik Diermann

Das Team hinter dem Kursbuch:
Marvin Balletshofer, Dr. Paul Bergold, Dominik Diermann, Dr. Aaron Kunert, Sabrina Primus, Florian Rasshofer, Larissa Tröbelsberger

Wenn Du Fragen, Anmerkungen oder Vorschläge zu diesem Dokument hast, dann sende uns diese bitte an folgende E-Mail-Adresse: info@abiturma.de

abiturma Verlag
Auflage 2024/1
ISBN: 978-3-946673-99-6

Zusammen mit unseren erfahrenen Kursleiter*innen möchten wir vor allem eines:

Dich bestmöglich beim Lernen unterstützen!

Wir möchten Dir Mathe in einem angenehmen Unterrichtsumfeld einfach und verständlich erklären, damit Du Dein bestes Mathe-Abi schreiben kannst.

Umgang mit dem Kursbuch

Dieses Kursbuch ist gegliedert in einen Analysis-, Lineare Algebra-/Analytische Geometrie- und Stochastik-Teil und führt Dich jeweils ausgehend von den Basics zu einem erfolgreichen Mathe-Abitur. Alle Themen werden systematisch erklärt und mit ausführlichen Beispielen veranschaulicht. Du findest in diesem Buch insbesondere folgende Typen von Kästchen:

Definition

Hier definieren wir wichtige Begriffe, die Du bei Deiner Vorbereitung unbedingt parat haben solltest.

Fakt

Hier handelt es sich um einen mathematischen Fakt, zum Beispiel eine Formel oder einen Satz. Daran gibt es nichts zu rütteln. Es wäre gut, wenn Du diese Fakten verinnerlichst.

Merke

Hier formulieren wir einprägsame Merksätze, die Dich beim Lernen unterstützen sollen.

Tipp

Unsere Tipps sollen Dir das Leben vereinfachen. Hier weisen wir auf Schwierigkeiten hin, die bestimmte Themen oft unverständlich machen, oder geben Dir konkrete Hinweise zum Rechnen für bestimmte Aufgabentypen mit auf den Weg.

Angeberwissen

Diese Inhalte sind speziell zur Vertiefung gedacht. Hier präsentieren wir Zusammenhänge und Beweise, die meistens über den abiturrelevanten Stoff hinausgehen.

Am Ende jedes Oberkapitels findest Du zudem Aufgaben, die in drei Leistungsniveaus und grundlegende Aufgabentypen unterteilt sind. Bei den grundlegenden Aufgaben handelt es sich um einfache Beispiele, die Dir einen stressfreien ersten Kontakt (ohne Transferleistungen) mit dem jeweiligen Themengebiet ermöglichen sollen. Die drei Leistungsniveaus sind durch Flammen gekennzeichnet und verdeutlichen, als wie „heiß" die Aufgaben von uns eingeschätzt worden sind.

Aufgaben auf diesem Niveau sind an den Bereich zwischen 0 und 5 Notenpunkten angepasst. In der Abiturprüfung finden sich erfahrungsgemäß vereinzelte Aufgabentypen auf diesem Anforderungsniveau.

Aufgaben auf diesem Niveau sind an den Bereich zwischen 5 und 10 Notenpunkten angepasst. Hier ist schon etwas mehr Transferleistung gefragt. In der Abiturprüfung finden sich erfahrungsgemäß mehrere Aufgabentypen auf vergleichbarem Anforderungsniveau.

Aufgaben auf diesem Niveau sind an den Bereich zwischen 10 und 15 Notenpunkten angepasst. Hierbei handelt es sich um Aufgaben, die in vielen Fällen das Niveau der Abiturprüfung widerspiegeln.

Unser Team hilft Dir bei kleineren oder größeren Schwierigkeiten schnell weiter, sodass Dir auf Deinem Weg zum erfolgreichen Mathe-Abi so wenig Hürden wie nur möglich begegnen werden. Weitere Informationen findest Du unter www.abiturma.de.

Wir freuen uns, dass Du Dich für abiturma entschieden hast und wünschen Dir viel Erfolg auf dem Weg zum Abitur!

Viele Grüße aus Frankfurt
Dein abiturma-Team

„Der Mann, der den Berg abtrug, war derselbe, der damit anfing, kleine Steine wegzutragen."

Chinesisches Sprichwort

Unsere Tipps für ein gutes Mathe-Abi

Lerne kurz, aber regelmäßig

Sogar 10-20 Minuten am Tag genügen, wenn Du ausreichend viele Übungseinheiten eingeplant hast und rechtzeitig anfängst. Vermeide mehrstündige Sitzungen, bei denen Du irgendwann Konzentration und Motivation verlierst. Übe in kurzen Zeitintervallen und bearbeite dabei viele kleine Übungsaufgaben.

Bleib dran

Am Anfang Deiner Abi-Vorbereitung wird es Dir vielleicht noch schwer fallen, Dich zu motivieren. Du wirst aber sehen: Mit zunehmender Übungsdauer wird sich das Lernen angenehmer anfühlen. Wann dieser Wendepunkt einsetzt, ist typabhängig. Wichtig ist, dass Du bis zu diesem Punkt durchhältst.

Mach Lernen zum Ritual

Gewohnheit ist der Schlüssel zum Erfolg. Das behaupten nicht wir, sondern die Wissenschaft.[1] Die Quintessenz: Wenn sich erst einmal eine Gewohnheit etabliert hat, wird das entsprechende Handeln in unserem Gehirn zum Automatismus, ohne dass wir viel Energie dafür aufwenden müssen. Du kannst Dir diesen Mechanismus zunutze machen, indem Du das Lernen fest in Deinen Alltag integrierst und so aus einem anstrengenden Aufraffenmüssen ein einfaches Alltagsritual machst. Wie Zähneputzen. Wähle einen fixen Zeitpunkt aus, an dem Du jeden Tag lernst. Und dann: Nimm Schwung auf. Für jeden Tag, an dem Du die Routine gemeistert hast, machst Du Dir ein Kreuzchen in einen Wandkalender.

---

[1]siehe unter anderem: Charles Duhigg. Die Macht der Gewohnheit – warum wir tun, was wir tun. Piper, München 2014.

Wenn Du keinen hast, mach einfach für jeden Tag des Monats ein Kästchen auf ein Blatt Papier, das Du gut sichtbar an Deiner Wand befestigst. Wichtig ist nur, dass Du Deine eigene Kontinuität beobachten kannst und Dich daran erfreust. Das Spannende daran: Es kann am Anfang manchmal schwer sein, die Gewohnheit zu etablieren, aber wenn Du erst einmal drin bist und Dich daran gewöhnt hast – Schwung aufgenommen hast –, wird es Dir plötzlich ganz leicht fallen, regelmäßig zu üben.

Mut zu Fehlern

Wenn Du eine Aufgabe nicht verstehst, sei nicht frustriert. Notiere Dir die Aufgaben, die Du nicht lösen konntest, schau Dir die Lösungen an und bitte jemanden um Hilfe. Die meisten Menschen freuen sich, wenn sie um Hilfe gebeten werden. Das ist schließlich ein Kompliment.

Wiederhole schwierige Aufgaben so lange, bis Du sie ohne Hilfe lösen kannst

Das ist ein echter Top-Tipp, den viele Schülerinnen und Schüler nicht beherzigen: Wenn Du bei einer Aufgabe Hilfe in Anspruch genommen hast, bearbeite die Aufgabe unbedingt noch so oft, bis Du sie allein lösen konntest – der Lerneffekt wird enorm sein!
Aufgabe rechnen – Fehler erkennen – um Hilfe bitten – Aufgabe noch einmal rechnen – Fehler auslassen – freuen.

Wähle vielfältige Lernwege

Immer auf die gleiche Weise zu lernen, ist langweilig und ineffektiv. Nutze verschiedene Übungsformen und vielfältige Aufgabenformate. Je bunter, desto besser! Bearbeite Übungsaufgaben aus dem Buch, aber auch originale Abituraufgaben. Schau Dir Erklärvideos auf Youtube an. Lerne mit Freunden und allein. Auch durch eigenes Erklären wirst Du Inhalte festigen. *„Wenn man etwas nicht einfach erklären kann, hat man es nicht verstanden.“* Dieses Zitat von Einstein, der übrigens gar nicht so schlecht im Abi war, wie häufig behauptet wird, passt hier gut. Erstelle eine Liste mit mathematischen Begriffen oder Rezepten und erkläre sie einem Freund oder einer Freundin von Dir. Danach sprecht ihr noch einmal darüber.

Nutze die Schulzeit

Stelle Fragen im Unterricht und schau Dir vor und nach der Stunde noch einmal die passenden Seiten im Lehrbuch an. Du erreichst so maximalen Effekt mit minimalem Zeitaufwand.

Sorge für Ausgleich und feiere Deine Erfolge

Es ist sinnvoll, das Lernen ins Leben zu integrieren – nicht umgekehrt. Gerade nach einer intensiven Übungsphase ist es wichtig, abzuschalten und anderen Aktivitäten nachzugehen. Wenn Du Dein Trainingspensum erledigt hast, schau Dir noch einmal bewusst an, was Du gerade geschafft hast, und sei stolz, dass Du einen kleinen Schritt weiter gekommen bist.

Halte Dein Ziel stets vor Augen

Wenn es Dir schwer fällt, Dich zu motivieren, geh kurz in Dich und frage Dich, warum Du überhaupt lernen möchtest. Gelingt es Dir, aus einem „ich muss" ein „ich möchte, weil..." zu machen? Was ist Deine Motivation für die Matheprüfung? Ein guter Abschluss? Ein bestimmtes Berufsziel? Je konkreter und greifbarer Du Dein Ziel für Dich formulieren kannst, je besser Du es visualisieren kannst, desto leichter wird es Dir fallen, dieses zu erreichen und die dafür notwendigen Schritte zu gehen.

Und vor allem: Glaub an Dich!

Du bist wunderbar – mit oder ohne Binomialkoeffizienten (das ist dieses Tool, das man braucht, um den Stochastik-Berg zu erklimmen – Der Ausblick ist super da oben).
Du wirst es schaffen! – Du kannst das lernen.
Es ist wichtig, dass Du daran glaubst!

Inhaltsverzeichnis

Lineare Algebra/analytische Geometrie   Seitenzahlen mit vorangestelltem **G-**

Stochastik Seitenzahlen mit vorangestelltem **S-**

Analysis

abiturma

1 Basics

1.1 Grundlegende Notationen

In diesem Skript werden mathematische Symbole, Schreib- und Sprechweisen verwendet, die Du schon in der Schule kennengelernt hast. In folgender Übersicht findest Du die gängigen Notationen:

$\emptyset = \{\}$	*leere Menge*
$a \in A$	*a liegt in der Menge A*
$a \notin A$	*a liegt nicht in der Menge A*
$A \subseteq B$	*A ist Teilmenge von B*
$A \cup B$	*A vereinigt mit B*
$A \cap B$	*A geschnitten mit B*
$A \backslash B$	*A ohne B*
$\mathbb{N} = \{1, 2, 3, ...\}$	*natürliche Zahlen*
$\mathbb{Z} = \{..., -2, -1, 0, 1, 2, ...\}$	*ganze Zahlen*
$\mathbb{R}$	*reelle Zahlen*
D_f	*Definitionsmenge der Funktion f*
W_f	*Wertemenge der Funktion f*
$\Leftrightarrow$	*Äquivalenzpfeil; lies: „genau dann wenn"*

Fakt: Schreib- und Sprechweisen für Intervalle

Schreibweise	Alternative	Mengenschreibweise	Sprechweise
$[a; b]$	—	$\{x \in \mathbb{R} \mid a \leq x \leq b\}$	abgeschlossenes Intervall
$(a; b]$	$]a; b]$	$\{x \in \mathbb{R} \mid a < x \leq b\}$	linksoffenes Intervall
$[a; b)$	$[a; b[$	$\{x \in \mathbb{R} \mid a \leq x < b\}$	rechtsoffenes Intervall
$(a; b)$	$]a; b[$	$\{x \in \mathbb{R} \mid a < x < b\}$	offenes Intervall

Achtung!

Die Unendlichzeichen $\pm\infty$ werden immer mit geöffneten Klammern kombiniert, z. B. schreibt man die Menge aller Zahlen größer oder gleich 1 als $[1; \infty[$ bzw. $[1; \infty)$.

1.2 Definitionsmenge einer Funktion

Es kann vorkommen, dass eine Funktion nur für bestimmte Werte definiert ist. Umgangssprachlich sagt man auch, dass bestimmte x-Werte nicht in den Funktionsterm eingesetzt werden „dürfen". Zum Beispiel dürfen negative Zahlen nicht unter der Wurzel stehen, und bei Brüchen darf der Nenner nicht Null werden.

Definition: Maximale Definitionsmenge

Die größtmögliche Menge aller Werte, auf die eine gegebene Funktion f angewendet werden darf, heißt die **maximale Definitionsmenge** von f und wird mit $D_{f,\max}$ notiert.

Wir werfen einen Blick auf die Funktion $f(x) = x^2$. Hier dürfen alle reellen Zahlen x in den Funktionsterm eingesetzt werden. Deshalb gilt $D_{f,\max} = \mathbb{R}$. Entsprechend ist die maximale Definitionsmenge von $f(x) = \sqrt{x}$ gegeben durch $D_{f,\max} = [0; \infty)$.

Merke: Wichtige Definitionsbereiche

Die Funktion

- $f(x) = 1/x$ besitzt den maximalen Definitionsbereich $D_{f,\max} = \mathbb{R}\backslash\{0\}$;

- $f(x) = \sqrt{x}$ besitzt den maximalen Definitionsbereich $D_{f,\max} = [0; \infty)$;

- $f(x) = \ln(x)$ besitzt den maximalen Definitionsbereich $D_{f,\max} = (0; \infty)$;

Nicht immer wird eine Funktion auf der maximalen Definitionsmenge betrachtet, sondern nur auf einem Teil der maximalen Definitionsmenge.

Definition: Definitionsmenge

Die **Definitionsmenge** einer Funktion f gibt an, für welche Werte diese Funktion betrachtet wird. Man schreibt dafür D_f. Ist die Definitionsmenge einer Funktion nicht explizit angegeben, so wird die maximale Definitionsmenge betrachtet.

Man kann die Funktion $f(x) = x^2$ zum Beispiel nur auf dem Intervall $[-1; 1]$ betrachten. In diesem Fall wäre der Definitionsbereich gegeben durch $D_f = [-1; 1]$.

Beispiel. *Gegeben sei* $f(x) = \dfrac{x^2 + 2x + 1}{x^3 - 4x}$. *Bestimme die Definitionsmenge von* f.

Lösung. *Gesucht ist die maximale Definitionsmenge. Der Nenner darf nicht Null werden. Wir suchen deshalb die Nullstellen der Nennerfunktion. Es gilt:*

$$x^3 - 4x = 0 \qquad | \ x \ ausklammern$$
$$\Leftrightarrow \qquad x \cdot (x^2 - 4) = 0 \qquad | \ Satz \ vom \ Nullprodukt$$
$$\Leftrightarrow \quad x = 0 \quad oder \quad x^2 - 4 = 0.$$

Die erste Nullstelle lautet also $x_1 = 0$. *Es folgt weiter:*

$$x^2 - 4 = 0 \qquad | + 4$$
$$\Leftrightarrow \qquad x^2 = 4 \qquad | \ \sqrt{}$$
$$\Leftrightarrow \qquad x = \pm 2$$

Dies liefert die Nullstellen $x_2 = -2$ *und* $x_3 = 2$. *Der maximale Definitionsbereich ist demnach gegeben durch* $D_{f,\mathrm{max}} = \mathbb{R} \backslash \{-2; 0; 2\}$.

Beispiel. *Es sei* $f(x) = 5\sqrt{4 - x^2}$. *Bestimme die Definitionsmenge von* f.

Lösung. *Gesucht ist wieder die maximale Definitionsmenge. Der Radikand (Term unter der Wurzel) muss folgende Ungleichung erfüllen:*

$$4 - x^2 \geq 0 \qquad | + x^2$$
$$\Leftrightarrow \qquad 4 \geq x^2$$

An dieser Stelle lässt sich ablesen, dass für x *gelten muss:*

$$-2 \leq x \leq 2.$$

Der maximale Definitionsbereich lautet also $D_{f,\mathrm{max}} = [-2; 2]$.

1.3   Wertemenge einer Funktion

Neben der Definitionsmenge spielt auch die Wertemenge eine wichtige Rolle:

Definition: Wertemenge

Die Menge aller Funktionswerte $f(x)$, die beim Einsetzen aller möglichen x-Werte aus der Definitionsmenge herauskommen können, heißt die **Wertemenge** von f und wird mit W_f notiert.

Wir betrachten $f(x) = x^2$ auf dem Intervall $[-2; 2]$, d. h. die Definitionsmenge ist gegeben durch $D_f = [-2; 2]$. Die Menge aller Funktionswerte $f(x)$, die beim Einsetzen dieser Zahlen angenommen werden können, liegen im Intervall $[0; 4]$. Es gilt also

$$W_f = [0; 4].$$

Graphisch lässt sich die Situation wie folgt darstellen:

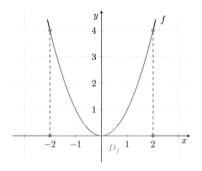

Abbildung 1: Bestimmung der Wertemenge

Tipp: Wertemenge

Die Wertemenge einer Funktion ist abhängig von der Definitionsmenge.
Wenn wir die Funktion $f(x) = x^2$ beispielsweise auf der maximalen Definitionsmenge $D_{f,\max} = \mathbb{R}$ betrachten, dann gilt entsprechend $W_f = [0; \infty)$.

Beispiel. *Gegeben sei $f(x) = (x+2)^2 + 1$. Bestimme die Wertemenge von f für folgende Definitionsmengen:*

$$a)\ D_{f,\text{max}} = \mathbb{R}, \qquad b)\ D_f = (0; \infty), \qquad c)\ D_f = (-\infty; -2].$$

Lösung. *Zu Teil a)*
Bei f handelt es sich um eine nach oben geöffnete Parabel mit dem Scheitelpunkt $(-2 \mid 1)$. Der Graph von f entsteht durch eine Verschiebung der Normalparabel um 2 LE nach links und um 1 LE nach oben. Auf dem maximalen Definitionsbereich $D_{f,\text{max}}$ nimmt f also alle y-Werte zwischen 1 und $+\infty$ an. Dies geben wir wie folgt an:

$$W_f = [1; \infty).$$

Zu Teil b)
Jetzt betrachten wir die Parabel nur auf dem offenen Intervall $(0, \infty)$. Gesucht sind also die Funktionswerte $f(x)$ rechts der y-Achse, siehe Abbildung 2 (links). Demnach gilt

$$W_f = (5; \infty).$$

Beachte, dass die Wahl $x = 0$ nicht zugelassen ist und deshalb $f(0) = 5 \notin W_f$ gilt.

Zu Teil c)
In diesem Fall betrachten wir das Intervall $(-\infty; -2]$. Gesucht sind alle Funktionswerte, die links des Scheitelpunkts $(-2 \mid 1)$ liegen, siehe Abbildung 2 (rechts). Es gilt also

$$W_f = [1; \infty).$$

Beachte, dass die Wahl $x = -2$ zugelassen ist und deshalb $f(-2) = 1 \in W_f$ gilt.

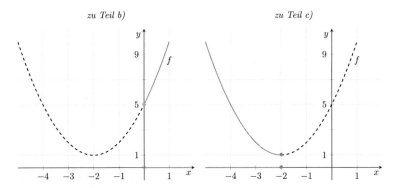

Abbildung 2: Bild zur Aufgabe: Bestimmung der Wertemenge

1.4 Übersicht Grundfunktionen

Alle Funktionen, die Dir in diesem Buch bei Deiner Vorbereitung auf die Abiturprüfung begegnen werden, sind aus sogenannten Grundfunktionen zusammengesetzt. Wir fassen deshalb wichtige Eigenschaften dieser Grundfunktionen zusammen.

> **Tipp: Grundfunktionen**
>
> Präge Dir die Graphen der Grundfunktionen gut ein, sodass Du schnell ein Bild vor Augen hast, wenn Dir ein entsprechender Funktionsterm begegnet.

1.4.1 Ganzrationale Funktionen

Ganzrationale Funktionen, oder auch Polynome genannt, haben die Form

$$f(x) = a_n x^n + a_{n-1} x^{n-1} + \dots + a_1 x + a_0.$$

Dabei sind $a_0, a_1, \dots, a_n$ beliebige reelle Zahlen. Die Zahl $a_n \neq 0$ heißt der **Leitkoeffizent**, die Zahl $n \in \mathbb{N}_0$ heißt der **Grad** der Funktion. Zum Beispiel besitzt die Funktion

$$f(x) = -x^4 + x + 1 = (-1) \cdot x^4 + 0 \cdot x^3 + 0 \cdot x^2 + 1 \cdot x + 1$$

den Grad $n = 4$ und der Leitkoeffizient lautet $a_4 = -1$.

Der **Definitionsbereich** einer ganzrationalen Funktion f ist $D_f = \mathbb{R}$. Für x darf also jede Zahl in den Funktionsterm $f(x)$ eingesetzt werden.

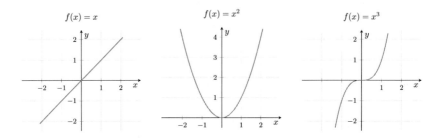

Ganzrationale Funktionen vom Grad 2 haben die Form $f(x) = a_2 x^2 + a_1 x + a_0$ (manchmal schreibt man $f(x) = ax^2 + bx + c$). Diese werden auch **quadratische Funktionen** genannt. Ihre Graphen heißen Parabeln (vgl. Abbildung oben).

1.4.2   Gebrochenrationale Funktionen

Gebrochenrationale Funktionen haben die Form

$$f(x) = \frac{a_m x^m + \dots + a_1 x + a_0}{b_n x^n + \dots + b_1 x + b_0}, \quad a_m \neq 0, b_n \neq 0.$$

Sowohl die Zählerfunktion $Z(x) = a_m x^m + \dots + a_1 x + a_0$ als auch die Nennerfunktion $N(x) = b_n x^n + \dots + b_1 x + b_0$ ist also ganzrationale Funktionen. Zum Beispiel ist

$$f(x) = \frac{x^2 + 4x + 2}{x - 1}$$

eine gebrochenrationale Funktion.

Weil bei einem Bruch im Nenner nicht die 0 stehen darf, sind die Definitionslücken einer gebrochenrationalen Funktion gegeben durch die Nullstellen der Nennerfunktion $N(x)$. Für den **Definitionsbereich** einer gebrochenrationalen Funktion f gilt also

$$D_f = \mathbb{R} \setminus \{\text{„Nullstellen der Nennerfunktion"}\}.$$

Beispielsweise besitzt die gebrochenrationale Funktion

$$f(x) = \frac{x^2 + 4x + 2}{x - 1}$$

den Definitionsbereich $D_f = \mathbb{R} \setminus \{1\}$.

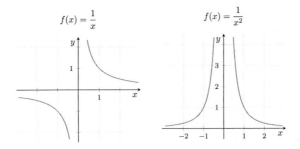

1.4.3 Die Wurzelfunktion

Die Wurzelfunktion kann auf zwei verschiedene Arten geschrieben werden:

$$f(x) = \sqrt{x} = x^{1/2}.$$

Weil aus negativen Zahlen keine Wurzel gezogen werden kann, sind für x nur Werte größer oder gleich 0 erlaubt. Der **Definitionsbereich** lautet also $D_f = [0; \infty)$.

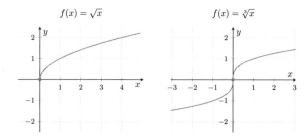

Allgemeiner existieren auch sogenannte „n-te Wurzelfunktionen". Das sind Funktionen der Form $f(x) = \sqrt[n]{x} = x^{1/n}$, wobei n eine natürliche Zahl größer 1 ist. Für die Schule ist manchmal die dritte (oder kubische) Wurzelfunktion interessant:

$$f(x) = \sqrt[3]{x} = x^{1/3}.$$

Im Gegensatz zur quadratischen Wurzelfunktion besitzt die dritte Wurzelfunktion den maximalen Definitionsbereich $D_f = \mathbb{R}$.

1.4.4 Die Funktionen e^x und $\ln(x)$

Die Exponentialfunktion

$$f(x) = e^x$$

spielt eine besondere Rolle beim Ableiten, denn es gilt $f'(x) = e^x$.

Merke: Ableitungen der e-Funktion

Für die Ableitungen der Exponentialfunktion $f(x) = e^x$ gilt:

$$f'(x) = e^x, \quad f''(x) = e^x, \quad f'''(x) = e^x...$$

Der **Definitionsbereich** ist $D_f = \mathbb{R}$. Außerdem nimmt $f(x)$ **nur positive Werte an**, es gilt also $f(x) > 0$. Insbesondere besitzt die Funktion keine Nullstelle.

Die Logarithmusfunktion

$$f(x) = \ln(x)$$

ist die **Umkehrfunktion der Exponentialfunktion**. Der Graph ergibt sich also durch Spiegelung der e-Funktion an der Winkelhalbierenden des 1. Quadranten:

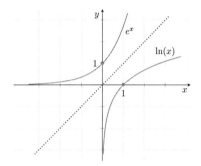

Für alle reellen Zahlen x gilt

$$\ln\left(e^x\right) = x,$$

und für alle positiven Zahlen $x > 0$ gilt

$$e^{\ln(x)} = x.$$

Aus der oberen Gleichung folgt insbesondere $\ln(1) = 0$. Die Funktion $f(x) = \ln(x)$ besitzt also **genau eine Nullstelle** bei $x = 1$.

Der **Definitionsbereich** der Logarithmusfunktion lautet $D_f = (0; \infty)$.

Merke: Definitionsbereich von $\ln(x)$

In die Logarithmusfunktion $\ln(x)$ dürfen **nur positive Zahlen** eingesetzt werden.

1.4.5   Potenzen und allgemeine Exponentialfunktionen

Es bietet sich an, an dieser Stelle auch gleich die Potenzgesetze aufzufrischen.

Definition: Potenzen

Für eine beliebige **Basis** $a \in \mathbb{R}$ und einen **Exponenten** $n \in \mathbb{N}$ schreibt man

$$a^n = \underbrace{a \cdot a \cdots a}_{n \text{ Faktoren}}.$$

Für $a \neq 0$ definiert man außerdem

$$a^0 = 1 \quad \text{und} \quad a^{-n} = \frac{1}{a^n}.$$

Beispiel. *Es gilt*

$$e^0 = 1, \quad (-1)^0 = 1, \quad 2^{-3} = \frac{1}{2^3} = \frac{1}{8}, \quad (-3)^{-2} = \frac{1}{(-3)^2} = \frac{1}{9}.$$

Es gelten die folgenden Rechengesetze:

Fakt: Potenzgesetze

Es seien $a, b > 0$ und $x, y \in \mathbb{R}$. Dann gilt:

$$\text{Produktregel:} \quad a^x \cdot a^y = a^{x+y}, \quad a^x \cdot b^x = (ab)^x \, ;$$

$$\text{Quotientenregel:} \quad \frac{a^x}{a^y} = a^{x-y}, \quad \frac{a^x}{b^x} = \left(\frac{a}{b}\right)^x \, ;$$

$$\text{Potenzregel:} \quad (a^x)^y = a^{xy}.$$

Eine Funktion der Form

$$f(x) = a^x$$

mit einer Basis $a > 0$, $a \neq 1$, nennt man **Exponentialfunktion zur Basis** a. Wir wiederholen einige wichtige Eigenschaften dieser Funktionen:

Merke: Allgemeine Exponentialfunktionen

1. Die Definitionsmenge lautet $D_f = \mathbb{R}$;

2. Für jede reelle Zahl x gilt $f(x) > 0$. Exponentialfunktionen nehmen also nur **positive Werte** an und besitzen **keine Nullstellen**, siehe Abbildung 3;

3. Es gilt $f(0) = a^0 = 1$. Der Graph jeder Exponentialfunktion geht also durch den Punkt $(0 \mid 1)$, siehe Abbildung 3;

4. Im Fall $0 < a < 1$ ist f **streng monoton fallend** und es gilt

$$\lim_{x \to -\infty} a^x = +\infty \quad \text{und} \quad \lim_{x \to \infty} a^x = 0^+;$$

5. Im Fall $a > 1$ ist f **streng monoton steigend** und es gilt

$$\lim_{x \to -\infty} a^x = 0^+ \quad \text{und} \quad \lim_{x \to \infty} a^x = +\infty;$$

6. Für die Wahl $a = e = 2{,}718...$ (Eulersche Zahl) erhält man $f(x) = e^x$.

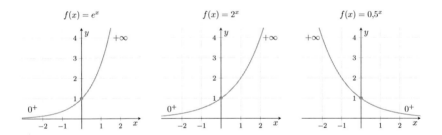

Abbildung 3: Verschiedene Exponentialfunktionen; Der Graph jeder Exponentialfunktion geht durch den Punkt $(0 \mid 1)$ und es gibt keine Nullstellen.

Tipp: Allgemeine Exponentialfunktionen

Die Monotonie und das Verhalten für $x \to \pm\infty$ einer Exponentialfunktion ist abhängig von der Basis a. Du musst immer die **Fälle $0 < a < 1$ und $a > 1$ unterscheiden**.

1.4.6 Allgemeine Logarithmusfunktionen

Die Logarithmusfunktion

$$f(x) = \log_a(x),$$

mit einer Basis $a > 0$, $a \neq 1$, ist die Umkehrfunktion der Exponentialfunktion $f(x) = a^x$. Insbesondere gelten folgende Rechengesetze:

Fakt: Logarithmengesetze

Es sei $a > 0$, $a \neq 1$ und $x, y > 0$. Dann gilt

$$\text{Produktregel:} \quad \log_a(x \cdot y) = \log_a(x) + \log_a(y);$$

$$\text{Quotientenregel:} \quad \log_a\left(\frac{x}{y}\right) = \log_a(x) - \log_a(y);$$

$$\text{Potenzregel:} \quad \log_a(x^r) = r \cdot \log_a(x), \ r \in \mathbb{R};$$

$$\text{Basiswechsel:} \quad \log_a(x) = \frac{\ln(x)}{\ln(a)}.$$

Ähnlich zu den Exponentialfunktionen gelten folgenden Eigenschaften:

Merke: Logarithmusfunktionen

1. Die Definitionsmenge lautet $D_f = (0; \infty)$;

2. Es gilt $f(1) = \log_a(1) = 0$. Jede Logarithmusfunktion besitzt also genau eine Nullstelle bei $x = 1$, siehe Abbildung 4;

3. Im Fall $0 < a < 1$ ist f **streng monoton fallend** und es gilt

$$\lim_{x \to 0^+} \log_a(x) = +\infty \quad \text{und} \quad \lim_{x \to \infty} \log_a(x) = -\infty;$$

4. Im Fall $a > 1$ ist f **streng monoton steigend** und es gilt

$$\lim_{x \to 0^+} \log_a(x) = -\infty \quad \text{und} \quad \lim_{x \to \infty} \log_a(x) = +\infty;$$

5. Für die Wahl $a = e = 2{,}718...$ (Eulersche Zahl) erhält man $f(x) = \ln(x)$.

Beachte, dass für besondere Basen manchmal folgende Schreibweisen auftauchen:

$$\log_e(x) = \ln(x), \qquad \log_{10}(x) = \lg(x), \qquad \log_2(x) = \mathrm{ld}(x).$$

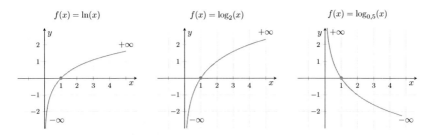

Abbildung 4: Verschiedene Logarithmusfunktionen. Jede Logarithmusfunktion hat genau eine Nullstelle bei $x = 1$.

1.4.7 Trigonometrische Funktionen

Zu den trigonometrischen Funktionen gehören

$$f(x) = \sin(x), \quad f(x) = \cos(x) \quad \text{und} \quad f(x) = \tan(x).$$

Die **Definitionsbereiche** lauten:

- Sinus und Kosinus: $D_f = \mathbb{R}$;

- Tangens: $D_f = \mathbb{R} \setminus \{k\pi + \frac{\pi}{2} \mid k \in \mathbb{Z}\}$;

Bei diesen Funktionen handelt es sich um **periodische Funktionen**. Die Funktionswerte wiederholen sich also in regelmäßigen Abständen:

***

Fakt: Periode von Sinus, Kosinus und Tangens

Sinus und Kosinus sind 2π-periodisch, d. h. für alle reelle Zahlen x gilt

$$\sin(x + 2\pi) = \sin(x) \quad \text{und} \quad \cos(x + 2\pi) = \cos(x).$$

Der **Tangens ist π-periodisch**. Des Weiteren besitzen die Funktionen

$$f(x) = a \sin\big(b(x - c)\big) + d \quad \text{und} \quad g(x) = a \cos\big(b(x - c)\big) + d$$

die Periode

$$P = \frac{2\pi}{|b|}.$$

***

Beispiel. *Bestimme die Periode der Funktion $f(x) = -\sin(2x - 4) + 3$.*

Lösung. *Umformen liefert:*

$$-\sin(2x - 4) + 3 = -\sin\big(2(x - 2)\big) + 3.$$

Nun lesen wir ab: $a = -1$, $b = 2$, $c = 2$ und $d = 3$. Die Periode ist also gegeben durch

$$P = \frac{2\pi}{|b|} = \frac{2\pi}{2} = \pi.$$

Fakt: Zusammenhang Sinus, Kosinus und Tangens

Zwischen Sinus und Kosinus besteht folgender Zusammenhang:

$$\cos(x) = \sin\left(x + \frac{\pi}{2}\right), \quad \text{bzw.} \quad \sin(x) = \cos\left(x - \frac{\pi}{2}\right).$$

Der Graph der Kosinusfunktion entsteht durch **Verschiebung der Sinusfunktion um $\pi/2$ nach links**, siehe Abbildung 5. Des Weiteren gilt:

$$\tan(x) = \frac{\sin(x)}{\cos(x)}.$$

Angeberwissen: Zusammenhang Sinus und Kosinus

Die Beziehungen zwischen Sinus und Kosinus kann man auch geometrisch mit Hilfe eines rechtwinkligen Dreiecks illustrieren:

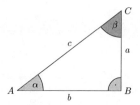

Weil das Dreieck ABC rechtwinklig ist, gilt $\alpha + \beta = 90°$. Umstellen liefert $\beta = 90° - \alpha$. Mit den Beziehungen im Dreieck folgt weiter:

$$\sin(\alpha) = \frac{\text{Gegenkathete (des Winkels } \alpha)}{\text{Hypotenuse}} = \frac{a}{c} = \frac{\text{Ankathete (des Winkels } \beta)}{\text{Hypotenuse}} = \cos(\beta),$$

also

$$\sin(\alpha) = \cos(90° - \alpha) = \cos(\alpha - 90°).$$

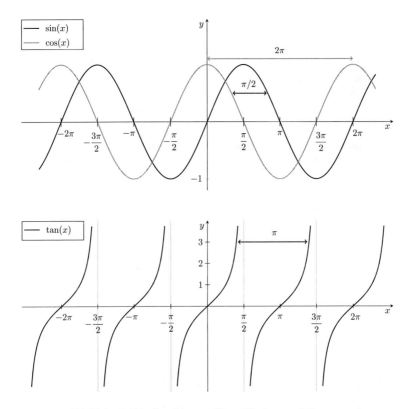

Abbildung 5: Die Graphen von Sinus, Kosinus und Tangens.

1.4.8 Das Bogenmaß

Man kann einen Winkel im Gradmaß oder im Bogenmaß angeben.

> **Merke: Gradmaß**
>
> Die Angabe eines Winkels in Grad (°) wird als **Gradmaß** bezeichnet und es gilt
>
> $$1 \text{ Vollwinkel} = 360°.$$

Wir werfen nun einen Blick auf den Einheitskreis ($r = 1$):

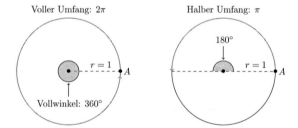

Wenn wir im Punkt A starten, und den Kreis einmal gegen den Uhrzeigersinn ablaufen, dann überstreichen wir einen Vollwinkel, also 360°. Dabei haben wir eine Strecke von

$$u = 2\pi$$

zurückgelegt. Die Zahl 2π, d. h. der volle Umfang, entspricht also einem Vollwinkel, der halbe Kreisumfang π entspricht einem halben Vollwinkel, also 180°. Auf diese Art kann jeder Winkel im Gradmaß in eine **Bogenlänge am Einheitskreis** „übersetzt" werden. Diese Angabe des Winkels wird als Bogenmaß bezeichnet

Gradmaß:	0°	30°	45°	60°	90°	180°	270°	360°
Bogenmaß:	0	$\pi/6$	$\pi/4$	$\pi/3$	$\pi/2$	π	$3\pi/2$	2π

> **Tipp: Bogenmaß und Gradmaß am Taschenrechner**
>
> Die Einstellung für Winkel im Bogenmaß ist bei den meisten Taschenrechnern mit **„RAD"** gekennzeichnet, das Gradmaß entspricht **„DEG"**.

Fakt: Umrechnung Gradmaß und Bogenmaß

Die Angabe eines Winkels als Länge eines Kreisbogens im Einheitskreis wird als **Bogenmaß** bezeichnet und es gilt

$$1 \text{ Vollwinkel} = 2\pi.$$

Für die **Umrechnung zwischen Gradmaß und Bogenmaß** gilt:

$$\text{„Winkel im Bogenmaß“} = \frac{\text{„Winkel im Gradmaß“}}{180°} \cdot \pi;$$

$$\text{„Winkel im Gradmaß“} = \frac{\text{„Winkel im Bogenmaß“}}{\pi} \cdot 180°.$$

Beispiel. *Es gilt*

$$\text{„}30° \text{ im Bogenmaß“} = \frac{30°}{180°} \cdot \pi = \frac{1}{6} \cdot \pi = \frac{\pi}{6};$$

$$\text{„}\pi/4 \text{ im Gradmaß“} = \frac{\pi/4}{\pi} \cdot 180° = \frac{1}{4} \cdot 180° = 45°.$$

Wir wiederholen an dieser Stelle auch den sogenannten „trigonometrischen Pythagoras“:

Fakt: Trigonometrischer Pythagoras

Es sei α ein beliebiger Winkel im Grad- oder Bogenmaß. Dann gilt:

$$\sin(\alpha)^2 + \cos(\alpha)^2 = 1.$$

Beispiel. *Es gilt*

$$\sin(30°)^2 + \cos(30°)^2 = 1,$$

oder im Bogenmaß geschrieben:

$$\sin(\pi/6)^2 + \cos(\pi/6)^2 = 1.$$

1.5   Partialbruchzerlegung

Gebrochenrationale Funktionen können manchmal in eine Summe von „einfacheren" Brüchen
zerlegt werden. Dieses Vorgehen ist auch als *Partialbruchzerlegung* bekannt.

Tipp: Partialbruchzerlegung

Gegeben: Eine gebrochenrationale Funktion $f(x) = Z(x)/N(x)$, deren Zählergrad
kleiner ist als der Nennergrad. Falls der Zählergrad größer oder gleich dem Nennergrad ist, führe zunächst eine Polyomdivision durch.

1. Bestimme die Nullstellen des Nenners zusammen mit den Vielfachheiten (z. B.
   mithilfe von Polynomdivision oder der abc-/pq-Formel). Damit kannst Du den
   Nenner in faktorisierter Form darstellen;

2. Stelle nun für jeden Faktor des Nenners eine Summe von Partialbrüchen auf.
   Mache dazu für jeden Faktor $(x - x_N)^k$ der Vielfachheit k den Ansatz

$$\frac{a_1}{x - x_N} + \frac{a_2}{(x - x_N)^2} + \cdots + \frac{a_k}{(x - x_N)^k}.$$

   Indem Du all diese Partialbrüche summierst, erhältst Du eine Bruchgleichung;

3. Lösen die Bruchgleichung durch Koeffizientenvergleich;

Beispiel. *Führe eine Partialbruchzerlegung der folgenden Funktion durch:*

$$f(x) = \frac{9x + 9}{(x - 1)^2 (x + 2)}$$

Lösung. *Schritt 1 entfällt, weil der Nenner bereits in faktorisierter Form vorliegt.*

Schritt 2:
Für die Nullstelle $x_N = 1$ machen wir den Ansatz

$$\frac{A}{x - 1} + \frac{B}{(x - 1)^2}.$$

Für die Nullstelle $x_N = -2$ machen wir den Ansatz

$$\frac{C}{x + 2}.$$

*Beachte, dass wir hier die Buchstaben A, B und C anstelle von a_1, a_2, a_3 gewählt haben.
Summieren liefert also folgende Bruchgleichung:*

$$\frac{9x + 9}{(x - 1)^2 (x + 2)} = \frac{A}{x - 1} + \frac{B}{(x - 1)^2} + \frac{C}{x + 2}$$

Schritt 4:
Wir lösen die Bruchgleichung wie folgt. Erweitern auf der rechten Seite liefert (verwende, dass der Hauptnenner $(x-1)^2(x+2)$ ist)

$$\frac{9x+9}{(x-1)^2(x+2)} = \frac{A(x-1)(x+2) + B(x+2) + C(x-1)^2}{(x-1)^2(x+2)}$$
$$= \frac{(A+C)x^2 + (A+B-2C)x + (-2A+2B+C)}{(x-1)^2(x+2)}.$$

Durch Koeffizientenvergleich (im Zähler) erhalten wir folgende Gleichungen:

$$A + C = 0 \quad (\textit{Koeffizient von } x^2),$$
$$A + B - 2C = 9 \quad (\textit{Koeffizient von } x),$$
$$-2A + 2B + C = 9.$$

Die Lösung lautet $A = 1$, $B = 6$ und $C = -1$ (wiederhole ggf. lineare Gleichungssysteme).
Insgesamt ergibt sich schließlich die Partialbruchzerlegung

$$f(x) = \frac{9x+3}{(x-1)^2(x+2)} = \frac{1}{x-1} + \frac{6}{(x-1)^2} - \frac{1}{x+2}.$$

1.6 Der Grenzwertbegriff

1.6.1 Zahlenfolgen

Unter einer Zahlenfolge verstehen wir eine Zuordnung von $\mathbb{N}$ nach $\mathbb{R}$, d. h. jeder natürlichen Zahl $n \in \mathbb{N}$ wird eine eindeutige reelle Zahl $a_n \in \mathbb{R}$ zugeordnet. Dabei heißt a_n dann auch „n-tes Folgenglied". Man schreibt häufig auch $(a_n)_{n \in \mathbb{N}}$ oder kürzer $(a_n)_n$ für eine Zahlenfolge, anstatt explizit $a_1, a_2, \dots$ zu schreiben.

In den meisten Fällen haben Folgen Vorschriften, nach denen die Folgenglieder gebildet werden. Beispielsweise ist die sogenannte *Fibonacci-Folge* durch $a_1 = a_2 = 1$ und $a_n = a_{n-1} + a_{n-2}$ für $n \geq 3$ definiert (d. h. jedes Folgenglied ist die Summe der beiden vorherigen). Ausgeschrieben ergibt sich also die Folge $1, 1, 2, 3, 5, 8, 13, \dots$ und so weiter. Andere Beispiele sind etwa $a_n = \frac{1}{n}$ (also $1, \frac{1}{2}, \frac{1}{3}, \dots$) oder $a_n = (-1)^n$ (also $-1, 1, -1, 1, \dots$, vgl. Abbildung 6).

Im folgenden Kasten fassen wir einige wichtige Eigenschaften von Zahlenfolgen zusammen:

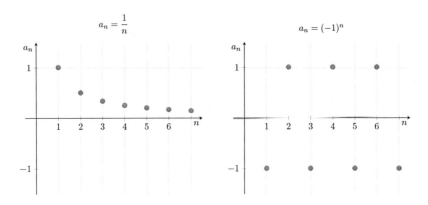

Abbildung 6: Beispiele von Zahlenfolgen

Merke: Eigenschaften von Zahlenfolgen

Eine Zahlenfolge $(a_n)_n$ heißt...

... **nach oben beschränkt**, falls eine obere Schranke $C \in \mathbb{R}$ existiert, so dass alle Folgenglieder kleiner bleiben: $a_n \leq C$ für alle $n \in \mathbb{N}$;

... **nach unten beschränkt**, falls eine untere Schranke $c \in \mathbb{R}$ existiert, so dass alle Folgenglieder größer bleiben: $a_n \geq c$ für alle $n \in \mathbb{N}$;

Ansonsten heißt $(a_n)_n$ unbeschränkt. Des Weiteren heißt eine Zahlenfolge $(a_n)_n$...

... **monoton steigend**, falls $a_n \leq a_{n+1}$ für alle $n \in \mathbb{N}$ gilt;

... **monoton fallend**, falls $a_n \geq a_{n+1}$ für alle $n \in \mathbb{N}$ gilt;

Gilt dabei sogar **echt** kleiner $<$ (bzw. **echt** größer $>$), so bezeichnen wir die Folgen als **streng** monoton steigend bzw. **streng** monoton fallend.

Beispiel. *Wir betrachten die Folgen aus Abbildung 6: Die Folge definiert durch $a_n = \frac{1}{n}$ ist nach oben durch $C = 1$ und nach unten durch $c = 0$ beschränkt. Außerdem ist sie streng monoton fallend. Die Folge $a_n = (-1)^n$ ist hingegen nicht monoton, aber nach oben z. B. durch $C = 2$ und nach unten z. B. durch $c = -4$ beschränkt. Beachte, dass untere und obere Schranken nicht eindeutig sind!*

Oft interessiert man sich für das Verhalten von Zahlenfolgen (oder etwas allgemeiner von Funktionen) im „Unendlichen", d. h. für sehr große n. Man möchte wissen, wie sich die Folgenglieder auf lange Zeit hin entwickeln. Um dieses Grenzverhalten für die Annäherung von n „nach Unendlich" zu beschreiben, führen wir den **Grenzwertbegriff** ein:

Wir schreiben

$$\lim_{n \to \infty} (a_n)$$

und lesen: „Limes von a_n für n gegen Unendlich".

Merke: Grenzverhalten von Zahlenfolgen

Falls der Grenzwert einer Zahlenfolge $(a_n)_n$ existiert, d. h. falls sich $(a_n)_n$ für $n \to \infty$ immer mehr einer reellen Zahl a annähert, so sagen wir, dass die Folge **konvergiert** und schreiben

$$\lim_{n \to \infty} (a_n) = a.$$

Falls kein Grenzwert existiert, sagen wir die Folge **divergiert unbestimmt**. Ist der Grenzwert $\pm\infty$, sagen wir die Folge **divergiert bestimmt** gegen $\pm\infty$.

Dabei verstehen wir unter „annähern", dass ab einer bestimmten Zahl N für alle $n > N$ alle Folgenglieder a_n in einer beliebig kleinen Umgebung um den Grenzwert a bleiben (siehe auch nächstes Angeberwissen).

Beispiel. *Die Folge $a_n = \frac{1}{n}$ konvergiert gegen $a = 0$, da die Folgenglieder immer näher an die Null heranrücken. Solche Folgen werden auch als Nullfolgen bezeichnet. Die Folge $a_n = (-1)^n$ divergiert unbestimmt, da sie immer zwischen den Werten -1 und $+1$ „springt". Die Folge $a_n = n^2$ divergiert bestimmt gegen $+\infty$.*

Angeberwissen: „Sei Epsilon größer Null"

Um zu prüfen, ob es sich bei einer Zahl a tatsächlich um den Grenzwert einer Folge $(a_n)_n$ handelt, geben wir eine beliebig kleine positive Zahl $\varepsilon > 0$ (Epsilon) vor und zeigen, dass sich die Werte der Folgenglieder ab einem bestimmten N (welches in der Regel von ε abhängt), weniger als ε von a unterscheiden:

$$|a_n - a| < \varepsilon \quad \text{für alle} \quad n \geq N.$$

Man beginnt solche Beweise fast immer mit dem Spruch „Sei $\varepsilon > 0$", was andeutet, dass Epsilon zwar positiv ist, aber beliebig klein sein kann, sodass die Folgenglieder anschaulich gesprochen beliebig nahe an den Grenzwert heranrücken.

Besondere Zahlenfolgen

Wir wollen nun sogenannte *arithmetische* und *geometrische* Folgen genauer betrachten, die bspw. bei Wachstums- oder Zerfallsprozessen oder der Zinsrechnung auftreten.

Merke: Arithmetische Zahlenfolgen

Eine Zahlenfolge ist genau dann **arithmetisch**, wenn bei den aufeinanderfolgenden Gliedern die Differenz $d \in \mathbb{R}$ stets gleich ist, d. h. es gilt $a_{n+1} - a_n = d$ für alle $n \in \mathbb{N}$. Die Bildungsvorschrift kann folglich als

$$a_{n+1} = a_n + d \quad \text{(rekursiv)}$$

oder

$$a_n = a_1 + (n-1) \cdot d \quad \text{(explizit)}$$

geschrieben werden. Solche Folgen sind durch d und das erste Folgenglied a_1 bereits vollständig bestimmt.

Der Name „arithmetische Zahlenfolge" kommt daher, dass von drei aufeinanderfolgenden Gliedern a_{n-1}, a_n und a_{n+1} das mittlere Glied a_n immer gleich dem (arithmetischen) Mittelwert der beiden benachbarten Glieder ist:

$$a_n = \frac{a_{n-1} + a_{n+1}}{2}$$

Beispiel. *Die Folge der ungeraden Zahlen ist gegeben durch die Vorschrift $a_n = 1 + 2n$ und stellt somit eine arithmetische Zahlenfolge mit $d = 2$ und $a_1 = 1$ dar. Dies gilt auch für die Folge der geraden Zahlen, definiert durch $a_n = 2 + 2n$ (mit $d = 2$ und $a_1 = 2$).*

Merke: Geometrische Zahlenfolgen

Eine Zahlenfolge ist genau dann **geometrisch**, wenn bei den aufeinander folgenden Gliedern der Quotient $q \in \mathbb{R}$ immer gleich ist, d. h. es gilt $\frac{a_{n+1}}{a_n} = q$ für alle $n \in \mathbb{N}$. Die Bildungsvorschrift kann folglich geschrieben werden als

$$a_{n+1} = a_n \cdot q \quad \text{(rekursiv)}$$

oder

$$a_n = a_1 \cdot q^{n-1} \quad \text{(explizit)}$$

Solche Folgen sind durch q und das erste Folgenglied a_1 bereits vollständig bestimmt.

Der Name „geometrische Zahlenfolge" kommt daher, dass von drei aufeinanderfolgenden Gliedern a_{n-1}, a_n und a_{n+1} das mittlere Glied a_n immer gleich dem geometrischen Mittel der beiden benachbarten Glieder ist:

$$a_n = \sqrt{a_{n-1} \cdot a_{n+1}}$$

Beispiel. *Beschreibt $a_1 = 100$ einen Kontostand im ersten Jahr und a_n den Kontostand im n-ten Jahr, der jährlich mit 5% verzinst wird, stellt dies eine geometrische Folge dar (Zinseszins). Es ist dann $a_n = 100 \cdot 1{,}05^{n-1}$, d. h. es gilt $q = 1{,}05$. Auch die Folge aus Abbildung 6 mit der Vorschrift $a_n = (-1)^n = (-1) \cdot (-1)^{n-1}$ ist eine geometrische Folge mit $a_1 = -1$ und $q = -1$.*

Beachte, dass Folgen anstelle $(a_n)_n$ auch als $(b_n)_n$ oder $(c_n)_n$ geschrieben werden können. Zudem können auch endliche Zahlenfolgen definiert werden. Dabei handelt es sich um Zahlenfolgen, die nur eine begrenzet Anzahl an Folgengliedern haben (z. B. die vier Folgenglieder $1, 1, , 0, 1$).

1.6.2   Verhalten im Unendlichen bei Funktionen

Ganz ähnlich wie in Kapitel 1.6.1 (Zahlenfolgen) können wir den Grenzwertbegriff für Funktionen einführen:

Oft interessieren wir uns für das Verhalten von Funktionen im „Unendlichen", d.h. für sehr große (oder sehr kleine) x. Man möchte wissen, wie sich die Funktionswerte $f(x)$ für x gegen ∞ (oder $-\infty$) entwickeln. Um dieses Grenzverhalten für die Annäherung der Funktionsvariable x „nach Unendlich" zu beschreiben, führen wir den Grenzwertbegriff ein. Wir schreiben

$$\lim_{x \to \infty} f(x) \quad \text{bzw.} \quad \lim_{x \to -\infty} f(x)$$

und lesen: „Limes von $f(x)$ für x gegen Plus/Minus Unendlich".

Analog können wir auch den Grenzwert von $f(x)$ definieren, wenn x sich einer Zahl a nähert. Falls a eine Definitionslücke von f ist, muss kenntlich gemacht werden, von welcher Seite aus x gegen a strebt.

$$\text{von links:} \quad \lim_{x \to a^-} f(x) \quad \text{oder} \quad \lim_{\substack{x \to a \\ <}} f(x)$$

$$\text{von rechts:} \quad \lim_{x \to a^+} f(x) \quad \text{oder} \quad \lim_{\substack{x \to a \\ >}} f(x)$$

Beispiel. *Wie in Abbildung 7 zu sehen ist, gilt beispielsweise:*

$$\lim_{x \to \infty} \left(\frac{1}{x} + 1 \right) = +1 \quad und \quad \lim_{x \to -\infty} \left(\frac{1}{x} + 1 \right) = +1$$

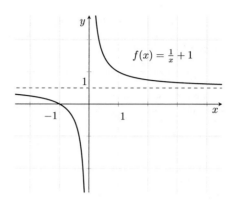

Abbildung 7: Beispielfunktion $f(x) = \frac{1}{x} + 1$.

sowie

$$\lim_{x \to 0^-} \left(\frac{1}{x} + 1 \right) = -\infty \quad und \quad \lim_{x \to 0^+} \left(\frac{1}{x} + 1 \right) = +\infty$$

In den folgenden Kapiteln werden viele weitere Beispiele hierzu behandelt.

1.6.3   Die Regel von de L'Hospital

Um Grenzwerte zu bestimmen kann es helfen, sich die Grundfunktionen (vgl. Kapitel 1.4) und deren Graphen vor Augen zu führen. Weitere nützliche und vereinfachende Punkte werden nun behandelt.

Fakt: Regel von de L'Hospital

Für differenzierbare Funktionen f und g, die für $x \to x_0$ beide gegen 0 konvergieren oder beide gegen $\infty / -\infty$ bestimmt divergieren, gilt

$$\lim_{x \to x_0} \left(\frac{f(x)}{g(x)} \right) = \lim_{x \to x_0} \left(\frac{f'(x)}{g'(x)} \right)$$

falls der rechte Grenzwert existiert. Dabei bezeichnen f' bzw. g' die erste Ableitung von f bzw. g. Der Satz gilt auch, wenn x_0 durch $\pm\infty$ ausgetauscht wird.

Beispiel. *Bestimmen Sie*

$$\lim_{x \to \infty} \left(\frac{x}{e^x} \right).$$

Lösung. *Da es sich bei $f(x) = x$ und $g(x) = e^x$ um differenzierbare Funktionen handelt und sowohl $\lim_{x \to \infty} x = \infty$ als auch $\lim_{x \to \infty} e^x = \infty$ gilt, sind die Voraussetzungen des Satz von de L'Hospital erfüllt. Es ist $f'(x) = 1$ und $g'(x) = e^x$ und*

$$\lim_{x \to \infty} \left(\frac{1}{e^x} \right) = 0$$

(wegen $\lim_{x \to \infty} e^x = \infty$). Daher gilt insgesamt

$$\lim_{x \to \infty} \left(\frac{x}{e^x} \right) \underset{\substack{\uparrow \\ L'Hospital}}{=} \lim_{x \to \infty} \left(\frac{1}{e^x} \right) = 0$$

1.7 Polstellen und hebbare Definitionslücken

Bei der Kurvendiskussion gebrochenrationaler Funktionen, also Funktionen der Bauart

$$f(x) = \frac{Z(x)}{N(x)} = \frac{a_m x^m + \ldots + a_1 x + a_0}{b_n x^n + \ldots + b_1 x + b_0}$$

können sog. Polstellen und hebbare Definitionslücken auftreten. Polstellen und hebbare Definitionslücken sind immer Nullstellen der Nennerfunktion $N(x)$:

$Z(x_0)$:	$N(x_0)$:	Eigenschaften von x_0:
$\neq 0$	$\neq 0$	x_0 liegt im Definitionsbereich von f;
$= 0$	$\neq 0$	1) x_0 liegt im Definitionsbereich von f; 2) x_0 ist eine **Nullstelle** von f, d. h. $f(x_0) = 0$;
$\neq 0$	$= 0$	1) x_0 liegt nicht im Definitionsbereich von f, schreibe $x_0 \notin D_f$; 2) x_0 ist eine **Polstelle**; 3) Die Gerade $x = x_0$ ist eine **senkrechte Asymptote**;
$= 0$	$= 0$	1) x_0 liegt nicht im Definitionsbereich von f, schreibe $x_0 \notin D_f$; 2) x_0 ist eine **Polstelle** <u>oder</u> eine **hebbare Definitionslücke**; $\longrightarrow$ Du musst prüfen, welcher Fall vorliegt.

In der Nähe einer Polstelle werden die Funktionswerte unendlich groß (d. h. $+\infty$) oder auch unendlich klein (d. h. $-\infty$) und schmiegen sich an eine senkrechte Asymptote an. Man unterscheidet zwischen **Polstellen mit und ohne Vorzeichenwechsel (VZW)**. Bei einer hebbaren Definitionslücke besitzt der Graph ein „Loch", siehe Abbildung 8.

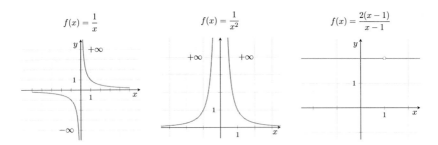

Abbildung 8: Unterscheidung von Definitionslücken: Links: Polstelle mit VZW von Minus nach Plus; Mitte: Polstelle ohne VZW; Rechts: hebbare Definitionslücke.

Tipp: Polstellen und hebbare Definitionslücken

Gegeben: Eine ganzrationale Funktion $f(x) = Z(x)/N(x)$.

1. Berechne alle Nullstellen der Zählerfunktion. Beachte dabei das Auftreten von doppelten, dreifachen oder mehrfachen Nullstellen;

2. Schreibe die Zählerfunktion (soweit möglich) als Produkt von Linearfaktoren:

$$Z(x) = a_m \cdot (x - x_1)^{e_1} \cdots (x - x_r)^{e_r};$$

3. Berechne nun alle Nullstellen (doppelt, dreifach,...) der Nennerfunktion. (Dies sind die Definitionslücken der Funktion);

4. Schreibe die Nennerfunktion (soweit möglich) als Produkt von Linearfaktoren:

$$N(x) = b_n \cdot (x - x_1)^{l_1} \cdots (x - x_s)^{l_s};$$

5. Schreibe die Ausgangsfunktion f wie folgt:

$$\frac{Z(x)}{N(x)} = \frac{a_m \cdot (x - x_1)^{e_1} \cdots (x - x_r)^{e_r}}{b_n \cdot (x - x_1)^{l_1} \cdots (x - x_s)^{l_s}}$$

6. Kürze den so erhaltenen Bruch;

7. Die Definitionslücken, die nach dem Kürzen immer noch im Nenner stehen, sind die **Polstellen**; Die Definitionslücken, die nach dem Kürzen nicht mehr im Nenner stehen, sind die **hebbaren Definitionslücken**;

Beispiel. *Bestimme die Definitionsmenge der Funktion*

$$f(x) = \frac{x^3 + 2x^2 + x}{2x^4 - 2x^2}.$$

Gib alle Polstellen und alle hebbaren Definitionslücken an.

Lösung. *Schritt 1:*
Zuerst berechnen wir die Nullstellen der Zählerfunktion:

$$x^3 + 2x^2 + x = 0 \qquad | \; x \; ausklammern$$
$$\Leftrightarrow \qquad x \cdot (x^2 + 2x + 1) = 0 \qquad | \; Satz \; vom \; Nullprodukt$$
$$\Leftrightarrow \quad x = 0 \quad oder \quad x^2 + 2x + 1 = 0$$

Dies liefert die Nullstelle $x_1 = 0$ *(einfache Nullstelle).*

Die Gleichung $x^2 + 2x + 1 = 0$ *lösen wir mit der abc-Formel* $\left[a = 1, \; b = 2, \; c = 1\right]$:

$$x_{1,2} = \frac{-2 \pm \sqrt{2^2 - 4 \cdot 1 \cdot 1}}{2 \cdot 1} = \frac{-2 \pm \sqrt{0}}{2} = \frac{-2}{2} = -1$$

Wir erhalten dadurch die Nullstelle $x_2 = -1$ *(doppelte NST).*

Schritt 2:
Wir schreiben die Zählerfunktion als Produkt von Linearfaktoren:

$$x^3 + 2x^2 + x = x \cdot (x+1)^2$$

Schritt 3:
Nun berechnen wir die Nullstellen der Nennerfunktion:

$$2x^4 - 2x^2 = 0 \qquad | \; 2x^2 \; ausklammern$$
$$\Leftrightarrow \qquad 2x^2 \cdot (x^2 - 1) = 0 \qquad | \; : 2$$
$$\Leftrightarrow \qquad x^2 \cdot (x^2 - 1) = 0 \qquad | \; Satz \; vom \; Nullprodukt$$
$$\Leftrightarrow \quad x^2 = 0 \quad oder \quad x^2 - 1 = 0$$

Dies liefert die Nullstelle $x_1 = 0$ *(doppelte NST). Weiter gilt:*

$$x^2 - 1 = 0 \qquad | \; +1$$
$$\Leftrightarrow \qquad x^2 = 1 \qquad | \; \sqrt{}$$
$$\Leftrightarrow \qquad x_{2,3} = \pm 1$$

Wir erhalten also die Nullstellen $x_2 = -1$ *(einfache NST) und* $x_3 = 1$ *(einfache NST).*

───────────── *Zwischenergebnis:* ─────────────

Der Definitionsbereich der Funktion f lautet $D_f = \mathbb{R} \setminus \{0; -1; 1\}$.

Schritt 4:
Wir schreiben die Nennerfunktion als Produkt von Linearfaktoren:

$$2x^4 - 2x^2 = 2x^2 \cdot (x - 1) \cdot (x + 1).$$

Schritt 5:
Wir schreiben die Ausgangsfunktion wie folgt:

$$\frac{x^3 + 2x^2 + x}{2x^4 - 2x^2} = \frac{x \cdot (x + 1)^2}{2 \cdot x^2 \cdot (x - 1) \cdot (x + 1)}$$

Schritt 6:
Kürzen liefert

$$\frac{x \cdot (x + 1)^2}{2 \cdot x^2 \cdot (x - 1) \cdot (x + 1)} = \frac{x \cdot (x + 1) \cdot (x + 1)}{2 \cdot x \cdot x \cdot (x - 1) \cdot (x + 1)} = \frac{x + 1}{2 \cdot x \cdot (x - 1)}.$$

Schritt 7:
*Weil durch das Kürzen der Faktor $(x + 1)$ **vollständig** aus dem Nenner verschwunden ist, handelt es sich bei $x = -1$ um eine hebbare Definitionslücke.*

Hingegen sind $x = 0$ und $x = 1$ Polstellen, weil die Faktoren x und $(x - 1)$ immer noch im Nenner der gekürzten Funktion stehen.

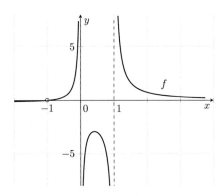

Abbildung 9: Bild zur Aufgabe: Polstellen bei 0 und 1, hebbare Definitionslücke bei -1

1.8   Verhalten im Unendlichen und Asymptoten

In vielen Fällen interessiert man sich für das Verhalten von Funktionswerten $f(x)$ für sehr große Werte ($x \to \infty$) bzw. sehr keine Werte ($x \to -\infty$). Für ganzrationale Funktionen (auch Polynome genannt) kannst Du das Grenzverhalten recht einfach am sogenannten Leitkoeffizienten ablesen:

Fakt: Grenzverhalten von Polynomen

Wir betrachten eine ganzrationale Funktion $f(x) = a_n x^n + a_{n-1} x^{n-1} + \ldots + a_1 x + a_0$. Die Zahl $a_n \neq 0$ nennt man auch den Leitkoeffizienten. Es gilt:

1. Falls n eine gerade Zahl ist und $a_n > 0$ (z. B. $f(x) = x^4$):

$$\lim_{x \to -\infty} f(x) = +\infty \quad \text{und} \quad \lim_{x \to \infty} f(x) = +\infty;$$

2. Falls n eine gerade Zahl ist und $a_n < 0$ (z. B. $f(x) = -x^4$):

$$\lim_{x \to -\infty} f(x) = -\infty \quad \text{und} \quad \lim_{x \to \infty} f(x) = -\infty;$$

3. Falls n eine ungerade Zahl ist und $a_n > 0$ (z. B. $f(x) = x^3$):

$$\lim_{x \to -\infty} f(x) = -\infty \quad \text{und} \quad \lim_{x \to \infty} f(x) = +\infty;$$

4. Falls n eine ungerade Zahl ist und $a_n < 0$ (z. B. $f(x) = -x^3$):

$$\lim_{x \to -\infty} f(x) = +\infty \quad \text{und} \quad \lim_{x \to \infty} f(x) = -\infty.$$

Beispiel. *Bestimme das Verhalten der Funktion $f(x) = 3x^3 - 2x^6$ für $x \to \pm\infty$.*

Lösung. *Der Leitkoeffizient lautet $a_6 = -2$. Weil 6 eine gerade Zahl ist und $a_6 < 0$, erhalten wir*

$$\lim_{x \to -\infty} \left(3x^3 - 2x^6\right) = -\infty \quad \text{und} \quad \lim_{x \to \infty} \left(3x^3 - 2x^6\right) = -\infty.$$

Als nächstes bringen wir die Exponentialfunktion mit ins Spiel:

Fakt: Potenzfunktionen vs. Exponentialfunktionen

Für alle natürlichen Zahlen $n = 1, 2, \ldots$ gilt:

$$\lim_{x \to \infty} \frac{x^n}{e^x} = 0 \quad \text{und} \quad \lim_{x \to \infty} \frac{e^x}{x^n} = \infty.$$

In Worten: e^x **wächst schneller als** x^n.

Beispiel. *Bestimme das Verhalten für $x \to \infty$ folgender Funktionen:*

1. $f(x) = 10x^5 e^{-x}$;

2. $f(x) = -2x^{-4} e^x$.

Lösung. *Es gilt*

$$\lim_{x \to \infty} 10x^5 e^{-x} = 10 \cdot \lim_{x \to \infty} x^5 e^{-x} = 10 \cdot \lim_{x \to \infty} \frac{x^5}{e^x} = 10 \cdot 0 = 0;$$

$$\lim_{x \to \infty} -2x^{-4} e^x = -2 \cdot \lim_{x \to \infty} x^{-4} e^x = -2 \cdot \lim_{x \to \infty} \frac{e^x}{x^4} = -2 \cdot \infty = -\infty.$$

Definition: Waagerechte Asymptoten

Wir betrachten eine beliebige Funktion f. Falls die Funktionswerte $f(x)$ für $x \to \infty$ oder $x \to -\infty$ einer Zahl $a \in \mathbb{R}$ beliebig nahe kommen, falls also gilt

$$\lim_{x \to -\infty} f(x) = a \quad \text{oder} \quad \lim_{x \to \infty} f(x) = a,$$

dann heißt die Gerade $y = a$ **waagerechte Asymptote** des Graphen von f

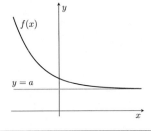

Beispiel. *Es gilt*

$$\lim_{x \to \infty} \frac{1}{x} = 0.$$

Die Gerade $y = 0$, also die x-Achse, ist also eine waagerechte Asymptote des Graphen der Funktion $f(x) = 1/x$, siehe Abbildung 10 links. Wenn wir diesen Graphen um 2 LE nach oben verschieben, dann besitzt der verschobene Graph die waagerechte Asymptote $y = 2$ (siehe Abbildung 10 rechts), denn es gilt

$$\lim_{x \to \infty} \left(\frac{1}{x} + 2 \right) = 2 + \lim_{x \to \infty} \frac{1}{x} = 2 + 0 = 2.$$

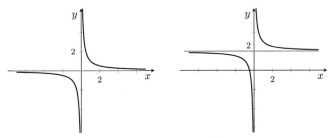

Abbildung 10: Waagerechte Asymptoten

Beispiel. *Es gilt*

$$\lim_{x \to \infty} \frac{2x}{4x+1} = \lim_{x \to \infty} \frac{\cancel{x} \cdot 2}{\cancel{x} \cdot \left(4 + \frac{1}{x}\right)} = \lim_{x \to \infty} \frac{2}{4 + \underbrace{\frac{1}{x}}_{\to 0}} = \frac{2}{4} = \frac{1}{2}.$$

Die Gerade $y = 1/2$ ist also eine waagerechte Asymptote.

Wir betrachten nun das Verhalten von gebrochenrationalen Funktionen:

Fakt: Asymptoten gebrochenrationaler Funktionen

Wir betrachten eine gebrochenrationale Funktion

$$f(x) = \frac{Z(x)}{N(x)} = \frac{a_m x^m + \ldots + a_1 x + a_0}{b_n x^n + \ldots + b_1 x + b_0}.$$

Der Zählergrad ist also m, der Nennergrad ist n. Dann gilt:

1. Falls der Zählergrad kleiner ist als der Nennergrad $(m < n)$, dann gilt

$$\lim_{x \to \pm\infty} f(x) = 0,$$

   d. h. der Graph von f besitzt die x-**Achse als waagerechte Asymptote**;

2. Falls der Zählergrad gleich dem Nennergrad ist $(m = n)$, dann gilt

$$\lim_{x \to \pm\infty} f(x) = \frac{a_m}{b_n},$$

   d. h. der Graph von f besitzt die **waagerechte Asymptote** $y = a_m/b_n$;

3. Falls der Zählergrad größer ist als der Nennergrad $(m > n)$, dann besitzt der Graph von f keine waagerechte Asymptote, aber durch Polynomdivision kann eine Näherungsfunktion bestimmt werden. Im Fall $m = n + 1$ spricht man von einer **schiefen Asymptote**.

Beispiel. *Bestimme das Verhalten der Funktion* $f(x) = \dfrac{3x}{x^2 + 1}$ *für* $x \to \infty$.

Lösung. *Der Zählergrad (m = 1) ist kleiner als der Nennergrad (n = 2). Deshalb gilt*

$$\lim_{x \to \infty} \frac{3x}{x^2 + 1} = 0,$$

d. h. der Graph von f besitzt die x-Achse als waagerechte Asymptote.

Beachte, dass man den Grenzwert alternativ auch wie folgt berechnen kann:

$$\lim_{x \to \infty} \frac{3x}{x^2 + 1} = \lim_{x \to \infty} \frac{\cancel{x} \cdot 3}{\cancel{x} \cdot \left(x + \frac{1}{x}\right)} = \lim_{x \to \infty} \frac{3}{x + \underbrace{\frac{1}{x}}_{\to\, 0}} = 0.$$

Beispiel. *Bestimme das Verhalten der Funktion* $f(x) = \dfrac{2x^2}{4x^2 - 4}$ *für* $x \to \infty$.

Lösung. *Der Zählergrad (m = 2) ist gleich dem Nennergrad (n = 2). Deshalb gilt*

$$\lim_{x \to \infty} \frac{2x^2}{4x^2 - 4} = \frac{2}{4} = \frac{1}{2},$$

d. h. der Graph von f *besitzt die waagerechte Asymptote* $y - 1/2$.

Beachte, dass man den Grenzwert alternativ auch wie folgt berechnen kann:

$$\lim_{x \to \infty} \frac{2x^2}{4x^2 - 4} = \lim_{x \to \infty} \frac{\cancel{x^2} \cdot 2}{\cancel{x^2} \cdot \left(4 - \frac{4}{x^2}\right)} = \lim_{x \to \infty} \frac{2}{4 - \underbrace{\frac{4}{x^2}}_{\to 0}} = \frac{2}{4} = \frac{1}{2}.$$

Beispiel. *Gib die Gleichung aller Asymptoten der Funktion* $f(x) = \dfrac{x^2 - x - 3}{x - 2}$ *an.*

Lösung. *Zähler- und Nennerfunktion von* f *lauten* $Z(x) = x^2 - x - 3$ *und* $N(x) = x - 2$. *Die einzige Nullstelle der Nennerfunktion ist* $x_1 = 2$. *Weil* $Z(x_1) = Z(2) = -1 \neq 0$ *gilt, besitzt* f *an der Stelle 2 einen Pol, siehe Tabelle auf Seite 26. Der Graph von* f *besitzt also die senkrechte Asymptote* $x = 2$.

Für Zählergrad (m = 2) und Nennergrad (n = 1) gilt $m = n + 1$. *Es gibt also eine schiefe Asymptote. Mit Polynomdivison erhalten wir*

$$
\begin{array}{l}
(x^2 - x - 3) : (x - 2) = \boxed{x + 1} \\[2pt]
\underline{-(x^2 - 2x)} \\[2pt]
x - 3 \\[2pt]
\underline{- (x - 2)} \\[2pt]
\boxed{-1}
\end{array}
$$

Die Funktion f *kann also wie folgt geschrieben werden:*

$$f(x) = \boxed{x + 1} + \frac{\boxed{-1}}{x - 2} = x + 1 - \frac{1}{x - 2}.$$

Die Gleichung der schiefen Asymptote lautet folglich $\boxed{y = x + 1.}$ *Insbesondere ergibt sich folgendes Bild (in der Aufgabe nicht verlangt):*

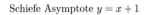

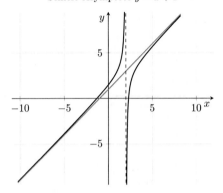

Abbildung 11: Schiefe Asymptote

1.9 Rechnen mit dem Betrag

Wir betrachten zwei beliebige Zahlen $a < 0$ und $b > 0$ auf der Zahlengerade:

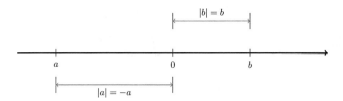

Der Abstand der Zahl a bzw. b zur 0 wird mit $|a|$ bzw. $|b|$ notiert. Für eine positive Zahl ist dieser Abstand die Zahl selbst, es gilt also

$$|b| = b, \quad \text{zum Beispiel} \quad |10| = 10.$$

Für eine negative Zahl erhalten wir den Abstand zur 0, indem wir das Minuszeichen in ein Pluszeichen umwandeln. Dazu multiplizieren wir die Zahl a mit -1:

$$|a| = (-1) \cdot a = -a \quad \text{zum Beispiel} \quad |-15| = (-1) \cdot (-15) = 15.$$

Definition: Betrag

Es sei x eine beliebige Zahl. Der Abstand von x zur 0 heißt der **Betrag** von x und wird mit $|x|$ notiert. Es gilt

$$|x| = x, \quad \text{falls } x \geq 0, \quad (\text{z. B. } |10| = 10),$$
$$|x| = -x, \text{ falls } x < 0, \quad (\text{z. B. } |-15| = -(-15) = 15).$$

Tipp: Betrag

Die Differenz zweier Zahlen a und b im Betrag, also $|a - b|$, entspricht dem **Abstand beider Zahlen**. Bemerke dabei:

$$|a - b| = |b - a| \quad \text{also zum Beispiel} \quad |2 - 5| = |-3| = 3 = |3| = |5 - 2|.$$

1.10 Lösen von Gleichungen

Das Lösen von Gleichungen solltest Du gut trainieren. Wir wiederholen hier verschiedene Methoden, die Dir dabei zur Verfügung stehen, sodass Du Deinen „Werkzeugkasten" noch einmal auf Vollständigkeit überprüfen kannst.

1.10.1 Gleichungen der Form $ax = d$

Eine lineare Gleichung $ax = d$ mit reellen Zahlen $a \neq 0$ und d wird wie folgt gelöst:

$$ax = d \qquad | \ : a$$

$$\Leftrightarrow \quad x = \frac{d}{a}$$

Beispiel. *Löse die Gleichung* $-2x = 5$.

Lösung. *Wir erhalten*

$$-2x = 5 \qquad\qquad | \ : (-2)$$

$$\Leftrightarrow \quad x = \frac{5}{(-2)} = -\frac{5}{2}$$

Die Lösung der Gleichung lautet also $\boxed{x = -5/2 = -2{,}5.}$

1.10.2 Betragsgleichungen

Eine Gleichungen der Bauart $|x| = a$ mit $a \geq 0$ wird durch eine Fallunterscheidung gelöst:

$$|x| = a \qquad | \ Fallunterscheidung$$

$$\Leftrightarrow \quad x = -a \quad oder \quad x = a$$

Beispiel. *Für welche Zahlen* x *gilt* $|x| = 1$?

Lösung. *Es gibt genau zwei Lösungen, nämlich*

$$\boxed{x_1 = -1} \quad und \quad \boxed{x_2 = 1.}$$

Tipp: Rechnen mit dem Betrag

Beim Lösen von **Betragsgleichungen** musst Du immer **zwei Fälle unterscheiden**.

Auf die gleiche Art und Weise kannst Du auch schwierigere Betragsgleichungen lösen:

Beispiel. *Bestimme alle Lösungen der Gleichung*

$$|x - 3| = 7.$$

Lösung. *In Worten: Wir suchen alle Zahlen x, die zur Zahl 3 den Abstand 7 haben.*

Es ergibt sich folgende Fallunterscheidung:

$$|x - 3| = 7 \qquad |\ Fallunterscheidung$$

$$\Leftrightarrow \quad x - 3 = -7 \quad oder \quad x - 3 = 7$$

FALL 1: *Es gilt $x - 3 = -7$. Dann folgt*

$$x - 3 = -7 \qquad |\ +3$$

$$\Leftrightarrow \qquad x = -4$$

Die erste Lösung lautet also $\boxed{x_1 = -4.}$

FALL 2: *Es gilt $x - 3 = 7$. In diesem Fall erhalten wir*

$$x - 3 = 7 \qquad |\ +3$$

$$\Leftrightarrow \qquad x = 10$$

Die zweite Lösung ist gegeben durch $\boxed{x_2 = 10.}$

1.10.3   Gleichungen der Form $ax^2 = d$

Gleichungen der Bauart $ax^2 = d$, mit reellen Zahlen $a \neq 0$ und d, lassen sich recht einfach durch „Wurzelziehen" lösen:

$$ax^2 = d \qquad | : a$$

$$\Leftrightarrow \quad x^2 = \frac{d}{a}$$

Im Fall $d/a > 0$ erhalten wir durch Wurzelziehen zwei verschiedene Lösungen, nämlich

$$x_1 = \sqrt{\frac{d}{a}} \quad \text{und} \quad x_2 = -\sqrt{\frac{d}{a}}.$$

Im Fall $d/a = 0$ lautet die eindeutige Lösung $x_1 = 0$.

Im Fall $d/a < 0$ gibt es keine Lösung, weil dann die Wurzel aus einer negativen Zahl gezogen werden müsste.

Tipp: Wurzelziehen

Achte darauf, dass beim **Wurzelziehen** im Allgemeinen **zwei Lösungen** existieren.

Beispiel. *Löse die Gleichung $4x^2 = 100$.*

Lösung. *Mit Wurzelziehen erhalten wir*

$$4x^2 = 100 \qquad | : 4$$

$$\Leftrightarrow \quad x^2 = 25 \qquad | \sqrt{}$$

$$\Leftrightarrow \quad x_{1,2} = \pm\sqrt{25} = \pm 5$$

Die Lösungen der Gleichung lauten also

$$\boxed{x_1 = -5} \quad \text{und} \quad \boxed{x_2 = 5.}$$

1.10.4   Gleichungen der Form $ax^2 + bx = 0$

Als nächstes betrachten wir Gleichungen der Form $ax^2 + bx = 0$, mit $a \neq 0$ und $b \neq 0$. Solche Gleichungen lassen sich durch **Ausklammern** von x lösen, denn es gilt

$$ax^2 + bx = x \cdot (ax + b).$$

In dieser Form können wir den Satz vom Nullprodukt verwenden:

Fakt: Satz vom Nullprodukt

Ein Produkt ist genau dann gleich Null, wenn einer der Faktoren gleich Null ist.

Wir erhalten also

$$ax^2 + bx = 0 \qquad | \; x \; ausklammern$$
$$\Leftrightarrow \qquad x \cdot (ax + b) = 0 \qquad | \; Satz \; vom \; Nullprodukt$$
$$\Leftrightarrow \quad x = 0 \quad oder \quad ax + b = 0$$

Die Lösungen lauten folglich $x_1 = 0$ und $x_2 = -b/a$.

Beispiel. *Löse die Gleichung $-4x^2 + 2x = 0$.*

Lösung. *Im ersten Schritt formen wir die Gleichung wie folgt um:*

$$-4x^2 + 2x = 0 \qquad | \; x \; ausklammern$$
$$\Leftrightarrow \qquad x \cdot (-4x + 2) = 0 \qquad | \; Satz \; vom \; Nullprodukt$$
$$\Leftrightarrow \quad x = 0 \quad oder \quad -4x + 2 = 0$$

Die erste Lösung ist somit gegeben durch $\boxed{x_1 = 0.}$

Im zweiten Schritt lösen wir noch die verbliebene Gleichung:

$$-4x + 2 = 0 \qquad | -2$$
$$\Leftrightarrow \qquad -4x = -2 \qquad | : (-4)$$
$$\Leftrightarrow \qquad x = \frac{-2}{-4} = \frac{1}{2}$$

Die zweite Lösung lautet also $\boxed{x_2 = 1/2.}$

1.10.5   Die abc-Formel (Mitternachtsformel)

Wir betrachten nun die **allgemeine Form** der quadratischen Gleichung, d. h.

$$ax^2 + bx + c = 0, \tag{1.1}$$

Diese kannst Du mit der sogenannten „abc-Formel" lösen:

Fakt: abc-Formel (Mitternachtsformel)

Es sei $a \neq 0$. Im Fall $b^2 - 4ac \geq 0$ besitzt die Gleichung (1.1) die Lösungen

$$x_{1,2} = \frac{-b \pm \sqrt{b^2 - 4ac}}{2a}.$$

Im Fall $b^2 - 4ac < 0$ gibt es hingegen keine Lösung, weil dann eine negative Zahl unter der Wurzel steht.

Definition: Diskriminante

Die Zahl $D = b^2 - 4ac$ heißt die **Diskriminante** der quadratischen Gleichung (1.1).

Die Diskriminante wird typischerweise dafür verwendet, die Anzahl der Lösungen der quadratischen Gleichung (1.1) anzugeben. Dabei gilt:

- Im Fall $D > 0$ gibt es zwei verschiedene Lösungen (Es gilt $x_1 \neq x_2$);

- Im Fall $D = 0$ gibt es genau eine Lösung (Es gilt $x_1 = x_2$);

- Im Fall $D < 0$ gibt es keine Lösung.

Beispiel (Zwei Lösungen). *Löse die Gleichung $2x^2 + 6x = 8$.*

Lösung. *Zuerst bringen wir die Gleichung in die allgemeine Form:*

$$2x^2 + 6x - 8 = 0.$$

Wir identifizieren $a = 2$, $b = 6$ und $c = -8$. Die Lösungen sind gegeben durch

$$x_{1,2} = \frac{-6 \pm \sqrt{6^2 - 4 \cdot 2 \cdot (-8)}}{2 \cdot 2} = \frac{-6 \pm \sqrt{100}}{4} = \frac{-6 \pm 10}{4}.$$

Ausrechnen liefert $\boxed{x_1 = -4}$ *und* $\boxed{x_2 = 1.}$

Beispiel (Eine Lösung). *Löse die Gleichung* $-3x^2 = -12x + 12$.

Lösung. *Wir bringen die Gleichung wieder in die allgemeine Form:*

$$-3x^2 = -12x + 12 \qquad | \; + 3x^2$$

$$\Leftrightarrow \qquad 0 = 3x^2 - 12x + 12$$

Nun lesen wir ab: $a = 3$, $b = -12$ *und* $c = 12$. *Die abc-Formel liefert also*

$$x_{1,2} = \frac{-(-12) \pm \sqrt{(-12)^2 - 4 \cdot 3 \cdot 12}}{2 \cdot 3} = \frac{12 \pm \sqrt{0}}{6} = \frac{12 \pm 0}{6}.$$

Es gibt also nur eine Lösung, nämlich $\boxed{x_1 = 2.}$

Beispiel (Keine Lösung). *Löse die Gleichung* $x^2 + 5x + 25 = 0$.

Lösung. *Wir lesen ab:* $a = 1$, $b = 5$ *und* $c = 25$. *Es gilt also*

$$x_{1,2} = \frac{-5 \pm \sqrt{5^2 - 4 \cdot 1 \cdot 25}}{2 \cdot 1} = \frac{-5 \pm \sqrt{-75}}{2}.$$

Weil unter der Wurzel eine negative Zahl steht, gibt es keine Lösungen.

1.10.6   Die pq-Formel

Aus der allgemeine Form der quadratischen Gleichung erhalten wir die sog. **Normalform**, indem wir beide Seiten durch $a \neq 0$ teilen:

$$ax^2 + bx + c = 0 \qquad | \; : a$$

$$\Leftrightarrow \quad x^2 + \underbrace{\frac{b}{a}}_{=p} \, x + \underbrace{\frac{c}{a}}_{=q} = 0$$

In der Normalform $x^2 + px + q = 0$ kann die pq-Formel verwendet werden:

Fakt: pq-Formel

Im Fall $(p/2)^2 - q \geq 0$ besitzt die Gleichung $x^2 + px + q = 0$ die Lösungen

$$x_{1,2} = -\frac{p}{2} \pm \sqrt{\left(\frac{p}{2}\right)^2 - q}.$$

Im Fall $(p/2)^2 - q < 0$ gibt es keine Lösung (Negative Zahl unter der Wurzel).

Beispiel. *Löse die Gleichung* $x^2 + 2x = 35$.

Lösung. *Die Normalform lautet*

$$x^2 + 2x - 35 = 0.$$

Nun lesen wir ab: $p = 2$ *und* $q = -35$. *Die pq-Formel liefert nun*

$$x_{1,2} = -\frac{2}{2} \pm \sqrt{\left(\frac{2}{2}\right)^2 - (-35)} = -1 \pm \sqrt{36} = -1 \pm 6.$$

Die Lösungen lauten also $\boxed{x_1 = -7}$ *und* $\boxed{x_2 = 5.}$

Angeberwissen: Satz von Vieta

Mit dem Satz von Vieta kannst Du die Lösungen einer quadratischen Gleichung durch geschicktes Kombinieren herausfinden:

Liegt die Gleichung in der Normalform $x^2 + px + q = 0$ vor, so besteht zwischen den Lösungen x_1 und x_2, sowie den Koeffizienten p und q folgender Zusammenhang:

Satz von Vieta:
Im Falle der Existenz bezeichne x_1 *und* x_2 *die Lösungen der Gleichung* $x^2+px+q = 0$. *Dann besteht der folgende Zusammenhang:*

$$p = -(x_1 + x_2) \quad \text{und} \quad q = x_1 \cdot x_2.$$

Beispiel. *Löse die Gleichung* $x^2 - 7x + 10 = 0$.

Lösung. *Nach dem Satz von Vieta gilt*

$$-7 = -(x_1 + x_2) \quad \text{und} \quad 10 = x_1 \cdot x_2.$$

Durch Ausprobieren findet man die passenden Lösungen $x_1 = 2$ *und* $x_2 = 5$.

1.10.7   Gleichungen der Form $a^x = d$

Eine Gleichung der Bauart $a^x = d$ mit einer beliebigen Basis $a > 0, a \neq 1$ und $d > 0$ kann durch Anwenden der Logarithmusfunktion zur Basis a auf beiden Seiten gelöst werden:

$$a^x = d \qquad\qquad | \ \log_a$$
$$\Leftrightarrow \ \log_a(a^x) = \log_a(d) \qquad | \ \textit{verwende } \log_a(a^x) = x$$
$$\Leftrightarrow \qquad x = \log_a(d)$$

Beispiel. *Löse die Gleichung $2^{x+4} = 1024$.*

Lösung. *Wir erhalten*

$$2^{x+4} = 1024 \qquad\qquad | \ \log_2$$
$$\Leftrightarrow \ \log_2\left(2^{x+4}\right) = \log_2(1024) \qquad | \ \textit{verwende } \log_2\left(2^{x+4}\right) = x + 4$$
$$\Leftrightarrow \qquad x + 4 = 10 \qquad\qquad | \ -4$$
$$\Leftrightarrow \qquad x = 6$$

Die Lösung der Gleichung lautet also $\boxed{x = 6.}$

Beispiel. *Löse die Gleichung $5e^x = 10$.*

Lösung. *Wir erhalten*

$$5e^x = 10 \qquad\qquad | \ : 5$$
$$\Leftrightarrow \qquad e^x = 2 \qquad\qquad | \ \ln$$
$$\Leftrightarrow \ \ln(e^x) = \ln(2) \qquad | \ \textit{verwende } \ln(e^x) = x$$
$$\Leftrightarrow \qquad x = \ln(2)$$

Die Lösung der Gleichung lautet also $\boxed{x = \ln(2).}$

1.10.8   Gleichungen der Form $\log_a(x) = d$

Eine Gleichung der Bauart $\log_a(x) = d$, mit einer beliebigen Basis $a > 0, a \neq 1$ und einer beliebigen Zahl d kann durch Anwenden der Exponentialfunktion zur Basis a auf beiden Seiten gelöst werden:

$$\log_a(x) = d \qquad | \; a \; hoch...$$

$$\Leftrightarrow \quad a^{\log_a(x)} = a^d \qquad | \; verwende \; a^{\log_a(x)} = x$$

$$\Leftrightarrow \qquad x = a^d$$

Beispiel. *Löse die Gleichung $\log_2(x-1) = 5$.*

Lösung. *Wir erhalten*

$$\log_2(x-1) = 5 \qquad | \; 2 \; hoch...$$

$$\Leftrightarrow \quad 2^{\log_2(x-1)} = 2^5 \qquad | \; verwende \; 2^{\log_2(x-1)} = x - 1$$

$$\Leftrightarrow \qquad x - 1 = 32 \qquad | \; +1$$

$$\Leftrightarrow \qquad x = 33$$

Die Lösung der Gleichung lautet also $\boxed{x = 33.}$

Beispiel. *Löse die Gleichung $2\ln(x) = -12$.*

Lösung. *Wir erhalten*

$$2\ln(x) = -12 \qquad | \; : 2$$

$$\Leftrightarrow \quad \ln(x) = -6 \qquad | \; e \; hoch...$$

$$\Leftrightarrow \quad e^{\ln(x)} = e^{-6} \qquad | \; verwende \; e^{\ln(x)} = x$$

$$\Leftrightarrow \qquad x = e^{-6}$$

Die Lösung der Gleichung lautet also $\boxed{x = e^{-6}.}$

1.10.9   Gleichungen der Form $\sqrt{f(x)} = g(x)$

Eine Gleichung der Bauart $\sqrt{f(x)} = g(x)$, mit beliebigen Funktionen f und g, kann durch Quadrieren beider Seiten gelöst werden. Nachdem man beide Seiten quadriert hat, müssen alle Lösungen der so erhaltenen Gleichung zum Überprüfen in die Ausgangsgleichung eingesetzt werden:

$$\sqrt{f(x)} = g(x) \qquad | \; quadrieren$$

$$\Rightarrow \quad f(x) = g(x)^2$$

$$\rightarrow \quad Gleichung\ lösen$$

$$\rightarrow \quad Probe\ in\ der\ Ausgangsgleichung$$

Beispiel. *Löse die Gleichung* $\sqrt{2x+1} = x - 17$.

Lösung. *Wir erhalten*

$$\sqrt{2x+1} = x - 17 \qquad | \; quadrieren$$

$$\Rightarrow \quad \left(\sqrt{2x+1}\right)^2 = (x-17)^2 \qquad | \; Rechenschritt$$

$$\Leftrightarrow \quad 2x + 1 = x^2 - 34x + 289 \qquad | \; -2x; \; -1$$

$$\Leftrightarrow \quad 0 = x^2 - 36x + 288 \qquad | \; Gleichung\ lösen$$

$$\Leftrightarrow \quad x_1 = 12 \quad und \quad x_2 = 24$$

Die so erhaltenen Lösungen müssen zur Probe in die Ausgangsgleichung eingesetzt werden. Für $x_1 = 12$ erhalten wir:

$$\sqrt{2 \cdot 12 + 1} = 12 - 17$$

$$\Leftrightarrow \quad 5 = -5 \qquad \text{\textit{keine Lösung}}$$

*Weil hier ein **Widerspruch** vorliegt, ist x_1 **keine Lösung der Ausgangsgleichung**. Für $x_2 = 24$ erhalten wir:*

$$\sqrt{2 \cdot 24 + 1} = 24 - 17$$

$$\Leftrightarrow \quad 7 = 7$$

Die einzige Lösung der Ausgangsgleichung lautet also $\boxed{x = 24.}$

1.11   Substitution

Ab und zu ist es sinnvoll, bestimmte Terme wie x^2 oder e^x in einer Rechnung durch eine neue Variable zu ersetzen. Dadurch können weitere Rechenschritte vereinfacht werden. Dieses Vorgehen ist auch unter dem Namen „**Substitution**" bekannt.

1.11.1   Gleichungen der Form $ax^4 + bx^2 + c = 0$

Wir betrachten die Gleichung

$$ax^4 + bx^2 + c = 0. \tag{1.2}$$

Die Form dieser Gleichung erinnert Dich vielleicht schon an eine quadratische Gleichung. Der Zusammenhang wird deutlicher, wenn wir die Gleichung wie folgt umschreiben:

$$a\left(x^2\right)^2 + b(x^2) + c = 0.$$

An dieser Stelle wird klar, dass wir eine quadratische Gleichung erhalten, wenn wir den Term x^2 durch eine neue Variable ersetzen. Wir benutzen dazu folgende Substitution:

$$\boxed{\text{Substitution: } z = x^2}$$

Wir ersetzten also an allen Stellen den Term x^2 durch die neue Variable z. Dies liefert

$$az^2 + bz + c = 0. \tag{1.3}$$

Merke: Substitutionen

Durch eine Substitution führst Du eine ganz neue Variable ein. Hier kannst Du einen beliebigen Buchstaben wählen, zum Beispiel z. Durch das Ersetzten (Substituieren) erhältst Du eine neue Gleichung. Die Lösungen dieser Gleichung werden dann z. B. mit $z_{1,2}$ bezeichnet, und nicht mit $x_{1,2}$.

Wie wir sehen, liefert die Substitution eine quadratische Gleichung, die Du mit Hilfe der abc-Formel oder der pq-Formel lösen kannst. Die so erhaltenen Lösungen z_1 und z_2 von Gleichung (1.3) müssen im Anschluss durch eine **Rücksubstitution** zu entsprechenden Lösungen unserer Ausgangsgleichung in (1.2) umgerechnet werden. Die Rücksubstitution führen wir durch, indem wir die Gleichung $z = x^2$ nach x auflösen:

$$\boxed{\text{Rücksubstitution: } x = \pm\sqrt{z}}$$

Merke: Rücksubstitutionen

Du erhältst die Lösungen der Ausgangsgleichung, indem Du die Rücksubstitution $x = \pm\sqrt{z}$ durchführst. Beachte dabei, dass Du die Wurzel aus negativen Zahlen nicht ziehen darfst. Für jeden positiven z-Wert erhältst Du zwei Lösungen,

$$x_1 = -\sqrt{z} \quad \text{und} \quad x_2 = \sqrt{z}.$$

Beispiel. *Bestimme alle Lösungen der folgenden biquadratischen Gleichung:*

$$-3x^4 - 6x^2 + 45 = 0. \tag{1.4}$$

Lösung. *Im ersten Schritt schreiben wir die Gleichung wie folgt um:*

$$-3\left(x^2\right)^2 - 6(x^2) + 45 = 0.$$

Nun substituieren wir $z = x^2$ und erhalten die quadratische Gleichung

$$-3z^2 - 6z + 45 = 0.$$

Die abc-Formel liefert $\left[a = -3,\ b = -6,\ c = 45\right]$:

$$z_{1,2} = \frac{6 \pm \sqrt{576}}{-6} = \frac{6 \pm 24}{-6}.$$

Die Zwischenlösungen lauten also $\boxed{z_1 = -5}$ *und* $\boxed{z_2 = 3.}$

Um die Lösungen der Ausgangsgleichung in (1.4) zu berechnen, müssen wir im letzten Schritt die Rücksubstitution $x = \pm\sqrt{z}$ durchführen:

Für $z_1 = -5$ gibt es keine Lösung, weil wir dazu die Wurzel aus einer negativen Zahl ziehen müssten:

$$x_{1,2} = \pm\sqrt{-5} \quad \text{\textit{keine Lösung}}$$

Hingegen erhalten wir für $z_2 = 3$ zwei Lösungen, nämlich

$$x_{1,2} = \pm\sqrt{3}, \quad \text{also} \quad \boxed{x_1 = -\sqrt{3}} \quad \text{und} \quad \boxed{x_2 = \sqrt{3}}.$$

Die Lösungsmenge der Ausgangsgleichung lautet also $\mathbb{L} = \{-\sqrt{3}; \sqrt{3}\}$.

Tipp: Wichtige Substitutionen

Du kannst die Substitution auch auf Gleichungen wie

$$ax^6 + bx^3 + c = 0 \quad \text{oder} \quad ax^8 + bx^4 + c = 0$$

übertragen. Schreibe dazu die entsprechende Gleichung wie folgt um:

$$ax^6 + bx^3 + c = 0 \quad \Leftrightarrow \quad a\left(x^3\right)^2 + bx^3 + c = 0;$$
$$ax^8 + bx^4 + c = 0 \quad \Leftrightarrow \quad a\left(x^4\right)^2 + bx^4 + c = 0;$$

Für $a\left(x^3\right)^2 + bx^3 = 0$ führt die Substitution $z = x^3$ dann auf die Gleichung

$$az^2 + bz + c = 0.$$

Die Rücksubstitution lautet in diesem Fall $x = \sqrt[3]{z}$.

Gleichung	Substitution	Rücksubstitution
$ax^6 + bx^3 + c = 0$	$z = x^3$	$x = \sqrt[3]{z}$
$ax^8 + bx^4 + c = 0$	$z = x^4$	$x = \pm\sqrt[4]{z}$

Auf der nächsten Seite findest Du noch ein Beispiel:

Beispiel.

Ausgangsgleichung:

$$4x^7 - 12x^4 - 40x = 0$$

$\downarrow$ *x ausklammern*

$$x \cdot (4x^6 - 12x^3 - 40) = 0$$

$\downarrow$ *Satz vom Nullprodukt*

1. Lösung: $\boxed{x_1 = 0}$

$\downarrow$ *Gibt es weitere Lösungen?*

Zur Berechnung der weiteren Lösungen muss $4x^6 - 12x^3 - 40 = 0$ gelöst werden:

$\downarrow$ *Gleichung der Form $ax^6 + bx^3 + c = 0$*

Substitution $z = x^3$

$\downarrow$ *Neue quadratische Gleichung*

$$4z^2 - 12z - 40 = 0$$

$\downarrow$ *Löse mit abc-Formel*

Zwischenlösungen: $z_1 = -2$ und $z_2 = 5$

$\downarrow$

Rücksubstitution $x = \sqrt[3]{z}$

$\downarrow$ *Lösungen der Ausgangsgleichung*

$\boxed{x_2 = \sqrt[3]{z_1} = \sqrt[3]{-2}}$ *und* $\boxed{x_3 = \sqrt[3]{z_2} = \sqrt[3]{5}}$

$\downarrow$ *Lösungsmenge der Ausgangsgleichung angeben*

*Die **Lösungsmege der Ausgangsgleichung** lautet*

$$\mathbb{L} = \left\{ 0;\ \sqrt[3]{-2};\ \sqrt[3]{5} \right\}$$

1.11.2   Gleichungen der Form $ae^{2x} + be^x + c = 0$

Auch für die Gleichung

$$ae^{2x} + be^x + c = 0 \tag{1.5}$$

führt eine geeignete Substitution auf eine quadratische Gleichung. Mit der Potenzregel auf Seite 10 schreiben wir dir Gleichung wie folgt um:

$$a\left(e^x\right)^2 + b\left(e^x\right) + c = 0.$$

Wir erhalten also eine quadratische Gleichung, wenn wir den Term e^x durch eine neue Variable ersetzen:

$$\boxed{\text{Substitution: } z = e^x}$$

An jeder Stelle ersetzen wir also den Ausdruck e^x durch die neue Variable z:

$$az^2 + bz + c = 0.$$

Nachdem wir diese quadratische Gleichung gelöst haben, erhalten wir die Lösungen der Ausgangsgleichung (1.5) durch folgende Rücksubstitution:

$$\boxed{\text{Rücksubstitution: } x = \ln(z)}$$

Merke: Rücksubstitution (Exponentialgleichung)

Bei Exponentialgleichung (1.5) lautet die Rücksubstitution $x = \ln(z)$. Beachte dabei, dass Du **in die Logarithmusfunktion nur positive Werte einsetzen** darfst.

Tipp: Wichtige Substitutionen

Du kannst die Substitution auch auf weitere Gleichungen übertragen:

Gleichung	Substitution	Rücksubstitution
$ae^{4x} + be^{2x} + c = 0$	$z = e^{2x}$	$x = \frac{1}{2}\ln(z)$
$ae^{6x} + be^{3x} + c = 0$	$z = e^{3x}$	$x = \frac{1}{3}\ln(z)$

Beispiel. *Bestimme alle Lösungen der Gleichung*

$$-\frac{1}{2}e^{2x} + 7e^x + 7,5 = 0. \tag{1.6}$$

Lösung. *Im ersten Schritt substituieren wir $z = e^x$ und erhalten somit*

$$-\frac{1}{2}z^2 + 7z + 7,5 = 0.$$

Die abc-Formel liefert $\left[a = -1/2,\ b = 7,\ c = 7{,}5\right]$:

$$z_{1,2} = \frac{-7 \pm \sqrt{64}}{-1} = \frac{-7 \pm 8}{-1}.$$

Die Zwischenlösungen lauten also $\boxed{z_1 = 15}$ *und* $\boxed{z_2 = -1.}$

Nun müssen wir die Rücksubstitution $x = \ln(z)$ durchführen:

Für $z_2 = -1$ gibt es keine Lösung, weil wir in die Logarithmusfunktion keine negativen Zahlen einsetzen dürfen:

$$x_1 = \ln(-1) \quad \text{\sout{} keine Lösung}$$

Hingegen erhalten wir für $z_1 = 15$:

$$\boxed{x_1 = \ln(15).}$$

Die Lösungsmenge der Ausgangsgleichung (1.6) lautet daher $\mathbb{L} = \left\{\ln(15)\right\}$.

1.12   Berechnen von Nullstellen

Schneidet der Graph einer Funktion f an einer bestimmten Stelle x_N die x-Achse, dann nennt man x_N eine **Nullstelle**. Es gilt also $f(x_N) = 0$. Um alle Nullstellen der Funktion zu berechnen, musst Du folgende Gleichung nach x auflösen:

$$f(x) = 0$$

Beispiel. *Bestimme die Nullstellen der Funktion* $f(x) = 2e^{\frac{1}{2}x} - 4$.

Lösung. *Wir lösen die Gleichung* $f(x) = 0$ *wie folgt:*

$$2e^{\frac{1}{2}x} - 4 = 0 \qquad | +4$$

$$\Leftrightarrow \quad 2e^{\frac{1}{2}x} = 4 \qquad | :2$$

$$\Leftrightarrow \quad e^{\frac{1}{2}x} = 2 \qquad | \ln$$

$$\Leftrightarrow \quad \frac{1}{2}x = \ln(2) \qquad | \cdot 2$$

$$\Leftrightarrow \quad x = 2\ln(2)$$

Die einzige Nullstelle der Funktion lautet also $\boxed{x_1 = 2\ln(2).}$

Eine Funktion kann auch mehrfache Nullstellen besitzen:

Definition: Mehrfache Nullstellen

Wir betrachten eine ganzrationale Funktion der Form

$$f(x) = (x - x_N)^n \cdot g(x).$$

Dabei ist $n \geq 1$ ein beliebiger Exponent und g eine beliebige Funktion, für die $g(x_N) \neq 0$ gilt. Zum Beispiel $x_N = 1, n = 2$ und $g(x) = (x-2)(x+3)^3$, also

$$f(x) = (x-1)^2 \cdot (x-2)(x+3)^3.$$

Dann nennt man x_N eine n-**fache Nullstelle**. Eine zweifache Nullstelle nennt man auch **doppelte Nullstelle**.

Beispiel.

- *Die Funktion $f(x) = 2(x-1)$ besitzt eine einfache Nullstelle bei $x = 1$;*

- *Die Funktion $f(x) = -x(x+4)^2$ besitzt eine einfache Nullstelle bei $x = 0$ und eine doppelte Nullstelle bei $x = -4$;*

- *Die Funktion $f(x) = (x-1)^2(x^3+x+1)$ besitzt eine doppelte Nullstelle bei $x = 1$. In diesem Fall ist $x_N = 1$ und $g(x) = (x^3+x+1)$. Es gilt $g(x_N) = g(1) - 3 \neq 0$.*

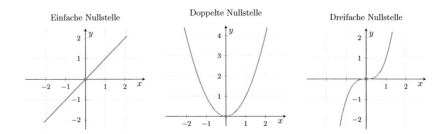

Einfache Nullstelle   Doppelte Nullstelle   Dreifache Nullstelle

Beispiel. *Bestimme die Nullstellen der Funktion $f(x) = -x^3 + 4x^2$.*

Lösung. *Wir lösen die Gleichung $f(x) = 0$ wie folgt:*

$$-x^3 + 4x^2 = 0 \qquad | \; x^2 \text{ ausklammern}$$
$$\Leftrightarrow \quad x^2(-x+4) = 0$$

In dieser Form können wir die Nullstellen der Funktion einfach ablesen. Diese lauten $x_1 = 0$ und $x_2 = 4$. Insbesondere ist x_1 eine doppelte Nullstelle. Deshalb berührt der Graph von f an dieser Stelle die x-Achse, siehe Abbildung:

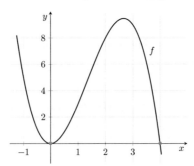

Fakt: Nullstellen ganzrationaler Funktionen

Eine ganzrationale Funktion vom Grad $n \geq 1$ besitzt **höchstens** n Nullstellen.

Tipp: Nullstellen ganzrationaler Funktionen

Der letzte Fakt ist besonders hilfreich, wenn Du einem vorgegebenen Graphen einen Funktionsterm zuordnen sollst. So folgt zum Beispiel, dass die ganzrationale Funktion $f(x) = x^3 - x$ (Grad 3) niemals zu einem Graphen mit 4 Nullstellen gehören kann.

Beachte:

Den Grad einer ganzrationalen Funktion kannst Du am höchsten Exponent ablesen.

Zum Beispiel besitzt die Funktion $f(x) = 2x^{\boxed{5}} + 5x^4 + x + 5$ den Grad $\boxed{5}$.

1.12.1 Polynomdivision – Nullstellen ganzrationaler Funktionen

Die Nullstellen einer Parabel $f(x) = ax^2 + bx + c$ lassen sich mit Hilfe der abc-Formel (oder der pq-Formel) berechnen. Für ganzrationale Funktionen vom Grad 3 oder höher kennen wir keine entsprechende Lösungsformel. Falls man x im Funktionsterm $f(x)$ nicht ausklammern kann, verwendet man die Polynomdivision:

Tipp: Nullstellen via Polynomdivision

1. Bestimme eine Nullstelle x_1 von f durch Ausprobieren (falls nicht angegeben);

2. Starte mit Hilfe der Nullstelle x_1 die Polynomdivision wie folgt:

$$f(x) : (x - x_1) = \ldots$$

Beachte dabei im Fall $x_1 < 0$ das richtige Vorzeichen in $(x - x_1)$;
Führe nun die Polynomdivision durch (siehe Beispiel) und erhalte die Lösung

$$f(x) : (x - x_1) = q(x).$$

3. Um die restlichen Nullstellen von f zu bestimmen, müssen die Nullstellen der Funktion q (rechte Seite) berechnet werden.

Beispiel. *Berechne mit Hilfe der Polynomdivision alle Nullstellen der Funktion*

$$f(x) = 2x^3 + 4x^2 - 2x - 4.$$

Lösung. *Schritt 1:*
Da keine Nullstelle von f bekannt ist, müssen wir eine Nullstelle durch Ausprobieren herausfinden. Typischerweise startet man mit $x = 1$ oder $x = -1$. Allgemein testet man die Teiler des y-Achsenabschnitts (Zahl ohne x). In diesem Beispiel also die Teiler der Zahl -4, das sind $\{\pm 1; \pm 2; \pm 4\}$. Wir beginnen mit $x = 1$ und erhalten

$$f(1) = 2 \cdot 1^3 + 4 \cdot 1^2 - 2 \cdot 1 - 4 = 2 + 4 - 2 - 4 = 0.$$

Wir hatten also Glück und haben die erste Nullstelle $x_1 = 1$ auf Anhieb gefunden.

Schritt 2:
Mit der Nullstelle $x_1 = 1$ aus Schritt 1 starten wir die Polynomdivision wie folgt:

$$(\boxed{2x^3} + 4x^2 - 2x - 4) : (x - 1) =$$

Wir starten mit folgender Frage:

Was muss man mit x multiplizieren, sodass man $\boxed{2x^3}$ erhält?

Die Antwort lautet $\boxed{2x^2}$, denn es gilt $x \cdot 2x^2 = 2x^3$. Dieses Zwischenergebnis schreiben wir nun auf die rechte Seite:

$$(2x^3 + 4x^2 - 2x - 4) : (x - 1) = \boxed{2x^2}$$

Wir fahren nun wie beim schriftlichen Dividieren von Zahlen fort. Dazu multiplizieren wir $(x - 1) \cdot 2x^2$ und ziehen das Ergebnis von der linken Seite ab:

$$
\begin{array}{l}
(2x^3 + 4x^2 - 2x - 4) : (x - 1) = 2x^2 \\
\underline{-(2x^3 - 2x^2)} \\
\boxed{6x^2} - 2x
\end{array}
$$

Nun wiederholt sich der Prozess: Die nächste Frage lautet also

Was muss man mit x multiplizieren, sodass man $\boxed{6x^2}$ erhält?

Die Lösung ist $\boxed{6x}$ *. Entsprechend kann die nächste Zeile aufgeschrieben werden:*

$$\downarrow$$

$$(2x^3 + 4x^2 - 2x - 4) : (x - 1) = 2x^2 + \boxed{6x}$$

$$\underline{-(2x^3 - 2x^2)}$$

$$6x^2 - 2x$$

$$\underline{-(6x^2 - 6x)}$$

$$\boxed{4x} - 4$$

$$\uparrow$$

Im letzten Durchgang ist eine Zahl gesucht, **die mit** x **multipliziert** $\boxed{4x}$ *ergibt. Wir erhalten:*

$$(2x^3 + 4x^2 - 2x - 4) : (x - 1) = 2x^2 + 6x + 4$$

$$\underline{-(2x^3 - 2x^2)}$$

$$6x^2 - 2x$$

$$\underline{-(6x^2 - 6x)}$$

$$4x - 4$$

$$\underline{-(4x - 4)}$$

$$0$$

Die Funktion q (rechte Seite) ist also gegeben durch $q(x) = 2x^2 + 6x + 4$.

Schritt 3:
Im letzten Schritt müssen wir noch die Nullstellen von q berechnen. Der Ansatz lautet

$$2x^2 + 6x + 4 = 0.$$

Mit Hilfe der abc-Formel erhalten wir $\left[a = 2,\ b = 6,\ c = 4\right]$:

$$x_{2,3} = \frac{-6 \pm \sqrt{4}}{4} = \frac{-6 \pm 2}{4},$$

also

$$x_2 = \frac{-6 - 2}{4} = -\frac{8}{4} = -2 \quad und \quad x_3 = \frac{-6 + 2}{4} = -\frac{4}{4} = -1.$$

Die Nullstellen von $f(x) = 2x^3 + 4x^2 - 2x - 4$ lauten also $x_1 = 1$, $x_2 = -2$ und $x_3 = -1$. Die Linearfaktordarstellung von f lautet

$$f(x) = 2 \cdot (x - 1) \cdot (x + 2) \cdot (x + 1).$$

1.12.2 Nullstellen von Sinus, Kosinus und Tangens

> **Fakt: Nullstellen von Sinus, Kosinus und Tangens**
>
> Es gilt
>
> - $\sin(x) = 0$ genau dann, wenn $x = k\pi$, $k \in \mathbb{Z}$;
> - $\cos(x) = 0$ genau dann, wenn $x = k\pi + \frac{\pi}{2}$; $k \in \mathbb{Z}$;
> - $\tan(x) = 0$ genau dann, wenn $x = k\pi$, $k \in \mathbb{Z}$.

> **Tipp: Nullstellen von Sinus und Kosinus**
>
> Da Sinus und Kosinus periodisch sind, solltest Du beim Berechnen der Nullstellen zuerst die allgemeine Darstellung mit $k \in \mathbb{Z}$ verwenden. Ist zusätzlich nach einer bestimmten Nullstelle im Sachzusammenhang gefragt, dann wähle das passende k. Siehe dazu auch folgendes Beispiel:

Beispiel. *Bestimme alle Nullstellen der Funktion $f(x) = -\sin(2x - 4)$. Wie lautet die dritte Nullstelle rechts der y-Achse?*

Lösung. *Wir lösen die Gleichung $f(x) = 0$ wie folgt:*

$$-\sin(2x - 4) = 0 \qquad | : (-1)$$
$$\Leftrightarrow \quad \sin(2x - 4) = 0$$

Wir ersetzen nun den Term $2x - 4$ durch eine neue Variable:

$$\boxed{\text{Substitution: } z = 2x - 4}$$

Dann folgt

$$
\begin{array}{rll}
& \sin(2x - 4) = 0 & | \ \textit{Substitution} \\
\Leftrightarrow & \sin(z) = 0 & | \ \textit{Nullstellen Sinus} \\
\Leftrightarrow & z = k\pi, \ k \in \mathbb{Z} & | \ \textit{Rücksubstitution (z einsetzen)} \\
\Leftrightarrow & 2x - 4 = k\pi & | \ + 4 \\
\Leftrightarrow & 2x = k\pi + 4 & | \ : 2 \\
\Leftrightarrow & x = \dfrac{k\pi}{2} + 2. &
\end{array}
$$

Die Menge der Nullstellen von f ist folglich gegeben durch

$$\left\{\frac{k\pi}{2} + 2 \mid k \in \mathbb{Z}\right\} = \left\{ ...; \underbrace{(-\pi + 2)}_{k=-2}; \underbrace{\left(-\frac{\pi}{2} + 2\right)}_{k=-1}; \underbrace{2}_{k=0}; \underbrace{\left(\frac{\pi}{2} + 2\right)}_{k=1}; \underbrace{(\pi + 2)}_{k=2}; ... \right\}.$$

Die dritte Nullstelle rechts der y-Achse lautet $x = \dfrac{\pi}{2} + 2$, das entspricht dem Wert $k = 1$.

1.13   Manipulation von Funktionsgraphen: Funktionsparameter

Funktionsgraphen können verschoben, gespiegelt und gestreckt bzw. gestaucht werden. Im Folgenden veranschaulichen wir diese Manipulationen mit Hilfe konkreter Beispiele.

1.13.1   Verschiebungen in y-Richtung

> **Merke**
>
> Der Graph einer Funktion f lässt sich nach oben oder nach unten verschieben, indem wir zum/vom Funktionsterm $f(x)$ eine Zahl addieren/subtrahieren. Dabei gilt:
>
> „$+$" verschiebt nach **oben**, und „$-$" verschiebt nach **unten**.

Wir betrachten nun die Funktion $f(x) = x^2$. Indem wir zu $f(x)$ den Wert 1 addieren, verschieben wir den Graphen von f um 1 LE nach oben. Die zum verschobenen Graphen passende Funktion bezeichnen wir im Folgenden mit g. Dann gilt:

$$g(x) = x^2 + 1.$$

Entsprechend verschieben wir um 2 LE nach unten, indem wir 2 von $f(x)$ abziehen:

$$g(x) = x^2 - 2.$$

Diese Verschiebungen sind in der folgenden Abbildung veranschaulicht:

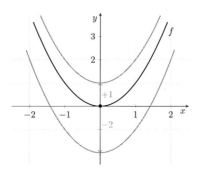

Abbildung 12: Verschiebungen in y-Richtung

Beispiel. *Der Graph der Funktion $f(x) = x^2 + x + 2$ soll um 2 LE nach oben verschoben werden. Wie lautet der Term der entsprechenden Funktion g?*

Lösung. *Es gilt*

$$g(x) = f(x) + 2 = (x^2 + x + 2) + 2 = x^2 + x + 4.$$

1.13.2 Verschiebungen in x-Richtung

> **Merke**
>
> Der Graph einer Funktion f lässt sich um die Länge $x_0 > 0$ nach links oder rechts verschieben, indem wir alle x-Variablen durch $x \pm x_0$ ersetzen. Dabei gilt:
>
> „$+$" verschiebt nach **links**, und „$-$" verschiebt nach **rechts**.

Es sei wieder $f(x) = x^2$. Indem wir x durch $x - 1$ ersetzen, verschieben wir den Graphen von f um 1 LE nach rechts. Dann gilt

$$g(x) = (x - 1)^2.$$

Entsprechend verschieben wir um 2 LE nach links, indem wir x durch $x + 2$ ersetzen:

$$g(x) = (x + 2)^2.$$

Diese Verschiebungen sind in der folgenden Abbildung veranschaulicht:

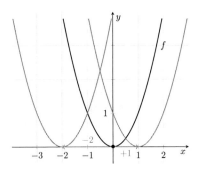

Abbildung 13: Verschiebungen in x-Richtung

Tipp: Verschieben ganzrationaler Funktionen

Achtung!

Wenn z. B. eine ganzrationale Funktion mit mehreren Potenzen gegeben ist, dann musst Du jedes einzelne x ersetzen, siehe nächstes Beispiel.

Beispiel. *Der Graph der Funktion* $f(x) = 2x^3 + x^2 - x + 2$ *soll um 4 LE nach links verschoben werden. Wie lautet der Term der entsprechenden Funktion g?*

Lösung. *Es gilt*

$$g(x) = 2(x + 4)^3 + (x + 4)^2 - (x + 4) + 2.$$

1.13.3   Symmetrie

Bei manchen Aufgaben sollst Du nachweisen, dass der Graph einer gegebenen Funktion symmetrisch zur y-Achse oder punktsymmetrisch zum Ursprung ist, siehe Abbildung 14.

Die Symmetrie einer Funktion lässt sich wie folgt nachweisen:

Fakt: Symmetriekriterien

Der Graph einer Funktion f ist genau dann achsensymmetrisch bzgl. der y-Achse, wenn für alle x aus dem Definitionsbereich gilt

$$f(-x) = f(x), \qquad \textbf{(Achsensymmetrie)}$$

und genau dann punktsymmetrisch zum Ursprung, wenn

$$f(-x) = -f(x). \qquad \textbf{(Punktsymmetrie)}$$

Fakt: Symmetrie von Sinus und Kosinus

- Der Sinus ist punktsymmetrisch, d. h. es gilt $\sin(-x) = -\sin(x)$;
- Der Kosinus ist achsensymmetrisch, d. h. es gilt $\cos(-x) = \cos(x)$.

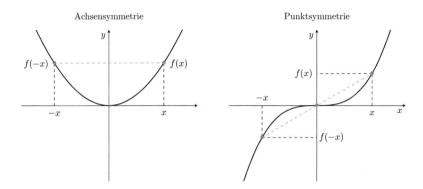

Abbildung 14: Veranschaulichung der Symmetriekriterien

Merke: Symmetrie ganzrationaler Funktionen

Eine ganzrationale Funktion $f(x) = a_n x^n + \ldots + a_1 x + a_0$ ist genau dann

- **achsensymmetrisch**, wenn in $f(x)$ nur **gerade** Exponenten auftauchen;

- **punktsymmetrisch**, wenn in $f(x)$ nur **ungerade** Exponenten auftauchen;

Tipp: Klammersetzung

Achte bei der Berechnung von $f(-x)$ und $-f(x)$ auf die Klammersetzung!

Beispiel. *Ist der Graph von $f(x) = x^4 + e^{x^2} + 1$ achsensymmetrisch zur y-Achse?*

Lösung. *Der Definitionsbereich der Funktion lautet $D_f = \mathbb{R}$. Für alle $x \in \mathbb{R}$ gilt*

$$f(-x) = (-x)^4 + e^{(-x)^2} + 1 = (-1)^4 \cdot x^4 + e^{(-1)^2 \cdot x^2} + 1 = x^4 + e^{x^2} + 1 = f(x).$$

Demnach ist der Graph von f achsensymmetrisch zur y-Achse.

Beispiel. *Ist der Graph von* $f(x) = \dfrac{1}{x} + x + x^3$ *punktsymmetrisch zum Ursprung?*

Lösung. *Der Definitionsbereich der Funktion lautet* $D_f = \mathbb{R} \setminus \{0\}$. *Für alle* $x \neq 0$ *gilt*

$$f(-x) = \frac{1}{(-x)} + (-x) + (-x)^3 = -\frac{1}{x} - x + (-1)^3 \cdot x^3$$

$$= -\frac{1}{x} - x - x^3 = -\left(\frac{1}{x} + x + x^3\right) = -f(x).$$

Der Graph von f *ist folglich punktsymmetrisch zum Ursprung.*

1.13.4   Spiegelungen

> **Merke**
>
> - Spiegelung der Funktion f an der y-Achse: $\longrightarrow$ Berechne $f(-x)$;
>
> - Spiegelung der Funktion f an der x-Achse: $\longrightarrow$ Berechne $-f(x)$;
>
> - Spiegelung der Funktion f am Ursprung: $\longrightarrow$ Berechne $-f(-x)$;

Wir betrachten die Funktion $f(x) = x^3 + 1$. Der Graph von f kann an den Koordinatenachsen und am Ursprung gespiegelt werden. Dabei entspricht der Graph der Funktion

$$g(x) = f(-x) = (-x)^3 + 1 = -x^3 + 1$$

der Spiegelung an der y-Achse,

$$g(x) = -f(x) = -(x^3 + 1) = -x^3 - 1$$

der Spiegelung an der x-Achse, sowie

$$g(x) = -f(-x) = -[(-x)^3 + 1] = -[-x^3 + 1] = x^3 - 1$$

der Spiegelung am Ursprung.

> **Tipp: Klammersetzung**
>
> Arbeite bei den Spiegelungen immer präzise mit den Klammern!

Beispiel. *Der Graph von* $f(x) = -2x^4 + 2x^3 - x + 7$ *soll an den Koordinatenachsen und am Ursprung gespiegelt werden. Wie lauten die entsprechenden Funktionsgleichungen?*

Lösung. *Für die Spiegelung an der x-Achse erhalten wir*

$$g(x) = -f(x) = -(-2x^4 + 2x^3 - x + 7) = 2x^4 - 2x^3 + x - 7.$$

Entsprechend ergibt sich für die y-Achse

$$g(x) = f(-x) = -2(-x)^4 + 2(-x)^3 - (-x) + 7 = -2x^4 - 2x^3 + x + 7.$$

Für die Spiegelung am Ursprung erhalten wir

$$g(x) = -f(-x) = -[-2(-x)^4 + 2(-x)^3 - (-x) + 7]$$
$$= -[-2x^4 - 2x^3 + x + 7] = 2x^4 + 2x^3 - x - 7.$$

1.13.5 Streckung und Stauchung

Merke

Der Graph einer Funktion f kann in x- oder y-Richtung gestreckt/ gestaucht werden. Dabei gilt:

- **Streckung/Stauchung in y-Richtung:** $\longrightarrow$ Berechne $c \cdot f(x)$;

- **Streckung/Stauchung in x-Richtung:** $\longrightarrow$ Berechne $f(c \cdot x)$;

Zur Veranschaulichung arbeiten wir mit der Funktion $f(x) = \sin(x)$, siehe Abbildung 15. Für die Streckung/Stauchung in y-Richtung betrachten wir die Funktion

$$g(x) = c \cdot f(x) = c \cdot \sin(x).$$

Wir erhalten den Graphen von g, indem wir alle y-Werte des Graphen von f mit der Zahl c multiplizieren. Im Fall $0 < c < 1$ sagen wir, dass f in y-Richtung gestaucht wird. Hingegen sprechen wir für $c > 1$ von einer Streckung.

Tipp: Streckung/Stauchung in y-Richtung

Vergleiche mit Abbildung 15 (oberer Teil):

- Streckung in y-Richtung mit Faktor $c = 2$: $\longrightarrow$ $2\sin(x)$;

- Stauchung in y-Richtung mit Faktor $c = 0{,}5$: $\longrightarrow$ $0{,}5\sin(x)$.

Für die Streckung/Stauchung in x-Richtung betrachten wir

$$g(x) = f(c \cdot x) = \sin(c \cdot x).$$

Achtung, hier ist die Situation ein bisschen anders: Wir erhalten den Graphen von g, indem wir alle x-Werte des Graphen von f durch c **teilen**. Im Fall $0 < c < 1$ sagen wir, dass f in x-Richtung gestreckt wird; für $c > 1$ sprechen wir von einer Stauchung.

Tipp: Streckung/Stauchung in x-Richtung

Vergleiche mit Abbildung 15 (unterer Teil):

- Streckung in x-Richtung mit Faktor 2 (entspricht $c = 0{,}5$) $\longrightarrow$ $\sin(0{,}5x)$;

- Stauchung in x-Richtung mit Faktor 0,5 (entspricht $c = 2$) $\longrightarrow$ $\sin(2x)$.

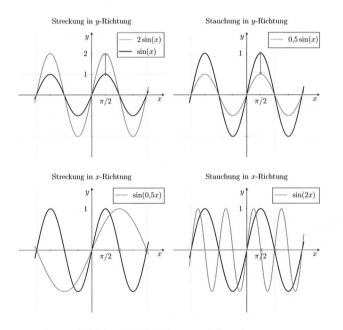

Abbildung 15: Streckung und Stauchung

1.14   Aufgaben zum Vertiefen

1.14.1   Definitions- & Wertemenge

Aufgabe A-1   **Lösung auf Seite LA-1**

Bestimme für folgende Funktionen die Definitions- und Wertemenge:

a) $f(x) = \ln(2 - x)$

c) $h(x) = e^{3x-2} \cdot \dfrac{1}{x}$

b) $g(x) = \sqrt{x^2 - 1} + 2$

d) $i(x) = -\dfrac{\ln(x)}{\ln(x - 1)}$

Aufgabe A-2   **Lösung auf Seite LA-1**

Bestimme für folgende Funktionen die Definitions- und Wertemenge:

a) $f(x) = \dfrac{2}{x - 1}$

c) $h(x) = x^4 + 4x^2 + 5$

b) $g(x) = \dfrac{x + 2}{x^2 - 9}$

d) $i(x) = \dfrac{2}{\sqrt{x}}$

1.14.2 Trigonometrische Funktionen

Aufgabe A-3   **Lösung auf Seite LA-2**

Forscher*innen messen im Verlauf eines Jahres das Gewicht eines weiblichen Grizzlybären. Ihre Aufzeichnungen beginnen im Oktober und laufen über zwölf Monate. Das Gewicht der Bärin, in Kilogramm, kann annähernd durch die Funktion g beschrieben werden:

$$g(t) = 20\cos\left(\frac{\pi}{6}t\right) + 160$$

Die Variable t beschreibt hierbei die seit Beobachtungsbeginn vergangene Zeit in Monaten.

a) Erkläre, warum ein solcher Verlauf plausibel ist;

b) Um welchen Wert schwankt das Gewicht des Grizzlybären?

c) Bestimme, zu welchen Zeitpunkten man davon ausgehen kann, dass die Bärin 160 kg wiegt.

Aufgabe A-4   **Lösung auf Seite LA-3**

Preise für Flugtickets schwanken erfahrungsgemäß im Tagesverlauf. Fachkundige der Vergleichswebsite Orvillestore haben herausgefunden, dass der Verlauf der Preise (in Euro) für Flugtickets München-Berlin annähernd durch die Funktion

$$p(t) = -10\sin\left(\frac{\pi}{12}t\right) + 120$$

mit Definitionsmenge $D_p = [0; 24]$ beschrieben werden kann. Die Variable t beschreibt hierbei die seit $0:00$ Uhr vergangene Zeit in Stunden.

a) Erkläre, warum die Definitionsmenge der Funktion plausibel ist;

b) Berechne, zu welchen Uhrzeiten ein Flugticket genau 120 Euro kostet.

Aufgabe A-5   **Lösung auf Seite LA-4**

Die Anzahl an Sonnenstunden pro Tag schwankt im Verlauf eines Jahres. Münchner Meteorologen und Meteorologinnen haben dazu ein Modell entwickelt. Dieses beschreibt die Anzahl der Sonnenstunden im Verlauf eines Jahres mit Hilfe der Funktion (t entspricht Monaten)

$$s(t) = 5 - \sin\left(\frac{\pi}{6}t + \frac{\pi}{2}\right).$$

Daher kann die Definitionsmenge $D_s = [0; 12]$ gewählt werden. Zu welchen Zeitpunkten sagt das Modell sechs Sonnenstunden pro Tag voraus?

Aufgabe A-6   **Lösung auf Seite LA-5**

Gegeben ist die folgende Funktion mit Definitionsmenge $D_h = \mathbb{R}$:

$$h(x) = a\cos(bx) + d$$

a) Gib für die folgenden Eigenschaften mögliche Werte für a, b und d an, sodass diese erfüllt sind, und erkläre Deine Wahl:

- Die Funktion $h(x)$ hat die Wertemenge $[-2; 4]$;
- Die Funktion $h(x)$ hat im Intervall $[0; \pi]$ genau zwei Nullstellen;
- Die Funktion $h(x)$ hat keinerlei Nullstellen.

b) Welche Wertemenge besitzt die Ableitung h' in Abhängigkeit von a und b?

Aufgabe A-7   **Lösung auf Seite LA-6**

Die untenstehende Grafik zeigt den Wasserstand der Themse im Verlauf eines Tages.

a) Wie viel Zeit vergeht zwischen zwei Höchstständen (Fluten)?

b) Gib den Term einer Funktion an, die den Tagesverlauf des Wasserstandes beschreibt.

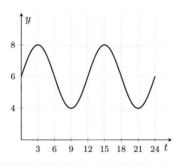

Aufgabe A-8   **Lösung auf Seite LA-7**

Der Verlauf eines Talkessels wird im Querschnitt durch folgende Funktion beschrieben

$$f(x) = 2\cos(x) + 2.$$

In der Talsohle befindet sich ein Stausee (blau). Ein Touristenverein möchte dort eine neue Berghütte (H) errichten. Gib an, in welchem Intervall I (x-Werte) die Hütte nicht errichtet werden sollte, wenn man Überschwemmungen vermeiden möchte. Nimm dazu an, dass der Höchststand des Stausees bei 200 m liegt.

Eine Längeneinheit entspricht dabei 100 Metern in der Realität.

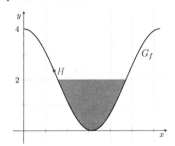

_____ **Tipp:** _____

Die Hütte in der Grafik ist lediglich eine von vielen möglichen Platzierungen.

1.14.3 Der Grenzwertbegriff

Aufgabe A-9   **Lösung auf Seite LA-8**

Bestimme alle waagerechten Asymptoten der folgenden Funktionen:

a) $f(x) = \dfrac{3x^2 - 4x}{-x^2 + 16x}$

c) $h(x) = \dfrac{\ln(4x) - 2}{x^3 - 5x}$

b) $g(x) = \dfrac{e^x}{x - 3} - 1$

d) $i(x) = \sqrt{x^2 + 1} \cdot e^{-0,5x}$

Aufgabe A-10   **Lösung auf Seite LA-10**

Bestimme alle Asymptoten der folgenden Funktionen:

a) $f(x) = \dfrac{4x^2 - 3x}{2x}$

c) $h(x) = \dfrac{5x^2 - 4}{2x^2 + 6x + 4}$

b) $g(x) = x \cdot e^{-x}$

d) $i(x) = \dfrac{\sqrt{x^3 - 4x^2 + 5}}{x^3}$

Aufgabe A-11   **Lösung auf Seite LA-11**

Bestimme alle Asymptoten der folgenden Funktionen:

a) $f(x) = \dfrac{1 + x}{x}$

c) $h(x) = \dfrac{x^2 - x - 6}{x^2 - 4x + 4}$

b) $g(x) = \dfrac{x^2 + 1}{x}$

Aufgabe A-12   **Lösung auf Seite LA-13**

Gib jeweils die Gleichungen aller Asymptoten der folgenden Funktionen an:

a) $f(x) = \dfrac{1-x}{(x+1)(x-2)}$ b) $g(x) = \dfrac{3x^2 + 2x + 1}{-x^2 - 2x + 3}$

c) $h(x) = \dfrac{(x+1)(2x+2)}{x}$

Aufgabe A-13   **Lösung auf Seite LA-14**

Bestimme die folgenden Grenzwerte mit Hilfe der Regel von de L'Hospital:

a) $\displaystyle\lim_{x \to 0} \left(\frac{\cos^2(x) - 1}{x} \right)$ b) $\displaystyle\lim_{x \to +\infty} \left(\frac{\ln(x)}{x^2} \right)$

c) $\displaystyle\lim_{x \to +\infty} \left(\frac{x^2 + x + 1}{x^3 + 2} \right)$ d) $\displaystyle\lim_{x \to 0} \left(\frac{2e^x - 2}{x} \right)$

e) $\displaystyle\lim_{x \to 0} \left(\frac{\sin^2(x)}{\sin(x^2)} \right)$

1.14.4 Lösen von Gleichungen

Aufgabe A-14   **Lösung auf Seite LA-17**

Löse folgende Gleichungen:

$$
\begin{aligned}
\text{a)} \quad & 4x^4 + 2x^2 + 1 &&= 3 \\
\text{b)} \quad & x^6 + 3x^3 - 1 &&= 0{,}75 \\
\text{c)} \quad & 2e^x + e^{2x} + 1 &&= 0 \\
\text{d)} \quad & -3e^x + e^{2x} &&= -2
\end{aligned}
$$

Aufgabe A-15   **Lösung auf Seite LA-18**

a) Gib die Lösungsmenge der Gleichung $\cos(2x + 4) = 1$ an!

b) Gib eine Lösung der Gleichung $\sin(x^2 - 2) = \frac{1}{2}$ an!

Aufgabe A-16   **Lösung auf Seite LA-19**

Gegeben sind die gebrochenrationalen Funktionen

$$
f(x) = \frac{x^2 - 4}{(x - 1)^2 \cdot (x + 3)} \quad \text{und} \quad g(x) = \frac{1}{x - 2}
$$

a) Gib die jeweils maximalen Definitonsmengen $\mathbb{D}_f$ und $\mathbb{D}_g$ an.

b) Gib die Gleichungen aller senkrechten Asymptoten der beiden Funktionen an und entscheide, ob es sich um eine Definitionslücke mit oder ohne Vorzeichenwechsel handelt.

c) Bestimme alle Schnittpunkte der beiden Graphen G_f und G_g!

Aufgabe A-17   **Lösung auf Seite LA-21**

Bei einem „Beer Pong"-Turnier spielt Imani 7 Spiele und gewinnt davon 4, Malik spielt 8 und gewinnt 6.

a) Nach wie viel weiteren Siegen in Folge hat Imani eine 80%-Siegesquote?

b) Malik gewinnt ab jetzt jedes zweite Spiel. Ermittle, nach wie viel Spielen seine Siegesquote erstmals unter 60% fällt.

Aufgabe A-18   **Lösung auf Seite LA-22**

Zerlege den folgenden Bruch in Partialbrüche der Form

$$\frac{2x^3 - 14x - 6}{x^4 - 3x^2 - 2x} = \frac{a}{(x+1)^2} + \frac{b}{x} + \frac{c}{x-2}.$$

Finde dazu passende reelle Werte für a, b und c.

1.14.5 Polynomdivision

Aufgabe A-19 **Lösung auf Seite LA-23**

Vereinfache folgende Ausdrücke mittels Polynomdivision:

a) $f(x) = \dfrac{x^3 - 2x^2 - 5x + 6}{x - 1}$

c) $h(x) = \dfrac{x^2 - 4x + 4}{x - 2}$

b) $g(x) = \dfrac{x^3 + 2x^2 - x - 2}{x + 2}$

1.14.6 Manipulation von Funktionsgraphen: Funktionsparameter

Aufgabe A-20 **Lösung auf Seite LA-24**

Untersuche die Graphen der folgenden Funktionen auf Symmetrie zur y-Achse und zum Ursprung:

a) $f(x) = x^7 - 3x^5 + x$

d) $i(x) = \dfrac{3x}{x^2 + 1}$

b) $g(x) = -x^5 + 2x^4 - 3x^3 + x^2$

e) $j(x) = \sqrt{x - 3}$

c) $h(x) = 4x + \sin(x)$

f) $k(x) = 4x^2 + \cos(2x)$

Aufgabe A-21 **Lösung auf Seite LA-25**

Betrachte die in der Abbildung dargestellten Funktionen.

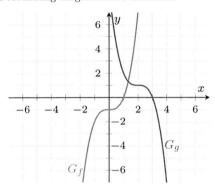

a) Beschreibe, welche lineare Transformation (Spiegeln, Verschieben, Strecken, Stauchen, ...) auf die Funktion f angewandt wurden, sodass g entstand.

b) Der Funktionsterm von f lautet

$$f(x) = x^3 - 1.$$

Gib die Funkion g an.

Aufgabe A-22 **Lösung auf Seite LA-25**

Gegeben sei die folgende Funktion:

$$f(x) = \frac{1}{2x^2 + x^4}$$

a) Prüfe die Funktion f auf Symmetrieeigenschaften;

b) Bilde die 1. Ableitung. Ist diese punkt- oder achsensymmetrisch?

c) Verschiebe die Funktion f um 1 nach oben und strecke sie mit dem Faktor 2 in y-Richtung. Ist die so entstandene Funktion punkt-/achsensymmetrisch?

Aufgabe A-23   **Lösung auf Seite LA-28**

Betrachte die in der Abbildung dargestellten Funktionen.

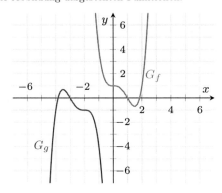

a) Beschreibe, welche lineare Transformationen (Spiegeln, Verschieben, Strecken, Stauchen, ...) der Reihe nach auf die Funktion f angewandt wurden, sodass g entstand;

b) Der Funktionsterm von f lautet

$$f(x) = x^4 - 2x^3 + 1.$$

Gib die Funktion g an.

Aufgabe A-24   **Lösung auf Seite LA-28**

Welche linearen Transformationen müssen durchgeführt werden, um die Funktion

$$f(x) = 2e^{1-2x} + 3$$

aus der Funktion $g(x) = 2e^x$ zu erhalten?

Aufgabe A-25   **Lösung auf Seite LA-29**

Welche Symmetrieeigenschaften (bezüglich des Koordinatensystems) haben die Funktionen

$$\text{a)} \quad f(x) = 5x^5 + 3x^3 - x$$
$$\text{b)} \quad g(x) = e^{-x^2} + 2$$

Welche linearen Transformationen können jeweils auf die Graphen von f und g angewendet werden, ohne dass die Symmetrieeigenschaften verloren gehen?

Aufgabe A-26   **Lösung auf Seite LA-29**

a) Gibt es eine Funktion, die sowohl achsensymmetrisch bezüglich der y-Achse als auch punktsymmetrisch bezüglich des Ursprungs ist?

b) Gegeben seien nun zwei Funktionen f und g. Über die Funktion f ist bekannt, dass sie punktsymmetrisch zum Ursprung ist. Es werden nun zwei neue Funktionen wie folgt definiert:

$$h(x) = f(x) + g(x) \quad \text{und} \quad k(x) = f(x) \cdot g(x)$$

Dabei gehen wir davon aus, dass keine der genannten Funktionen gleich der Nullfunktion ist. Welche Symmetrieeigenschaften besitzen h und k, wenn

i) g punktsymmetrisch zum Ursprung ist?

ii) g symmetrisch zur y-Achse ist?

Aufgabe A-27   **Lösung auf Seite LA-27**

Welche Symmetrieeigenschaften besitzen die folgenden Funktionen?

$$\text{a)} \quad f(x) = \sin(x^2) \qquad\qquad \text{c)} \quad h(x) = \frac{1}{x + x^3}$$
$$\text{b)} \quad g(x) = xe^x \qquad\qquad\quad \text{d)} \quad i(x) = \frac{\ln(x^2 + 1)}{x^4 + x^2}$$

e) Welche Transformationen können durchgeführt werden, ohne dass sich die Symmetrieeigenschaften von $i(x)$ verändern?

Aufgabe A-28   **Lösung auf Seite LA-31**

Ein Tierpark möchte seinem Tiger eine neue Höhle bauen. Diese soll sich unter einem Felsen befinden, der durch folgende Funktion und deren Spiegelung an der Geraden $x = 3$ beschrieben werden kann:

$$f(x) = 4\ln\left((x-1)^2\right), \quad \mathrm{D}_f =]1; \infty[$$

a) Berechne die Nullstellen der Funktion f. Wo muss sich die Nullstelle der gespiegelten Funktion befinden?

b) Spiegle die Funktion f wie beschrieben.

—————————————— **Tipp:** ——————————————

Spiegle den Graphen von f dazu zuerst an der y-Achse und verschiebe ihn dann um geeignet viele Einheiten nach rechts.

Aufgabe A-29   **Lösung auf Seite LA-32**

Gegeben ist die folgende Funktion:

$$f(x) = \frac{e^{-x^2}}{x}$$

a) Prüfe die Funktion f auf Symmetrieeigenschaften;

b) Bilde die 1. Ableitung. Ist diese punkt- oder achsensymmetrisch?

c) Verschiebe die Funktion f um 2 LE nach rechts und stauche sie mit dem Faktor 3 in x-Richtung. Ist die entstandene Funktion punkt-/achsensymmetrisch?

2 Ableitungen: Einführung Differentialrechnung

2.1 Differentialrechnung

Die Differentialrechnung beschäftigt sich mit dem **Ableiten von Funktionen**. Mit Hilfe der Ableitung kannst Du die Steigung des Graphen einer gegebenen Funktion berechnen. Somit kannst Du beispielsweise Hoch- und Tiefpunkte bestimmen.

Wir starten mit der Wiederholung einiger wichtiger Begriffe und Notationen.

2.1.1 Mittlere Änderungsrate und Differenzenquotient

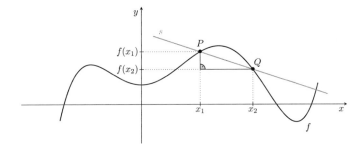

Abbildung 16: Sekante durch die Punkte $P = (x_1 \mid f(x_1))$ und $Q = (x_2 \mid f(x_2))$.

Eine Gerade, die den Graphen einer gegebenen Funktion f mindestens in zwei Punkten $P = (x_1 \mid f(x_1))$ und $Q = (x_2 \mid f(x_2))$ schneidet, heißt **Sekante**. Die Steigung m_s einer Sekante wird Sekantensteigung oder mittlere Änderungsrate genannt:

Definition: Differenzenquotient

Für eine Funktion f und $a < b$ heißt die Zahl

$$\frac{f(b) - f(a)}{b - a}$$

die **mittlere Änderungsrate** bzw. der **Differenzenquotient** im Intervall $[a; b]$.

> ### Fakt: Berechnung der mittleren Änderungsrate
>
> Es sei f eine beliebige Funktion, sowie $P = (x_1 \mid f(x_1))$ und $Q = (x_2 \mid f(x_2))$ zwei verschiedene Punkte auf dem Graphen von f. Dann ist die Steigung der Sekante durch P und Q (mittlere Änderungsrate) gegeben durch
>
> $$m_s = \frac{f(x_2) - f(x_1)}{x_2 - x_1}.$$

Beispiel. *Einem Patient wird um 9.00 Uhr ein Medikament injiziert. Die Konzentration des Medikaments im Blut kann durch folgende Funktion annähernd beschrieben werden:*

$$f(t) = 10t \cdot e^{-0.5t}.$$

Dabei entspricht t der Zeit in Stunden nach Verabreichung des Medikaments, sowie $f(t)$ der Konzentration des Medikaments im Blut gemessen in mg/l.
Berechne die mittlere Änderungsrate der Konzentration zwischen 12.00 und 14.00 Uhr.
Runde Teilergebnisse auf eine Stelle nach dem Komma.

Lösung. *Gesucht ist die mittlere Änderungsrate von f im Intervall $[3; 5]$. Es gilt also $t_1 = 3$ und $t_2 = 5$. Die entsprechenden Punkte P und Q lauten*

$$P = (3 \mid f(3)) \approx (3 \mid 6{,}7) \quad bzw. \quad Q = (5 \mid f(5)) \approx (5 \mid 4{,}1).$$

Die Sekantensteigung durch P und Q berechnet sich wie folgt:

$$m_s = \frac{f(t_2) - f(t_1)}{t_2 - t_1} = \frac{f(5) - f(3)}{5 - 3} \approx -1{,}3.$$

Die mittlere Änderungsrate der Konzentration zwischen 12.00 Uhr und 14.00 Uhr beträgt demnach ungefähr $-1{,}3$ mg/lh.

————————————————— ***Zusatz:*** —————————————————

Auch wenn in der Aufgabenstellung nicht verlangt, berechnen wir noch die vollständige Sekantengleichung. Die Funktionsgleichung der gesuchten Sekante s lautet

$$s(x) = m_s x + c = -1{,}3x + c,$$

mit dem noch unbekannten y-Achsenabschnitt c. Wir erhalten nun folgende Gleichung durch Einsetzen von P in den Funktionsterm $s(x)$ (alternativ kannst Du Q wählen):

$$6{,}7 = -1{,}3 \cdot 3 + c.$$

Auflösen nach c liefert $c = 6{,}7 + 1{,}3 \cdot 3 = 10{,}6$ und somit lautet die Funktionsgleichung

$$s(x) = -1{,}3x + 10{,}6.$$

2.1.2 Definition der Ableitung

Falls der Grenzwert des Sekantensteigung bei Annäherung der Punkte P und Q existiert, kann die Ableitung definiert werden:

Definition: Ableitung

Wir betrachten einen beliebigen Punkt $(x_0 \mid f(x_0))$ des Graphen einer Funktion f. Wenn der Grenzwert

$$f'(x_0) = \lim_{x \to x_0} \frac{f(x) - f(x_0)}{x - x_0}$$

existiert, dann heißt f an der Stelle x_0 **differenzierbar** und wir nennen $f'(x_0)$ die **Ableitung** von f in x_0. Die Ableitung kann alternativ auch mit folgender Formel berechnet werden:

$$f'(x_0) = \lim_{h \to 0} \frac{f(x_0 + h) - f(x_0)}{h} \qquad (h\text{-Methode})$$

Fakt: Bedeutung der Ableitung

Die Ableitung einer differenzierbaren Funktion an einer bestimmten Stelle x_0 gibt die **Steigung des Graphen** im Punkt $(x_0 \mid f(x_0))$ an.

Beispiel. *Gegeben sei die Funktion $f(x) = 2x + 4$. Zeige mit Hilfe der Definition der Ableitung, dass f an der Stelle $x_0 = 1$ differenzierbar ist und gib $f'(1)$ an.*

Lösung. *Für alle $x \neq 1$ gilt*

$$\frac{f(x) - f(1)}{x - 1} = \frac{(2x + 4) - (2 \cdot 1 + 4)}{x - 1} = \frac{2x + 4 - 6}{x - 1} = \frac{2x - 2}{x - 1}.$$

Kürzen im letzten Bruch liefert

$$\frac{2x - 2}{x - 1} = \frac{2 \cdot (x - 1)}{x - 1} = 2.$$

Somit erhalten wir

$$f'(1) = \lim_{x \to 1} \frac{f(x) - f(1)}{x - 1} = \lim_{x \to 1} 2 = 2.$$

Dies zeigt, dass f an der Stelle 1 differenzierbar ist mit $f'(1) = 2$.

Wir bestimmen die Ableitung noch mit der h-Methode. Für alle $h \neq 0$ gilt

$$\frac{f(1+h)-f(1)}{h} = \frac{2 \cdot (1+h) + 4 - (2 \cdot 1 + 4)}{h} = \frac{2 + 2h + 4 - 6}{h} = \frac{2\cancel{h}}{\cancel{h}} = 2.$$

Auch auf diese Weise erhalten wir also

$$f'(1) = \lim_{h \to 0} \frac{f(1+h)-f(1)}{h} = \lim_{h \to 0} 2 = 2.$$

2.1.3   Ableitungen der Grundfunktionen

Zu den wichtigsten Grundfunktionen gehören sog. Potenzfunktionen, das heißt Funktionen der Bauart $f(x) = x^r$ mit einem beliebigen Exponenten $r \in \mathbb{R}$. Beispiele sind

$$x, \quad x^2, \quad x^{-1} = \frac{1}{x}, \quad x^{-2} = \frac{1}{x^2}, \quad x^{1/2} = \sqrt{x}, \quad x^{-1/2} = \frac{1}{\sqrt{x}}.$$

Für solche Funktionen kann die Ableitung sehr einfach berechnet werden:

Fakt: Potenzregel

Es sei $f(x) = x^{\boxed{r}}$ mit einem beliebigen Exponenten $r \in \mathbb{R}$. Dann gilt

$$f'(x) = \boxed{r} \cdot x^{\boxed{r}-1}$$

Beispiel. *Bestimme die Ableitungen der Funktionen $f(x) = x^{123}$ und $g(x) = \sqrt{x}$.*

Lösung. *Bei der Funktion f lautet der Exponent $r = 123$. Somit gilt*

$$f'(x) = 123 \cdot x^{123-1} = 123 \cdot x^{122}.$$

Für g lautet der Exponent $r = 1/2$ und wir erhalten

$$g'(x) = \frac{1}{2} \cdot x^{1/2-1} = \frac{1}{2} \cdot x^{-1/2} = \frac{1}{2} \cdot \frac{1}{x^{1/2}} = \frac{1}{2\sqrt{x}}.$$

Als nächstes kommen wir zur Exponential- und Logarithmusfunktion:

Fakt: Ableitung der Exponential- und Logarithmusfunktion

$f(x)$	$f'(x)$
e^x	e^x
$\ln(x)$	$\dfrac{1}{x}$

Als letztes kommen wir noch zu den trigonometrischen Funktionen:

Fakt: Ableitung von Sinus und Kosinus

$f(x)$	$f'(x)$
$\sin(x)$	$\cos(x)$
$\cos(x)$	$-\sin(x)$

Tipp: Ableitung von Sinus und Kosinus

Den Zusammenhang zwischen Sinus und Kosinus beim Ableiten (und Aufleiten) kannst Du Dir mit folgender Graphik leicht einprägen:

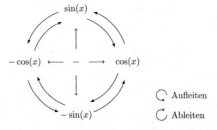

2.1.4 Ableitungsregeln

Für das Ableiten von zusammengesetzten Funktionen stehen Dir verschiedene Regeln zur Verfügung. Im Folgenden sind u und v zwei Funktionen, die auf unterschiedliche Weise miteinander in Beziehung stehen. Immer wenn Du eine zusammengesetzte Funktion ableiten sollst, musst Du zuerst u und v identifizieren.

Fakt: Ableitungsregeln

Es seien u und v differenzierbare Funktionen. Dann gilt:

$$f(x) = c \cdot u(x) \qquad \Rightarrow \qquad f'(x) = c \cdot u'(x) \qquad \text{(Faktorregel)}$$

$$f(x) = u(x) + v(x) \quad \Rightarrow \quad f'(x) = u'(x) + v'(x) \qquad \text{(Summenregel)}$$

$$f(x) = u(x) \cdot v(x) \quad \Rightarrow \quad f'(x) = u'(x)v(x) + u(x)v'(x) \qquad \text{(Produktregel)}$$

$$f(x) = \frac{u(x)}{v(x)} \qquad \Rightarrow \qquad f'(x) = \frac{u'(x)v(x) - u(x)v'(x)}{[v(x)]^2} \qquad \text{(Quotientenregel)}$$

$$f(x) = u(v(x)) \qquad \Rightarrow \qquad f'(x) = u'(v(x)) \cdot v'(x) \qquad \text{(Kettenregel)}$$

Tipp: Kettenregel vs. Exponentialfunktion

Die Kettenregel mit $u(x) = e^x$ liefert insbesondere

$$f(x) = e^{v(x)} \quad \Rightarrow \quad f'(x) = e^{v(x)} \cdot v'(x).$$

Zum Beispiel gilt für $v(x) = x^2 + x + 1$:

$$f(x) = e^{x^2+x+1} \quad \Rightarrow \quad f'(x) = e^{x^2+x+1} \cdot (2x + 1).$$

Wir behandeln die Ableitungsregeln nun ausführlich anhand zahlreicher Beispiele:

Beispiel (Faktorregel). $f(x) = 2\cos(x)$

Lösung. *Wir identifizieren:* $a = 2$, $u(x) = \cos(x)$. *Es gilt* $u'(x) = -\sin(x)$ *und somit*

$$f'(x) = a \cdot u'(x) = 2 \cdot (-\sin(x)) = -2\sin(x).$$

Beispiel (Faktorregel). $f(x) = -\dfrac{8}{x}$

Lösung. *Wir identifizieren:* $a = -8$, $u(x) = \dfrac{1}{x}$. *Es gilt* $u'(x) = -\dfrac{1}{x^2}$ *und somit*

$$f'(x) = a \cdot u'(x) = -8 \cdot \left(-\frac{1}{x^2}\right) = \frac{8}{x^2}.$$

Beispiel (Summenregel). $f(x) = \sin(x) + \cos(x)$

Lösung. *Wir identifizieren:* $u(x) = \sin(x)$, $v(x) = \cos(x)$. *Es gilt*

$$u'(x) = \cos(x), \ v'(x) = -\sin(x)$$

und somit

$$f'(x) = u'(x) + v'(x) = \cos(x) + (-\sin(x)) = \cos(x) - \sin(x).$$

Beispiel (Summenregel). $f(x) = 2x^3 + e^x$

Lösung. *Wir identifizieren:* $u(x) = 2x^3$, $v(x) = e^x$. *Es gilt*

$$u'(x) = 2 \cdot 3x^2 = 6x^2, \ v'(x) = e^x$$

und somit

$$f'(x) = u'(x) + v'(x) = 6x^2 + e^x.$$

Beispiel (Produktregel). $f(x) = x^2 \sin(x)$.

Lösung. *Wir identifizieren:* $u(x) = x^2$, $v(x) = \sin(x)$. *Es gilt*

$$u'(x) = 2x, \ v'(x) = \cos(x)$$

und somit

$$f'(x) = u'(x)v(x) + u(x)v'(x) = 2x \sin(x) + x^2 \cos(x).$$

Beispiel (Produktregel). $f(x) = 2x \ln(x)$.

Lösung. *Wir identifizieren:* $u(x) = 2x$, $v(x) = \ln(x)$. *Es gilt*

$$u'(x) = 2, \ v'(x) = \frac{1}{x}$$

und somit

$$f'(x) = u'(x)v(x) + u(x)v'(x) = 2 \cdot \ln(x) + 2x \cdot \frac{1}{x} = 2\ln(x) + 2.$$

Beispiel (Quotientenregel). $f(x) = \dfrac{x-1}{x^2+1}$

Lösung. *Wir identifizieren:* $u(x) = x - 1$, $v(x) = x^2 + 1$. *Es gilt*

$$u'(x) = 1, \ v'(x) = 2x$$

und somit

$$f'(x) = \frac{u'(x)v(x) - u(x)v'(x)}{[v(x)]^2} = \frac{1 \cdot (x^2+1) - (x-1) \cdot 2x}{(x^2+1)^2}$$

$$= \frac{x^2 + 1 - (2x^2 - 2x)}{(x^2+1)^2} = \frac{x^2 + 1 - 2x^2 + 2x}{(x^2+1)^2} = \frac{-x^2 + 2x + 1}{(x^2+1)^2}.$$

Beispiel (Quotientenregel). $f(x) = \dfrac{2x \sin(x)}{e^x}$

Lösung. *Wir identifizieren:* $u(x) = 2x \sin(x)$, $v(x) = e^x$. *Es gilt*

$$u'(x) = 2 \cdot \sin(x) + 2x \cdot \cos(x), \ v'(x) = e^x$$

und somit

$$f'(x) = \frac{u'(x)v(x) - u(x)v'(x)}{[v(x)]^2} = \frac{(2\sin(x) + 2x\cos(x)) \cdot e^x - 2x\sin(x) \cdot e^x}{(e^x)^2}$$

$$= \frac{(2\sin(x) + 2x\cos(x) - 2x\sin(x)) \cdot e^x}{(e^x)^2} = \frac{2(\sin(x) + x\cos(x) - x\sin(x))}{e^x}.$$

Beispiel (Kettenregel). $f(x) = (x^2 + 3x)^4$

Lösung. *Wir identifizieren:*

äußere Funktion: $u(x) = x^4$;   *äußere Ableitung:* $u'(x) = 4x^3$;

innere Funktion: $v(x) = x^2 + 3x$;   *innere Ableitung:* $v'(x) = 2x + 3$.

Somit folgt

$$f'(x) = u'(v(x)) \cdot v'(x) = 4[v(x)]^3 \cdot (2x + 3) = 4\left(x^2 + 3x\right)^3 \cdot (2x + 3).$$

Beispiel (Kettenregel). $f(x) = -\ln\left(x^4 + 4\right)$

Lösung. *Wir identifizieren:*

äußere Funktion: $u(x) = -\ln(x)$;   *äußere Ableitung:* $u'(x) = -\dfrac{1}{x}$;

innere Funktion: $v(x) = x^4 + 4$;   *innere Ableitung:* $v'(x) = 4x^3$.

Somit folgt

$$f'(x) = u'(v(x)) \cdot v'(x) = -\frac{1}{v(x)} \cdot 4x^3 = -\frac{4x^3}{x^4 + 4}.$$

2.2 Aufgaben zum Vertiefen

2.2.1 Definition der Ableitung

Aufgabe A-30   **Lösung auf Seite LA-36**

Ein Formel-1 Wagen beschleunigt zu Beginn des Rennens aus dem Stand. Für den Anfang des Rennens kann die zurückgelegte Strecke durch die Funktion s beschrieben werden:

$$s(t) = 4t^2$$

Die Funktion gibt dabei an, wie viele Meter das Auto nach t Sekunden zurückgelegt hat.

a) Was ist die mittlere Geschwindigkeit im Zeitraum $[0; 3]$?

b) Wann erreicht das Rennauto die momentane Geschwindigkeit von $120\,\frac{m}{s}$?

c) Der allgemeine Ansatz für die zurückgelegte Strecke lautet:

$$s(t) = \frac{a}{2}t^2 + v_0 t + s_0$$

Erläutere, was die Parameter v_0 und s_0 im Sachzusammenhang bedeuten, und erkläre, warum diese in der beschriebenen Situation auf Null gesetzt werden müssen.

Aufgabe A-31   **Lösung auf Seite LA-37**

Die Funktion

$$k(t) = \frac{2t^2}{2t^2 - 2t + 1}$$

beschreibt, wie viel Gramm CO_2 ein LKW während der Fahrt pro Minute ausstößt.

a) Erläutere, warum unter der Annahme, dass die Fahrt zum Zeitpunkt $t = 0$ beginnt, die Definitionsmenge $D_k = [0, \infty[$ eine gute Wahl ist.

b) Mit welcher durchschnittlichen Rate steigt der CO_2-Ausstoß während der ersten zwei Minuten?

c) Zu welchem Zeitpunkt stößt der LKW am meisten CO_2 aus?

d) Wie groß ist der CO_2-Ausstoß des LKWs bei sehr langen Fahrzeiten?

Aufgabe A-32   **Lösung auf Seite LA-39**

Die Körpertemperatur (in Grad Celsius) eines Fieberpatienten wird, während seines Krankenhausaufenthalts, durch die Funktion T beschrieben.

$$T(t) = 3t^2 e^{-t} + 37.$$

Die Variable t gibt dabei die vergangene Zeit in Stunden an. Die Definitonsmenge sei $D_T = [0, 24]$.

a) Welche Temperatur hatte der Patient eine Stunde nachdem er ins Krankenhaus eingeliefert wurde?

b) Ab welchem Zeitpunkt fiel die Temperatur des Patienten wieder?

c) Was war die durchschnittliche Rate, mit der die Temperatur im Zeitintervall $[0, 2]$ stieg?

d) Wann stieg die Temperatur des Patienten am schnellsten?

2.2.2 Ableitungen der Grundfunktionen

Aufgabe A-33   **Lösung auf Seite LA-34**

Bestimme jeweils die erste Ableitung der folgenden Funktionen und gib an welche Ableitungsregel Du verwendet hast:

a) $f(x) = 2x + 3$

e) $j(x) = \dfrac{\sin(x)}{2\pi}$

b) $g(x) = -\dfrac{1}{3}x^3 + x^2 - e$

f) $k(x) = x^2 \cdot e^{-3x}$

c) $h(x) = \dfrac{x^2 - 4}{x - 2} + 3$

g) $l(x) = \ln(x^2 - 2) + 4\cos(x)$

d) $i(x) = \sqrt{x^3 - x^2 + 5}$

h) $m(x) = \dfrac{e^{2x}}{x}$

Aufgabe A-34   **Lösung auf Seite LA-34**

Bestimme jeweils die erste Ableitung der folgenden Funktionen:

a) $f(x) = \dfrac{\sin(x)}{\cos(x)}$

d) $j(x) = \dfrac{1}{\sqrt{x^2 - x}} \cdot \ln(x)$

b) $g(x) = \dfrac{x^2 - 6x + 5}{x - 3}$

e) $k(x) = (x^2 - 3x + 4) \cdot e^{-0,5x}$

c) $h(x) = \dfrac{\sin(x)}{x} + 3$

f) $l(x) = \dfrac{1}{x^{0,5}} \cdot e^x$

Aufgabe A-35   **Lösung auf Seite LA-35**

Bestimme jeweils die erste Ableitung der folgenden Funktionsscharen:

a) $f_k(x) = \ln(kx) - \dfrac{x^2}{k}$

c) $h_k(x) = k\sin(3x^2) + k$

b) $g_k(x) = \dfrac{x^k - k}{x - 3}$

d) $i_k(x) = \sqrt{kx^2 + 1} \cdot e^{-0,5k}$

Meilenstein 1

Exponentielles Wachstum

Die Kraft des exponentiellen Wachstums ist verblüffend. In der Theorie könntest Du fast den Mond erreichen, indem Du ein Papier von 0,01 mm Dicke 45 Mal faltest. Denn die Entfernung von der Erde zum Mond beträgt ca. 384.400 km, und weil sich die Dicke bei jedem Falten verdoppelt, ergibt sich eine Dicke von $0{,}01 \cdot 2^{45}$ mm oder ungefähr 351.844 km. Beim 46-ten Mal hätten wir dann bereits eine Dicke von ungefähr 703.687 km!

3 Ableitungen: Beschreibung von Funktionsgraphen

3.1 Anwendungen der Differentialrechnung

3.1.1 Die Tangentengleichung

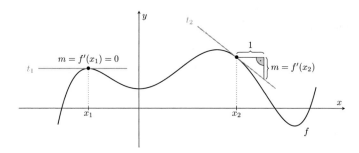

Abbildung 17: Zwei Tangenten des Graphen einer Funktion. Bei t_1 handelt es sich um eine waagerechte Tangente.

Definition: Tangente

Eine **Tangente** ist eine Gerade, die den Graphen einer gegebenen Funktion f in einem Punkt $P = (x_0 \mid f(x_0))$ berührt, aber nicht schneidet. Die Steigung $m = f'(x_0)$ dieser Geraden nennt man auch die **momentane Änderungsrate** von f in x_0.

Die Geradengleichung einer Tangente kann mit folgender Formel berechnet werden:

Fakt: Tangentengleichung

Die Gleichung der Tangente des Graphen einer Funktion f im Punkt $(x_0 \mid f(x_0))$ ist gegeben durch

$$y = f(x_0) + f'(x_0) \cdot (x - x_0).$$

Die Geradengleichung einer Tangente kann auch wie folgt bestimmt werden:

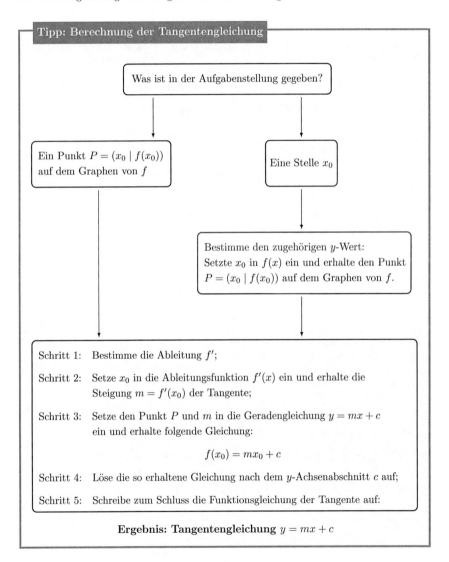

Tipp: Berechnung der Tangentengleichung

Was ist in der Aufgabenstellung gegeben?

Ein Punkt $P = (x_0 \mid f(x_0))$ auf dem Graphen von f

Eine Stelle x_0

Bestimme den zugehörigen y-Wert:
Setzte x_0 in $f(x)$ ein und erhalte den Punkt $P = (x_0 \mid f(x_0))$ auf dem Graphen von f.

Schritt 1:   Bestimme die Ableitung f';

Schritt 2:   Setze x_0 in die Ableitungsfunktion $f'(x)$ ein und erhalte die Steigung $m = f'(x_0)$ der Tangente;

Schritt 3:   Setze den Punkt P und m in die Geradengleichung $y = mx + c$ ein und erhalte folgende Gleichung:

$$f(x_0) = mx_0 + c$$

Schritt 4:   Löse die so erhaltene Gleichung nach dem y-Achsenabschnitt c auf;

Schritt 5:   Schreibe zum Schluss die Funktionsgleichung der Tangente auf:

Ergebnis: Tangentengleichung $y = mx + c$

Beispiel. *Bestimme die Gleichung der Tangente an der Stelle $x = 2$ an den Graphen von*

$$f(x) = x^3 - 3x + 1$$

Lösung. *Gegeben ist die Stelle $x_0 = 2$. Zuerst müssen wir also den zugehörigen Punkt auf dem Graphen von f berechnen. Wir setzen dazu die Zahl 2 in $f(x)$ ein:*

$$f(2) = 2^3 - 3 \cdot 2 + 1 = 8 - 6 + 1 = 3$$

Auf diese Art haben wir den Punkt $P = (2 \mid 3)$ auf dem Graphen von f berechnet;

Schritt 1:
Die erste Ableitung von f lautet

$$f'(x) = 3x^2 - 3;$$

Schritt 2:
Die Steigung der gesuchten Tangente ist gegeben durch

$$m = f'(2) = 3 \cdot 2^2 - 3 = 12 - 3 = 9;$$

Schritt 3 und 4:
Wir müssen nun den passenden y-Achsenabschnitt der Tangente berechnen. Dazu setzen wir den Punkt P und die Steigung m in die Geradengleichung $y = mx + c$ ein:

$$3 = 9 \cdot 2 + c$$

Die Lösung ist gegeben durch $c = 3 - 18 = -15;$

Schritt 5:
Zuletzt schreiben wir noch die vollständige Geradengleichung auf:

$$\text{Tangentengleichung: } y = 9x - 15$$

––––––––––––– ***Beachte:*** –––––––––––––

Mit Hilfe der Formel für die Tangentengleichung ergibt sich

$$y = f(2) + f'(2) \cdot (x - 2) = 3 + 9 \cdot (x - 2) = 3 + 9x - 18 = 9x - 15.$$

3.1.2   Senkrechte Geraden und Normalengleichung

> **Fakt: Senkrechte Geraden**
>
> Wir betrachten die Koordinatengleichungen $y = m_1 x + c_1$ und $y = m_2 x + c_2$ zweier Geraden. Falls für die Steigungen
>
> $$m_1 \cdot m_2 = -1$$
>
> gilt, dann stehen die Geraden **senkrecht** aufeinander.

Beispiel. *Es sei f die Gerade mit der Gleichung $y = 2x - 3$. Gib die Gleichung einer beliebigen Geraden g an, die senkrecht auf f steht.*

Lösung. *Die Steigung von f lautet $m_1 = 2$. Für die Geradengleichung von g machen wir den folgenden Ansatz:*

$$g\colon y = m_2 x + c_2.$$

Gesucht ist eine passende Steigung m_2, für die gilt:

$$2 \cdot m_2 = -1.$$

Die gesuchte Steigung lautet also $m_2 = -1/2$. Der y-Achsenabschnitt c_2 von g kann beliebig gewählt werden. Für $c_2 = 0$ bzw. $c_2 = -2$ erhalten wir z. B.

$$g_1\colon y = -\frac{1}{2}x \quad bzw. \quad g_2\colon y = -\frac{1}{2}x - 2.$$

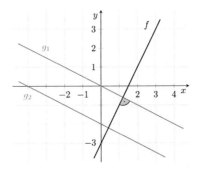

Abbildung 18: Bild zur Aufgabe: Senkrechte Geraden

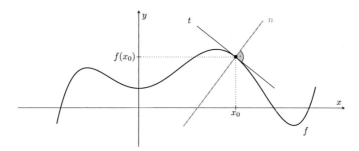

Abbildung 19: Tangente und Normale im Punkt $P = (x_0 \mid f(x_0))$

Definition: Normale

Wir betrachten die Tangente des Graphen einer gegebenen Funktion f in einem Punkt $P = (x_0 \mid f(x_0))$. Die zu dieser Tangente senkrechte Gerade durch P heißt die **Normale** im Punkt P.

Die Normale steht senkrecht auf der Tangente und deshalb gilt:

Fakt: Steigung der Normalen

Die Steigung der Normalen einer Funktion f im Punkt $(x_0 \mid f(x_0))$ ist gegeben durch

$$m = -\frac{1}{f'(x_0)}.$$

Um die Geradengleichung $y = mx + c$ der Normalen aufzustellen, benötigen wir noch den passenden y-Achsenabschnitt c.

Tipp: y-Achsenabschnitt der Normalen

Achtung!

Du musst darauf achten, den richtigen y-Achsenabschnitt der Normalen anzugeben. Ein beliebter Fehler besteht darin, einfach die Gleichung der Tangente zu verwenden und dort einfach die Steigung zu ersetzen. Auch wenn die Tangentengleichung bereits vorliegt, musst Du den richtigen y-Achsenabschnitt immer neu berechnen.

Die Geradengleichung einer Normale kann wie folgt bestimmt werden:

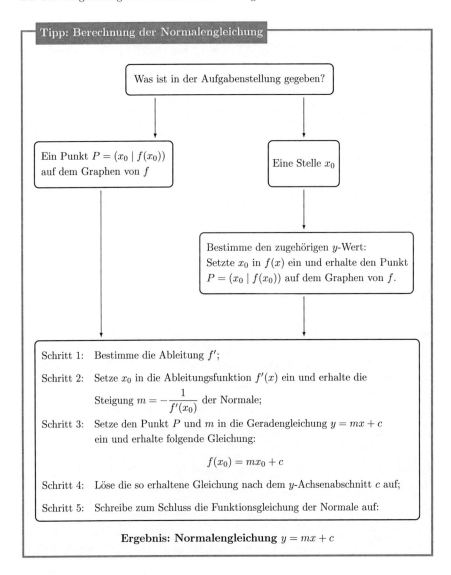

Tipp: Berechnung der Normalengleichung

Was ist in der Aufgabenstellung gegeben?

Ein Punkt $P = (x_0 \mid f(x_0))$ auf dem Graphen von f

Eine Stelle x_0

Bestimme den zugehörigen y-Wert:
Setzte x_0 in $f(x)$ ein und erhalte den Punkt
$P = (x_0 \mid f(x_0))$ auf dem Graphen von f.

Schritt 1: Bestimme die Ableitung f';

Schritt 2: Setze x_0 in die Ableitungsfunktion $f'(x)$ ein und erhalte die
            Steigung $m = -\dfrac{1}{f'(x_0)}$ der Normale;

Schritt 3: Setze den Punkt P und m in die Geradengleichung $y = mx + c$
            ein und erhalte folgende Gleichung:

$$f(x_0) = mx_0 + c$$

Schritt 4: Löse die so erhaltene Gleichung nach dem y-Achsenabschnitt c auf;

Schritt 5: Schreibe zum Schluss die Funktionsgleichung der Normale auf:

Ergebnis: Normalengleichung $y = mx + c$

Beispiel. *Es sei $f(x) = -x^3 - x^2 + 2x$. Gib die Gleichung der Normalen von f im Punkt $P = (1 \mid 0)$ an.*

Lösung. *Der Punkt $P = (1 \mid 0)$ ist in der Aufgabenstellung gegeben;*

Schritt 1:
Die erste Ableitung von f lautet

$$f'(x) = -3x^2 - 2x + 2;$$

Schritt 2:
Die Steigung der gesuchten Tangente ist gegeben durch

$$m = -\frac{1}{f'(1)} = -\frac{1}{-3} = \frac{1}{3};$$

Schritt 3 und 4:
Wir müssen nun den passenden y-Achsenabschnitt der Normale berechnen. Dazu setzen wir den Punkt P und die Steigung m in die Geradengleichung $y = mx + c$ ein:

$$0 = \frac{1}{3} \cdot 1 + c$$

Die Lösung ist gegeben durch $c = -1/3$;

Schritt 5:
Zuletzt schreiben wir noch die vollständige Geradengleichung auf:

$$\text{Normalengleichung: } y = \frac{1}{3}x - \frac{1}{3}$$

3.2 Gegenseitige Lage zweier Funktionsgraphen

Bei einer sogenannten **Kurvendiskussion** wird eine gegebene Funktion genau unter die
Lupe genommen. Ziel dabei ist, ein möglichst genaues Bild des Graphen zu bekommen.

3.2.1 Schnittpunkte zweier Graphen

Wir betrachten die Graphen zweier Funktionen f und g. Um zu überprüfen, ob sich diese
Graphen schneiden und gegebenenfalls die zugehörigen Schnittpunkte zu berechnen, muss
die folgende Gleichung nach x aufgelöst werden:

$$f(x) = g(x)$$

Tipp: Bedingung für Schnittpunkte

Falls die Gleichung $f(x) = g(x)$ keine Lösung besitzt, dann gibt es auch keinen
Schnitt- oder Berührpunkt. Andernfalls liefert jede einzelne Lösung genau einen
Schnittpunkt. Du erhältst die entsprechende y-Koordinate, indem Du den x-Wert
in einen der beiden Funktionsterme $f(x)$ oder $g(x)$ einsetzt.

Beispiel. *Bestimme den Schnittpunkt S der Geraden $y = 2x + 1$ und $y = x - 1$.*

Lösung. *Gleichsetzten der beiden Funktionsterme und Auflösen nach x liefert*

$$
\begin{aligned}
& 2x + 1 = x - 1 && | -x \\
\Leftrightarrow \quad & x + 1 = -1 && | -1 \\
\Leftrightarrow \quad & x = -2
\end{aligned}
$$

*Die Geraden schneiden sich also an der Stelle $x = -2$. Um die zugehörige y-Koordinate
des Schnittpunktes zu berechnen, setzen wir die Lösung $x = -2$ in einen der beiden
Funktionsterme ein und erhalten (hier werden beide Möglichkeiten vorgeführt):*

$$y = 2 \cdot (-2) + 1 = -4 + 1 = -3, \quad bzw.$$
$$y = -2 - 1 = -3.$$

Die Geraden schneiden sich also im Punkt $S = (-2 \mid -3)$, vergleiche Abbildung 20.

Beispiel (Kein Schnittpunkt). *Besitzen die Graphen der Funktionen $f(x) = x^2 + 1$ und
$g(x) = -2x - 4$ einen Schnittpunkt?*

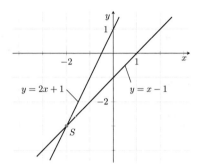

Abbildung 20: Bild zur Aufgabe: Schnittpunkt zweier Geraden

Lösung. *Gleichsetzten der Funktionsterme liefert*

$$x^2 + 1 = -2x - 4 \qquad | +4, +2x$$
$$\Leftrightarrow \quad x^2 + 2x + 5 = 0$$

Mit Hilfe der abc-Formel erhalten wir $\big[a = 1,\ b = 2,\ c = 5\big]$:

$$x_{1,2} = \frac{-2 \pm \sqrt{2^2 - 4 \cdot 1 \cdot 5}}{2 \cdot 1} = \frac{-2 \pm \sqrt{-16}}{2}.$$

Es gibt keine Lösungen, weil unter der Wurzel eine negative Zahl steht. Deshalb gibt es auch keinen Schnittpunkt.

3.2.2 Berührpunkte zweier Graphen

Haben die Graphen von f und g in einem Schnittpunkt S die **gleiche Steigung**, dann liegt ein **Berührpunkt** vor.

Tipp: Bedingung für Berührpunkte

Um nachzuweisen, dass sich die Graphen von zwei Funktionen f und g an einer Stelle x_B berühren, kannst Du wie folgt vorgehen:

1. Zeige, dass $f(x_B) = g(x_B)$ gilt;

2. Zeige, dass $f'(x_B) = g'(x_B)$ gilt.

Beispiel. *Zeige, dass sich die Graphen der Funktionen $f(x) = x^3 + 1$ und $g(x) = x^2 + x$ im Punkt $S = (1 \mid 2)$ berühren.*

Lösung. *Wir entnehmen der Aufgabenstellung $x_B = 1$.*

Schritt 1: Es gilt

$$f(x_B) = f(1) = 1^3 + 1 = 2;$$
$$g(x_B) = g(1) = 1^2 + 1 = 2.$$

Es gilt also $f(x_B) = g(x_B)$.

Schritt 2:
Die Ableitungen von f und g lauten

$$f'(x) = 3x^2 \quad und \quad g'(x) = 2x + 1.$$

Somit folgt:

$$f'(x_B) = f'(1) = 3 \cdot 1^2 \quad = 3;$$
$$g'(x_B) = g'(1) = 2 \cdot 1 + 1 = 3.$$

Weil auch die Ableitungen an der Stelle $x = 1$ übereinstimmen, handelt es sich bei S um einen Berührpunkt, vergleiche Abbildung 21.

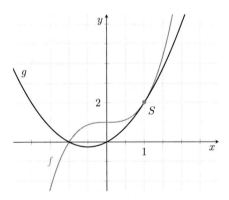

Abbildung 21: Bild zur Aufgabe: Berührpunkt zweier Graphen

3.2.3 Schnittwinkel

Wir betrachten eine beliebige Ursprungsgerade

$$y = mx.$$

Diese Gerade schließt zusammen mit der x-Achse einen spitzen Winkel ein, den wir im Folgenden mit α bezeichnen. Offensichtlich besteht ein Zusammenhang zwischen diesem Winkel und der Steigung m der Geraden:

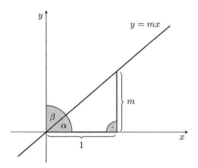

Abbildung 22: Schnittwinkel einer Geraden mit der x-Achse

Fakt: Schnittwinkel einer Geraden mit der x-Achse

Sei $m \in \mathbb{R}$ eine Steigung und $c \in \mathbb{R}$ ein y-Achsenabschnitt. Der Winkel $\alpha \in [0°; 90°[$, den die Gerade $y = mx + c$ mit der x-Achse einschließt, ist gegeben durch

$$\alpha = \tan^{-1}(|m|).$$

Verwende **DEG bei Deinem Taschenrechner!**

Tipp: Schnittwinkel mit der y-Achse

Wenn Du den Schnittwinkel α mit der x-Achse kennst, dann kannst Du ganz einfach den Schnittwinkel β mit der y-Achse berechnen, denn es gilt

$$\beta = 90° - \alpha.$$

Beachte, dass der Schnittwinkel nicht vom y-Achsenabschnitt abhängt.

Beispiel. *Welchen Winkel schließt die Gerade $y = -1{,}5x + 2$ mit der x-Achse, bzw. mit der y-Achse ein?*

Lösung. *Die Steigung der Geraden lautet $m = -1{,}5$. Der Betrag ist gegeben durch*

$$|m| = |-1{,}5| = 1{,}5.$$

Den Winkel α, den die Gerade mit der x-Achse einschließt, berechnen wir wie folgt:

$$\alpha = \tan^{-1}(|m|) = \tan^{-1}(1{,}5) \approx 56{,}3°.$$

Entsprechend erhalten wir für den Schnittwinkel mit der y-Achse:

$$\beta = 90° - \alpha \approx 90° - 56{,}3° = 33{,}7°.$$

Angeberwissen: Herleitung der Steigungsformel

Um die Formel $\alpha = \tan^{-1}(|m|)$ herzuleiten, betrachten wir die Gerade $y = mx$ mit einer positiven Steigung $m > 0$, siehe Abbildung 22. Mit Hilfe eines Steigungsdreiecks und der geometrischen Definition des Tangens erhalten wir

$$\tan(\alpha) = \frac{\text{Gegenkathete (des Winkels } \alpha)}{\text{Ankathete (des Winkels } \alpha)} = \frac{m}{1} = m.$$

Anwenden der Umkehrfunktion liefert also

$$\alpha = \tan^{-1}(m).$$

Im Fall $m < 0$ erhalten wir entsprechend

$$\tan(\alpha) = \frac{|m|}{1} = |m|, \quad \text{bzw.} \quad \alpha = \tan^{-1}(|m|).$$

Schnittwinkel einer beliebigen Funktion mit der x-Achse

Man kann auch den Schnittwinkel einer beliebigen Funktion f mit der x-Achse berechnen. Voraussetzung dafür ist natürlich, dass die Funktion f eine Nullstelle x_N besitzt, denn wir wollen ja den Schnittwinkel mit der x-Achse berechnen. Dabei ist die Steigung m des Graphen an der Stelle x_N durch die erste Ableitung gegeben, wie auf Seite 83 erklärt wurde, also

$$m = f'(x_N).$$

Wir erhalten also folgendes Bild:

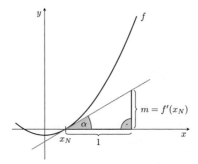

Abbildung 23: Schnittwinkel eines beliebigen Graphen mit der x-Achse

---

Fakt: Schnittwinkel mit der x-Achse (allgemein)

Es sei f eine beliebige Funktion und x_N eine Nullstelle von f. Der Winkel $\alpha \in [0°; 90°[$, den der Graph von f mit der x-Achse an der Stelle x_N einschließt, ist gegeben durch

$$\alpha = \tan^{-1}(|f'(x_N)|).$$

Beispiel. *Unter welchen Winkeln schneidet der Graph von $f(x) = x^2 - 4$ die x-Achse?*

Lösung. *Wir berechnen zuerst die Nullstellen der Funktion f:*

$$f(x) = 0$$
$$\Leftrightarrow \quad x^2 - 4 = 0 \quad | +4$$
$$\Leftrightarrow \quad x^2 = 4 \quad | \sqrt{}$$
$$\Leftrightarrow \quad x_{1,2} = \pm 2$$

Es gibt also zwei Nullstellen, und für beide müssen wir den entsprechenden Schnittwinkel berechnen. Die erste Ableitung von f lautet

$$f'(x) = 2x.$$

Die Steigungen m_1 und m_2 des Graphen von f in den Nullstellen $x_1 = -2$ und $x_2 = 2$ erhalten wir, indem wir x_1 und x_2 in die erste Ableitung einsetzen:

$$m_1 = f'(x_1) = 2 \cdot (-2) = -4 \quad und \quad m_2 = f'(x_2) = 2 \cdot 2 = 4.$$

Die gesuchten Winkel α_1 und α_2 sind demnach gegeben durch

$$\alpha_1 = \tan^{-1}(|m_1|) = \tan^{-1}(|-4|) = \tan^{-1}(4) \approx 76°;$$

$$\alpha_2 = \tan^{-1}(|m_2|) = \tan^{-1}(4) \approx 76°.$$

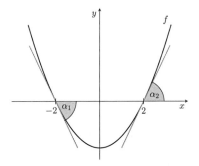

Abbildung 24: Bild zur Aufgabe: Schnittwinkel mit der x-Achse

---

Angeberwissen: Negative Winkel

Die Umkehrfunktion $\tan^{-1}$ der Tangensfunktion ist punktsymmetrisch zum Ursprung, das heißt es gilt $\tan^{-1}(-x) = -\tan^{-1}(x)$ für alle $x \in \mathbb{R}$. Für eine negative Steigung, z. B. $m = -1$, kann man deshalb den Schnittwinkel auch ohne Betrag definieren. Dann erhält man z. B.

$$\alpha = \tan^{-1}(-1) = -\tan^{-1}(1) = -45°.$$

Das Ergebnis ist also ein negativer Winkel (Drehung im Uhrzeigersinn).

Schnittwinkel zweier Funktionen

Wir betrachten die Schnittwinkel α_1 und α_2 zweier Ursprungsgeraden $y = m_1 x$ und $y = m_2 x$ mit der x-Achse, siehe Abbildung 25. Wie Du in der Abbildung siehst, kannst Du den zugehörigen Schnittwinkel α der beiden Geraden einfach berechnen, indem den Winkel α_1 vom Winkel α_2 abziehst, das heißt $\alpha = \alpha_2 - \alpha_1$.

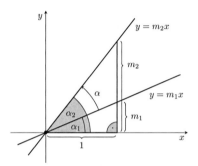

Abbildung 25: Schnittwinkel zweier Geraden

Auf ähnliche Art kann man den Schnittwinkel zwischen beliebigen Graphen berechnen:

Fakt: Schnittwinkel zweier Funktionen

Es seien f und g zwei beliebige Funktionen und x_S eine Schnittstelle der Graphen. Der Winkel $\alpha \in [0°; 180°[$, den die Graphen von f und g an der Stelle x_S einschließen, ist gegeben durch

$$\alpha = \left| \tan^{-1}(f'(x_S)) - \tan^{-1}(g'(x_S)) \right|.$$

Beispiel. *Zeige, dass sich die Graphen von $f(x) = x^2 - 2x + 3$ und $g(x) = -0{,}5x + 4$ im Punkt $(2 \mid 3)$ schneiden und berechne den zugehörigen Schnittwinkel.*

Lösung. *Zuerst zeigen wir, dass sich die Graphen im Punkt $(2 \mid 3)$ schneiden. Es gilt*

$$f(2) = 2^2 - 2 \cdot 2 + 3 = 3 \quad und \quad g(2) = -0{,}5 \cdot 2 + 4 = 3.$$

Beide Graphen gehen also durch den Punkt $(2 \mid 3)$. Um den zugehörigen Schnittwinkel zu berechnen, bestimmen wir die Ableitungen von f und g. Es gilt

$$f'(x) = 2x - 2 \quad und \quad g'(x) = -0{,}5.$$

Mit $x_S = 2$ erhalten wir somit

$$f'(x_S) = f'(2) = 2 \cdot 2 - 2 = 2 \quad und \quad g'(x_S) = g'(2) = -0{,}5.$$

Der Schnittwinkel α berechnet sich nun wie folgt:

$$\alpha = \left|\tan^{-1}(2) - \tan^{-1}(-0{,}5)\right| \approx \left|63{,}43° - (-26{,}57°)\right| = \left|90°\right| = 90°.$$

Zusatz:

Wir wissen bisher nicht, ob der Schnittwinkel exakt $90°$ beträgt, weil wir beim Rechnen mit dem Taschenrechner gerundet haben. Um zu zeigen, dass es sich wirklich um einen rechten Winkel handelt, müssen wir zeigen, dass die Tangenten der Graphen im Schnittpunkt senkrecht aufeinander stehen. Dazu müssen wir das Kriterium für senkrechte Geraden benutzen, siehe Fakt auf Seite 97. Mit $m_1 = f'(x_S) = 2$ und $m_2 = g'(x_S) = -0{,}5$ folgt

$$m_1 \cdot m_2 = 2 \cdot (-0{,}5) = -1.$$

Deshalb stehen die Grahen tatsächlich senkrecht (orthogonal) aufeinander.

Tipp: Senkrechte Schnitte

Wenn Du nachweisen sollst, dass die Graphen zweier Funktionen f und g in einem Schnittpunkt $(x_S \mid y_S)$ **senkrecht aufeinander** stehen, dann musst Du zeigen, dass für die Steigungen $m_1 = f'(x_S)$ und $m_2 = g'(x_S)$ folgende Gleichung gilt:

$$m_1 \cdot m_2 = -1.$$

3.3 Kurvendiskussion: Untersuchung von Funktionsgraphen

3.3.1 Monotonie

Um ein grobes Bild des Graphen einer Funktion zu bekommen, kann es sehr hilfreich sein, die x-Achse in Teilintervalle zu zerlegen, auf denen der Graph entweder steigt oder fällt.

Definition: Monotonie

Betrachte eine Funktion f auf einem Intervall $[a, b]$ und zwei x-Werte $x_1, x_2 \in [a, b]$. Dann heißt f in $[a, b]$

- **monoton steigend**, wenn aus $x_1 < x_2$ folgt $f(x_1) \leq f(x_2)$;

- **streng (strikt) monoton steigend**, wenn aus $x_1 < x_2$ folgt $f(x_1) < f(x_2)$;

- **monoton fallend**, wenn aus $x_1 < x_2$ folgt $f(x_1) \geq f(x_2)$;

- **streng (strikt) monoton fallend**, wenn aus $x_1 < x_2$ folgt $f(x_1) > f(x_2)$;

Beachte! Eine Funktion ist auf einem Teilintervall nicht **streng** monoton steigend/fallend, wenn der Graph auf einem Abschnitt „echt parallel" zur x-Achse ist. Folgende Grafik veranschaulicht die obige Definition:

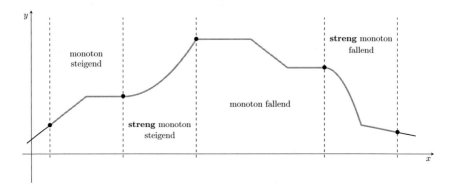

Abbildung 26: Veranschaulichung der Monotoniebegriffe

Du kannst die 1. Ableitung der Funktion benutzen, um die Monotonie zu bestimmen:

Fakt: Monotoniesatz

Betrachte eine differenzierbare Funktion f auf dem Intervall $[a; b]$.

1. Wenn $f'(x) > 0$ für alle $x \in [a; b]$ gilt, dann ist f **streng** monoton wachsend;

2. Wenn $f'(x) < 0$ für alle $x \in [a; b]$ gilt, dann ist f **streng** monoton fallend;

Tipp: Monotoniesatz

Beachte!

Betrachte den Graphen der Funktion $f(x) = x^3$:

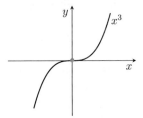

An der Stelle $x = 0$ besitzt der Graph einen Sattelpunkt. Es gilt also $f'(0) = 0$. Trotzdem ist die Funktion streng monoton steigend!

Beachte!

Das Monotonieverhalten einer Funktion kann sich auch an einer Polstelle verändern:

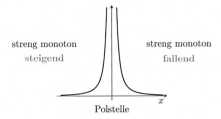

Achte immer darauf, dass Du in einer Monotonietabelle ggf. auch alle Polstellen einträgst, siehe nächster Tipp.

Um herauszufinden, in welchen Teilintervallen eine Funktion streng monoton fallend bzw. steigend ist, kannst Du wie folgt vorgehen:

Tipp: Monotonieverhalten bestimmen

1. Bestimme die 1. Ableitung der Funktion f;

2. Berechne die Nullstellen der 1. Ableitung. Der Ansatz hierfür lautet:

$$f'(x) = 0$$

3. Bestimme gegebenenfalls die Polstellen der Funktion f;

4. Du hast bisher alle Nullstellen der 1. Ableitung und alle Polstellen berechnet. All diese x-Werte $x_1, x_2, \ldots$ zerlegen den Definitionsbereich in Teilintervalle. Zum Beispiel ergibt sich folgende Aufteilung:

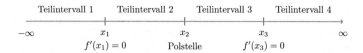

Teilintervall 1   Teilintervall 2   Teilintervall 3   Teilintervall 4

$-\infty$ x_1 x_2 x_3 ∞

$f'(x_1) = 0$ Polstelle $f'(x_3) = 0$

Auf jedem Teilintervall ist die 1. Ableitung $f'(x)$ entweder positiv oder negativ. Bestimme das entsprechende Vorzeichen, indem Du einen beliebigen x-Wert des zu betrachtenden Teilintervalls in $f'(x)$ einsetzt.

5. Erstelle eine Monotonietabelle, in die Du alle Informationen einträgst:

x :	$]-\infty; x_1[$	x_1	$]x_1; x_2[$	x_2	$]x_2; x_3[$	x_3	$]x_3; \infty[$
VZ $f'(x)$:	$+$	0	$+$	$\mid$	$-$	0	$+$
Monotonie:	steigend	SP	steigend	Pol	fallend	TP	steigend

Beispiel. *Bestimme das Monotonieverhalten der Funktion* $f(x) = \dfrac{1}{9}\left(2x^3 - 15x^2 + 24x + 25\right)$.

Lösung. *Schritt 1: Die erste Ableitung von f lautet*

$$f'(x) = \frac{1}{9}\left(6x^2 - 30x + 24\right).$$

Schritt 2:
Jetzt berechnen wir die Nullstellen der 1. Ableitung:

$$f'(x) = 0$$

$$\Leftrightarrow \quad \frac{1}{9}\left(6x^2 - 30x + 24\right) = 0 \qquad | \ \cdot 9$$

$$\Leftrightarrow \quad 6x^2 - 30x + 24 = 0$$

Die Gleichung $6x^2 - 30x + 24 = 0$ *lösen wir mit der abc-Formel* $\left[a = 6, \ b = -30, \ c = 24\right]$:

$$x_{1,2} = \frac{-(-30) \pm \sqrt{(-30)^2 - 4 \cdot 6 \cdot 24}}{2 \cdot 6} = \frac{30 \pm 18}{12}.$$

Wir erhalten dadurch die Nullstellen $x_1 = 1$ *und* $x_2 = 4$;

Schritt 3:
Es gibt keine Polstellen;

Schritt 4:
Die Nullstellen von f' zerlegen den Definitionsbereich in folgende Teilintervalle:

- *Teilintervall 1:* $\left] - \infty; 1\right[$

- *Teilintervall 2:* $\left]1; 4\right[$

- *Teilintervall 3:* $\left]4; \infty\right[$

Nun müssen wir noch das Vorzeichen der 1. Ableitung auf jedem Teilintervall bestimmen.
Dazu setzen wir jeweils einen beliebigen Wert in $f'(x)$ *ein:*

- *Teilintervall 1* $\rightarrow$ *Wähle* $x = 0$ $\rightarrow$ $f'(0) \approx 2{,}67 > 0 \Rightarrow$ *streng monoton steigend;*

- *Teilintervall 2* $\rightarrow$ *Wähle* $x = 2$ $\rightarrow$ $f'(2) \approx -1{,}33 < 0 \Rightarrow$ *streng monoton fallend;*

- *Teilintervall 3* $\rightarrow$ *Wähle* $x = 5$ $\rightarrow$ $f'(5) \approx 2{,}67 > 0 \Rightarrow$ *streng monoton steigend.*

Schritt 5: Die Monotonietabelle sieht wie folgt aus:

$x:$	$]-\infty;1[$	1	$]1;4[$	4	$]4;\infty[$
VZ $f'(x)$:	$+$	0	$-$	0	$+$
Monotonie:	*steigend*	*HP*	*fallend*	*TP*	*steigend*

Insbesondere ergibt sich folgendes Bild (in der Aufgabe nicht verlangt):

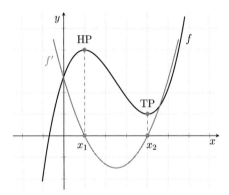

Abbildung 27: Bild zur Aufgabe

Beispiel. *Bestimme das Monotonieverhalten der Funktion* $f(x) = \dfrac{x^2}{x+1}$.

Lösung. *Schritt 1: Die erste Ableitung von f berechnen wir mit der Quotientenregel. Wir identifizieren:* $u(x) = x^2$, $v(x) = x + 1$. *Es gilt*

$$u'(x) = 2x, \ v'(x) = 1$$

und somit

$$f'(x) = \frac{u'(x)v(x) - u(x)v'(x)}{[v(x)]^2} = \frac{2x \cdot (x+1) - x^2 \cdot 1}{(x+1)^2} = \frac{x^2 + 2x}{(x+1)^2}.$$

Schritt 2:
Jetzt berechnen wir die Nullstellen der 1. Ableitung. Dazu setzen wir die Zählerfunktion von $f'(x)$ gleich null:

$$f'(x) = 0$$

$$\Leftrightarrow \qquad x^2 + 2x = 0 \qquad |\; x \; ausklammern$$

$$\Leftrightarrow \qquad x \cdot (x + 2) = 0 \qquad |\; Satz \; vom \; Nullprodukt$$

$$\Leftrightarrow \quad x = 0 \quad oder \quad x + 2 = 0$$

Wir erhalten dadurch die Nullstellen $x_1 = 0$ und $x_2 = -2$;

Schritt 3:
Zähler- und Nennerfunktion der Ausgangsfunktion f lauten $Z(x) = x^2$ und $N(x) = x + 1$. Die einzige Nullstelle der Nennerfunktion ist $x_1 = -1$. Weil $Z(x_1) = Z(-1) = 1 \neq 0$ gilt, besitzt die Ausgangsfunktion f an der Stelle x_1 einen Pol, siehe Tabelle auf Seite 26.

Beachte: Der maximale Definitionsbereich der Ausgangsfunktion f lautet $D_f = \mathbb{R} \setminus \{-1\}$.

Schritt 4:
Die Nullstellen von f' und die Polstelle von f zerlegen den Definitionsbereich wie folgt:

- *Teilintervall 1: $]-\infty; -2[$*

- *Teilintervall 2: $]-2; -1[$*

- *Teilintervall 3: $]-1; 0[$*

- *Teilintervall 4: $]0; \infty[$*

Nun müssen wir noch das Vorzeichen der 1. Ableitung auf jedem Teilintervall bestimmen. Dazu setzen wir jeweils einen beliebigen Wert in $f'(x)$ ein:

- *Teilintervall 1 $\to$ Wähle $x = -3$ $\to$ $f'(-3) = 0{,}75 > 0 \Rightarrow$ streng monoton steigend;*

- *Teilintervall 2 $\to$ $x = -1{,}5$ $\to$ $f'(-1{,}5) = -3 < 0 \Rightarrow$ streng monoton fallend;*

- *Teilintervall 3 $\to$ $x = -0{,}5$ $\to$ $f'(-0{,}5) = -3 < 0 \Rightarrow$ streng monoton fallend;*

- *Teilintervall 4 $\to$ Wähle $x = 1$ $\to$ $f'(1) = 0{,}75 > 0 \Rightarrow$ streng monoton steigend.*

Schritt 5: Die Monotonietabelle sieht wie folgt aus:

$x:$	$]-\infty; -2[$	-2	$]-2; -1[$	-1	$]-1; 0[$	0	$]0; \infty[$
VZ $f'(x)$:	$+$	0	$-$	$\vert$	$-$	0	$+$
Monotonie:	*steigend*	*HP*	*fallend*	*Pol*	*fallend*	*TP*	*steigend*

Insbesondere ergibt sich folgendes Bild (in der Aufgabe nicht verlangt):

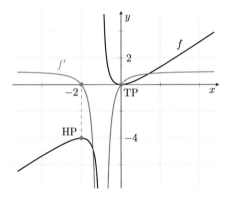

Abbildung 28: Bild zur Aufgabe

3.3.2 Extremstellen – Notwendige und hinreichende Bedingungen

Bei der Kurvendiskussion einer Funktion spielen sogenannte Extremwerte eine wesentliche Rolle. In diesem Skript betrachten wir ausschließlich Hoch- Tief- und Sattelpunkte von differenzierbaren Funktionen.

Definition: Extremwerte

Ein Punkt $(x_0 \mid f(x_0))$ des Graphen einer Funktion f heißt

- **Hochpunkt (HP)**, wenn die 1. Ableitung f' bei x_0 einen Vorzeichenwechsel (VZW) von Plus nach Minus besitzt;

- **Tiefpunkt (TP)**, wenn f' bei x_0 einen VZW von Minus nach Plus besitzt;

- **Sattelpunkt (SP)**, wenn f' bei x_0 eine Nullstelle ohne VZW besitzt.

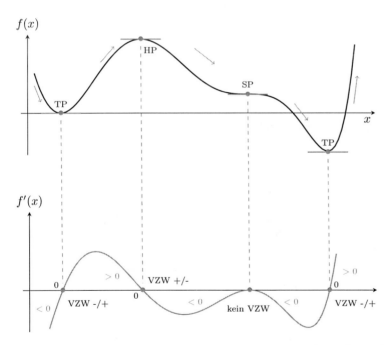

Abbildung 29: Zusammenhang der Graphen von f und f'.

Merke: Waagerechte Tangenten

Bei Hoch- Tief- und Sattelpunkten besitzt der Graph eine **waagerechte Tangente**.

Definition: Maximum/Minimum

Besitzt der Graph einer Funktion f einen Hochpunkt $(x_H \mid f(x_H))$, dann nennt man den x-Wert x_H eine **Maximalstelle** und entsprechend den y-Wert $f(x_H)$ ein **lokales (relatives) Maximum** der Funktion f. Bei einem Tiefpunkt spricht man hingegen von einer **Minimalstelle** bzw. einem **lokalen (relativen) Minimum**.

Den größten bzw. kleinsten Wert, den eine Funktion auf ihrem Definitionsbereich annimmt, nennt man **globales (absolutes) Maximum/Minimum**.

Zusammenfassend spricht man häufig auch von **Extremstellen, Extremwerten** sowie **Extrempunkten**.

Um Extrempunkte (Hoch- und Tiefpunkte) zu berechnen, setzt man die 1. Ableitung gleich null. In manchen Fällen gibt zudem die 2. Ableitung Auskunft darüber, ob es sich um einen Hochpunkt oder Tiefpunkt handelt:

Fakt: Bedingungen für Extrempunkte

Besitzt f an der Stelle x_E einen Extrempunkt, dann gilt

$$f'(x_E) = 0 \qquad \text{(\textbf{notwendige Bedingung})}$$

Es handelt sich bei x_E tatsächlich um eine Extremstelle, falls

$$f'(x_E) = 0 \text{ und } f''(x_E) \neq 0 \qquad \text{(\textbf{hinreichende Bedingung})}$$

Insbesondere gilt:

$$f'(x_E) = 0 \text{ und } f''(x_E) < 0 \quad \Rightarrow \quad \text{Hochpunkt}$$
$$f'(x_E) = 0 \text{ und } f''(x_E) > 0 \quad \Rightarrow \quad \text{Tiefpunkt}$$

Tipp: Hoch- und Tiefpunkte berechnen

1. Berechne die ersten beiden Ableitungen der Funktion f;

2. Berechne die Lösungen der Gleichung $f'(x) = 0$ (notwendige Bedingung);

3. Setze die in Schritt 2. berechneten Nullstellen von f' in die 2. Ableitung f'' ein; Folgende Fälle können auftreten:

   - $f''(x_E) < 0$ $\Rightarrow$ Hochpunkt (hinreichende Bedingung);
   - $f''(x_E) > 0$ $\Rightarrow$ Tiefpunkt (hinreichende Bedingung);
   - $f''(x_E) = 0$ $\Rightarrow$ Keine Information;

   Falls die 2. Ableitung keine Information liefert, dann musst Du überprüfen, ob bei x_E ein VZW **in der 1. Ableitung** vorliegt:

   - VZW von Plus nach Minus $\Rightarrow$ Hochpunkt;
   - VZW von Minus nach Plus $\Rightarrow$ Tiefpunkt;
   - kein VZW $\Rightarrow$ Sattelpunkt;

4. Gib alle Hoch- Tief- und Sattelpunkte an. Setze dazu jeweils den x-Wert x_E in die Ausgangsfunktion f ein und berechne den zugehörigen y-Wert $f(x_E)$.

Beispiel. *Bestimme alle Extrempunkte der Funktion $f(x) = x^4 - 2x^3 - 1$.*

Lösung. *Schritt 1: Die ersten beiden Ableitungen der Funktion lauten*

$$f'(x) = 4x^3 - 6x^2 \quad und \quad f''(x) = 12x^2 - 12x.$$

Schritt 2:
Jetzt setzen wir die 1. Ableitung gleich null und lösen nach x auf:

Notwendige Bedingung:

$$f'(x) = 0$$
$$\Leftrightarrow \qquad 4x^3 - 6x^2 = 0 \qquad |\ 2x^2\ ausklammern$$
$$\Leftrightarrow \qquad 2x^2 \cdot (2x - 3) = 0 \qquad |\ Satz\ vom\ Nullprodukt$$
$$\Leftrightarrow \quad x = 0 \quad oder \quad 2x - 3 = 0$$

Dies liefert die Nullstellen $x_1 = 0$ und $x_2 = 1{,}5$. Um zu überprüfen, ob es sich tatsächlich um Extremstellen handelt, verwenden wir die hinreichende Bedingung.

Schritt 3 und 4:
Da in x_1 und x_2 die notwendige Bedingung erfüllt ist, liegt an diesen Stellen möglicherweise ein Extrempunkt vor. Einsetzen in die 2. Ableitung liefert:

$$f''(x_1) = f''(0) = 12 \cdot 0^2 - 12 \cdot 0 = 0 \quad \Rightarrow \quad \textit{Keine Information!}$$

Die hinreichende Bedingung ist also nicht erfüllt. Wir müssen deshalb überprüfen, ob die 1. Ableitung bei $x_1 = 0$ einen VZW besitzt. Einsetzen in den Taschenrechner ergibt

$$f'(-0,1) \approx -0,06 < 0 \quad \textit{und} \quad f'(0,1) = -0,06 < 0.$$

Es liegt also kein VZW vor. Bei dem Punkt $(x_1 \mid f(x_1)) = (0 \mid -1)$ handelt es sich folglich um einen **Sattelpunkt***.*

Für x_2 erhalten wir hingegen:

$$f''(x_2) = f''(1,5) = 12 \cdot 1,5^2 - 12 \cdot 1,5 = 9 > 0.$$

Hier ist die hinreichende Bedingung erfüllt. Bei dem Punkt $(x_2 \mid f(x_2)) \approx (1,5 \mid -2,69)$ handelt es sich somit um einen **Tiefpunkt***.*

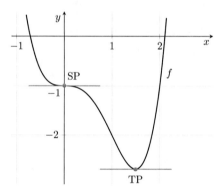

Abbildung 30: Bild zur Aufgabe

3.3.3 Krümmung und Wendepunkte

Auch die Untersuchung der Krümmung ist Bestandteil einer klassischen Kurvendiskussion. Es ist wichtig, dass Du verstanden hast, wie man Extremwerte berechnet.

Definition: Krümmung

Wir betrachten eine Funktion f auf einem Intervall $[a;b]$. Der Graph von f heißt

- **linksgekrümmt**, falls die 1. Ableitung f' in $[a;b]$ streng monoton steigend ist;

- **rechtsgekrümmt**, falls f' in $[a;b]$ streng monoton fallend ist;

Ein Punkt $(x_W \mid f(x_W))$, in dem der Graph von einer Links- in eine Rechtskurve oder umgekehrt übergeht, heißt **Wendepunkt**.

Merke: Wendestellen

Eine Wendestelle der Ausgangsfunktion ist eine **Extremstelle der 1. Ableitung**.

Du kannst die Krümmung eines Graphen visuell bestimmen, indem Du Dir vorstellst, dass Du mit einem Fahrrad den Graphen von „links nach rechts" abfährst. Die Lenkrichtung entspricht dabei genau dem Krümmungsverhalten.

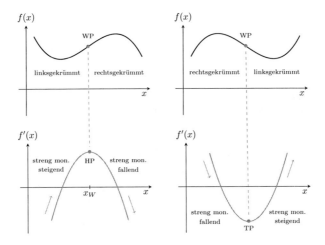

Abbildung 31: Veranschaulichung des Krümmungsbegriffs

Du kannst die 2. Ableitung der Funktion benutzen, um die Monotonie zu bestimmen:

Fakt: Krümmung mit der 2. Ableitung bestimmen

Wir betrachten eine Funktion f auf einem Intervall $[a; b]$. Dann gilt:

- $f''(x) > 0$ im Intervall $[a; b]$ $\Rightarrow$ Der Graph von f ist linksgekrümmt;
- $f''(x) < 0$ im Intervall $[a; b]$ $\Rightarrow$ Der Graph von f ist rechtsgekrümmt.

Tipp: Krümmung mit der 2. Ableitung bestimmen

Du kannst Dir die Unterscheidung mit der 2. Ableitung wie folgt merken:

- Ist die 2. Ableitung pos**i**tiv, dann ist der Graph l**i**nksgekrümmt;

- Ist die 2. Ableitung n**e**gativ, dann ist der Graph r**e**chtsgekrümmt.

Alternativ kannst Du Dir folgendes Bild merken:

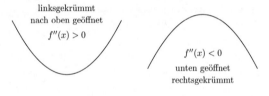

linksgekrümmt
nach oben geöffnet
$f''(x) > 0$

$f''(x) < 0$
unten geöffnet
rechtsgekrümmt

Um Wendepunkte zu berechnen, setzt man die 2. Ableitung gleich null. In manchen Fällen kann man mit der 3. Ableitung prüfen, ob es sich tatsächlich um eine Wendestelle handelt:

Fakt: Bedingungen für Wendepunkte

Besitzt f an der Stelle x_W einen Wendepunkt, dann gilt

$$f''(x_W) = 0 \qquad \textbf{(notwendige Bedingung)}$$

Es handelt sich bei x_W tatsächlich um eine Wendestelle, falls

$$f''(x_W) = 0 \text{ und } f'''(x_W) \neq 0 \qquad \textbf{(hinreichende Bedingung)}$$

Tipp: Berechnen von Wendestellen

Denke immer daran, dass eine Wendestelle der Ausgangsfunktion f eine Extremstelle der 1. Ableitung f' ist. Du kannst Dir beim Berechnen von Wendepunkten deshalb immer vorstellen, dass die 1. Ableitung eine „neue" Ausgangsfunktion ist, von der Du die Hoch- und Tiefpunkte bestimmen sollst.

Beispiel. *Untersuche das Krümmungsverhalten der Funktion* $f(x) = x^3 - 3x^2 + 3x - 2$.

Lösung. *Zuerst berechnen wir die ersten drei Ableitungen:*

$$f'(x) = 3x^2 - 6x + 3;$$
$$f''(x) = 6x - 6;$$
$$f'''(x) = 6.$$

Um das Krümmungsverhalten der Ausgangsfunktion f zu bestimmen, berechnen wir alle Wendestellen. Die notwendige Bedingung liefert:

Notwendige Bedingung:

$$f''(x) = 0$$
$$\Leftrightarrow \quad 6x - 6 = 0 \quad | + 6$$
$$\Leftrightarrow \quad 6x = 6 \quad | : 6$$
$$\Leftrightarrow \quad x = 1$$

Bei der Stelle $x = 1$ handelt es sich also um eine mögliche Wendestelle. Um zu überprüfen, ob es sich tatsächlich um eine Wendestellen handelt, verwenden wir die 3. Ableitung:

$$f'''(1) = 6 \neq 0.$$

Die **hinreichende Bedingung** *ist erfüllt, was zeigt, dass es sich bei $x = 1$ tatsächlich um eine Wendestelle handelt.*

Die Wendestelle teilt den Definitionsbereich der Funktion f in folgende Teilintervalle:

- *Teilintervall 1:* $]-\infty; 1[$

- *Teilintervall 2:* $]1; \infty[$

Nun müssen wir noch das Vorzeichen der 2. Ableitung auf jedem Teilintervall bestimmen. Dazu setzen wir jeweils einen beliebigen Wert in $f''(x)$ ein:

- *Teilintervall 1* $\rightarrow$ *Wähle $x = 0$* $\rightarrow f''(0) = -6 < 0 \Rightarrow$ *rechtsgekrümmt;*

- *Teilintervall 2* $\rightarrow$ *Wähle $x = 2$* $\rightarrow f''(2) = 6 > 0 \Rightarrow$ *linksgekrümmt;*

Zum Schluss tragen wir unsere Ergebnisse noch in eine übersichtliche Tabelle ein:

$x:$	$]-\infty;1[$	1	$]1;\infty[$
VZ $f''(x)$:	$-$	0	$+$
Krümmung:	*rechts*	*WP*	*links*

Insbesondere ergibt sich folgendes Bild (in der Aufgabe nicht verlangt):

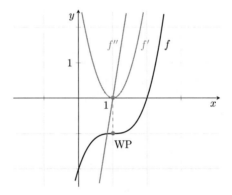

Abbildung 32: Bild zur Aufgabe

3.3.4 Ableitungen zeichnen und Graphen zuordnen

Mit folgender Zeichnung veranschaulichen wir noch einmal den Zusammenhang zwischen dem Graphen einer Ausgangsfunktion und den Graphen der ersten beiden Ableitungen.

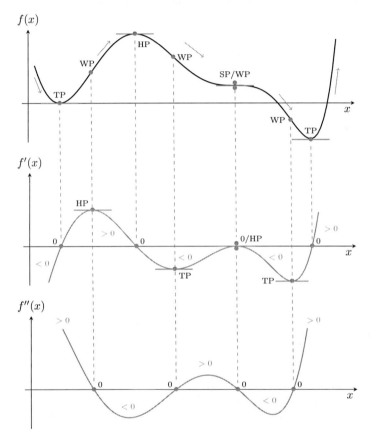

Abbildung 33: Zusammenhang der Graphen von f, f' und f''.

Tipp: NEW-Regel

Die sogenannte **NEW**-Regel hilft Dir beim skizzieren der Ableitungen. Im Folgenden steht **N** für „Nullstelle", **E** für „Extremstelle" und **W** für „Wendestelle":

$f(x)$:	N	E	W		
$f'(x)$:		N	E	W	
$f''(x)$:			N	E	W

Die Tabelle ist von oben nach unten zu lesen:

- Eine Extremstelle von f ist eine Nullstelle von f';

- Eine Wendestelle von f ist eine Extremstelle von f' und eine Nullstelle von f'';

- Eine Wendestelle von f' ist eine Extremstelle von f'';

Beispiel. *Finde das passende Gegenstück:*

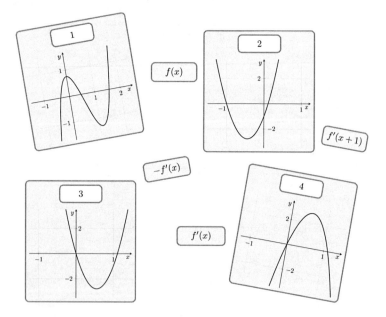

Lösung.

- $1 \leftrightarrow f(x)$

- $2 \leftrightarrow f'(x+1)$

- $3 \leftrightarrow f'(x)$

- $4 \leftrightarrow -f'(x)$

Begründung:

Der Graph in Abbildung 1 besitzt zwei Extremwerte und drei Nullstellen. Die Graphen in den anderen Abbildungen besitzen hingegen jeweils einen Extremwert und 2 Nullstellen. Weil jeder Extremwert der Ausgangsfunktion f eine Nullstelle der 1. Ableitung f' ist, kann nur der Graph in Abbildung 1 die Ausgangsfunktion sein.
Die Ausgangsfunktion besitzt zwei Extremstellen, nämlich $x = 0$ und $x \approx 1$. Somit besitzt die 1. Ableitung dort Nullstellen. Diese Eigenschaft haben nur die Graphen in 3 und 4. Insbesondere ist die Ausgangsfunktion zwischen den Extremstellen streng monoton fallend. Daraus folgt, dass die 1. Ableitung dort negativ sein muss. Somit bleibt nur Graph 3 übrig. Der Graph in 2 entsteht durch eine Verschiebung der 1. Ableitung nach links, der Graph in 4 durch Spiegelung an der x-Achse. Dadurch folgen die letzten beiden Zuordnungen.

3.4 Aufgaben zum Vertiefen

3.4.1 Tangentengleichung & Normalengleichung

Aufgabe A-36   **Lösung auf Seite LA-41**

Bestimme jeweils die Tangente der Funktion im Punkt P:

a) $f(x) = 2x^2 - 3x - 4, \qquad P(1 \mid f(1))$

b) $g(x) = 3\ln(x) + e, \qquad P(e \mid f(e))$

Aufgabe A-37   **Lösung auf Seite LA-42**

Der Verlauf eines Brückenbogens wird durch die folgende Funktion beschrieben:

$$f(x) = -x^2 + 4x - 2$$

Die Brücke selbst kann durch die Tangente der Funktion f im Punkt $P(1{,}99 \mid f(1{,}99))$ beschrieben werden. Runde bei dieser Aufgabe immer auf zwei Nachkommastellen.

a) Bestimme die Funktion, welche die Brücke beschreibt.

b) Entscheide, ob die Brücke parallel zum Boden, welcher durch die x-Achse dargestellt wird, verläuft.

Aufgabe A-38   **Lösung auf Seite LA-42**

Die Funktion
$$f(x) = x^2 + x + 2$$
besitzt im Punkt $P(1 \mid f(1))$ die Tangente $y = 3x + 1$. Gib die Geradengleichung der Normalen der Funktion f im selben Punkt an.

Aufgabe A-39   **Lösung auf Seite LA-43**

Der Verlauf eines mäandrierenden Flusses wird durch die folgende Funktion beschrieben:

$$f(x) = 2\sin(x) + 2$$

Bei $x = 2\pi$ wird ein neuer Entwässerungskanal gegraben. Dieser soll schnurgerade und senkrecht zum Fluss verlaufen. Bestimme die Funktion, welche den Verlauf des Entwässerungskanals beschreibt.

Aufgabe A-40   **Lösung auf Seite LA-44**

Einer der ersten und spektakulärsten Tests der Allgemeinen Relativitätstheorie war die Ablenkung von Lichtstrahlen durch Schwarze Löcher, der sogenannte Gravitationslinseneffekt.
In der unten stehenden Abbildung ist die Bahn (durchgezogene Linie) eines Lichtstrahls zu sehen, der von einem Satelliten ausgesendet wird und durch ein schwarzes Loch im Ursprung abgelenkt wird. Die Bahn des Lichtstrahls wird durch die Funktion f mit Definitionsmenge $D_f = \mathbb{R}_+$ beschrieben:

$$f(x) = 5\sqrt{1 - \frac{x^2}{4}} - x + \frac{1}{\sqrt{2}}$$

Die Bahn beginnt also bei $x = 0$.

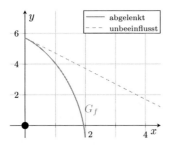

a) Bestimme die Koordinaten des Punktes, in dem sich der Satellit befindet.

b) Bestimme die Bahn, der der Lichtstrahl folgen würde, falls sich im Ursprung kein Schwarzes Loch befände. Diese wird in der Grafik durch die gestrichelte Linie dargestellt.

Aufgabe A-41   **Lösung auf Seite LA-45**

Entscheide, ob es sich bei der Geraden $y = 3x + 1$ um eine Tangente der folgenden Funktion handelt:
$$f(x) = x^2 + x + 1$$

Aufgabe A-42   **Lösung auf Seite LA-46**

Ein Raumschiff der NASA führt ein sogenanntes Swing-By Manöver durch. Die halbkreisförmige Flugbahn während dieses Manövers kann durch die folgende Funktion beschrieben werden:
$$f(x) = \sqrt{100 - x^2}$$
Eine Längeneinheit auf den Koordinatenachsen entspricht dabei 100 Kilometern in der Realität.

a) Skizziere die Funktion f im Intervall $[-10; 10]$ und gib den Radius der kreisförmigen Flugbahn an.

b) Bei der Durchführung des Manövers fallen an der Position $x = 8$ plötzlich die Triebwerke aus. Ab diesem Moment fliegt das Raumschiff tangential zur alten Flugbahn geradeaus weiter.
Bestimme die Funktion, die die neue Flugbahn beschreibt.

3.4.2 Schnitt- und Berührpunkte zweier Funktionsgraphen

Aufgabe A-43   **Lösung auf Seite LA-49**

Bestimme die Schnittpunkte der folgenden Graphen:

a) $f(x) = x^2 - 2$ und $g(x) = x$

b) $h(x) = 6x + 12$ und $i(x) = 6x - 4$

c) $j(x) = x - 7$ und $k(x) = 6x - 7$

Aufgabe A-44   **Lösung auf Seite LA-50**

Im Manistee National Forest leben zwei einsame Wölfe, die dort täglich ihre Reviere ablaufen. In einem Abschnitt des Waldes kommen sie sich sehr nahe. Falls sich ihre Routen überschneiden, würde es zwangsläufig in naher Zukunft zu einem unschönen Aufeinandertreffen kommen. Würden sich die Wege allerdings nur berühren oder gar nicht schneiden, so bestünde keinerlei Gefahr.

In dem riskanten Abschnitt werden die Routen durch folgende Funktionen im Intervall $[0{,}5; 4]$ näherungsweise beschrieben:

$$f(x) = \sqrt{\frac{x}{2}} \quad \text{und} \quad g(x) = \frac{1}{4}x^2$$

Prüfe, ob die Ranger sich auf einen Kampf vorbereiten müssen.

Aufgabe A-45   **Lösung auf Seite LA-52**

Überprüfe, ob folgende Funktionen einen gemeinsamen Schnitt- oder Berührpunkt besitzen:

$$f(x) = 3x^2 - 3x - 5 \quad \text{und} \quad g(x) = x^2 - 3x - 5$$

Aufgabe A-46   **Lösung auf Seite LA-52**

Ein Kampfjet überfliegt routinemäßig ein Gelände. Dabei kommt er der Grenze zum verfeindeten Nachbarland zu nah. Würde er diese Grenze überschreiten, so drohe dem Heimatland Krieg.
Die Flugroute lässt sich durch die Funktion f und die Grenze durch die Funktion g beschreiben:

$$f(x) = (x + 1)^2 \quad \text{und} \quad g(x) = 2x + 1$$

Welches Schicksal steht den beiden Ländern bevor? Kommt es zum Krieg?

Aufgabe A-47   **Lösung auf Seite LA-53**

Teste folgende Funktionen auf einen gemeinsamen Schnitt- oder Berührpunkt:

$$f(x) = 1 + \sqrt{2x + 7} \quad \text{und} \quad g(x) = x + 3$$

Aufgabe A-48   **Lösung auf Seite LA-54**

Ein Piratenschiff fährt dicht an einer Burg, die auf einen Fels im Wasser gebaut ist, vorbei. Die Route des Schiffes kann näherungsweise durch die Funktion

$$f(x) = \ln(x + 2) - 1$$

beschrieben werden. Im Punkt $(2{,}5 \mid f(2{,}5))$ kommt das Schiff der Burg am nächsten und feuert senkrecht zur Fahrtrichtung eine Kanonenkugel in Richtung Burg ab. Die Mauer der Burg wird durch die Funktion

$$g(x) = 0{,}5x$$

im Intervall $[1; 2{,}5]$ dargestellt. Wird die Mauer getroffen?

Aufgabe A-49   **Lösung auf Seite LA-55**

Teste folgende Funktionen auf einen gemeinsamen Schnitt- oder Berührpunkt:

$$f(x) = e^{2x} - 6e^x \quad \text{und} \quad g(x) = (-2e^x - 3)^2$$

3.4.3 Schnittwinkel zweier Funktionsgraphen

Aufgabe A-50   **Lösung auf Seite LA-56**

Eine Rampe wird durch die folgende Funktion beschrieben:

$$f(x) = \frac{1}{3}x - 1$$

Bestimme den Neigungswinkel der Rampe.

Aufgabe A-51   **Lösung auf Seite LA-56**

Die Strahlen zweier Argon-Laser werden durch die folgenden Geraden beschrieben:

$$f(x) = 3x - 2 \quad \text{und} \quad g(x) = -4x + 5$$

Bestimme den Schnittwinkel zwischen den beiden Laserstrahlen.

Aufgabe A-52   **Lösung auf Seite LA-57**

Zwei Straßen werden durch die folgenden Funktionen beschrieben:

$$f(x) = 4x - 2 \quad \text{und} \quad g(x) = x^3 - 3x^2 + 3x - 2$$

Bestimme die Größe aller Schnittwinkel, die die beiden Straßen im ersten Quadranten einschließen.

Aufgabe A-53   **Lösung auf Seite LA-58**

Ein leicht deformiertes Verkehrsschild wird durch die Fläche beschrieben, welche die Funktionen

$$f(x) = -1{,}1x + 3 \quad \text{und} \quad g(x) = 1{,}1x + 3$$

mit der x-Achse einschließen.

a) Fertige eine beschriftete Skizze an.

b) Berechne alle Innenwinkel des Verkehrsschildes.

Aufgabe A-54   **Lösung auf Seite LA-60**

Der Verlauf eines Wasserfalls wird durch die Funktion

$$f(x) = -0{,}25x^2 + 4$$

mit Definitionsmenge $D_f = \mathbb{R}_0^+$ beschrieben. Die x-Achse entspricht dem Erdboden. Bestimme, in welchem Winkel das Wasser auf den Boden auftrifft.

Aufgabe A-55   **Lösung auf Seite LA-60**

Wie in der Grafik zu sehen, beschreiben die beiden Funktionen

$$f(x) = 0{,}25x^2 \qquad \text{und} \qquad g(x) = 2\sqrt{x}$$

im Bereich $[0; 5]$ die Ränder eines Fischmosaiks in der antiken Stadt Pompeii. Bestimme den Öffnungswinkel α des Fischkopfes.

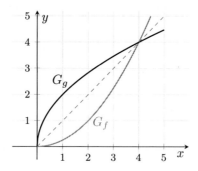

_____ **Tipp:** _____

Nimm dazu an, dass $\lim\limits_{x \to \infty} \tan^{-1}(x) = 90°$ gilt.

3.4.4 Monotonie

Aufgabe A-56   **Lösung auf Seite LA-62**

Bestimme das Monotonieverhalten der folgenden Funktionen und skizziere jeweils den Graphen der Funktion:

a) $f(x) = x^3 - 6x^2 + 8x$ b) $g(x) = (x+1) \cdot e^{-x}$

Aufgabe A-57   **Lösung auf Seite LA-64**

Der Broker Jonathan Belfort handelt mit Aktien. Um Verluste zu vermeiden, kauft er keine Aktien, deren Kursverläufe in den letzten zwei Monaten fallend waren. Der Kursverlauf der abiturma Aktie in den letzten zwei Monaten kann approximativ durch die Funktion

$$f(t) = t^3 + 3t^2 + 3t$$

mit Definitionsmenge $D_f = [0; 2]$ beschrieben werden. Untersuche, ob die Funktion im Bereich $t \in [0; 2]$ fallend oder steigend ist und entscheide, ob Jonathan Belfort die Aktie kaufen sollte.

3.4.5 Extremstellen – Notwendige und hinreichende Bedingungen

Aufgabe A-58   **Lösung auf Seite LA-66**

Bestimme die Nullstellen, Extrempunkte und Wendepunkte der folgenden Funktionen und skizziere diese im Anschluss:

a) $f(x) = x^3 - 6x^2 + 8x$ b) $h(x) = \dfrac{x^2}{x+1}$

c) $g(x) = (x+1) \cdot e^{-x}$

Aufgabe A-59   **Lösung auf Seite LA-72**

Die potentielle Energie eines Elektrons in einem Wasserstoffatom kann beschrieben werden durch eine Funktion der Form

$$\phi(r) = \frac{1}{r^2} - \frac{1}{r}.$$

Die Variable r entspricht hierbei dem Abstand des Elektrons zum Kern.

a) Gibt einen sinnvollen Definitionsbereich für ϕ an.

b) Für welchen Abstand wird die Energie des Elektrons minimal?

Aufgabe A-60   **Lösung auf Seite LA-73**

Die Auswertung der Aufzeichnung des Höhenbarometers eines Heißluftballons ergab, dass sich die Höhe des Ballons über dem Startpunkt der Ballonfahrt für $t > 0$ durch die Funktion h beschreiben lässt:

$$h(t) = 2t^2 \cdot (1{,}5 - \ln(t))$$

Dabei stellt t die Zeit in Stunden und $h(t)$ die Höhe in $100\,\mathrm{m}$ dar. Der Ballon startet zum Zeitpunkt $t = 0$ in der Höhe $h = 0$.

a) Berechne die Dauer der Ballonfahrt.

b) Berechne die maximal erreichte Höhe unter der Annahme, dass der Ballon eine ebene Landschaft überfliegt.

c) Ermittle, wann der Ballon am stärksten steigt.

Aufgabe A-61   **Lösung auf Seite LA-75**

Wir betrachten die Funktion $f(x) = 4x^4$.

a) Berechne $f'(x)$ und $f''(x)$ und bestimme die Lösung x_0 von $f''(x) = 0$.

b) Liegt an der Stelle x_0 ein Wendepunkt von G_f vor? Skizziere dazu den Graphen der Funktion.

c) Gib eine hinreichende Bedingung dafür an, dass eine Funktion f an einer Stelle x^* einen Wendepunkt hat.

Aufgabe A-62   **Lösung auf Seite LA-76**

Nimm Stellung zur Aussage, dass aus $f'(x_0) = 0$ folgt, dass $(x_0 \mid f(x_0))$ ein Extremum der Funktion f ist.

3.4.6 Krümmung und Wendepunkte

Aufgabe A-63   **Lösung auf Seite LA-77**

Bestimme das Krümmungsverhalten der folgenden Funktionen und die Anzahl der Wendepunkte:

a) $f(x) = -2x^2 - 8x + 3$ c) $h(x) = 3x^5 - 5x^4$

b) $g(x) = x^3 - 3x$

Aufgabe A-64   **Lösung auf Seite LA-78**

Die Funktion $f(x) = -0{,}1x^3 - 0{,}4x^2 + 0{,}3x + 3{,}2$ beschreibt für $-4 \leq x \leq 4$ den Verlauf einer Straße aus der Vogelperspektive (die x-Achse zeigt dabei in Richtung Osten, die y-Achse in Richtung Norden).
Bestimme die x-Koordinaten der Orte, an denen ein*e Autofahrer*in auf dieser Straße das Lenkrad exakt gerade (d.h. in neutraler Position) halten können.

Aufgabe A-65   **Lösung auf Seite LA-79**

Erkläre die Bedeutung der folgenden Aussagen für den Graphen einer Funktion f.

a) $f(3) = 2$, $f'(3) = 0{,}5$ und $f''(3) = 1{,}7$

b) $f(3) = 2$, $f'(3) = 0$ und $f''(3) = 1{,}7$

c) $f(3) = 2$, $f'(3) = 0$ und $f''(3) = 0$

d) $f(x) > 0$, $f'(x) < 0$ und $f''(x) > 0$ für $x \in [1; 4]$

Aufgabe A-66   **Lösung auf Seite LA-79**

Die Abbildung zeigt den Graphen $G_{f'}$ der ersten Ableitungsfunktion einer Funktion f.

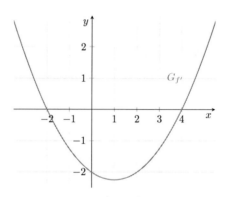

a) Für welche Werte von x ist G_f streng monoton fallend bzw. steigend?

b) Für welche Werte von x ist G_f rechts- bzw. linksgekrümmt?

c) Entscheide, ob die folgenden Aussagen wahr oder falsch sind (falls sich dies entscheiden lässt):

   i) $f(2) > f(3)$

   ii) $f(0) = 1$

   iii) $f''(3) = -1$

Begründe jeweils Deine Antworten!

Aufgabe A-67 **Lösung auf Seite LA-81**

a) Zeige, dass der Graph der Funktion $f(x) = \sqrt{x}$ auf ihrem maximalen Definitionsbereich rechtsgekrümmt ist.

b) Gib ein Beispiel für eine Funktion an, die auf ihrem maximalen Definitionsbereich linksgekrümmt ist.

c) Existiert eine Funktion, die für $x > 0$ links- und für $x < 0$ rechtsgekrümmt ist? Gib entweder ein Beispiel oder eine Begründung an, wieso eine solche Funktion nicht existieren kann.

Aufgabe A-68   **Lösung auf Seite LA-81**

Die Abbildung zeigt den Graph einer Funktion

$$f(t) = \frac{1}{4}t^4 - \frac{2}{3}t^3 + t + 1$$

die für $0 \leq t \leq 2{,}5$ näherungsweise den Kontostand des Aktienhändlers John beschreibt. t ist dabei die seit Beginn der Datenerfassung vergangene Zeit in Monaten. $f(t)$ ist der Kontostand in Einheiten von tausend Euro.

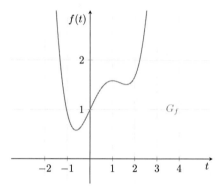

a) An welchen Zeitpunkten gilt $f'(t) = 0$? Was bedeutet dies für den Kontostand zu diesem Zeitpunkt?

b) Was bedeutet es im Sachzusammenhang, wenn G_f streng monoton fallend ist?

c) Zu welchen Zeitpunkten ändert sich der Kontostand am meisten?

d) Bestimme das Vorzeichen von f'' im Intervall $]0;1[$. Was bedeutet das für den Kontostand?

3.4.7 Ableitungen zeichnen und Graphen zuordnen

Aufgabe A-69   **Lösung auf Seite LA-83**

Entscheide bei folgenden Aussagen über die abgebildete Funktion f, ob sie wahr oder falsch sind, und begründe Deine Antwort.

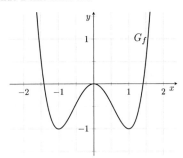

- Die Funktion hat genau einen Wendepunkt.
- Der Graph der Funktion besitzt genau drei waagerechte Tangenten.
- Die erste Ableitung der Funktion hat bei $x = -1$ den Wert Null.
- Es gilt $f(-x) = -f(x)$.
- Der Graph von f' verläuft stets oberhalb der x-Achse.
- Es gilt $f''(1) > 0$.

Aufgabe A-70   **Lösung auf Seite LA-83**

Trage in die unten stehende Grafik die erste und zweite Ableitung der eingezeichneten Funktion ein.

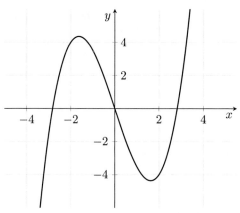

Aufgabe A-71   **Lösung auf Seite LA-84**

Trage in die unten stehende Grafik die erste Ableitung der eingezeichneten Funktion ein.

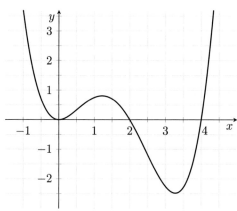

Aufgabe A-72   **Lösung auf Seite LA-85**

Entscheide bei folgenden Aussagen über die abgebildete Funktion f, ob sie wahr oder falsch sind und begründe Deine Antwort.

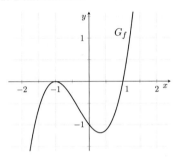

- Die Funktion hat genau zwei Wendepunkte.
- Der Graph von f'' hat mindestens eine Nullstelle.
- Die Funktion hat eine waagerechte Tangente bei $x = 1$.
- Die Funktion hat eine doppelte Nullstelle bei $x = -1$.
- Der Graph von f' hat zwei einfache Nullstellen.

Aufgabe A-73   **Lösung auf Seite LA-86**

Trage in die unten stehende Grafik die erste Ableitung ein. Achte dabei besonders auf die richtige Skalierung.

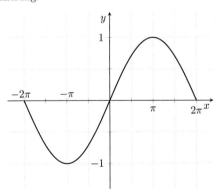

Aufgabe A-74   Lösung auf Seite LA-87

Entscheide bei folgenden Aussagen über die abgebildete Funktion f, ob sie wahr oder falsch sind und begünde Deine Aussage.

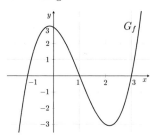

- Die Funktion hat genau einen Wendepunkt.
- Der Graph der zweiten Ableitung hat mindestens eine Nullstelle.
- Der Graph der ersten Ableitung schneidet nie die x-Achse.
- Der Graph besitzt bei $x = 1$ eine Tangente mit Steigung $m = 2$.
- Es gilt $f'(-1) > f'(1)$.

Aufgabe A-75   Lösung auf Seite LA-87

Trage in die unten stehende Grafik die erste Ableitung sowie eine mögliche Stammfunktion der eingezeichneten Funktion ein. Achte bei der Ableitungsfunktion besonders auf die richtige Skalierung.

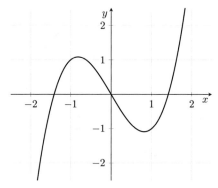

3.4.8 Inhalte einer vollständigen Kurvendiskussion

Aufgabe A-76   **Lösung auf Seite LA-89**

Gegeben ist die Funktion $f(x) = 2x(x+3)(x-3)$.

a) Gib die Definitionsmenge D_f an.

b) Gib alle Nullstellen der Funktion f an.

c) Bestimme rechnerisch alle Extrempunkte der Funktion f und prüfe, ob es sich um einen Hoch- oder Tiefpunkt handelt.

d) Bestimme rechnerisch alle Wendepunkte der Funktion f.

e) Gib das Verhalten der Funktion f für $x \to \pm\infty$ an.

f) Benutze alle Informationen aus den vorherigen Teilaufgaben, um die Funktion f zu zeichnen.

g) Die Funktion f schließt im Intervall $[0; 3]$ mit der x-Achse eine Fläche ein. Berechne deren Flächeninhalt.

Aufgabe A-77   **Lösung auf Seite LA-91**

Gegeben ist die Funktion $f(x) = \dfrac{x^2 - 3x - 4}{x + 2}$.

a) Berechne die ersten beiden Ableitungen von f.

b) Überprüfe die Funktion auf mögliche hebbare Definitionslücken und Polstellen.

c) Bestimme alle Asymptoten der Funktion f.

d) Bestimme die Schnittpunkte mit den Koordinatenachsen rechnerisch.

e) Bestimme die Extrempunkte rechnerisch und überprüfe, ob ein Hoch- oder Tiefpunkt vorliegt.

f) Bestimme die Wendepunkte rechnerisch.

g) Bestimme den Grenzwert $\lim\limits_{x \to \infty} f(x)$.

h) Benutze alle Informationen aus den vorherigen Teilaufgaben, um die Funktion f zu zeichnen.

Aufgabe A-78   **Lösung auf Seite LA-94**

Die Konzentration eines bestimmten Medikaments im Blut, kann durch die Funktion f modelliert werden:

$$f(t) = 3t \cdot e^{2-t}$$

Dabei gibt $t \in D_f = [0\,;\,\infty[$ die Zeit nach der Einnahme des Medikaments in Stunden und $f(t)$ die Konzentration des Medikaments im Blut in $\frac{\text{mg}}{\text{L}}$ an.

a) Bestimme das Monotonieverhalten im Bereich $0 \leq t \leq 10$.

b) Zeichne den Graphen von f im Bereich $0 \leq t \leq 10$.

c) Deute den Graphen im Sachzusammenhang.

d) Berechne, wie hoch die Konzentration des Medikaments im Blut maximal wird und zu welchem Zeitpunkt die Konzentration ihren Maximalwert erreicht hat.

e) Berechne, wann die Geschwindigkeit des Abbaus des Medikaments maximal ist.

f) Entwickle eine Formel für die n-te Ableitung der Funktion f.

Aufgabe A-79   **Lösung auf Seite LA-97**

Gegeben ist die folgende Funktion:

$$f_k(x) = \frac{x^2 + (3-k)x - 3k}{x - 2}$$

a) Gib die Definitionsmenge D_f an.

b) Gib alle Nullstellen der Funktion f_k an.

c) Bestimme die erste Ableitung f_k'.

d) Wie viele Nullstellen besitzt die Ableitung in Abhängigkeit von k.

Von nun an gelte für alle folgenden Aufgaben $k = 1$.

e) Bestimme die Lage und Art der Extrempunkte.

f) Bestimme rechnerisch alle Wendepunkte der Funktion f_1.

g) Gib das Verhalten der Funktion f_1 für $x \to \pm\infty$ an.

4 Integralrechnung

Neben der Differenzialrechnung, bei der das Ableiten von Funktionen im Mittelpunkt steht, behandelt die Integralrechnung gerade die umgekehrte Problemstellung, nämlich das Auffinden einer **Stammfunktion** (unbestimmte Integrale). Der sogenannte

Hauptsatz der Differential- und Integralrechnung (HDI)

beschreibt dabei die enge Beziehung zwischen Stammfunktionen und der Berechnung von **Flächeninhalten unter einer Kurve** (bestimmte Integrale).

4.1 Stammfunktionen und unbestimmtes Integral

Wir starten mit einer einfachen Aufgabe:

Für welche Funktion f gilt $f'(x) = 2x$? Gibt es mehrere Möglichkeiten?

Kurzes Nachdenken oder Ausprobieren ergibt, dass

$$f(x) = x^2 \qquad \text{(Möglichkeit 1)}$$

die gewünschte Ableitung liefert, denn es gilt

$$f'(x) = 2 \cdot x^1 = 2x.$$

Wir stellen aber fest, dass eine weitere Lösung gegeben ist durch

$$f(x) = x^2 + 1 \qquad \text{(Möglichkeit 2)}$$

denn die Zahl 1 fällt beim Ableiten weg. Offensichtlich macht es keinen Unterschied, wenn wir eine beliebige andere Zahl C, z. B. $2, -1$ oder 1234 zur Funktion $f(x) = x^2$ addieren. Die allgemeingültige Lösung lautet demnach

$$f(x) = x^2 + C \qquad \text{(Allgemeine Lösung)}$$

Tipp: Mehrere Stammfunktionen

Denke daran, dass Konstanten beim Ableiten verschwinden. Es gibt deshalb keine eindeutige Funktion f, für die $f'(x) = 2x$ gilt.

Definition: Stammfunktion und unbestimmtes Integral

Eine Funktion F heißt **Stammfunktion** der Funktion f, falls $F'(x) = f(x)$ gilt. Stammfunktionen werden oft mit einem Großbuchstaben notiert. Die Menge aller Stammfunktionen von f (eine beliebige Konstante $C \in \mathbb{R}$ kann addiert werden) heißt das **unbestimmte Integral** von f und wird wie folgt notiert:

$$\int f(x)\ \mathrm{d}x$$

Die Kurzschreibweise lautet

$$\int f(x)\ \mathrm{d}x = F(x) + C$$

In nachfolgender Tabelle findest Du Stammfunktionen wichtiger Grundfunktionen:

$f(x)$	Stammfunktion $F(x)$
c	cx
x	$\dfrac{1}{2}x^2$
x^2	$\dfrac{1}{3}x^3$
$\dfrac{1}{x} = x^{-1}$	$\ln(|x|)$
$\dfrac{1}{x^2} = x^{-2}$	$-\dfrac{1}{x} = -x^{-1}$
$\dfrac{1}{x^3} = x^{-3}$	$-\dfrac{1}{2x^2} = -\dfrac{1}{2}x^{-2}$
$\sqrt{x} = x^{1/2}$	$\dfrac{2}{3}x^{3/2}$
e^x	e^x
$\sin(x)$	$-\cos(x)$
$\cos(x)$	$\sin(x)$

Wie Du anhand der letzten Tabelle sehen kannst, lässt sich für Potenzfunktionen recht einfach eine Stammfunktion finden:

Fakt: Potenzregel

Es sei $f(x) = x^{\boxed{r}}$ mit einem Exponenten $r \neq -1$. Dann ist

$$F(x) = \frac{1}{\boxed{r}+1} \cdot x^{\boxed{r}+1}$$

eine Stammfunktion von f.

Beispiel. *Bestimme eine beliebige Stammfunktion zu $f(x) = x^{123}$.*

Lösung. *Der Exponent lautet $r = \boxed{123}$. Somit gilt*

$$\int x^{123} \, \mathrm{d}x = \frac{1}{\boxed{123}+1} \cdot x^{\boxed{123}+1} + C = \frac{1}{124} x^{124} + C.$$

Zum Beispiel erhalten wir für $C = 10$ die Stammfunktion

$$F(x) = \frac{1}{124} x^{124} + 10.$$

Beispiel. *Bestimme diejenige Stammfunktion von $f(x) = x^{-\frac{1}{2}}$, deren Graph durch den Punkt $(4 \mid 3)$ verläuft.*

Lösung. *Der Exponent lautet hier $r = -\frac{1}{2}$ und wir erhalten*

$$\int x^{-\frac{1}{2}} \, \mathrm{d}x = \frac{1}{-\frac{1}{2}+1} \cdot x^{-\frac{1}{2}+1} + C = \frac{1}{\frac{1}{2}} \cdot x^{\frac{1}{2}} + C = 2x^{\frac{1}{2}} + C = 2\sqrt{x} + C.$$

Wir müssen die Konstante C nun so wählen, dass der Graph der Stammfunktion F durch den Punkt $(4 \mid 3)$ geht. Es ergibt sich also folgende Gleichung:

$$2\sqrt{4} + C = 3$$
$$\Leftrightarrow \quad 4 + C = 3 \qquad | -4$$
$$\Leftrightarrow \quad C = -1$$

Die gesuchte Stammfunktion lautet folglich $F(x) = 2\sqrt{x} - 1$.

Ähnlich zum Ableiten gelten die folgenden Regeln:

Fakt: Rechenregeln beim Aufleiten

Es seien U und V Stammfunktionen von u und v. Dann gilt:

$$f(x) = a \cdot u(x) \quad \Rightarrow \quad F(x) = a \cdot U(x) \qquad \text{(Faktorregel)}$$

$$f(x) = u(x) + v(x) \quad \Rightarrow \quad F(x) = U(x) + V(x) \qquad \text{(Summenregel)}$$

$$f(x) = u(ax + b) \quad \Rightarrow \quad F(x) = \frac{1}{a} \cdot U(ax + b) \qquad \text{(Lineare Verkettung)}$$

$$f(x) = \frac{u'(x)}{u(x)} \quad \Rightarrow \quad F(x) = \ln(|u(x)|) \qquad \text{(Log-Integration)}$$

Tipp: Exponentialfunktionen aufleiten

Für verkettete Exponentialfunktionen erhalten wir speziell:

$$f(x) = e^{ax+b} \quad \Rightarrow \quad F(x) = \frac{1}{a} \cdot e^{ax+b}.$$

Zum Beispiel für $v(x) = -2x + 3$:

$$f(x) = e^{-2x+3} \quad \Rightarrow \quad F(x) = -\frac{1}{2} e^{-2x+3}.$$

Beispiel (Faktorregel). $f(x) = 2 \cdot \cos(x)$

Lösung. *Wir identifizieren: $a = 2$, $u(x) = \cos(x)$. Es gilt $U(x) = \sin(x)$ und somit*

$$F(x) = a \cdot U(x) = 2 \cdot \sin(x) = 2\sin(x).$$

Beispiel (Faktorregel). $f(x) = -\dfrac{8}{x}$

Lösung. *Wir identifizieren: $a = -8$, $u(x) = \dfrac{1}{x}$. Es gilt $U(x) = \ln(|x|)$ und somit*

$$F(x) = a \cdot U(x) = -8 \cdot \ln(|x|) = -8\ln(|x|).$$

Beispiel (Summenregel). $f(x) = \sin(x) + \cos(x)$

Lösung. *Wir identifizieren:* $u(x) = \sin(x)$, $v(x) = \cos(x)$. *Es gilt*

$$U(x) = -\cos(x), \; V(x) = \sin(x)$$

und somit

$$F(x) = U(x) + V(x) = -\cos(x) + \sin(x).$$

Beispiel (Summenregel). $f(x) = 2x^3 + e^x$

Lösung. *Wir identifizieren:* $u(x) = 2x^3$, $v(x) = e^x$. *Es gilt*

$$U(x) = 2 \cdot \frac{1}{3+1} \cdot x^{3+1} = \frac{2}{4} \cdot x^4 = \frac{1}{2}x^4, \; V(x) = e^x$$

und somit

$$F(x) = U(x) + V(x) = \frac{1}{2}x^4 + e^x.$$

Beispiel (Lineare Verkettung). $f(x) = \cos(10x)$

Lösung. *Wir identifizieren:* $u(x) = \cos(x)$, *sowie* $a = 10$ *und* $b = 0$. *Es gilt* $U(x) = \sin(x)$
und somit

$$F(x) = \frac{1}{a} \cdot U(ax + b) = \frac{1}{10} \cdot \sin(10x) = \frac{1}{10}\sin(10x).$$

Beispiel (Lineare Verkettung). $f(x) = 2e^{-2x+16}$

Lösung. *Wir identifizieren:* $u(x) = 2e^x$, *sowie* $a = -2$ *und* $b = 16$. *Es gilt* $U(x) = 2e^x$
und somit

$$F(x) = \frac{1}{a} \cdot U(ax + b) = \frac{1}{-2} \cdot 2e^{-2x+16} = -e^{-2x+16}.$$

> **Tipp: Integration per Formansatz**
>
> Das Integrieren linear verketteter Exponentialfunktionen wird auch auf den Seiten 178f (Integration per Formansatz) behandelt.

Beispiel (Log-Integration). $f(x) = \dfrac{2x}{x^2 + 1}$

Lösung. *Wir identifizieren:* $U(x) = x^2 + 1$. *Dann gilt* $u(x) = U'(x) = 2x$ *und somit*

$$F(x) = \ln(|U(x)|) = \ln(|x^2 + 1|) = \ln(x^2 + 1).$$

Dabei haben wir benutzt, dass $x^2 + 1$ *immer eine positive Zahl ist, also* $|x^2 + 1| = x^2 + 1$.

Beispiel (Log-Integration). $f(x) = \dfrac{\cos(x)}{\sin(x)}$

Lösung. *Wir identifizieren* $U(x) = \sin(x)$. *Dann gilt* $u(x) = U'(x) = \cos(x)$ *und somit*

$$F(x) = \ln(|U(x)|) = \ln(|\sin(x)|).$$

4.2 Bestimmte Integrale, Integralfunktion und HDI

Die eigentliche Anwendung der Integralrechnung liegt in der Berechnung von Flächen unter einer Kurve. Betrachte die Gerade $f(x) = x + 1$. Über dem Intervall $[1; 5]$ schließt der Graph von f zusammen mit der x-Achse ein Flächenstück ein:

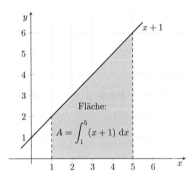

Abbildung 34: Fläche unter einer Kurve

Diesen Flächeninhalt nennt man das **bestimmte Integral** über f von 1 bis 5 und schreibt

$$\int_1^5 (x + 1) \, dx.$$

Definition: Bestimmtes Integral

Die **Flächenbilanz** aller Teilflächen (Stücke unterhalb der x-Achse zählen negativ), die der Graph einer Funktion f über einem Intervall $[a; b]$ mit der x-Achse einschließt, heißt das **bestimmte Integral** über f von a bis b und wird geschrieben als

$$\int_a^b f(x) \, dx.$$

Im Spezialfall $a = b$ (keine Fläche vorhanden) gilt insbesondere

$$\int_a^a f(x) \, dx = 0.$$

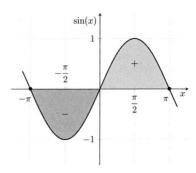

Abbildung 35: Vorzeichenabhängiger Flächeninhalt: Das rote Flächenstück zählt beim Integrieren negativ, weil es unterhalb der x-Achse liegt.

Beispiel. *Wir betrachten die Funktion $f(x) = \sin(x)$ auf dem Intervall $[-\pi; \pi]$. Der Sinus ist punktsymmetrisch zum Ursprung (siehe Abbildung 35), das heißt es gilt*

$$\sin(-x) = -\sin(x).$$

Weil Integrale dem vorzeichenabhängigen Flächeninhalt entsprechen, zählt die rote Fläche unterhalb der x-Achse negativ. Aufgrund der Punktsymmetrie erhalten wir deshalb

$$\int_{-\pi}^{\pi} \sin(x) \, \mathrm{d}x = 0.$$

Tipp: Integrationsvariable

Die **Integrationsvariable** x darf durch einen beliebigen Buchstaben ersetzt werden. Es gilt zum Beispiel

$$\int_{a}^{b} f(x) \, \mathrm{d}x = \int_{a}^{b} f(s) \, \mathrm{d}s = \int_{a}^{b} f(t) \, \mathrm{d}t$$

Wir wiederholen wichtige Eigenschaften von Integralen:

Fakt: Eigenschaften von Integralen

Sei c eine beliebige Konstante. Dann gilt:

1. $\displaystyle\int_a^b f(x)\,\mathrm{d}x = -\int_b^a f(x)\,\mathrm{d}x$ (Rückwärtsintegral)

2. $\displaystyle\int_a^b c\cdot f(x)\,\mathrm{d}x = c\cdot\int_a^b f(x)\,\mathrm{d}x$ (Faktorregel)

3. $\displaystyle\int_a^b \Big(f(x)\pm g(x)\Big)\,\mathrm{d}x = \int_a^b f(x)\,\mathrm{d}x \pm \int_a^b g(x)\,\mathrm{d}x$ (Summenregel)

4. Es sei p eine Zahl zwischen a und b, also $a \le p \le b$. Dann gilt:

$$\int_a^b f(x)\,\mathrm{d}x = \int_a^p f(x)\,\mathrm{d}x + \int_p^b f(x)\,\mathrm{d}x \qquad \text{(Aufspaltung)}$$

Beispiel (Rückwärtsintegral). *Für* $a = -1$, $b = 2$ *und* $f(x) = x^2$ *folgt*

$$\int_{-1}^2 x^2\,\mathrm{d}x = -\int_2^{-1} x^2\,\mathrm{d}x$$

Beispiel (Faktorregel). *Für* $c = 10$, *sowie* $a = 0$, $b = \pi$ *und* $f(x) = \sin(x)$ *folgt*

$$\int_0^\pi 10\cdot\sin(x)\,\mathrm{d}x = 10\cdot\int_0^\pi \sin(x)\,\mathrm{d}x$$

Beispiel (Summenregel). *Für* $a = -2$, $b = 2$ *und* $f(x) = x$, $g(x) = x^3$ *folgt*

$$\int_{-2}^2 \Big(x + x^3\Big)\,\mathrm{d}x = \int_{-2}^2 x\,\mathrm{d}x + \int_{-2}^2 x^3\,\mathrm{d}x \quad \textit{und}$$

$$\int_{-2}^2 \Big(x - x^3\Big)\,\mathrm{d}x = \int_{-2}^2 x\,\mathrm{d}x - \int_{-2}^2 x^3\,\mathrm{d}x$$

Beispiel (Aufspaltung). *Für* $a = 0$, $b = \pi$, $p = \pi/2$ *und* $f(x) = \cos(x)$ *folgt*

$$\int_0^\pi \cos(x)\,\mathrm{d}x = \int_0^{\pi/2} \cos(x)\,\mathrm{d}x + \int_{\pi/2}^\pi \cos(x)\,\mathrm{d}x$$

Angeberwissen: Monotonie

Falls der Graph von f zwischen a und b unterhalb von g liegt, d. h. falls $f(x) \leq g(x)$ für alle $x \in [a; b]$ erfüllt ist, dann gilt

$$\int_a^b f(x)\ \mathrm{d}x \leq \int_a^b g(x)\ \mathrm{d}x \qquad \text{(Monotonie)}$$

Beispiel. *Die Geraden $f(x) = x$ und $g(x) = -0{,}5x + 3$ schneiden sich in $S = (2 \mid 2)$, siehe Abbildung unten. Für x-Werte zwischen 1 und 2 liegt der Graph von g über f. Aus diesem Grund gilt*

$$\text{„blauer Flächeninhalt“} = \int_1^2 x\ \mathrm{d}x \leq \int_1^2 (-0{,}5x + 3)\ \mathrm{d}x = \text{„orangener Flächeninhalt“}$$

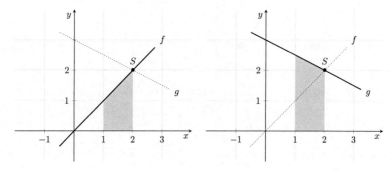

In der Schule hast Du schon gelernt, wie man bestimmte Integrale ausrechnet. Der

Hauptsatz der Differential- und Integralrechnung (HDI)

besagt, dass Du zum Berechnen von Integralen eine Stammfunktion verwenden kannst:

Fakt: Hauptsatz der Differential- und Integralrechnung (HDI)

Ist F eine Stammfunktion von f, dann gilt

$$\int_a^b f(x)\, \mathrm{d}x = \big[F(x)\big]_a^b = F(b) - F(a).$$

Insbesondere ist die **Integralfunktion**

$$J_a(x) = \int_a^x f(t)\, \mathrm{d}t$$

eine Stammfunktion von f, das heißt es gilt $J_a'(x) = f(x)$.

Tipp: Integralfunktion

Achte darauf, dass Du bei der Integralfunktion zwei verschiedene Variablen brauchst. Wenn Du für die Integralfunktion x verwendest, dann musst Du für die Funktion unter dem Integralzeichen einen anderen Buchstaben verwenden, z. B. t.

Beispiel. *Berechne* $\displaystyle\int_1^5 (x+1)\, \mathrm{d}x$.

Lösung. *Es gilt*

$$\int_1^5 (x+1)\, \mathrm{d}x = \left[\frac{1}{2}x^2 + x\right]_1^5 = \frac{1}{2}\cdot 5^2 + 5 - \left(\frac{1}{2}\cdot 1^2 + 1\right) = 12{,}5 + 5 - 1{,}5 = 16.$$

Beispiel. *Berechne* $\displaystyle\int_0^{2\pi} 2\sin(0{,}5x)\, \mathrm{d}x$.

Lösung. *Es gilt*

$$\int_0^{2\pi} 2\sin(0{,}5x)\, \mathrm{d}x = \Big[-4\cos(0{,}5x)\Big]_0^{2\pi} = -4\cos(\pi) - \big(-4\cos(0)\big) = 4 - (-4) = 8.$$

Beispiel. *Für welche Zahl $b > 0$ gilt $\int_1^b \left(4 - \dfrac{2}{x^2}\right)\ \mathrm{d}x = 3$?*

Lösung. *Es gilt*

$$\int_1^b \left(4 - \frac{2}{x^2}\right)\ \mathrm{d}x = \left[4x + \frac{2}{x}\right]_1^b = 4b + \frac{2}{b} - \left(4 \cdot 1 + \frac{2}{1}\right) = 4b + \frac{2}{b} - 6.$$

Dies führt zur folgenden Gleichung:

$$4b + \frac{2}{b} - 6 = 3 \qquad | -3$$

$$\Leftrightarrow \quad 4b + \frac{2}{b} - 9 = 0 \qquad | \cdot b$$

$$\Leftrightarrow \quad 4b^2 + 2 - 9b = 0$$

Mit Hilfe der abc-Formel (hier „b" statt „x") erhalten wir $\left[a = 4,\ b = -9,\ c = 2\right]$

$$b_{1,2} = \frac{-(-9) \pm \sqrt{(-9)^2 - 4 \cdot 4 \cdot 2}}{2 \cdot 4} = \frac{9 \pm 7}{8}.$$

Es gibt also zwei Lösungen, $b_1 = 1/4$ und $b_2 = 2$.

Beispiel. *Es sei $f(x) = 1 + 2x + 3e^x$. Berechne die Integralfunktion $J_0(x) = \int_0^x f(t)\ \mathrm{d}t$. Wie lautet die 1. Ableitung der Funktion J_0?*

Lösung. *Es gilt*

$$\int_0^x f(t)\ \mathrm{d}t = \int_0^x \left(1 + 2t + 3e^t\right)\ \mathrm{d}t = \left[t + t^2 + 3e^t\right]_0^x$$

$$= x + x^2 + 3e^x - \left(0 + 0^2 + 3e^0\right)$$

$$= x + x^2 + 3e^x - 3.$$

*Weil die **Integralfunktion J_0 eine Stammfunktion von** f ist, gilt*

$$J_0'(x) = f(x) = 1 + 2x + 3e^x.$$

Merke: Integralfunktion

Die Integralfunktion ist immer eine Stammfunktion der Funktion, die unter dem Integralzeichen steht (über die integriert wird).

4.3 Flächenberechnung – Graph/x-Achse

Die Fläche, die vom Graphen der Sinusfunktion $f(x) = \sin(x)$ und der x-Achse zwischen $-\pi$ und 0 eingeschlossen wird, ist gegeben durch

$$\int_{-\pi}^{0} \sin(x)\,\mathrm{d}x = \big[- \cos(x) \big]_{-\pi}^{0} = -\cos(0) - \big(-\cos(-\pi) \big) = -1 - 1 = -2.$$

Hier erhalten wir ein negatives Vorzeichen, weil der Graph in diesem Intervall unterhalb der x-Achse liegt. Der **tatsächliche Flächeninhalt** ist hingegen gegeben durch

$$A = \left| \int_{-\pi}^{0} \sin(x)\,\mathrm{d}x \right| = |-2| = 2,$$

denn durch die Betragsstriche wird das Minuszeichen vor der Zahl 2 sozusagen „gelöscht". Du kannst Dir dabei vorstellen, dass der Graph der Sinusfunktion im Intervall $[-\pi, 0]$ an der x-Achse „nach oben" gespiegelt wird:

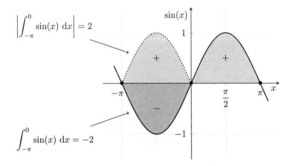

Abbildung 36: Tatsächlicher Flächeninhalt: Durch den Betrag wird das Minuszeichen „gelöscht" und man erhält eine positive Zahl.

Fakt: Fläche zwischen Graph und x-Achse

Es sei f eine Funktion, deren Graph zwischen a und b **vollständig unterhalb der x-Achse liegt**. Dann ist der **tatsächliche Flächeninhalt** A, der vom Graphen und der x-Achse in diesem Bereich eingeschlossen wird, gegeben durch

$$A = \left| \int_{a}^{b} f(x)\,\mathrm{d}x \right| = -\int_{a}^{b} f(x)\,\mathrm{d}x.$$

Falls der Graph zwischen a und b sowohl überhalb als auch unterhalb der x-Achse liegt, dann kannst Du den Flächeninhalt wie folgt berechnen:

Tipp: Flächenberechnung zwischen Graph und x-Achse

1. Berechne alle Nullstellen der Funktion f im Intervall $[a; b]$;

2. Suche die kleinste Nullstelle und nenne diese N_1. Suche danach die nächstgrößere Nullstelle und nenne diese N_2 usw.

3. Der gesuchte Flächeninhalt A kann nun wie folgt berechnet werden:

$$A = \left| \int_a^{N_1} f(x)\,\mathrm{d}x \right| + \left| \int_{N_1}^{N_2} f(x)\,\mathrm{d}x \right| + ... + \left| \int_{N_n}^b f(x)\,\mathrm{d}x \right|$$

Beispiel. *Berechne den Inhalt der Fläche, die der Graph der Funktion*

$$f(x) = \frac{1}{2}x^2 + \frac{1}{2}x - 1$$

mit der x-Achse im Intervall $[-4; 2]$ einschließt.

Lösung. *Schritt 1:*
Wir berechnen die Nullstellen von f im Intervall $[-4; 2]$. Die Gleichung

$$\frac{1}{2}x^2 + \frac{1}{2}x - 1 = 0$$

lösen wir mit der abc-Formel $[a = 0{,}5,\ b = 0{,}5, c = -1]$:

$$x_{1,2} = \frac{-0{,}5 \pm \sqrt{0{,}5^2 - 4 \cdot 0{,}5 \cdot (-1)}}{2 \cdot 0{,}5} = \frac{-0{,}5 \pm 1{,}5}{1}.$$

Dies liefert die Nullstellen $x_1 = -2$ und $x_2 = 1$. Beide liegen im Intervall $[-4; 2]$.

Schritt 2:
Wir haben in Schritt 1 alle Nullstellen von f im Intervall $[-4; 2]$ berechnet. Die kleinste lautet $N_1 = -2$, die nächstgrößere ist $N_2 = 1$. Abbildung 37 veranschaulicht die Situation.

Schritt 3:
Der gesuchte Flächeninhalt ist gegeben durch

$$A = \left| \int_{-4}^{-2} f(x)\,\mathrm{d}x \right| + \left| \int_{-2}^{1} f(x)\,\mathrm{d}x \right| + \left| \int_{1}^{2} f(x)\,\mathrm{d}x \right|.$$

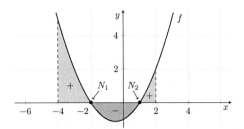

Abbildung 37: Bild zur Aufgabe: Fläche zwischen Graph und x-Achse

Um diese Integrale zu berechnen, bestimmen wir eine Stammfunktion von f:

$$F(x) = \frac{1}{2} \cdot \frac{1}{3} \cdot x^3 + \frac{1}{2} \cdot \frac{1}{2} \cdot x^2 - x$$
$$= \frac{1}{6}x^3 + \frac{1}{4}x^2 - x.$$

Wir erhalten somit

$$\int_{-4}^{-2} f(x)\,\mathrm{d}x = F(-2) - F(-4) = \frac{5}{3} - \left(-\frac{8}{3}\right) = \frac{13}{3};$$

$$\int_{-2}^{1} f(x)\,\mathrm{d}x = F(1) - F(-2) = -\frac{7}{12} - \frac{5}{3} = -\frac{9}{4};$$

$$\int_{1}^{2} f(x)\,\mathrm{d}x = F(2) - F(1) = \frac{1}{3} - \left(-\frac{7}{12}\right) = \frac{11}{12}.$$

Der Flächeninhalt berechnet sich schließlich zu

$$A = \left|\frac{13}{3}\right| + \left|-\frac{9}{4}\right| + \left|\frac{11}{12}\right| = \frac{13}{3} + \frac{9}{4} + \frac{11}{12} = \frac{15}{2} = 7{,}5.$$

4.4 Flächenberechnung – Graph/Graph

Wir kommen nun zu Flächen, die von zwei Graphen eingeschlossen werden:

Fakt: Fläche zwischen zwei Graphen

Wenn der Graph einer Funktion g zwischen a und b **vollständig unter** dem Graphen einer anderen Funktion f liegt, dann ist der **Flächeninhalt**, der von den beiden Graphen in diesem Bereich eingeschlossen wird, gegeben durch

$$A = \int_a^b \Big(f(x) - g(x)\Big)\ \mathrm{d}x.$$

Falls der Graph von g zwischen a und b sowohl oberhalb als auch unterhalb von f liegt, dann kannst Du den Flächeninhalt wie folgt berechnen:

Tipp: Flächenberechnung zwischen zwei Graphen

1. Berechne alle Schnittstellen von f und g im Intervall $[a; b]$;

2. Suche die kleinste Schnittstelle und nenne diese S_1. Suche danach die nächstgrößere Schnittstelle und nenne diese S_2 usw.

3. Der gesuchte Flächeninhalt A kann nun wie folgt berechnet werden:

$$A = \left| \int_a^{S_1} \Big(f(x) - g(x)\Big)\ \mathrm{d}x \right| + \left| \int_{S_1}^{S_2} \Big(f(x) - g(x)\Big)\ \mathrm{d}x \right| + ... + \left| \int_{S_n}^b \Big(f(x) - g(x)\Big)\ \mathrm{d}x \right|$$

Es erspart Dir Schreibarbeit, wenn Du $f(x) - g(x)$ durch eine neue Funktion $h(x)$ ersetzt. Dadurch erhältst Du

$$A = \left| \int_a^{S_1} h(x)\ \mathrm{d}x \right| + \left| \int_{S_1}^{S_2} h(x)\ \mathrm{d}x \right| + ... + \left| \int_{S_n}^b h(x)\ \mathrm{d}x \right|.$$

Beispiel. *Berechne den Inhalt der Fläche, die von den Graphen der Funktionen*

$$f(x) = x^3 - 4x \quad und \quad g(x) = -x^3 + 14x.$$

zwischen der kleinsten und der größten Schnittstelle eingeschlossen wird.

Lösung. *Schritt 1:*
Wir berechnen die Schnittstellen von f und g:

$$f(x) = g(x)$$

$$\Leftrightarrow \qquad x^3 - 4x = -x^3 + 14x \qquad | \; +x^3; \; -14x$$

$$\Leftrightarrow \qquad 2x^3 - 18x = 0 \qquad | \; 2x \; ausklammern$$

$$\Leftrightarrow \qquad 2x \cdot \left(x^2 - 9\right) = 0 \qquad | \; Satz \; vom \; Nullprodukt$$

$$\Leftrightarrow \quad x = 0 \quad oder \quad x^2 - 9 = 0$$

Die erste Schnittstelle lautet $x_1 = 0$. Weiter folgt

$$x^2 - 9 = 0 \qquad | \; +9$$

$$\Leftrightarrow \qquad x^2 = 9 \qquad | \; \sqrt{}$$

$$\Leftrightarrow \qquad x_{2,3} = \pm 3$$

Dies liefert die Schnittstellen $x_2 = -3$ und $x_3 = 3$.

Schritt 2:
Wir haben in Schritt 1 alle Schnittstellen von f und g berechnet. Der Größe nach sortiert lauten diese

$$S_1 = -3, \; S_2 = 0, \; S_3 = 3.$$

Abbildung 38 veranschaulicht die Situation.

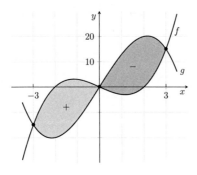

Abbildung 38: Bild zur Aufgabe: Fläche zwischen zwei Graphen

Schritt 3:
Der gesuchte Flächeninhalt ist gegeben durch

$$A = \left| \int_{-3}^{0} \Big(f(x) - g(x) \Big) \, dx \right| + \left| \int_{0}^{3} \Big(f(x) - g(x) \Big) \, dx \right|.$$

Wir ersetzen jetzt $f(x) - g(x)$ durch $h(x)$. Dabei gilt

$$h(x) = f(x) - g(x) = x^3 - 4x - \left(-x^3 + 14x \right) = 2x^3 - 18x$$

Der gesuchte Flächeninhalt kann nun wie folgt geschrieben werden:

$$A = \left| \int_{-3}^{0} h(x) \, dx \right| + \left| \int_{0}^{3} h(x) \, dx \right|.$$

Um diese Integrale zu berechnen, bestimmen wir eine Stammfunktion von h:

$$H(x) = 2 \cdot \frac{1}{4} x^4 - 18 \cdot \frac{1}{2} x^2 = \frac{1}{2} x^4 - 9x^2.$$

Wir erhalten somit

$$\int_{-3}^{0} h(x) \, dx = H(0) - H(-3) = 0 - \left(\frac{81}{2} - 81 \right) = \frac{81}{2};$$

$$\int_{0}^{3} h(x) \, dx = H(3) - H(0) = \left(\frac{81}{2} - 81 \right) - 0 = -\frac{81}{2}.$$

Der Flächeninhalt berechnet sich schließlich zu

$$A = \left| \frac{81}{2} \right| + \left| -\frac{81}{2} \right| = \frac{81}{2} + \frac{81}{2} = 81.$$

4.5   Uneigentliche Integrale

Für eine Funktion f, die sich für große Werte ($x \to \infty$) „schnell genug" der x-Achse annähert, kann man den Grenzwert

$$\lim_{b \to \infty} \int_a^b f(x)\,\mathrm{d}x$$

berechnen, siehe Abbildung 39 links. Auf die gleiche Weise kann man Grenzwerte in der Nähe einer senkrechten Asymptote berechnen, siehe Abbildung 39 rechts. In beiden Fällen spricht man von sogenannten **uneigentlichen Integralen**.

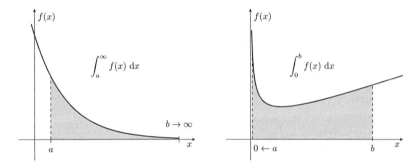

Abbildung 39: Uneigentliche Integrale

Definition: Uneigentliche Integrale

Falls der Grenzwert

$$\lim_{b \to \infty} \int_a^b f(x)\,\mathrm{d}x$$

nicht $-\infty$ oder ∞ ist, dann heißt diese Zahl das **uneigentliche Integral** von f über $[a; \infty[$ und wir schreiben

$$\int_a^\infty f(x)\,\mathrm{d}x = \lim_{b \to \infty} \int_a^b f(x)\,\mathrm{d}x$$

Auf die gleiche Weise wird der Fall $a \to -\infty$ und senkrechte Asymptoten behandelt.

┌───┐
│ **Tipp: Uneigentliche Integrale**   │
│   │
│ Wenn Du ein uneigentliches Integral berechnen sollst, dann musst Du für eine der │
│ beiden Integralgrenzen einen Buchstaben einsetzen (z. B. „b" für die obere Grenze). │
│ Das so erhaltene Integral berechnest Du danach in Abhängigkeit des Buchstaben. │
│ Zum Schluss bestimmst Du den Grenzwert.   │
└───┘

Beispiel. *Zeige, dass der Graph der Funktion $f(x) = 10e^{-x}$ mit den Koordinatenachsen im 1. Quadranten einen endlichen Flächeninhalt einschließt und gib diesen an.*

Lösung. *Gesucht ist das uneigentliche Integral*

$$\int_0^\infty 10e^{-x} \, \mathrm{d}x.$$

Die obere Integralgrenze „∞" ersetzen wir durch b und berechnen das so erhaltene Integral:

$$\int_0^b 10e^{-x} \, \mathrm{d}x = \left[-10e^{-x} \right]_0^b = -10 \cdot e^{-b} - \left(-10 \cdot e^0 \right)$$
$$= -10 \cdot e^{-b} - (-10) = -10 \cdot e^{-b} + 10.$$

Nun bestimmen wir den Grenzwert für $b \to \infty$:

$$\int_0^\infty 10e^{-x} \, \mathrm{d}x = \lim_{b \to \infty} \int_0^b 10e^{-x} \, \mathrm{d}x = \lim_{b \to \infty} \left(-10 \cdot e^{-b} + 10 \right)$$
$$= 10 - 10 \cdot \lim_{b \to \infty} e^{-b} = 10 - 10 \cdot 0 = 10.$$

Der Flächeninhalt ist also endlich und beträgt 10 FE.

Beispiel. *Wir betrachten die Funktion*

$$f(x) = \frac{1}{\sqrt{x}} + x + 1.$$

Zeige, dass der Graph von f zusammen mit den Koordinatenachsen und der Geraden $x = 1$ eine endliche Fläche einschließt und berechne den zugehörigen Flächeninhalt.

Lösung. *Wegen des Terms „$1/\sqrt{x}$" besitzt der Graph von f die y-Achse als senkrechte Asymptote. Gesucht ist das uneigentliche Integral*

$$\int_0^1 \left(\frac{1}{\sqrt{x}} + x + 1 \right) \, \mathrm{d}x.$$

Die untere Integralgrenze „0" ersetzen wir durch a und berechnen das so erhaltene Integral. Zunächst bestimmen wir eine Stammfunktion von f. Es gilt

$$f(x) = \frac{1}{\sqrt{x}} + x + 1 = x^{-1/2} + x + 1.$$

Somit folgt

$$F(x) = \frac{1}{-\frac{1}{2}+1} \cdot x^{-\frac{1}{2}+1} + \frac{1}{2}x^2 + x = 2\sqrt{x} + \frac{1}{2}x^2 + x.$$

Mit der Stammfunktion F ergibt sich weiter

$$\int_a^1 \left(\frac{1}{\sqrt{x}} + x + 1 \right) \, \mathrm{d}x = \left[2\sqrt{x} + \frac{1}{2}x^2 + x \right]_a^1 = 3{,}5 - \left(2\sqrt{a} + \frac{1}{2}a^2 + a \right)$$

$$= 3{,}5 - 2\sqrt{a} - \frac{1}{2}a^2 - a.$$

Nun bestimmen wir den Grenzwert für $a \to 0$:

$$\lim_{a \to 0} \left(3{,}5 - 2\sqrt{a} - \frac{1}{2}a^2 - a \right) = 3{,}5.$$

Für das uneigentliche Integral erhalten wir daher

$$\int_0^1 \left(\frac{1}{\sqrt{x}} + x + 1 \right) \, \mathrm{d}x = \lim_{a \to 0} \int_a^1 \left(\frac{1}{\sqrt{x}} + x + 1 \right) \, \mathrm{d}x = 3{,}5.$$

Der gesuchte Flächeninhalt beträgt also 3,5 FE.

Beispiel. *Untersuche, ob der Graph der Funktion $f(x) = \frac{5}{x}$ zusammen mit der x-Achse über dem Intervall $[1, \infty[$ einen endlichen Flächeninhalt einschließt.*

Lösung. *Gesucht ist das uneigentliche Integral*

$$\int_1^\infty \frac{5}{x} \, \mathrm{d}x.$$

Die obere Integralgrenze „∞" ersetzen wir durch b und berechnen das so erhaltene Integral:

$$\int_1^b \frac{5}{x} \, \mathrm{d}x = \left[5\ln\left(|x|\right) \right]_1^b = 5\ln\left(|b|\right) - 5\ln\left(|1|\right) = 5\ln(b).$$

Im letzten Schritt haben wir verwendet, dass $\ln(1) = 0$ gilt und b eine positive Zahl ist, was $|b| = b$ zur Folge hat. Nun bestimmen wir den Grenzwert für $b \to \infty$:

$$\int_1^\infty \frac{5}{x} \, \mathrm{d}x = \lim_{b \to \infty} \int_1^b \frac{5}{x} \, \mathrm{d}x = \lim_{b \to \infty} 5\ln(b) = \infty.$$

Die Fläche wird also unendlich groß, wenn b gegen ∞ strebt.

Wir haben das Integralzeichen $\int$ in verschiedenen Situationen benutzt. Deshalb fassen wir die entsprechenden Schreibweisen in einem Tipp noch einmal zusammen:

Tipp: Schreibweisen mit Integralzeichen

Mit dem Integralzeichen werden verschiedne Objekte beschrieben:

Schreibweise	Name	Bedeutung
$\int f(x)\,\mathrm{d}x$	Unbestimmtes Integral	Menge aller Stammfunktionen
$\int_a^x f(t)\,\mathrm{d}t$	Integralfunktion	Eine spezielle Stammfunktion
$\int_a^b f(x)\,\mathrm{d}x$	Bestimmtes Integral	Ein (signierter) Flächeninhalt
$\int_a^\infty f(x)\,\mathrm{d}x$	Uneigentliches Integral	Der Grenzwert $\displaystyle\lim_{b\to\infty}\int_a^b f(x)\,\mathrm{d}x$
$\int_{-\infty}^b f(x)\,\mathrm{d}x$	Uneigentliches Integral	Der Grenzwert $\displaystyle\lim_{a\to-\infty}\int_a^b f(x)\,\mathrm{d}x$

4.6 Volumen von Rotationskörpern

Wir betrachten den Graphen einer Funktion f über einem Intervall $[a; b]$. Dieser schließt mit der x-Achse ein Flächenstück ein, siehe Abbildung 40. Wenn dieses Flächenstück um die x-Achse rotiert, dann entsteht ein sogenannter **Rotationskörper**.

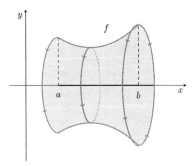

Abbildung 40: Entstehung eines Rotationskörpers bei Rotation um die x-Achse

Das Volumen dieses Rotationskörpers kannst Du wie folgt berechnen:

Fakt: Volumen bei Rotation um die x-Achse

Das Volumen des Rotationskörpers ist gegeben durch

$$V = \pi \cdot \int_a^b [f(x)]^2 \, dx.$$

Beispiel. *Der Graph von $f(x) = \sqrt{x^2 + 1}$ rotiere über dem Intervall $[0; 1]$ um die x-Achse. Berechne das Volumen des Rotationskörpers.*

Lösung. *Wir berechnen das gesuchte Volumen V wie folgt:*

$$V = \pi \cdot \int_0^1 [f(x)]^2 \, dx = \pi \cdot \int_0^1 \left[\sqrt{x^2 + 1} \right]^2 \, dx$$

$$= \pi \cdot \int_0^1 (x^2 + 1) \, dx = \pi \cdot \left[\frac{1}{3}x^3 + x \right]_0^1 = \pi \cdot \left(\frac{4}{3} - 0 \right) = \frac{4}{3}\pi.$$

Angeberwissen: Volumen bei Rotation um die y-Achse

Mit Hilfe von Spiegelungen kann man auch das Volumen von Rotationskörpern bzgl. der y-Achse berechnen. Betrachte die Fläche, die vom Graphen einer Funktion f, der y-Achse, sowie den Geraden $y = c$ und $y = d$ begrenzt wird (orangene Fläche):

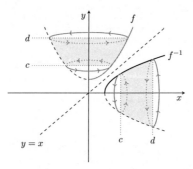

Gesucht ist das Volumen des Körpers, der durch Rotation dieses Flächenstücks um die y-Achse entsteht. Wenn die Funktion f auf einer geeigneten Definitionsmenge rechts der y-Achse umkehrbar ist (orangener „Ast"), dann entsteht der Graph der Umkehrfunktion f^{-1} durch Spiegelung an der Geraden $y = x$.
Wie man in der Abbildung erkennen kann, erhalten wir das gleiche Volumen, wenn der Graph der Umkehrfunktion f^{-1} über dem Intervall $[c; d]$ um die x-Achse rotiert. Es gilt also:

$$V = \pi \cdot \int_c^d \left[f^{-1}(x) \right]^2 \, \mathrm{d}x.$$

Beispiel. *Der Graph von $f(x) = 0{,}5x^2 + 1$ rotiere zwischen $y = 2$ und $y = 4$ um die y-Achse. Berechne das Volumen des Rotationskörpers.*

Lösung. *Zuerst bestimmen wir die Funktionsgleichung von $[f^{-1}(x)]^2$. Dazu lösen wir die Gleichung $y = f(x)$ nach x^2 auf:*

$$y = 0{,}5x^2 + 1 \qquad | -1$$

$$\Leftrightarrow \quad y - 1 = 0{,}5x^2 \qquad | \cdot 2$$

$$\Leftrightarrow \quad 2y - 2 = x^2$$

Fortsetzung folgt auf der nächsten Seite.

Angeberwissen: Fortsetzung

Durch Vertauschen von x und y erhalten wir

$$\left[f^{-1}(x)\right]^2 = 2x - 2.$$

Das gesuchte Volumen berechnet sich nun wie folgt:

$$V = \pi \cdot \int_2^4 \left[f^{-1}(x)\right]^2 \, \mathrm{d}x = \pi \cdot \int_2^4 (2x - 2) \, \mathrm{d}x$$

$$= \pi \cdot \left[x^2 - 2x\right]_2^4 = \pi \cdot (8 - 0) = 8\pi$$

4.7 Weiterführende Integrationsregeln

Wir wiederholen an dieser Stelle drei weitere Integrationsregeln, nämlich die

partielle Integration, die **Integration durch Substitution** und
die **Integration per Formansatz**.

Fakt: Partielle Integration

$$\int_a^b f'(x)g(x)\ \mathrm{d}x = \Big[f(x)g(x)\Big]_a^b - \int_a^b f(x)g'(x)\ \mathrm{d}x.$$

Beispiel. *Berechne* $\displaystyle\int_0^2 x \cdot e^{2x+1}\ \mathrm{d}x.$

Lösung. *Wir wählen* $f'(x) = e^{2x+1}$ *und* $g(x) = x$. *Damit erhalten wir*

$$\text{Stammfunktion von } f': \quad f(x) = \frac{e^{2x+1}}{2} = \frac{1}{2}e^{2x+1}$$
$$\text{Ableitung von } g: \quad g'(x) = 1$$

Partielle Integration liefert nun

$$\int_0^2 x \cdot e^{2x+1}\ \mathrm{d}x = \left[\frac{1}{2}e^{2x+1}x\right]_0^2 - \int_0^2 \frac{1}{2}e^{2x+1} \cdot 1\ \mathrm{d}x = e^5 - \frac{1}{2} \cdot \int_0^2 e^{2x+1}\ \mathrm{d}x.$$

Wir müssen jetzt nur noch das Integral $\displaystyle\int_0^2 e^{2x+1}\ \mathrm{d}x$ *berechnen. Es gilt*

$$\int_0^2 e^{2x+1}\ \mathrm{d}x = \left[\frac{1}{2}e^{2x+1}\right]_0^2 = \frac{1}{2}e^5 - \frac{1}{2}e.$$

Der gesuchte Wert ist also

$$e^5 - \frac{1}{2}\left(\frac{1}{2}e^5 - \frac{1}{2}e\right) = e^5 - \frac{1}{4}e^5 + \frac{1}{4}e = \frac{3}{4} \cdot e^5 + \frac{1}{4} \cdot e.$$

Beispiel. *Berechne* $\int_0^\pi x \cdot \sin(x) \, \mathrm{d}x$.

Lösung. *Wir machen folgenden Ansatz:* $f'(x) = \sin(x)$, $g(x) = x$. *Damit folgt*

$$\begin{aligned} \text{Stammfunktion von } f': \quad & f(x) = -\cos(x) \\ \text{Ableitung von } g: \quad & g'(x) = 1 \end{aligned}$$

Partielle Integration liefert nun

$$\int_0^\pi x \cdot \sin(x) \, \mathrm{d}x = \Big[-x \cdot \cos(x) \Big]_0^\pi - \int_0^\pi \big(-\cos(x) \cdot 1 \big) \, \mathrm{d}x$$

$$= -\pi \cdot \cos(\pi) - (-0 \cdot \cos(0)) + \int_0^\pi \cos(x) \, \mathrm{d}x$$

$$= -\pi \cdot (-1) + \int_0^\pi \cos(x) \, \mathrm{d}x = \pi + \int_0^\pi \cos(x) \, \mathrm{d}x.$$

Des Weiteren gilt

$$\int_0^\pi \cos(x) \, \mathrm{d}x = \Big[\sin(x) \Big]_0^\pi = \sin(\pi) - \sin(0) = 0 - 0 = 0.$$

Der gesuchte Wert ist also $\pi + 0 = \pi$.

Angeberwissen: Herleitung der partiellen Integration

Die partielle Integration ist das **Gegenstück der Produktregel**: Für zwei stetig differenzierbare Funktionen f und g gilt

$$(fg)' = f'g + fg', \quad \text{das bedeutet} \quad \big(f(x)g(x) \big)' = f'(x)g(x) + f(x)g'(x).$$

Übergang zu Stammfunktionen liefert

$$f(x)g(x) = \int \big(f(x)g(x) \big)' \, \mathrm{d}x = \int \Big(f'(x)g(x) + f(x)g'(x) \Big) \, \mathrm{d}x$$

$$= \int f'(x)g(x) \, \mathrm{d}x + \int f(x)g'(x) \, \mathrm{d}x.$$

Umstellen und Einsetzen der Integrationsgrenzen a und b ergibt somit

$$\int_a^b f'(x)g(x) \, \mathrm{d}x = \big[f(x)g(x) \big]_a^b - \int_a^b f(x)g'(x) \, \mathrm{d}x.$$

Wir kommen zur **Integration durch Substitution**:

Fakt: Integration durch Substitution

$$\int_a^b f(g(x)) \cdot g'(x)\,\mathrm{d}x = \int_{g(a)}^{g(b)} f(t)\,\mathrm{d}t.$$

Tipp: Integration durch Substitution

In vielen Fällen findest Du unter dem Integralzeichen einen Term $g(x)$, zum Beispiel $g(x) = 1 + x^2$, der im Inneren einer anderen Funktion steht, z. B.

$$\sqrt{1 + x^2}, \quad (1 + x^2)^3 \quad \text{oder} \quad \sin(1 + x^2).$$

Falls dieser Ausdruck mit der 1. Ableitung $g'(x)$ multipliziert wird, also z. B.

$$\sqrt{1 + x^2} \cdot 2x, \quad (1 + x^2)^3 \cdot 2x \quad \text{oder} \quad \sin(1 + x^2) \cdot 2x,$$

dann kannst Du dieses Integral wie folgt lösen:

1. Bestimme den Term $g(x)$, den Du ersetzen möchtest;

2. Schreibe $t = g(x)$ (Substitution);

3. Berechne die „neue" untere Grenze, indem Du die „alte" untere Grenze a in den Funktionsterm $g(x)$ einsetzt. Berechne die „neue" obere Grenze, indem Du die „alte" obere Grenze b in $g(x)$ einsetzt;

4. Erhalte das neue Integral, indem Du folgende Werte ersetzt:

   - $a \;\rightarrow\; g(a)$;

   - $b \;\rightarrow\; g(b)$;

   - $g(x) \;\rightarrow\; t$;

   - $g'(x)\,\mathrm{d}x \;\rightarrow\; \mathrm{d}t$;

5. Berechne das so erhaltene neue Integral.

Beispiel. *Berechne* $\displaystyle\int_0^2 \frac{4x}{\sqrt{1+2x^2}}\,\mathrm{d}x.$

Lösung. *Schritt 1:*

Wir machen folgenden Ansatz: $f(x) = \dfrac{1}{\sqrt{x}},\ g(x) = 1 + 2x^2.$ *Damit folgt*

$$\text{Verkettung von } f \text{ und } g: \quad f(g(x)) = \frac{1}{\sqrt{g(x)}} = \frac{1}{\sqrt{1+2x^2}}$$

$$\text{Ableitung von } g: \quad g'(x) = 4x$$

Die Funktion $f(g(x)) \cdot g'(x)$ *ist genau die Funktion, die unter dem Integral steht:*

$$f(g(x)) \cdot g'(x) = \frac{4x}{\sqrt{1+2x^2}}.$$

Schritt 2:
Wir führen nun folgende Substitution ein:

$$\boxed{\ \text{Substitution: } t = g(x) = 1 + 2x^2\ }$$

Schritt 3:
Die neuen Integralgrenzen sind gegeben durch

$$g(a) = g(0) = 1 + 2 \cdot 0^2 = 1 \quad und \quad g(b) = g(2) = 1 + 2 \cdot 2^2 = 9.$$

Schritt 4:
Die Substitutionsregel liefert nun

$$\int_0^2 \frac{4x}{\sqrt{1+2x^2}}\,\mathrm{d}x = \int_0^2 \frac{1}{\sqrt{1+2x^2}} \cdot 4x\,\mathrm{d}x = \int_1^9 \frac{1}{\sqrt{t}}\,\mathrm{d}t.$$

Schritt 5:

Wir müssen jetzt nur noch das Integral $\displaystyle\int_1^9 \frac{1}{\sqrt{t}}\,\mathrm{d}t$ *berechnen. Dazu bestimmen wir eine Stammfunktion von* f:

$$F(t) = \frac{1}{-\frac{1}{2}+1} \cdot t^{-\frac{1}{2}+1} = \frac{1}{\frac{1}{2}} \cdot t^{\frac{1}{2}} = 2\sqrt{t}.$$

Somit ergibt sich folgender Wert:

$$\int_1^9 \frac{1}{\sqrt{t}}\,\mathrm{d}t = \left[2\sqrt{t}\right]_1^9 = 2\sqrt{9} - 2\sqrt{1} = 6 - 2 = 4.$$

Beispiel. *Berechne* $\displaystyle\int_{-1}^{1} 12x^2 \left(1 - 2x^3\right)^4 \ \mathrm{d}x.$

Lösung. *Schritt 1:*
Wir machen folgenden Ansatz: $f(x) = x^4$, $g(x) = 1 - 2x^3$. *Damit folgt*

$$\text{Verkettung von } f \text{ und } g: \quad f(g(x)) = g(x)^4 = \left(1 - 2x^3\right)^4$$
$$\text{Ableitung von } g: \quad g'(x) = -6x^2$$

Schritt 2:
Wir führen nun folgende Substitution ein:

$$\boxed{\text{Substitution: } t = g(x) = 1 - 2x^3}$$

Schritt 3:
Die neuen Integralgrenzen sind gegeben durch

$$g(a) = g(-1) = 1 - 2 \cdot (-1)^3 = 3 \quad und \quad g(b) = g(1) = 1 - 2 \cdot 1^3 = -1$$

Schritt 4:
Die Substitutionsregel liefert nun

$$\int_{-1}^{1} 12x^2 \left(1 - 2x^3\right)^4 \ \mathrm{d}x = \int_{-1}^{1} (-2) \cdot (-6x^2) \cdot \left(1 - 2x^3\right)^4 \ \mathrm{d}x$$
$$= -2 \cdot \int_{-1}^{1} \left(1 - 2x^3\right)^4 \cdot (-6x^2) \, \mathrm{d}x = -2 \cdot \int_{3}^{-1} t^4 \ \mathrm{d}t$$

Schritt 5:
Es ergibt sich folgender Wert:

$$-2 \cdot \int_{3}^{-1} t^4 \ \mathrm{d}t = -2 \cdot \left[\frac{1}{5} t^5\right]_{3}^{-1} = -2 \cdot \left(-\frac{1}{5} - \frac{243}{5}\right) = \frac{488}{5}.$$

> **Angeberwissen: Integration durch Substitution**
>
> Die Integration durch Substitution ist das **Gegenstück der Kettenregel**. Es gibt zwei Möglichkeiten die Substitutionsregel anzuwenden. In der Richtung von links nach rechts spricht man von einer
>
> **„Elimination der Substitution".**
>
> Andersrum, also von rechts nach links, spricht man vom
>
> **„Einführen der Substitution".**
>
> Dadurch können auch schwierigere Integrale gelöst werden:
>
> **Beispiel** (von rechts nach links). *Berechne* $\displaystyle\int_0^{1/2} \frac{1}{\sqrt{1-x^2}}\,\mathrm{d}x.$
>
> **Lösung.** *Wir führen nun folgende Substitution ein:*
>
> $$\boxed{\text{Substitution: } x = \sin(t)}$$
>
> Wir erhalten dadurch
>
> $$\mathrm{d}x = \sin(t)'\,\mathrm{d}t = \cos(t)\,\mathrm{d}t$$
>
> Die neuen Grenzen sind gegeben durch (RAD am Taschenrechner)
>
> $$\sin^{-1}(a) = \sin^{-1}(0) = 0 \quad \text{und} \quad \sin^{-1}(b) = \sin^{-1}(1/2) = \frac{\pi}{6}.$$
>
> Die Substitutionsregel liefert nun
>
> $$\int_0^{1/2} \frac{1}{\sqrt{1-x^2}}\,\mathrm{d}x = \int_0^{\pi/6} \frac{\cos(x)}{\sqrt{1-\sin^2(x)}}\,\mathrm{d}x.$$
>
> Mit dem „trigonometrischen Pythagoras", siehe Seite 17, erhalten wir schließlich
>
> $$\int_0^{\pi/6} \frac{\cos(x)}{\sqrt{1-\sin^2(x)}}\,\mathrm{d}x = \int_0^{\pi/6} \frac{\cos(x)}{\cos(x)}\,\mathrm{d}x = \int_0^{\pi/6} 1\,\mathrm{d}x = \frac{\pi}{6}.$$

Zum Schluss kommen wir noch zum **Integrieren per Formansatz**. In den meisten Fällen wird diese Methode für das Integrieren von Funktionen verwendet, in denen die Exponentialfunktion auftaucht. Wir betrachten deshalb Funktionen der Bauart

„Ganzrationale Funktion" · „Linear verkettete Exponentialfunktion",

wie zum Beispiel die Funktion

$$f(x) = (2x^2 + 1) \cdot e^{4x-2}.$$

Der folgende Tipp beschreibt, wie Du hier eine Stammfunktion bestimmen kannst:

Tipp: Integration per Formansatz

1. Bestimme den Grad n der ganzrationalen Funktion (vgl. oben: $n = 2$); Der allgemeine Term einer ganzrationalen Funktion vom Grad n lautet

$$a_n x^n + a_{n-1} x^{n-1} + \dots + a_1 x + a_0;$$

2. Mache den **Formansatz**:

$$F(x) = \text{„allgemeiner Term"} \cdot \text{„Exponentialfunktion (unverändert)"},$$

im Beispiel oben also $F(x) = (a_2 x^2 + a_1 x + a_0) \cdot e^{4x-2}$;

3. Leite die so erhaltene Funktion F mithilfe der Produktregel ab;

4. Vereinfache den Funktionsterm F' so weit wie möglich;

5. Bestimme die passenden Koeffizienten a_k, indem Du $F'(x)$ mit $f(x)$ vergleichst;

6. Gib die Stammfunktion F an.

Beispiel. *Bestimme eine Stammfunktion von* $f(x) = (6x^2 + 4x - 3) \cdot e^{3x}$.

Lösung. *Schritt 1:*
Der Funktionsterm der ganzrationalen Funktion lautet $6x^2 + 4x - 3$. *Der Grad ist also gegeben durch* $n = 2$ *und der allgemeine Term lautet* $a_2 x^2 + a_1 x + a_0$.

Schritt 2:
Nun machen wir den Formansatz:

$$F(x) = (a_2 x^2 + a_1 x + a_0) \cdot e^{3x}.$$

Schritt 3 und 4:
Mithilfe der Produktregel bilden wir nun die Ableitung von F. Wir identifizieren:

$$u(x) = a_2 x^2 + a_1 x + a_0 \quad und \quad v(x) = e^{3x}.$$

Es gilt $u'(x) = 2a_2 x + a_1$, $v'(x) = 3e^{3x}$ *und somit*

$$F'(x) = u'(x)v(x) + u(x)v'(x) = (2a_2 x + a_1) \cdot e^{3x} + (a_2 x^2 + a_1 x + a_0) \cdot 3e^{3x}$$

$$= \left(2a_2 x + a_1 + 3a_2 x^2 + 3a_1 x + 3a_0\right) \cdot e^{3x}$$

$$= \left(3a_2 x^2 + (2a_2 + 3a_1)x + 3a_0 + a_1\right) \cdot e^{3x}.$$

Schritt 5: Jetzt müssen wir $F'(x)$ *mit* $f(x)$ *vergleichen:*

$$\left(3a_2 x^2 + (2a_2 + 3a_1)x + 3a_0 + a_1\right) \cdot e^{3x} = (6x^2 + 4x - 3) \cdot e^{3x}$$

Dadurch erhalten wir folgende Gleichungen:

$$3a_2 = 6$$
$$2a_2 + 3a_1 = 4$$
$$3a_0 + a_1 = -3$$

Die eindeutige Lösung dieses Gleichungssystems lautet $a_2 = 2, a_1 = 0, a_0 = -1$.

Schritt 6:
Einsetzen der errechneten Werte liefert die Stammfunktion

$$F(x) = (2x^2 - 1) \cdot e^{3x}.$$

4.8   Aufgaben zum Vertiefen

4.8.1   Stammfunktionen und unbestimmte Integrale

Aufgabe A-80   **Lösung auf Seite LA-100**

Bestimme jeweils eine Stammfunktion der folgenden Funktionen:

a) $f(x) = \dfrac{3}{x} - 2$

d) $j(x) = 2\sqrt{x}$

b) $g(x) = \dfrac{1}{2}x^2 - 4 + 3x$

e) $k(x) = \dfrac{1}{\sqrt{x}} - 4x$

c) $h(x) = \dfrac{1}{x^2} + \cos(x)$

f) $l(x) = 3e^x - 16$

Aufgabe A-81   **Lösung auf Seite LA-100**

Bestimme jeweils eine Stammfunktion der folgenden Funktionen:

a) $f(x) = (3x^2 - 4) \cdot e^{x^3 - 4x}$

d) $j(x) = \dfrac{2}{(2x - 4)^2}$

b) $g(x) = \dfrac{6x^2 - 4x}{2x^3 - 2x^2}$

e) $k(x) = \dfrac{e^{\ln(x)}}{x}$

c) $h(x) = \sqrt{4x - 3} + 2$

f) $l(x) = \dfrac{\sin(x)}{\cos(x)}$

Aufgabe A-82   **Lösung auf Seite LA-101**

Bestimme für die unten stehenden Funktionen jeweils eine Stammfunktion, die durch den Punkt $P(0 \mid 0)$ verläuft:

a) $f(x) = \dfrac{1}{3}x^2 - \sqrt{2x + 1}$

b) $g(x) = (2x - 4)^2 + 3$

4.8.2 Bestimmte Integrale, Integralfunktion und HDI

Aufgabe A-83   **Lösung auf Seite LA-103**

Berechne folgende Integrale:

a) $\displaystyle\int_0^3 \sqrt{2x+3}\,\mathrm{d}x$

d) $\displaystyle\int_0^1 \frac{3}{\sqrt{4x+1}}\,\mathrm{d}x$

b) $\displaystyle\int_0^3 6x\cdot\sqrt{x^2+3}\,\mathrm{d}x$

e) $\displaystyle\int_0^1 2x\cdot e^{x^2-1}\,\mathrm{d}x$

c) $\displaystyle\int_0^{\frac{\pi}{3}} \sin(2x-\pi)\,\mathrm{d}x$

f) $\displaystyle\int_1^4 \frac{e^{\sqrt{x}}}{2\cdot\sqrt{x}}\,\mathrm{d}x$

Aufgabe A-84   **Lösung auf Seite LA-104**

Eine allgemeine Integralfunktion hat die folgende Form:

$$F_a(z) = \int_a^z f(x)\,\mathrm{d}x$$

a) Warum besitzt jede Integralfunktion immer mindestens eine Nullstelle?

b) Wie unterscheiden sich die Graphen zweier Integralfunktionen F_1 und F_2?

c) Gegeben ist die Integralfunktion

$$F_0(z) = \int_0^z x^2 - x - 2\,\mathrm{d}x.$$

Bestimme, ohne das Integral explizit zu berechnen, die Lage aller Extrempunkte der Integralfunktion.

Aufgabe A-85   **Lösung auf Seite LA-112**

Der Graph einer ganzrationalen Funktion f ist punktsymmetrisch zum Ursprung. Begründe, dass für alle $a \in \mathbb{R}$ gilt:

$$\int_{-a}^{a} f(x)\,\mathrm{d}x = 0$$

Aufgabe A-86   **Lösung auf Seite LA-114**

Gegeben ist der Graph der Funktion f, sowie die Integralfunktion

$$F_1(z) = \int_1^z f(x)\ dx.$$

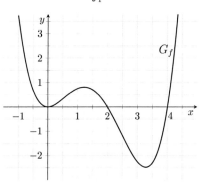

a) Wie viele Nullstellen hat die Integralfunktion F_1?

b) Bestimme den ungefähren Funktionswert der Funktion F_0 bei $z = 2$.

Aufgabe A-87   **Lösung auf Seite LA-115**

Die Funktion
$$f(t) = 4 + 3e^{-3t}$$

beschreibt, wie viele Liter Öl, zu jedem Zeitpunkt, pro Minute aus einem havarierten Öltanker austreten. Berechne, wie viel nach 2 Stunden herausgeflossen ist.

Aufgabe A-88   **Lösung auf Seite LA-108**

Die untenstehende Abbildung zeigt ein symmetrisch durchhängendes Hochspannungskabel, welches zwischen zwei Strommasten hängt, die 20 m von einander entfernt stehen. Der Verlauf des Kabels wird durch die folgende Funktion beschrieben:

$$f(x) = \frac{e^x + e^{-x}}{2}$$

Berechne die Gesamtlänge L des Kabels.

Eine Längeneinheit entspricht 5 Metern in der Realität.

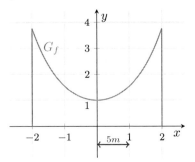

---------------------------------- **Tipp:** ----------------------------------

Die Länge L einer Kurve im Intervall $[a; b]$ berechnet sich mittels der folgenden Formel:

$$L = \int_a^b \sqrt{1 + (f'(x))^2}\ \mathrm{d}x$$

Aufgabe A-89 **Lösung auf Seite LA-108**

Gegeben ist der Graph der Funktion f, sowie die Integralfunktion

$$F_0(z) = \int_0^z f(x)\, \mathrm{d}x.$$

a) Gib an, an welchen Stellen z die Integralfunktion F_0 Extrem-, Sattel- oder Wendepunkte besitzt.

b) Wie viele Nullstellen hat die Integralfunktion?

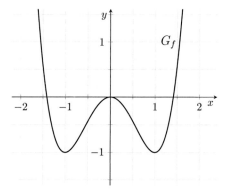

Aufgabe A-90 **Lösung auf Seite LA-109**

Die Geschwindigkeit eines Lastkahns, der flussabwärts fährt, wird zu Beginn der Fahrt durch die folgende Funktion beschrieben:

$$v(t) = \frac{2t}{t^2 + 1} + 2$$

Die Zeit t wird hierbei in Minuten gemessen. Bestimme, welche Strecke der Lastkahn nach 5 min zurückgelegt hat.

—————————————— **Tipp:** ——————————————

Die Geschwindigkeit ist die erste Ableitung der zurückgelegten Strecke.

4.8.3 Flächenberechnung

Aufgabe A-91 **Lösung auf Seite LA-111**

Gärtner*innen legen ein rechteckiges Blumenbeet an. Dieses ist durch die x-Achse im Intervall $[0; 20]$ und die Funktion $f(x) = 3$ beschränkt. Die Fläche zwischen der Funktion $g(x) = \sqrt{x}$ und der x-Achse stellt den sonnigen Bereich des Gartens dar zur Mittagszeit.

Eine Längeneinheit entspricht 1 Meter in der Realität.

a) Berechne die Größe des schattigen Bereichs im Blumenbeet.

b) Welchen Anteil des Beetes nimmt der schattige Bereich ein?

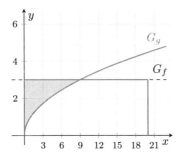

Aufgabe A-92 **Lösung auf Seite LA-112**

Die folgende Funktion schließt mit der Winkelhalbierenden die Hälfte einer herzförmigen Figur ein:

$$f(x) = -0{,}5x^2 + 2x + 4$$

Diese ist in der Skizze rot markiert. Die zweite Hälfte entsteht durch Spiegeln an der Winkelhalbierenden. Bestimme die Fläche des gesamten Herzens.

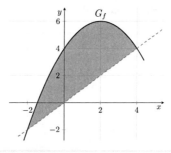

Aufgabe A-93   **Lösung auf Seite LA-113**

In der nebenstehenden Abbildung ist eine abstrakte Skulptur des Künstlers Antonio Spaß zu sehen. Die Grundfläche der Skulptur kann durch die Fläche beschrieben werden, die die folgende Funktion mit den Koordinatenachsen einschließt:

$$f(x) = -(x-1)^3 + 1$$

Die Höhe h der Skulptur beträgt $2\,\mathrm{m}$. Berechne das Volumen der Skulptur.

In der Abbildung ist die Funktion f rot gekennzeichnet und eine Längeneinheit entspricht 1 Meter in der Realität.

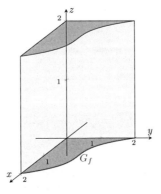

Aufgabe A-94   **Lösung auf Seite LA-114**

Die Fläche eines Baseballfelds wird annähernd durch die Fläche beschrieben, welche die folgende Funktion im ersten Quadranten mit den Koordinatenachsen einschließt:

$$f(x) = -\frac{1}{3}x^2 + 3$$

Berechne die Fläche des Baseballfelds.

Aufgabe A-95   **Lösung auf Seite LA-115**

Bestimme den Flächeninhalt des Bereiches, der von den beiden Funktionen eingeschlossen wird:

$$f(x) = \frac{1}{x + 0{,}5 \cdot \sqrt{3}} \quad \text{und} \quad g(x) = -2x + \sqrt{3}$$

4.8.4 Mittelwert einer Funktion

Aufgabe A-96   **Lösung auf Seite LA-117**

Der Graph der Funktion $f(x) = -5x^4 + 3x^2 - x + 3$ beschreibt ungefähr den Querschnitt eines Berges. Eine Längeneinheit entspricht dabei $100\,\text{m}$. Ein Wanderer läuft im Punkt $(-1 \mid f(-1))$ los und wandert entlang des Graphen das Bergpanorama entlang bis er beim Punkt $(1 \mid f(1))$ in ein Restaurant einkehrt. Berechne, auf welcher Höhe er sich im Mittel während der Wanderung aufgehalten hat.

Aufgabe A-97   **Lösung auf Seite LA-117**

Bestimme die mittlere Änderungsrate und den Mittelwert folgender Funktionen im Intervall $[0; 2]$!

a) $f(x) = 3x$ b) $g(x) = e^x$

c) $h(x) = x^3 - x^2 + x - 1$ d) $k(x) = \dfrac{7}{x + 1}$

4.8.5 Uneigentliche Integrale

Aufgabe A-98 **Lösung auf Seite LA-119**

Bestimme den Wert der folgender uneigentlicher Integrale! Nimm dafür als gegeben an, dass diese existieren.

a) $\displaystyle\int_0^\infty e^{-3x+5}\,\mathrm{d}x$

c) $\displaystyle\int_2^\infty x^{-2}\,\mathrm{d}x$

b) $\displaystyle\int_0^\infty \frac{3x^2}{x^3+1} - \frac{3x^2+4x}{x^3+2x^2+5}\,\mathrm{d}x$

d) $\displaystyle\int_0^\infty e^{-\frac{1}{x}} \cdot \frac{1}{x^2}\,\mathrm{d}x$

Aufgabe A-99 **Lösung auf Seite LA-120**

Die Geschwindigkeit bei der Fahrt eines Spielzeug-Aufzieh-Autos kann (für $t \geq 0$) näherungsweise durch die Funktion

$$v(t) = \frac{12}{t^2 + 6t + 9}$$

beschrieben werden. Dabei gibt $v(t)$ die Geschwindigkeit in $\frac{m}{s}$ nach t Sekunden nach dem Start $(t = 0)$ an.

a) Gib die Startgeschwindigkeit des Autos in Kilometer pro Stunde an.

b) Berechne $v'(t)$ und erkläre die Bedeutung der ersten Ableitung der Funktion $v(t)$ im Sachzusammenhang. Gehe dabei auch auf das Vorzeichen von $v'(t)$ ein.

c) Zeige: Es gilt $v(t) > 0$ für alle $t > 0$. Wieso ist das in der Realität nicht so?

d) Gib $\lim v(t)$ für $t \to \infty$ an und erkläre die Bedeutung dieses Grenzwertes im Sachzusammenhang.

d) Berechne den gesamten Weg, den das Auto vom Start an zurücklegt. Gehe dabei davon aus, dass die Bewegung genau durch $v(t)$ beschrieben wird.

4.8.6 Volumen von Rotationskörpern

Aufgabe A-100   **Lösung auf Seite LA-122**

Bestimme die Volumina der Rotationskörper, die entstehen, wenn folgende Funktionen im Intervall $[0; 1]$ um die x-Achse rotieren.

a) $f(x) = \sqrt{\dfrac{1}{x+1} + 2}$

c) $h(x) = e^{3x+1}$

b) $g(x) = -2x^2 + 3x$

Aufgabe A-101   **Lösung auf Seite LA-123**

Wissenschaftler*innen haben neuartige Castor-Behälter entwickelt. Deren Form kann durch die Rotation der folgenden Funktion um die x-Achse im Intervall $I = [0; 5]$ beschrieben werden:

$$f(x) = \sqrt{x} + 2$$

Eine Längeneinheit entspricht dabei 20 Zentimetern in der Realität.

a) Bestimme das Volumen, welches einer der neuartigen Behälter fassen kann.

b) Der Deckel der Behälter wird nach dem Befüllen zugeschweißt. An welcher Seite des Intervalls sollte sich der Boden befinden, wenn die Schweißarbeiten minimiert werden sollen?

c) Bestimme den Durchmesser des Deckels.

d) Um wie viel Prozent steigt das mögliche Füllvolumen eines Behälters, wenn er um zwanzig Prozent länger wird?

Aufgabe A-102   **Lösung auf Seite LA-124**

Die Funktion f soll über einem Intervall $[a; b]$, $a, b \in \mathbb{R}$, der Länge 2 rotiert werden. Gib einen Term für das Volumen des Rotationskörpers in Abhängigkeit von der unteren Intervallgrenze a an.

$$f(x) = \sqrt{\dfrac{2x}{x^2 + 1}}\,, \qquad D_f = \mathbb{R}^+$$

4.8.7   Weiterführende Integrationsregeln

Aufgabe A-103   **Lösung auf Seite LA-126**

Bestimme folgende bestimmte Integrale mittels partieller Integration:

a) $f(x) = \displaystyle\int_0^{2\pi} x \cdot \cos(x)\,\mathrm{d}x$ c) $h(x) = \displaystyle\int_0^{\frac{\pi}{2}} \sin(x) \cdot \cos(x)\,\mathrm{d}x$

b) $g(x) = \displaystyle\int_0^1 x \cdot e^x\,\mathrm{d}x$

Aufgabe A-104   **Lösung auf Seite LA-126**

Bestimme jeweils eine Stammfunktion der folgenden Funktionen:

a) $f(x) = 2x \cdot e^{x^2} + 4$ c) $h(x) = 2x \cdot \cos(x^2)$

b) $g(x) = e^{3x} - 7x$ d) $k(x) = x^2 \cdot e^{x^3 + x^2} + \dfrac{2}{3}x \cdot e^{x^3 + x^2}$

Aufgabe A-105   **Lösung auf Seite LA-128**

Berechne den Wert der folgenden bestimmten Integrale:

a) $\displaystyle\int_0^{\pi} \sin(x) \cdot e^{\cos(x)}\,\mathrm{d}x$ b) $\displaystyle\int_2^3 \dfrac{8x^3 - 4x}{x^4 - x^2}\,\mathrm{d}x$

c) $\displaystyle\int_0^1 \dfrac{1}{e^x}\,\mathrm{d}x$

Aufgabe A-106   **Lösung auf Seite LA-128**

Gegeben ist die Funktion $f(x) = x \cdot e^{x^2}$, deren Graph in der Abbildung gezeigt ist.

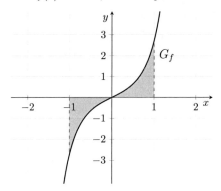

Berechne den Flächeninhalt der blau markierten Fläche, die der Graph von f und die x-Achse zwischen $x = -1$ und $x = 1$ einschließt.

Aufgabe A-107   **Lösung auf Seite LA-130**

Bestimme die Stammfunktion der Funktion $f(x) = \ln(x)$. Benutze dazu partielle Integration und den Ausdruck

$$x = \int 1 \, \mathrm{d}x = \int \frac{x}{x} \, \mathrm{d}x.$$

Aufgabe A-108   **Lösung auf Seite LA-130**

Löse folgende Integrale mittels des Substitutionsverfahrens.

a) $f(x) = \displaystyle\int 2e^{2x}\,\mathrm{d}x$ b) $h(x) = \displaystyle\int_0^1 x \cdot \ln(x^2)\,\mathrm{d}x$

c) $g(x) = \displaystyle\int_0^1 \frac{1}{\sqrt{1-x^2}}\,\mathrm{d}x$

──────────────────── **Tipp:** ────────────────────

• Benutze für Teil b) das Ergebnis aus Aufgabe 122.

• Benutze für Teil c) die Substitution $x = \sin(u)$; $u \in [0; 2\pi)$; sowie die Identität

$$\sin^2(x) + \cos^2(x) = 1.$$

Aufgabe A-109   **Lösung auf Seite LA-131**

Löse folgende Integrale:

a) $\displaystyle\int 2x \cdot \ln(x)\,\mathrm{d}x$

b) $\displaystyle\int e^{2x} \cdot x^2\,\mathrm{d}x$

Aufgabe A-110   **Lösung auf Seite LA-132**

Wir wollen in dieser Aufgabe die Stammfunktion von

$$f(x) = (2x^2 - 4) \cdot e^{8x}$$

bestimmen. Gehe davon aus, dass die Stammfunktion die Form

$$F(x) = (ax^2 + bx + c) \cdot e^{8x}$$

mit den Unbekannten a, b und c hat. Bestimme die Unbekannten, so dass $F(x)$ wirklich eine Stammfunktion von $f(x)$ ist.

Aufgabe A-111   Lösung auf Seite LA-134

Löse das folgende Integral I durch eine geeignete Substitution:

$$I = \int_1^2 x \cdot \cos(x^2 + 1)\,\mathrm{d}x$$

Meilenstein 2

Merkregel Vorzeichen zweite Ableitung und Krümmung

Hast Du noch Schwierigkeiten, aus dem Vorzeichen der 2. Ableitung die Krümmung des Graphen abzuleiten? Hier eine einfache Merkregel dazu:

- Ist die 2. Ableitung für ein x_0 im Definitionsbereich positiv, gilt also $f''(x_0) > 0$, so ist der Graph an dieser Stelle wie der Mund eines positiv gestimmten Smilies linksgekrümmt.

- Ist die 2. Ableitung für ein x_0 im Definitionsbereich hingegen negativ, gilt also $f''(x_0) < 0$, so ist der Graph an dieser Stelle wie der Mund eines negativ gestimmten Smilies rechtsgekrümmt.

Gilt zudem $f'(x_0) = 0$, so liegt bei x_0 eine Extremstelle vor und Du kannst leicht eine Aussage über die Art des Extrempunkts treffen: Hochpunkt falls $f''(x_0) < 0$; Tiefpunkt falls $f''(x_0) > 0$.

5 Funktionen unter der Lupe

5.1 Umkehrfunktionen

Bei einer Funktion f mit Definitionsmenge D_f und Wertemenge W_f wird jeder Zahl $x \in D_f$ ein eindeutiger Wert $y = f(x) \in W_f$ zugeordnet. Wenn Du also einen beliebigen x-Wert aus der Definitionsmenge in den Funktionsterm $f(x)$ einsetzt, dann erhältst Du genau einen y-Wert aus der Wertemenge. Es kann allerdings sein, dass zwei verschiedene x-Werte auf denselben y-Wert abgebildet werden. Für $f(x) = x^2$ gilt zum Beispiel:

$$f(-1) = 1 = f(1).$$

Es gibt also zwei Möglichkeiten, wie der Wert $y = 1$ erreicht werden kann, nämlich $x = -1$ und $x = 1$. Falls es bei einer Funktion für jeden y-Wert nur einen passenden x-Wert gibt, dann kann man die Funktion umkehren:

Definition: Umkehrfunktion

Eine Funktion f mit Definitionsbereich D_f und Wertemenge W_f heißt **umkehrbar**, wenn es zu jedem $y \in W_f$ nur ein passendes $x \in D_f$ gibt. Die Funktion, die zu jedem y-Wert den passenden x-Wert liefert, heißt die **Umkehrfunktion** von f und wird mit f^{-1} notiert.

Fakt: Existenz der Umkehrfunktion

Die Funktion f mit Definitionsmenge D_f und Wertemenge W_f sei **streng monoton wachsend oder streng monoton fallend**. Dann ist f umkehrbar und es gilt

$$D_{f^{-1}} = W_f \quad \text{und} \quad W_{f^{-1}} = D_f :$$

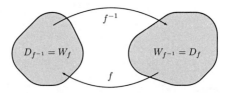

Insbesondere erhält man den Graphen der Umkehrfunktion f^{-1}, indem man den Graphen von f an der Winkelhalbierenden des 1. Quadranten spiegelt.

Im Allgemeinen ist eine Funktion auf der maximalen Definitionsmenge nicht durchgehend streng monoton steigend oder fallend, sondern wechselt zwischen fallend und steigend. In den meisten Aufgaben ist deshalb zur Funktion f ein passender Definitionsbereich D_f gegeben, auf dem Du die Umkehrfunktion f^{-1} bestimmen sollst. Ist D_f nicht angegeben, dann musst Du zusätzlich einen passenden Definitionsbereich wählen. Danach kannst Du die Umkehrfunktion berechnen, siehe Anleitung im nächsten Tipp:

Tipp: Umkehrfunktion berechnen

1. Bestimme D_f (falls nicht angegeben);

2. Bestimme W_f;

3. Zeige, dass f umkehrbar ist;

4. Löse die Gleichung $y = f(x)$ nach der Variablen x auf.

5. Vertausche die Variablen x und y und gib die Umkehrfunktion f^{-1} an.

Beispiel. *Wir betrachten die Funktion $f(x) = 2e^{-\frac{1}{2}x} + 1$ mit Definitionsmenge $D_f = \mathbb{R}$. Zeige, dass f streng monoton fallend ist und bestimme die Umkehrfunktion. Wie lauten Definitions- und Wertemenge der Umkehrfunktion?*

Lösung. *Schritt 1:*
Die Definitionsmenge $D_f = \mathbb{R}$ ist in der Aufgabenstellung gegeben;

Schritt 2:
Um W_f zu bestimmen, untersuchen wir die einzelnen Teile der Funktionsgleichung:

$$\underbrace{2e^{-\frac{1}{2}x}}_{>0} + 1 > 1 \quad \text{für alle } x \in D_f.$$

In Worten: Der Term $2e^{-\frac{1}{2}x}$ ist stets größer als 0, weil die Exponentialfunktion e^x nur positive Werte annimmt. Die anschließende Addition mit 1 liefert eine Zahl größer als 1. Wir erhalten also $W_f = (1, \infty)$.

Schritt 3:
Um zu zeigen, dass f auf D_f streng monoton fällt, untersuchen wir die erste Ableitung. Mit Hilfe der Kettenregel folgt:

$$\text{äußere Funktion: } u(x) = 2e^x + 1; \qquad \text{äußere Ableitung: } u'(x) = 2e^x;$$

$$\text{innere Funktion: } v(x) = -\frac{1}{2}x; \qquad \text{innere Ableitung: } v'(x) = -\frac{1}{2}.$$

Die erste Ableitung von $f(x) = u(v(x))$ ist somit gegeben durch:

$$f'(x) = u'(v(x)) \cdot v'(x)$$
$$= 2e^{-\frac{1}{2}x} \cdot \left(-\frac{1}{2}\right) = -e^{-\frac{1}{2}x}.$$

Weil der Term $e^{-\frac{1}{2}x}$ nur positive Werte annimmt, erhalten wir

$$f'(x) < 0 \quad \text{für alle } x \in D_f.$$

Wir können also folgern, dass die Funktion f auf D_f streng monoton fällt.

Schritt 4:
Als nächstes lösen wir die Gleichung $y = f(x)$ nach x auf:

$$y = 2e^{-\frac{1}{2}x} + 1 \qquad | -1$$
$$\Leftrightarrow \qquad y - 1 = 2e^{-\frac{1}{2}x} \qquad | :2$$
$$\Leftrightarrow \qquad \frac{y-1}{2} = e^{-\frac{1}{2}x} \qquad | \ln$$
$$\Leftrightarrow \qquad \ln\left(\frac{y-1}{2}\right) = -\frac{1}{2}x \qquad | \cdot(-2)$$
$$\Leftrightarrow \qquad -2\ln\left(\frac{y-1}{2}\right) = x.$$

Schritt 5:
Nun vertauschen wir x und y. Die Umkehrfunktion lautet also

$$f^{-1}(x) = -2\ln\left(\frac{x-1}{2}\right).$$

Definitions- und Wertemenge sind gegeben durch:

$$D_{f^{-1}} = W_f = (1;\infty), \quad W_{f^{-1}} = D_f = \mathbb{R}.$$

In Abbildung 41 siehst Du den Graphen von f sowie der Umkehrfunktion f^{-1}.

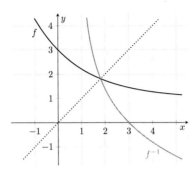

Abbildung 41: Bild zur Aufgabe: Graph der Umkehrfunktion (blau)

Merke: Graph der Umkehrfunktion

Der Graph der Umkehrfunktion f^{-1} entsteht durch Spiegelung des Graphen von f an der Winkelhalbierenden des 1. und 3. Quadranten.

5.2 Funktionsscharen/Funktionen mit einem Parameter

Dieses Kapitel behandelt Funktionen, die neben der eigentlichen Funktionsvariablen „x"
noch von **einem weiteren Parameter abhängen**, wie zum Beispiel die Funktion

$$f_k(x) = kx - k + 1.$$

Wenn Du für k eine bestimmte Zahl einsetzt, dann erhältst Du eine bestimmte Funktion,
zum Beispiel

$$f_0(x) \overset{(k=0)}{=} 1 \quad \text{und} \quad f_1(x) \overset{(k=1)}{=} x.$$

Man spricht deshalb auch von einer sog. **Funktionsschar**. Für verschiedene Werte des
Parameters k ergibt sich folgendes Bild:

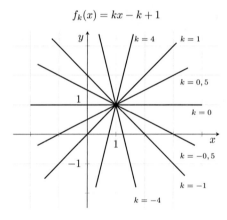

Abbildung 42: Bild einer Geradenschar

Tipp: Funktionsschar

Bei einer Funktionsschar musst Du den zugehörigen Parameter einfach wie eine Zahl
behandeln. Die Ergebnisse Deiner Berechnungen hängen deshalb vom Parameter ab.

Beispiel (Nullstellen)**.** *Bestimme die Nullstellen von $f_k(x) = x^2 + k$ in Abhängigkeit des Parameters $k \in \mathbb{R}$.*

Lösung. *Gesucht sind die Lösungen der Gleichung $f_k(x) = 0$. Dabei behandeln wir den Parameter k einfach wie eine Zahl. Es folgt*

$$x^2 + k = 0 \qquad | -k$$

$$\Leftrightarrow \qquad x^2 = -k \qquad | \sqrt{}$$

$$\Leftrightarrow \qquad x_{1,2} = \pm\sqrt{-k}$$

Unter der Wurzel steht die Zahl $-k$.

- *Wenn k eine positive Zahl ist (z. B. $k = 1$), dann ist $-k$ negativ. In diesem Fall gibt es also keine Lösung, weil unter der Wurzel keine negative Zahl stehen darf;*

- *Wenn $k = 0$ gilt, dann gib es nur eine Nullstelle, nämlich $x_1 = 0$. Insbesondere handelt es sich um eine doppelte Nullstelle, siehe auch Abbildung 43;*

- *Wenn k eine negative Zahl ist (z. B. $k = -1$), dann ist $-k$ positiv. In diesem Fall gibt es zwei Lösungen, nämlich $x_1 = -\sqrt{-k}$ und $x_2 = \sqrt{-k}$.*

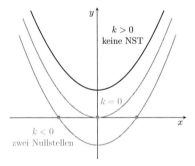

Abbildung 43: Bild zur Aufgabe: Nullstellen in Abhängigkeit von k

Tipp: Fallunterscheidungen

Beim Rechnen mit Funktionsscharen sind häufig Fallunterscheidungen notwendig. Zum Beispiel mussten wir im letzten Beispiel unterscheiden, ob die Zahl $-k$ unter der Wurzel negativ, positiv oder gleich null ist.

Beispiel (Definitionslücken). *Für welchen Wert $k \in \mathbb{R}$ besitzt die Funktion*

$$f_k(x) = \frac{2x^2 + kx}{x - 2k}$$

eine hebbare Definitionslücke?

Lösung. *Die Definitionslücken der Funktion f_k sind gegeben durch die Nullstellen der Nennerfunktion $N_k(x) = x - 2k$. Es gilt*

$$x - 2k = 0 \qquad | + 2k$$

$$\Leftrightarrow \qquad x = 2k$$

Somit folgt $D_{f_k} = \mathbb{R} \setminus \{2k\}$. Die Definitionslücke $x = 2k$ ist nur dann hebbar, wenn die Zählerfunktion $Z_k(x) = 2x^2 + kx$ an dieser Stelle ebenfalls null wird. Es muss also $Z_k(2k) = 0$ gelten. Wir erhalten

$$2 \cdot (2k)^2 + k \cdot (2k) = 0 \qquad | \text{ linke Seite vereinfachen}$$

$$\Leftrightarrow \qquad 10k^2 = 0 \qquad | : 10$$

$$\Leftrightarrow \qquad k^2 = 0 \qquad | \sqrt{}$$

$$\Leftrightarrow \qquad k = 0$$

Die Definitionslücke ist daher nur für $k = 0$ hebbar.

Beispiel (Extrempunkte). *Bestimme die Extrempunkte der Funktionsschar*

$$f_k(x) = \frac{1}{2}x^2 - kx + 1$$

in Abhängigkeit des Parameters $k \in \mathbb{R}$.

Lösung. *Zuerst bestimmen wir die ersten beiden Ableitungen in Abhängigkeit von k:*

$$f_k'(x) = \frac{1}{2} \cdot 2x - k = x - k;$$

$$f_k''(x) = 1.$$

Jetzt setzen wir die 1. Ableitung gleich null (notwendiges Kriterium):

$$x - k = 0 \qquad | + k$$

$$\Leftrightarrow \qquad x = k$$

Einsetzen der Stelle $x = k$ in die 2. Ableitung ergibt

$$f_k''(k) = 1 > 0.$$

Es handelt sich also um ein Minimum (hinreichende Kriterium). Die y-Koordinate des Tiefpunkts erhalten wir, indem wir $x = k$ in die Ausgangsfunktion f_k einsetzen:

$$f_k(k) = \frac{1}{2}k^2 - k \cdot k + 1 = \frac{1}{2}k^2 - k^2 + 1 = -\frac{1}{2}k^2 + 1.$$

Der zugehörige Tiefpunkt lautet demnach $T_k = (k \mid -0{,}5k^2 + 1)$.

5.2.1 Ortskurven

Im letzten Beispiel haben wir gezeigt, dass die Funktion $f_k(x) = \frac{1}{2}x^2 - kx + 1$ einen Tiefpunkt T_k besitzt, der in Abhängigkeit des Parameters k gegeben ist durch

$$T_k = (k \mid -0{,}5k^2 + 1).$$

Wenn Du für k eine bestimmte Zahl einsetzt, dann erhältst Du einen bestimmten Tiefpunkt, zum Beispiel

$$T_0 \overset{(k=0)}{=} (0 \mid 1) \quad \text{und} \quad T_1 \overset{(k=1)}{=} (1 \mid 0{,}5)$$

Die Punkte T_k haben eine Gemeinsamkeit: Sie liegen alle auf dem Graphen einer Funktion. Dieser Graph heißt der **Trägergraph** bzw. die **Ortskurve** der Punkte T_k. Die Gleichung dieser Ortskurve kannst Du wie folgt bestimmen:

Tipp: Ortskurve bestimmen

1. Falls in der Aufgabenstellung nicht angegeben, berechne zuerst die Koordinaten des zu betrachtenden Punktes in Abhängigkeit des Parameters. Gib den Punkt danach vollständig an, z. B.

$$P_k = (\underbrace{2k+4}_{=x} \mid \underbrace{k^2}_{=y})$$

2. Löse die Gleichung der x-Koordinate nach dem Parameter auf, z. B.

$$x = 2k + 4 \qquad \mid -4$$
$$\Leftrightarrow \quad x - 4 = 2k \qquad \mid : 2$$
$$\Leftrightarrow \quad \frac{1}{2}x - 2 = k$$

3. Setze den so erhaltenen Wert des Parameter in die Gleichung der y-Koordinate ein und vereinfache gegebenenfalls, z. B.

$$y = k^2 = \left(\frac{1}{2}x - 2\right)^2 = \left(\frac{1}{2}x\right)^2 - 2 \cdot \frac{1}{2}x \cdot 2 + 2^2 = \frac{1}{4}x^2 - 2x + 4.$$

Dies liefert die Gleichung der entsprechenden Ortskurve;

4. Gib die Gleichung der Ortskurve an.

Beispiel. *Die Kurvenschar $f_a(x) = (x - a)^2 + ax$ mit $a \in \mathbb{R}$ besitzt die Tiefpunkte*

$$T_a = \left(0{,}5a \mid 0{,}75a^2\right).$$

Bestimme die Gleichung der Ortskurve, auf der die Tiefpunkte liegen.

Lösung. *Schritt 1:*
Der Tiefpunkt T_a ist in der Aufgabenstellung angegeben;

Schritt 2:
Zuerst wird der x-Wert des Tiefpunktes nach a aufgelöst:

$$x = 0{,}5a \qquad | \ \cdot 2$$

$$\Leftrightarrow \quad 2x = a$$

Schritt 3:
Den so erhaltenen Wert von a setzen wir jetzt in die Gleichung der y-Koordinate ein:

$$y = 0{,}75a^2 = 0{,}75 \cdot (2x)^2 = 0{,}75 \cdot 4x^2 = 3x^2$$

Schritt 4:
Die Gleichung der Ortskurve lautet $y = 3x^2$. Es ergibt sich insbesondere folgendes Bild:

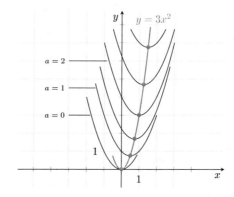

Abbildung 44: Bild zur Aufgabe: Ortskurve

5.3   Abschnittsweise definierte Funktionen

Bei abschnittsweise definierten Funktionen gibt es **nicht nur einen Funktionsterm**, sondern die Funktion wird auf (mindestens zwei) Teilintervallen durch unterschiedliche Funktionsterme definiert. Ein Beispiel für eine abschnittsweise definierte Funktion ist

$$f(x) = \begin{cases} x - 1, & \text{für } x < 0; \\ x^2 + 1, & \text{für } x \geq 0. \end{cases}$$

Der Definitionsbereich dieser Funktion ist in die Teilintervalle $(-\infty, 0)$ (entspricht orange) und $[0, \infty)$ (blau) zerlegt. Der Graph der Funktion f sieht wie folgt aus:

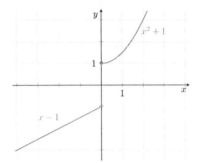

Abbildung 45: Graph einer unstetigen Funktion

Tipp: Abschnittsweise definierte Funktion

Allgemein kann eine Funktion, die aus zwei Teilfunktionen zusammengesetzt ist, wie folgt geschrieben werden:

$$f(x) = \begin{cases} f_l(x), & \text{für } x < a; \\ f_r(x), & \text{für } x \geq a. \end{cases}$$

Dabei ist die Zahl a die Übergangsstelle und f_l bzw. f_r zwei gegebene Funktionen. Oft wird gefragt, ob die Funktion f bei a **stetig oder differenzierbar** ist.

Zur Stetigkeit:
Umgangssprachlich gesprochen ist eine Funktion f an der Stelle a stetig, wenn der Graph der Funktion dort keine „Sprungstelle" besitzt. Man kann in diesem Fall den Graphen zeichnen, ohne den Stift abzusetzen. Beispielsweise ist die Funktion in Abbildung 45 an der Stelle $x = 0$ nicht stetig. Mathematisch kann dies wie folgt ausgedrückt werden:

Die Funktion f ist bei a genau dann stetig, wenn der linksseitige Grenzwert mit dem rechtsseitigen Grenzwert übereinstimmt, d. h.

$$\lim_{x \to a} f_l(x) = \lim_{x \to a} f_r(x)$$

Beispiel. *Wir betrachten die Funktion*

$$f(x) = \begin{cases} x - 4, & \text{für } x < 1; \\ x^3 + 2, & \text{für } x \geq 1. \end{cases}$$

Die Übergangsstelle lautet $a = 1$, die Teilfunktionen sind $f_l(x) = x - 4$ und $f_r(x) = x^3 + 2$. Der linksseitige Grenzwert ist gegeben durch

$$\lim_{x \to 1} f_l(x) = \lim_{x \to 1} (x - 4) = 1 - 4 = -3.$$

Der rechtsseitige Grenzwert ist gegeben durch

$$\lim_{x \to 1} f_r(x) = \lim_{x \to 1} (x^3 + 2) = 1^3 + 2 = 3.$$

Weil die Grenzwerte nicht übereinstimmen, ist f nicht stetig bei $x = 1$.

Beispiel. *Wir betrachten die Funktion (siehe auch Abbildung 46 links)*

$$f(x) = |x| = \begin{cases} -x, & \text{für } x < 0; \\ x, & \text{für } x \geq 0. \end{cases}$$

Hier lautet die Übergangsstelle $a = 0$, die Teilfunktionen sind $f_l(x) = -x$ und $f_r(x) = x$. Der linksseitige Grenzwert ist gegeben durch

$$\lim_{x \to 0} f_l(x) = \lim_{x \to 0} -x = -0 = 0.$$

Der rechtsseitige Grenzwert ist gegeben durch

$$\lim_{x \to 0} f_r(x) = \lim_{x \to 0} x = 0.$$

Weil beide Werte gleich 0 sind, ist f an der Stelle $x = 0$ stetig.

stetig, nicht differenzierbar   stetig und differenzierbar

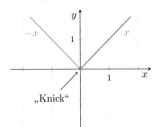 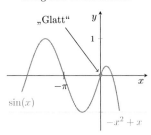

Abbildung 46: Graphen von abschnittsweise definierten Funktionen: Links: stetig aber nicht differenzierbar; Rechts: stetig und differenzierbar

Zur Differenzierbarkeit:
Umgangssprachlich gesprochen ist die Funktion f an der Stelle a differenzierbar, wenn der Graph der Funktion dort **stetig und „glatt"** ist, also keinen Knick hat. Beispielsweise ist die Funktion in Abbildung 46 links an der Stelle $x = 0$ nicht differenzierbar, die Funktion auf der rechten Seite hingegen schon.

Mathematisch ausgedrückt: Die Funktion f ist bei a genau dann differenzierbar, wenn die Funktion an dieser Stelle stetig ist und zudem die links- und rechtsseitigen Grenzwerte der ersten Ableitung beider Teilfunktionen übereinstimmen:

1. $\lim\limits_{x \to a} f_l(x) = \lim\limits_{x \to a} f_r(x);$

2. $\lim\limits_{x \to a} f_l'(x) = \lim\limits_{x \to a} f_r'(x).$

Merke: Aus Differenzierbarkeit folgt Stetigkeit

Jede differenzierbare (ableitbare) Funktion ist insbesondere stetig.

Beispiel. *Wir betrachten erneut die Funktion (siehe auch Abbildung 46 links)*

$$f(x) = |x| = \begin{cases} -x, & \text{für } x < 0; \\ x, & \text{für } x \geq 0. \end{cases}$$

Übergangsstelle: $a = 0$; Teilfunktionen: $f_l(x) = -x$ und $f_r(x) = x$.

Wir haben bereits gezeigt, dass diese Funktion an der Stelle 0 stetig ist. Die Ableitungen der Teilfunktionen lauten

$$f_l'(x) = -1 \quad und \quad f_r'(x) = 1.$$

Somit folgt für die Grenzwerte:

$$\lim_{x \to 0} f_l'(x) = \lim_{x \to 0} -1 = -1 \quad und \quad \lim_{x \to 0} f_r'(x) = \lim_{x \to 0} 1 = 1.$$

Weil die Grenzwert nicht übereinstimmen ($-1 \neq 1$), ist f nicht differenzierbar bei $x = 0$.

Beispiel. Wir betrachten die Funktion (siehe auch Abbildung 46, rechts)

$$f(x) = \begin{cases} \sin(x), & \text{für } x < 0; \\ -x^2 + x, & \text{für } x \geq 0. \end{cases}$$

Übergangsstelle: $a = 0$; Teilfunktionen: $f_l(x) = \sin(x)$ und $f_r(x) = -x^2 + x$.

Zuerst zeigen wir, dass die Funktion f an der Übergangsstelle 0 stetig ist: Der linksseitige bzw. rechtsseitige Grenzwert ist gegeben durch

$$\lim_{x \to 0} f_l(x) = \lim_{x \to 0} \sin(x) = -0 = 0,$$
$$\lim_{x \to 0} f_r(x) = \lim_{x \to 0} -x^2 + x = -0^2 + 0 = 0.$$

Weil beide Werte gleich 0 sind, ist f stetig bei $x = 0$. Nun zeigen wir, dass f an dieser Stelle auch differenzierbar ist: Die Ableitungen der Teilfunktionen lauten

$$f_l'(x) = \cos(x) \quad und \quad f_r'(x) = -2x + 1.$$

Für die Grenzwerte folgt deshalb

$$\lim_{x \to 0} f_l'(x) = \lim_{x \to 0} \cos(x) = \cos(0) = 1$$
$$\lim_{x \to 0} f_r'(x) = \lim_{x \to 0} -2x + 1 = -2 \cdot 0 + 1 = 1.$$

Weil beide Werte gleich 1 sind, ist f an der Stelle 0 auch differenzierbar.

5.4   Aufgaben zum Vertiefen

5.4.1   Existenz und Berechnung der Umkehrfunktion

Aufgabe A-112   **Lösung auf Seite LA-135**

Die folgende Funktion beschreibt die Anzahl von Hennen in einer Hühnerzucht:

$$f(t) = 1 + 2^t$$

Die Variable t gibt die vergangene Zeit in Monaten an.

a) Zu welchem Zeitpunkt gab es erstmals 17 Hühner?

b) Bestimme die Umkehrfunktion f^{-1} auf dem Intervall $[0, \infty[$ und interpretiere diese.

Aufgabe A-113   **Lösung auf Seite LA-137**

Du kommst als Austauschschüler*in in ein altenglisches Zauberinternat. Dort verrät Dir jemand aus Deiner Klasse einen Zauberspruch, der Deine Hausaufgaben von alleine löst:
Solutio ingeniosa! Um diesen auch anwenden zu können, brauchst Du noch die richtige Zauberstabbewegung. Diese ist angeblich die Umkehrfunktion der Funktion f.

$$f(x) = \frac{1}{2}x^3 + 2$$

a) Bestimme auf welchen Intervallen die Funktion umkehrbar ist.

b) Gib die zugehörigen Umkehrfunktionen an.

c) Gib die Definitions- und Wertemenge von f^{-1} an.

Aufgabe A-114 Lösung auf Seite LA-138

Gegeben ist die folgende Funktion:

$$f(x) = \frac{x^2}{x^2 - 4}$$

a) Bestimme Definitions- und Wertebereich. Benutze für den Wertebereich, dass sich bei (0 | 0) ein Hochpunkt befindet.

b) Bestimme graphisch, auf welchen Bereichen die Funktion umkehrbar ist.

c) Gib die Umkehrfunktion auf dem Bereich $[0; \infty) \setminus \{2\}$ an.

Aufgabe A-115   **Lösung auf Seite LA-141**

In der Ausgrabungsstätte Pompeii finden Forscher*innen ein Fischfossil. Um dieses zu dokumentieren, versuchen sie seine Form durch eine einfache Funktion zu beschreiben. Es stellt sich heraus, dass dies mittels der Funktion

$$f(x) = 0{,}25x^2,$$

sowie ihrer Spiegelung an der Winkelhalbierenden erreicht werden kann.

Eine Längeneinheit entspricht 1 Meter in der Realität.

a) Bestimme die zweite Funktion, die benötigt wird, um die Form des Fossils zu beschreiben.

b) Bestimme die Länge des Fischkörpers (ohne Schwanzflosse).

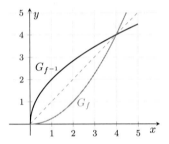

————————————————— **Tipp:** —————————————————

Spiegeln an der Winkelhalbierenden ist gleichbedeutend mit dem Bilden der Umkehrfunktion.

Aufgabe A-116   **Lösung auf Seite LA-144**

Botaniker*innen untersuchen die Bedeutung von Sonnenstunden für das Wachstum von Alraunen. Sie finden den Zusammenhang

$$d(t) = -0{,}5(t-8)^2 + 32$$

für die durchschnittliche Größe d der untersuchten Alraunen, in Abhängigkeit der erhaltenen Sonnenstunden t pro Tag. Die Definitionsmenge ist durch $D_d = [0; 16]$ gegeben. Bei mehr als 16 Sonnenstunden wachsen die Alraunen überhaupt nicht.

a) Das kritische Kollegium behauptet:

„Der dargestellte Zusammenhang erlaubt keinen eindeutigen Rückschluss von der Größe einer Alraune auf die Anzahl der erhaltenen Sonnenstunden."

Nimm Stellung zu dieser Aussage.

b) Bestimme auf welchen Intervallen die Funktion d eindeutig umkehrbar ist.

c) Bestimme die Umkehrfunktion d^{-1} auf einem der Intervalle.

Aufgabe A-117   **Lösung auf Seite LA-146**

Gegeben ist die Funktion
$$f(x) = \frac{2e^x - 25}{e^x + 5},$$
sowie ihr Graph:

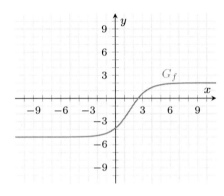

a) Bestimme den Definitions- und Wertebereich.

b) Bestimme, auf welchen Intervallen die Funktion umkehrbar ist.

c) Zeichne die Umkehrfunktion ein.

d) Gib die zugehörige Umkehrfunktion an.

5.4.2 Der natürliche Logarithmus als Umkehrfunktion der e-Funktion

Aufgabe A-118   **Lösung auf Seite LA-149**

Wir betrachten die natürliche Exponentialfunktion

$$f(x) = e^x$$

und wollen uns schrittweise ihre Umkehrfunktion erarbeiten.

a) Zeichne den Graphen G_f in ein Koordinatensystem ein. Spiegele G_f dann an der Ursprungsgeraden $y = x$. Betrachte dabei insbesondere die Punkte $(0 \mid 1)$ und $(1 \mid e)$ auf G_f.

b) Warum ist $f(x) = e^x$ auf ganz $\mathbb{R}$ umkehrbar?

c) Gib die Definitions- und Wertemenge der Umkehrfunktion $f^{-1}(x)$ an.

d) Berechne $e^{\ln(1)}$, $\ln(e^2)$, $e^{\ln(3)}$ und $\ln\left(\frac{1}{e}\right)$ mit dem Taschenrechner. Was fällt Dir dabei auf?

e) Bestimme rechnerisch den Term der Umkehrfunktion f^{-1}.

f) Gib die Ableitung der Umkehrfunktion $(f^{-1})'(x)$ an.

g) Überprüfe die Gültigkeit der Ableitungsregel für Umkehrfunktionen an diesem Beispiel.

5.4.3 Die Ableitungsregel der Umkehrfunktion

Aufgabe A-119   **Lösung auf Seite LA-152**

Bestimme die Umkehrfunktionen und die Ableitung der Umkehrfunktionen folgender Funktionen.
Nutze dazu den Satz über die Ableitung der Umkehrfunktion nach welchem für eine auf dem Definitionsbereich D_f umkehrbare und differenzierbare Funktion f mit $f'(x) \neq 0$ für alle $x \in D_f$ die Ableitung der Umkehrfunktion $(f^{-1})'(x)$ existiert und durch

$$(f^{-1})'(x) = \frac{1}{f'(f^{-1}(x))}$$

bestimmt werden kann.

a) $f(x) = 3x + 7$

b) $g(x) = x^2$ mit $D_g = \mathbb{R}^+$

c) $h(x) = e^{2x}$

5.4.4 Funktionsscharen/ Funktionen mit Parametern

Aufgabe A-120   **Lösung auf Seite LA-154**

Gegeben ist die folgende Funktionsschar:

$$f_t(x) = x^2 + tx - 6t^2$$

Bestimme sowohl die Nullstellen als auch alle Extrempunkte in Abhängigkeit von t.

Aufgabe A-121   **Lösung auf Seite LA-155**

Gegeben ist die folgende Funktionsschar, wobei $t > 0$ gilt:

$$f_t(x) = x^3 - 12t^2 x$$

a) Berechne die Schnittpunkte mit den Achsen, sowie die Extrem- und Wendepunkte in Abhängigkeit von t.

b) Berechne die Steigung des Graphen f_t im Ursprung. Berechne für welchen Wert von t die Steigung -1 beträgt.

c) Der Graph von f_t schließt mit der negativen x-Achse eine Fläche ein. Berechne, für welches t die Fläche 144 FE beträgt.

Aufgabe A-122   **Lösung auf Seite LA-157**

a) In der unten stehenden Abbildung sind mehrere verschobene Normalparabeln zu sehen.

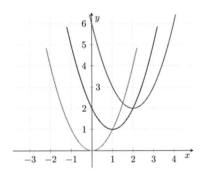

Bestimme eine Funktionsschar f_k, die alle dargestellten Normalparabeln enthält.

b) Bestimme rechnerisch für welche Werte von k die Funktionsschar g_k keine Nullstellen besitzt:

$$g_k(x) = kx^2 - 2x + 3$$

c) Für Parameter $k \neq 0$ schließt die Funktion g_k mit der Geraden $y = -x + 3$ eine Fläche ein. Für welchen Wert von k ist diese Fläche genau 1 FE groß?

5.4.5 Ortskurven bestimmen

Aufgabe A-123   **Lösung auf Seite LA-159**

Bestimme die Ortskurve aller Minima der folgenden Funktionsschar, wobei $k > 0$ gilt:

$$f_k(x) = x^3 - \frac{1}{k}x^2 - \frac{1}{k^2}x$$

Aufgabe A-124 **Lösung auf Seite LA-160**

a) In der unten stehenden Abbildung sind mehrere parallele Geraden zu sehen. Bestimme eine Funktionsschar g_k, die alle dargestellten Geraden enthält.

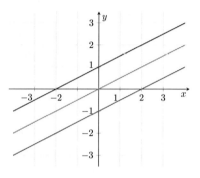

b) Bestimme eine Funktionsschar h_k, die alle in folgender Abbildung dargestellten Parabeln enthält.

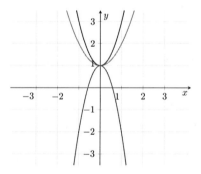

c) Bestimme die Ortskurve, auf der sich die Hochpunkte der folgenden Funktionsschar befinden, wobei $t > 0$ gilt:

$$f_t(x) = -2tx^3 + 3t^2x$$

Aufgabe A-125   **Lösung auf Seite LA-162**

Gegeben ist die folgende Funktionsschar:

$$f_t(x) = x^3 - 4t^2x^2 + 4t^4x$$

Wir betrachten nur positive Werte für t.

a) Bestimme alle Extrem- und Wendepunkte in Abhängigkeit von t.

b) Gib die Ortskurven der Tief- und Wendepunkte an.

5.4.6 Abschnittsweise definierte Funktionen

Aufgabe A-126   **Lösung auf Seite LA-165**

Gegeben sind folgende abschnittsweise definierten Funktionen. Entscheide jeweils, ob die Funktion stetig und/oder differenzierbar ist:

a) $f(x) = \begin{cases} x - 1, & x > 1 \\ -x + 1, & x \leq 1 \end{cases}$

c) $h(x) = \begin{cases} -\ln(x) + 1, & x > 0 \\ \ln(-x + 1), & x \leq 0 \end{cases}$

b) $g(x) = \begin{cases} x^2, & x > 0 \\ 2x, & x \leq 0 \end{cases}$

5.4.7 Funktionsverständnis

Aufgabe A-127   **Lösung auf Seite LA-167**

Gegeben sind die vier Funktionen f, g, h und i.

(1) $f(x) = \dfrac{x^2 - 2}{x^2 + 2} + 2$

(3) $h(x) = \dfrac{3x^4 - 2x^2 + x - 2}{3x^4 - 6x^2 + 1}$

(2) $g(x) = \dfrac{4 - 4x}{3x^3 - 6}$

(4) $i(x) = \dfrac{1,5}{x^2 - 1,5} + 3$

Entscheide, auf welche dieser Funktionen alle der unten stehenden Aussagen zutreffen. Es ist möglich, dass mehr als eine Funktion alle Anforderungen erfüllt.

1. Die Funktion schneidet die y-Achse bei 2.

2. Die Funktion hat eine waagerechte Asymptote bei $y = 3$.

3. Die Funktion hat bei $x = 1$ eine Nullstelle.

Aufgabe A-128   **Lösung auf Seite LA-167**

Ordne die folgende Funktionen den unten stehenden Graphen zu und begründe deine
Wahl.

(a) $f(x) = 0{,}5 \cdot (x+1)^2 \cdot (x-2)$ (c) $h(x) = (x^2 - 1)^2 - 1$

(b) $g(x) = 1{,}5 \cdot \sqrt{x+2}$ (d) $i(x) = (x-1) \cdot x \cdot (x+1)$

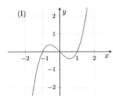
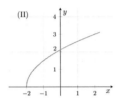
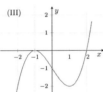
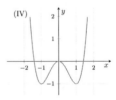

Aufgabe A-129   **Lösung auf Seite LA-169**

In der unten stehenden Abbildung ist eine ganzrationale Funktion dritten Grades zu
sehen. Benutze die Abbildung um einen passenden Funktionsterm f anzugeben.

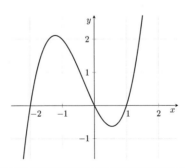

Aufgabe A-130   **Lösung auf Seite LA-169**

Ordne die folgende Funktionen den unten stehenden Graphen zu. Achte dabei besonders auf Nullstellen sowie Asymptoten.

(a) $f(x) = 0{,}5 \cdot (x+1)^2 \cdot (x-2)$ (c) $h(x) = \dfrac{0{,}5 \cdot x^2 - 1}{x}$

(b) $g(x) = \dfrac{2}{x^2 + 1}$ (d) $i(x) = \ln(2+x) \cdot (x-2)$

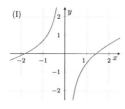

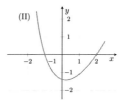

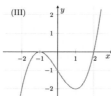

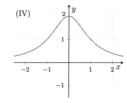

Aufgabe A-131   **Lösung auf Seite LA-170**

In der unten stehenden Abbildung ist eine Funktion der Form

$$f(x) = \frac{a}{3 + 2x^2} + b$$

zu sehen. Benutze die Abbildung, um die Parameter a und b der Funktion f zu bestimmen.

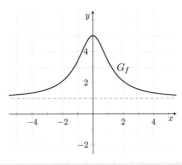

Aufgabe A-132　　　　**Lösung auf Seite LA-170**　　　　　

Aus der Serie Tatort stammt folgendes Zitat:

> Die Leiche des Opfers wurde im Kühlhaus gefunden. Herbeigerufene Mediziner*innen stellten bei einer Umgebungstemperatur von 5°C eine Körpertemperatur von 28,2°C fest. Eine Stunde nach Eintreffen der Mediziner*innen betrug die Körpertemperatur 3,4°C weniger.

Die Temperatur T des sich abkühlenden Körpers wird durch die Funktion

$$T(t) = 32 \cdot b^t + 5$$

beschrieben.

a) Berechne $T(0)$. Was entspricht dem Wert im Sachzusammenhang?

b) Gib an, welche Werte b nicht annehmen darf.

c) Welche Bedeutung hat der Wert 5 im Funktionsterm T?

d) Nimm an, dass die Zeitspanne bestimmt werden soll, die vergangen ist bis die Mediziner*innen den Tatort erreicht haben. Dazu müsste der Parameter b bestimmt werden. Gib einen Ansatz an, mit dem b berechnet werden kann.

Hinweis: Die beschriebene Zeitspanne muss nicht bestimmt werden.

Ordne die folgende Funktionen den unten stehenden Graphen zu. Achte dabei besonders auf Nullstellen sowie Asymptoten.

(a) $f(x) = \dfrac{0,5 \cdot (x+1)^2 \cdot (x-1)^2}{x+0,5}$

(b) $g(x) = \dfrac{4x^2 + 3x}{4x^2 + 0,5} - 1$

(c) $h(x) = \ln(2+x) \cdot (x-1)$

(d) $i(x) = \dfrac{2}{x^2+1}$

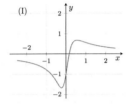

(I)

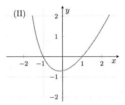

(II)

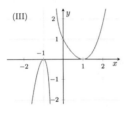

(III)

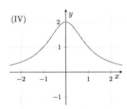

(IV)

6 Praktische Anwendungen der Analysis

Zum Ende dieses Trainingsbuches wollen wir uns noch mit zwei praktischen Anwendungen der Analysis befassen. Durch Funktionen können *Wachstums- und Zerfallprozesse* verschiedner Art in den Bereichen der Biologie, Physik, Technik oder aus dem Alltag modelliert werden. Eine typische weitere Anwendung sind die sogenannten *Extremwertprobleme* bzw. *Extremwertaufgaben*, bei denen es darum geht mit Hilfe der ersten Ableitung eine bestimmte Zielfunktion (gegebenenfalls unter Einhaltung von Nebenbedingungen) zu maximieren oder zu minimieren.

6.1 Wachstums- und Zerfallsprozesse

In vielen Anwendungen sind Funktionen $f(t)$ interessant, die bestimmte *Wachstums- oder Zerfallsprozesse* beschreiben. Die Variable t steht im Sachzusammenhang dann meistens (aber nicht immer) für die Zeit und $f(t)$ gibt dann einen Bestand zum Zeitpunkt t an. Je nach Situation werden verschiedene Wachstumsfunktionen zur Modellierung verwendet. Wir wollen in diesem Kapitel die vier wichtigsten Wachstumsprozesse vorstellen: lineares Wachstum, exponentielles Wachstum, logistisches Wachstum und begrenztes Wachstum.

6.1.1 Lineares Wachstum

Die wohl einfachsten Wachstums- und Abnahmeprozesse können durch eine *lineare Funktion* beschrieben werden. In diesem Fall ist die Änderungsrate $k \neq 0$ des Bestandes zu jedem Zeitpunkt gleich und sie gibt die Steigung der zugehörigen Geraden an.

Definition: Lineares Wachstum

Falls die Änderungsrate eines Wachstums- oder Zerfallsprozesses zu jedem Beobachtungszeitpunkt t konstant ist, kann der Prozess durch ein **lineares Wachstum** beschrieben werden. Die allgemeine Funktionsvorschrift lautet dann

$$f(t) = k \cdot t + A.$$

Zum Startzeitpunkt $t = 0$ gilt offenbar $f(0) = A$. Wir nennen A deshalb auch den **Anfangsbestand**. Die Steigung $k \neq 0$ ist die sogenannte **Änderungsrate** (manchmal auch **Wachstumskonstante** genannt).

> **Merke: Änderungsrate beim linearen Wachstum**
>
> - Im Fall $k > 0$ beschreibt die Funktion f einen (linearen) Wachstumsprozess;
> - Im Fall $k < 0$ beschreibt die Funktion f eine (lineare) Abnahme/Zerfallprozess.
>
> Wegen $f'(t) = k$ steigt oder fällt f zu jedem Zeitpunkt gleich stark.

Beispiel. *Eine Firma produziert Limonade und betrachtet ihre Produktionskosten. Sie hat feste Fixkosten in Höhe von 10.000 Euro. Jede produzierte Flasche kostet die Firma 20 Cent. Die Firma möchte ihre Kosten als Funktion modellieren.*

Lösung. *Wir erkennen, dass es sich bei den Fixkosten um den Startwert A und bei den Kosten pro Flasche um die Änderungsrate k eines linearen Wachstums handelt. Wir modellieren die Kosten (in Euro) in Abhängigkeit von der Anzahl an produzierten Flaschen daher durch*

$$f(x) = k \cdot x + A = 0{,}20 \cdot x + 10.000$$

Dabei beschreibt x die Stückzahl der produzierten Flaschen und $f(x)$ die Kosten in Euro.

6.1.2 Exponentielles Wachstum

Ein weiteres, in der Wissenschaft sehr wichtiges Wachstumsmodell, ist das exponentielle Wachstum. Dabei wird ein Anfangsbestand pro Zeiteinheit mit einem festen Faktor multipliziert. Ein typisches Beispiel für eine exponentielle Zunahme ist die Vermehrung von Bakterien. Anders als beim linearen Wachstum kann beim exponentiellen Wachstum eine anfangs sehr kleine Veränderung im Bestand sehr schnell zu sehr großen Veränderungen führen.

> **Definition: Exponentielles Wachstum/Zerfall**
>
> Ein Wachstum bzw. Zerfall heisst **exponentiell**, wenn die Zunahme (oder Abnahme) proportional zum Bestand ist. D.h. in gleichen Zeitintervallen wird der Bestand immer mit demselben Faktor multipliziert. Die allgemeine Funktionsvorschrift lautet dann
>
> $$f(t) = A \cdot e^{kt}$$

Für $t = 0$, also zu Beginn des Prozesses, gilt

$$f(0) = A \cdot e^0 = A \cdot 1 = A.$$

Der Prozess startet also mit dem *Anfangsbestand* (oder Anfangswert) A.

> ### Merke: Wachstums-/Zerfallskonstante beim exponentiellen Wachstum
>
> Am Parameter $k \neq 0$ kannst Du ablesen, ob die Funktion streng monoton steigt (**exponentielles Wachstum**) oder fällt (**exponentieller Zerfall**):
>
> - Im Fall $k > 0$ ist die Funktion f **streng monoton steigend** (Wachstum);
>
> - Im Fall $k < 0$ ist die Funktion **streng monoton fallend** (Zerfall).
>
> Der Parameter k wird auch **Wachstums- bzw. Zerfallskonstante** genannt.

Typische Fragestellungen im Zusammenhang mit exponentiellem Wachstum werden im folgenden Beispiel behandelt:

Beispiel. *Eine Population besteht heute aus 30.000 Individuen. Vor zwei Jahren waren es noch 90.000. Wir gehen davon aus, dass der Bestand B der Population durch folgende Exponentialfunktion beschrieben werden kann:*

$$B(t) = B_0 \cdot e^{k \cdot t}$$

Dabei entspricht t der Zeit in Jahren und t = 0 dem Zeitpunkt vor zwei Jahren.

a) Bestimme die Parameter B_0 und k;

b) Berechne die Größe des Bestandes in 10 Jahren;

c) In wie viel Jahren werden nur noch 10% des Anfangsbestand übrig sein?

Runde Teilergebnisse auf zwei Stellen nach dem Komma.

Lösung. *a) Der Anfangswert zur Zeit t = 0 (vor zwei Jahren) lautet $B_0 = 90.000$. Um k zu bestimmen, verwenden wir, dass der Bestand heute (entspricht t = 2) bei 30.000 Individuen liegt:*

$$30.000 = B(2) = 90.000 \cdot e^{2k}$$

Diese Gleichung lösen wir wie folgt nach k auf:

$$30.000 = 90.000 \cdot e^{2k} \qquad | \ : 90.000$$

$$\Leftrightarrow \quad \frac{30.000}{90.000} = e^{2k} \qquad | \ Bruch \ kürzen$$

$$\Leftrightarrow \quad \frac{1}{3} = e^{2k} \qquad | \ \ln$$

$$\Leftrightarrow \quad -\ln(3) = \ln\left(e^{2k}\right) \qquad | \ verwende \ \ln\left(e^{2k}\right) = 2k$$

$$\Leftrightarrow \quad -\ln(3) = 2k \qquad | \ : 2$$

$$\Leftrightarrow \quad -\ln(3)/2 = k,$$

d.h. $k \approx -0,55$. Die Zerfallsfunktion lautet somit

$$B(t) = 90.000 \cdot e^{-0,55t}.$$

b) Die Größe des Bestandes in 10 Jahren (entspricht $t = 12$) berechnet sich zu

$$B(12) = 90.000 \cdot e^{-0,55 \cdot 12} \approx 122.$$

In 10 Jahren wird es also noch etwa 122 Individuen geben.

c) 10% des Anfangsbestandes entspricht 9.000 Individuen. Dies liefert folgende Gleichung:

$$9.000 = 90.000 \cdot e^{-0,55t}.$$

Auflösen nach t ergibt

$$9.000 = 90.000 \cdot e^{-0,55t} \qquad | \; : 90.000$$

$$\Leftrightarrow \qquad \frac{1}{10} = e^{-0,55t} \qquad | \; \ln$$

$$\Leftrightarrow \qquad -\ln(10) = -0{,}55t \qquad | \; : (-0{,}55)$$

$$\Rightarrow \qquad t \approx 4{,}19$$

In etwa 4,19 Jahren werden folglich noch 10% des Anfangsbestand übrig sein.

Manchmal schreibt man die Funktion des exponentiellen Wachstums auch in der Form

$$f(t) = A \cdot b^t,$$

mit dem **Wachstumsfaktor** $b > 0$ und $b \neq 1$. Dann wächst (steigt) f, falls $b > 1$ und nimmt ab (fällt) für $0 < b < 1$. Diese Formulierung ist gleichwertig zu der oben eingeführten, da wir jederzeit $k = \ln(b)$ setzen können und erhalten dann:

$$f(t) = A \cdot e^{kt} = A \cdot \left(e^{\ln(b)}\right)^t = A \cdot b^t.$$

Tipp: Wachstumsfaktor bestimmen

In vielen Aufgaben wird davon gesprochen, dass sich ein Bestand pro Zeiteinheit (z.B. Stunde) verdoppelt, verdreifacht, halbiert etc. Oft liest man aber auch, dass ein Bestand pro Zeiteinheit um eine Prozentzahl (z.B. um 30% oder 50%) steigt oder fällt.

Welche Wachstumsfaktoren kann man aus diesen Aussagen ableiten?
Verdoppelt sich der Bestand pro Zeiteinheit, so muss $b = 2$ gewählt werden. Dann gilt

$$f(t) = A \cdot 2^t = A \cdot \underbrace{2 \cdot 2 \cdot \ldots \cdot 2}_{t \text{ mal}},$$

d.h. für jede Zeiteinheit wird der Bestand mit 2 multipliziert, d.h. verdoppelt. Gleichfalls wählen wir bei Verdreifachung $b = 3$ und bei Halbierung $b = 1/2$ usw.

Wenn der Bestand pro Zeiteinheit um 30% zunimmt, so muss $b = 1 + 0{,}3 = 1{,}3$ gewählt werden. Nimmt er andererseits pro Zeiteinheit um 30% ab, so gilt $b = 1 - 0{,}3 = 0{,}7$. Die Zahlen müssen entsprechend für andere Prozentwerte angepasst werden.

Angeberwissen: Differentialgleichung des exp. Wachstums

Exponentielles Wachstum erfüllt die sogenannte **Differentialgleichung**

$$f'(t) = k \cdot f(t).$$

Bei einer Differentialgleichung handelt es sich um eine Gleichung, in der statt nur Variablen (wie z.B. x) auch Funktionen und deren Ableitungen vorkommen (sie sind eigentlich nicht abiturrelevant).
Die bekannte Funktionsvorschrift $f(t) = A \cdot e^{kt}$ für exponentielles Wachstum löst obige Differentialgleichung. Um dies zu überprüfen setze einfach die Funktion $f(t)$ und deren Ableitung $f'(t)$ in die Gleichung ein und Du wirst erkennen, dass links und rechts vom Gleichheitszeichen die gleichen Ausdrücke stehen.
Aus obiger Differentialgleichung können wir schließen, dass die Änderungs - oder Wachstumsrate $f'(t)$ (d.h. die erste Ableitung) eines exponentiellen Wachstums proportional zum aktuellen Bestand $f(t)$ ist. Je größer/kleiner dieser also ist, desto stärker/schwächer ist auch das Wachstum (bei $k > 0$) bzw. der Zerfall (bei $k < 0$).

Halbwerts- und Verdopplungszeit

Bei Wachstums- bzw. Zerfallsprozessen interessiert man sich besonders für den Zeitpunkt, zu dem sich der Anfangsbestand verdoppelt bzw. halbiert hat:

Definition: Halbwerts- und Verdopplungszeit

Die Zeitspanne T_V, nach der sich der Anfangsbestand bei einem Wachstumsprozess verdoppelt hat, heißt die **Verdopplungszeit**. Die Zeitspanne T_H, nach der sich der Anfangsbestand bei einem Zerfallsprozess halbiert hat, heißt die **Halbwertszeit**.

Beispiel. *Von einem radioaktiven Element zerfallen innerhalb eines Jahres 2,3% seiner Masse. Zu Beginn beträgt die Masse 100 g. Berechne Sie die Zerfallskonstante k und die Halbwertszeit T_H. Runde Teilergebnisse dabei geeignet.*

Lösung. *Die Zerfallsgleichung lautet*

$$f(t) = 100 \cdot e^{k \cdot t}.$$

Dabei entspricht t der Zeit in Jahren und f(t) der Masse in Gramm.
Nach einem Jahr sind 2,3% der Masse zerfallen, das heißt es sind noch 97,7 g übrig. Einsetzen der Werte t = 1 und f(1) = 97,7 in die Zerfallsgleichung liefert

$$97,7 = 100 \cdot e^k \qquad | \ : 100$$

$$\Leftrightarrow \quad 0,977 = e^k \qquad | \ \ln$$

$$\Rightarrow \quad -0,023 \approx k$$

Eine andere Möglichkeit zur Bestimmung von k ergibt sich aus folgender Überlegung: Aus der Aufgabenstellung ergibt sich als Wachstumsfaktor b = 1 − 0,023 = 0,977. Wir wissen, dass der Wachstumfaktor b mit der Zerfallskonstanten k über folgende Gleichung zusammenhängt: k = ln(b). D.h. wir können k ebenfalls über diese Gleichung bestimmen:

$$k = \ln(b) = \ln(0,977) \approx -0,023.$$

Es ergibt sich natürlich der gleich Wert.

Wir setzen also

$$f(t) = 100 \cdot e^{-0,023 \cdot t}.$$

Gesucht ist noch die Halbwertszeit T_H. Weil nach der Halbwertszeit noch 50 g übrig sind, ergibt sich folgende Gleichung:

$$50 = 100 \cdot e^{-0{,}023 \cdot T_H} \qquad | \; : 100$$

$$\Leftrightarrow \qquad \frac{1}{2} = e^{-0{,}023 \cdot T_H} \qquad | \; \ln$$

$$\Leftrightarrow \quad -\ln(2) = -0{,}023 \cdot T_H \qquad | \; : (-0{,}023)$$

$$\Rightarrow \qquad 30 \approx T_H$$

Die Halbwertszeit beträgt also circa 30 Jahre. Es ergibt sich folgendes Bild (nicht verlangt):

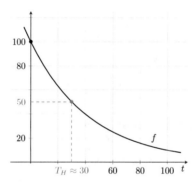

Abbildung 47: Bild zur Aufgabe: Anfangsbestand $A = 100$, Halbwertszeit $T_H \approx 30$. Nach der Halbwertszeit ist nur noch die Hälfte der Masse (50 g) übrig.

Angeberwissen: Halbwerts- und Verdopplungszeit

Man kann auch Formeln für die Verdopplungs- bzw. Halbwertszeit herleiten:
Betrachte dazu noch einmal die Exponentialfunktion

$$f(t) = A \cdot e^{kt}.$$

Im Falle eines Wachstumsprozesses ($k > 0$) hat sich der Anfangsbestand A nach der Verdopplungszeit T_V verdoppelt. Wir erhalten also folgende Gleichung:

$$2A = A \cdot e^{k \cdot T_V}$$

Diese Gleichung kann nach T_V wie folgt umgestellt werden:

$$2A = A \cdot e^{k \cdot T_V} \qquad | \ : A$$

$$\Leftrightarrow \qquad 2 = e^{k \cdot T_V} \qquad | \ \ln$$

$$\Leftrightarrow \quad \ln(2) = k \cdot T_V \qquad | \ : k$$

$$\Leftrightarrow \quad \frac{\ln(2)}{k} = T_V$$

Im Falle eines Zerfallsprozesses ($k < 0$) ergibt sich entsprechend für die Halbwertszeit

$$T_H = -\frac{\ln(2)}{k}.$$

Lineares vs. exponentielles Wachstum

Wir wollen die beiden vorherigen Wachstumstypen kurz miteinander vergleichen:
Während beim linearen Wachstum der Bestand pro Zeiteinheit immer um denselben Faktor steigt, wächst der Bestand beim exponentiellen Wachstum umso stärker je größer er schon ist, das Wachstum ist also insbesondere nicht mehr konstant (der Zerfall verhält sich analog).
Das kann dazu führen, dass lineares Wachstum gerade zu Beginn stärker steigt als exponentielles Wachstum, ab einem gewissen Zeitpunkt steigt die exponentielle Wachstumsfunktion aber stärker als jede lineare Wachstumsfunktion, siehe Abbildung 48.

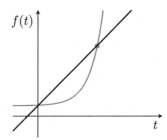

Abbildung 48: Schematische Darstellung eines lineares Wachstum in schwarz neben einem exponentiellen Wachstum in blau.

6.1.3 Logistisches Wachstum

In der Natur findet man häufig Populationen, deren Bestand zunächst annähernd exponentiell anwächst, sich dann aber aufgrund von Ressourcenknappheit stabilisiert. D.h. die Wachstumsrate ist einerseits vom aktuellen Bestand abhängig, andererseits gibt es, z.b. durch einen begrenzten Lebensraum, eine natürliche Obergrenze. In diesem Fall lässt sich die Größe der Population am besten durch das sogenannte *logistische Wachstum* beschreiben.

Definition: Logistisches Wachstum und S-Funktion

Ist das Wachstum eines Bestandes vom aktuellen Bestand abhängig, aber auch durch eine natürlich gegebene obere Schranke S beschränkt, so bietet sich zur Modellierung meist das **logistische Wachstum** an. Dabei wird der Bestand in Abhängigkeit von der Zeit t durch eine **logistische Funktion** (oder auch **S-Funktion**) beschrieben. Die allgemein Form lautet

$$f(t) = \frac{S \cdot f(0)}{f(0) + e^{-k \cdot S \cdot t} \cdot \left(S - f(0)\right)} = S \cdot \frac{1}{1 + e^{-k \cdot S \cdot t}\left(\frac{S}{f(0)} - 1\right)}.$$

Dabei nennen wir k die **Proportionalitäts-** oder **Wachstumskonstante**, $f(0) > 0$ den Anfangswert zum Zeitpunkt $t = 0$ und S die zulässige Maximalhöhe (auch obere Schranke oder **Sättigungsgrenze** genannt).

Eine logistische Funktion $f(t)$ trägt auch den Namen *S-Funktion*, da der Graph von f eine S-förmige Kurve beschreibt, ein sogenanntes *Sigmoid*. Beachte, dass im Fall des logistischen Wachstums $f(0) > 0$ gilt (der Anfangsbestand also positiv ist) und die Gerade $y = S$ eine waagerechte Asymptote des zugehörigen Graphs ist. Der Bestand kann also nicht größer als die Sättigungsgrenze S werden.

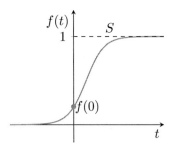

Abbildung 49: Graph einer S-Funktion des logistischen Wachstums mit $S = 1$, $f(0) = 0{,}2$ und $k = 1$.

Merke: Wendepunkt logistisches Wachstum

Der Wendepunkt einer logistischen Wachstumsfunktion liegt immer beim halben Sättigungswert, d.h. bei $\frac{S}{2}$. Im Wendepunkt hat die Funktion das größte Wachstum.

Bemerkung: Manchmal wird in logistischen Funktionen statt $f(0)$ auch a und/oder statt S auch G geschrieben. Mit diesen Notationen lautet die allgemeine Form

$$f(t) = \frac{G \cdot a}{a + e^{-k \cdot G \cdot t}(G - a)}.$$

Beispiel. *Auf einem Bauernhof ist Platz für 50 Kaninchen. Die Familie, die auf dem Hof lebt, nimmt zunächst zwei Kaninchen auf. Nimm an, dass sich die Anzahl der Kaninchen in Abhnängigkeit von der Zeit t in Jahren durch eine logistische Funktion mit der Wachstumskonstanten $k = 0{,}01$ modellieren lässt. Berechne unter diesen Annahmen wie viele Kaninchen nach drei Jahren auf dem Hof leben werden und nach welcher Zeit 25 Kaninchen über den Hof hoppeln.*

Lösung. *Wir entnehmen der Angabe die Werte $S = 50$ (Obergrenze), $f(0) = 2$ (Anfangsbestand) und $k = 0{,}01$. Dann stellen wir die Funktion des logistischen Wachstums auf:*

$$f(t) = 50 \cdot \frac{1}{1 + e^{-0{,}01 \cdot 50 \cdot t}\left(\frac{50}{2} - 1\right)} = \frac{50}{1 + e^{-0{,}5t} \cdot 24}$$

Um die Anzahl der Kaninchen nach drei Jahren zu bestimmen, setzen wir $t = 3$ ein und erhalten:

$$f(3) = \frac{50}{1 + e^{-0{,}5 \cdot 3} \cdot 24} \approx 7{,}87$$

Da es nur ganze Kaninchen gibt, müssen wir (ab-)runden. Es leben nach drei Jahren also sieben Kaninchen auf dem Hof.

Um den Zeitpunkt zu berechnen, ab dem es genau 25 Kaninchen sind, setzen wir

$$f(t) = 25$$

$$\Leftrightarrow \quad \frac{50}{1 + e^{-0,5t} \cdot 24} = 25 \qquad\qquad | \cdot (1 + e^{-0,5t} \cdot 24)$$

$$\Leftrightarrow \quad 50 = (1 + e^{-0,5t} \cdot 24) \cdot 25 \qquad | : 25; \; -1$$

$$\Leftrightarrow \quad 1 = e^{-0,5t} \cdot 24 \qquad\qquad | : 24$$

$$\Leftrightarrow \quad \frac{1}{24} = e^{-0,5t} \qquad\qquad | \ln$$

$$\Leftrightarrow \quad \ln\left(\frac{1}{24}\right) = -0,5t \qquad\qquad | \cdot (-2)$$

$$\Leftrightarrow \quad 2\ln(24) = t$$

$$\Rightarrow \quad t \approx 6{,}36$$

Nach etwa 6,36 Jahren hat der Hof dann 25 Kaninchen.

Angeberwissen: Differentialgleichung des log. Wachstums

Die Wachstumsfunktion des logistischen Wachstums stammt (wie auch die Funktionsvorschriften der bisher betrachteten Wachstumsmodelle) aus der Lösung einer Differentialgleichung. Im Falle des logistischen Wachstums hängt die Änderungsrate der Bestandsfunktion $f'(t)$ zum Zeitpunkt t von folgenden Faktoren ab:

- aktueller Bestand $f(t)$

- noch vorhandener Kapazität $S - f(t)$

- Wachstumskonstante k

Insgesamt ergibt sich folgende Differentialgleichung

$$f'(t) = k \cdot f(t) \cdot (S - f(t)).$$

Diese Differentialgleichung wird auch **Bernoulli'sche Differentalgleichung** (mit einer Wachstumskonstante k) genannt. Um zu prüfen, dass die Wachstumsfunktion $f(t)$ des logistischen Wachstums tatsächlich diese Gleichung löst, setze die Funktion $f(t)$ und deren Ableitung $f'(t)$ in obige Gleichung ein. Du wirst erkennen, dass sich links und rechts vom Gleichheitszeichen die gleichen Ausdrücke ergeben.

6.1.4 Begrenztes Wachstum

Exponentielles und lineares Wachstum beschreiben *unbegrenzte Wachstumsprozesse*, da die Funktionen $f(t) = Ae^{kt}$ und $f(t) = kt + A$ unbegrenzt wachsen (für $k > 0$). In vielen Anwendungen ist eine solche Entwicklung aber nicht realistisch, da der Bestand nach oben oder nach unten durch eine natürliche Schranke *begrenzt* ist. Als Beispiel für einen Wachstumsprozess mit einer solchen natürlichen Schranke haben wir bereits das *logistische Wachstum* kennengelernt. In diesem Kapitel stellen wir das sogenannte *begrenzte Wachstum* bzw. den *begrenzten Zerfall* vor.

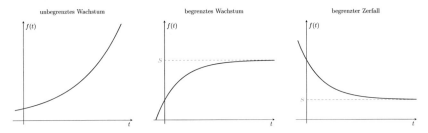

Abbildung 50: Schematische Darstellung von unbegrenztem Wachstum und begrenztem Wachstum/Zerfall mit Schranke S. Beim begrenzten Wachstum/Zerfall bildet die Gerade $y = S$ eine waagrechte Asymptote für den Graphen der Wachstumsfunktion.

Definition: Begrenztes Wachstum/begrenzter Zerfall

Die Funktionsvorschriften für das **begrenzte Wachstum** und den **begrenzten Zerfall** lauten

- $f(t) = S - (S - f(0)) \cdot e^{-kt}$ (Wachstum)

- $f(t) = S + (f(0) - S) \cdot e^{-kt}$ (Zerfall)

Die Zahl $k > 0$ wird wieder als **Wachstums- bzw. Zerfallskonstante** bezeichnet. S gibt die obere bzw. untere Schranke an.

Beachte dass begrenztes Wachstum/Zerfall auch als **beschränktes** Wachstum/Zerfall bezeichnet wird.

Im Fall vom begrenzten Wachstum gilt $f(0) < S$, d.h. $S - f(0) > 0$. Der Term $(S - f(0)) \cdot e^{-kt}$ ist somit positiv und wird mit steigendem t immer kleiner. Da ein immer kleinerer Wert von S abgezogen wird, wächst der Bestand $f(t)$ mit steigendem t, ist aber nach oben durch S beschränkt. Es gilt daher stets $f(t) < S$ für alle $t > 0$.

Beim beschränkten Zerfall hingegen ist $f(0) > S$, d.h. der Term $(f(0) - S) \cdot e^{-kt}$ ist erneut positiv und verringert sich mit steigendem t. Durch die Addition, verringert sich der Bestand $f(t)$ aber nun mit steigendem t und ist nach unten durch S beschränkt. Es gilt stets $f(t) > S$ für alle Zeiten $t > 0$.

Beispiel. *Wir betrachten ein begrenztes Wachstum mit oberer Schranke $S = 1000$ und Anfangsbestand $f(0) = 250$ sowie dem Bestand $f(10) = 400$ nach der Zeit $t = 10$. Bestimme $f(t)$!*

Lösung. *Wir setzen die gegebenen Werte in die allgemeine Funktionsvorschrift des begrenzten Wachstums ein und erhalten*

$$f(t) = S - (S - f(0)) \cdot e^{-kt} = 1000 - (1000 - 250) \cdot e^{-kt} = 1000 - 750 \cdot e^{-kt}.$$

Mit Hilfe der Information $f(10) = 400$ können wir nun k bestimmen:

$$f(10) = 400$$
$$\Leftrightarrow \quad 1000 - 750 \cdot e^{-10k} = 400 \qquad | -1000$$
$$\Leftrightarrow \quad -750 \cdot e^{-10k} = -600 \qquad | : (-750)$$
$$\Leftrightarrow \quad e^{-10k} = 0{,}8 \qquad | \ln$$
$$\Leftrightarrow \quad -10k = \ln(0{,}8) \qquad | : (-10)$$
$$\Rightarrow \quad k \approx 0{,}0223$$

Insgesamt erhalten wir also (näherungsweise)

$$f(t) = 1000 - 750 \cdot e^{-0{,}0223 \cdot t}.$$

Angeberwissen: Differentialgleichung des beg. Wachstums

Wie bei den anderen Wachstumsprozessen ergibt sich die Wachstumsfunktion des begrenzten Wachstums als Lösung einer entsprechenden Differentialgleichung. Die Differentialgleichung des begrenzten Wachstums lautet:

$$f'(t) = k \cdot (S - f(t)).$$

Die Änderungsrate $f'(t)$ des Bestandes ist also abhängig von der noch verfügbaren Kapazität $(S - f(t))$ und der Wachstumskonstanten k. Wie zuvor kannst Du prüfen dass $f(t) = S - (S - f(0)) \cdot e^{-kt}$ diese Gleichung löst, indem du $f(t)$ und $f'(t)$ in die Gleichung einsetzt.

6.2   Extremwertprobleme

Bei Extremwertproblemen steht die Suche nach dem globalen Maximum oder Minimum einer Funktion im Zentrum. Im Sachzusammenhang stehen solche Extremwerte für die Optimalität eines Prozesses, z. B. für den maximalen Gewinn eines Unternehmens oder für die kürzeste Route eines Zustellers.

Der erste Schritt bei diesen Aufgaben besteht oftmals darin, die passende

Zielfunktion

aufzustellen, die den Sachverhalt der Extremwertaufgabe mathematisch korrekt abbildet. Im Sachzusammenhang gibt die Zielfunktion beispielsweise den Gewinn einer Firma oder die Länge der Route eines Zustellers an. Hat man die passende Zielfunktion aufgestellt, dann sucht man im nächsten Schritt nach den globalen Extremwerten dieser Funktion. In manchen Fällen wird die Zielfunktion nur auf einem bestimmten Intervall betrachtet, siehe Abbildung 51. In diesem Fall muss man zusätzlich auf die

Randwerte

der Funktion achten, da das Maximum/Minimum auch am Rand angenommen werden kann, siehe Abbildung 51:

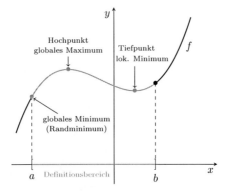

Abbildung 51: Globale Extremwerte: Wenn Du die Zielfunktion auf einem bestimmten Intervall betrachtest (blauer Bereich), dann kann das globale Maximum/Minimum der Funktion am Rand angenommen werden. Es reicht deshalb nicht aus, wenn Du nur die Hoch- und Tiefpunkte berechnest.

Tipp: Lösen von Extremwertaufgaben

1. Stelle die Zielfunktion inklusive Definitionsbereich $[a; b]$ auf;

2. Bestimme die 1. Ableitung der Zielfunktion;

3. Setze die 1. Ableitung gleich null (**notwendiges Kriterium**) und berechne die Nullstellen der 1. Ableitung im Definitionsbereich $[a; b]$;

4. Überprüfe bei welchen dieser Nullstellen tatsächlich eine Extremstelle vorliegt (**z. B. hinreichendes Kriterium**) und gib alle Extrempunkte an;

5. Setze die Randwerte a und b in die Zielfunktion ein und berechne diese Werte;

6. Du hast nun alle lokalen Extremwerte und die Randwerte der Zielfunktion berechnet. Gib an, an welcher Stelle das globales Maximum/Minimum vorliegt.

Beispiel. *Es sei $f(x) = 12 - x^2$. Für die Werte $x \in [0; \sqrt{12}]$ betrachten wir die Punkte*

$$P\left(x \mid f(x)\right) \quad und \quad Q\left(-x \mid f(-x)\right).$$

Diese bilden eine Seite des Rechtecks PQRS, wobei R und S auf der x-Achse liegen.

a) Berechne den Flächeninhalt $A(x)$ des Rechtecks in Abhängigkeit von x.

b) Für welches x wird der Flächeninhalt maximal?

c) Wie groß ist der maximale Inhalt?

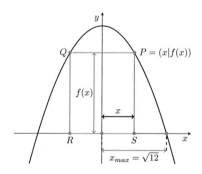

Abbildung 52: Bild zur Aufgabe: Maximaler Flächeninhalt

┌───┐
│ **Tipp: Skizze anfertigen**   │
├───┤
│ Bei geometrischen Extremwertaufgaben lohnt es eigentlich immer, eine kleine Skizze │
│ anzufertigen, die den Sachverhalt veranschaulicht.   │
└───┘

Lösung.

a) *Wir starten mit Schritt 1:*

Es bezeichne $\overline{PQ}$ bzw. $\overline{QR}$ die Länge der Strecke von P nach Q bzw. von Q nach R. Der Flächeninhalt des Rechtecks $PQRS$ ist dann gegeben durch

$$A = \overline{PQ} \cdot \overline{QR}.$$

Mit Hilfe der Skizze in Abbildung 52 erkennen wir

$$\overline{QR} = f(x) = 12 - x^2 \quad und \quad \overline{PQ} = 2x.$$

Der Flächeninhalt des Rechtecks in Abhängigkeit von x ist folglich gegeben durch

$$A(x) = \left(12 - x^2\right) \cdot 2x = -2x^3 + 24x.$$

Aus geometrischen Gründen (siehe Skizze) lautete der Definitionsbereich $[0; \sqrt{12}]$. Gesucht ist das globale Maximum auf diesem Intervall.

b) *Wir machen weiter mit Schritt 2:*

Die 1. Ableitung der Zielfunktion $A(x)$ ist gegeben durch

$$A'(x) = -2 \cdot 3x^2 + 24 = -6x^2 + 24.$$

Schritt 3:
*Das **notwendige Kriterium für Extremstellen** lautet (siehe Seite 118):*

$$A'(x) = 0.$$

Wir lösen diese Gleichung wie gewohnt:

$$24 - 6x^2 = 0 \qquad | -24$$
$$\Leftrightarrow \qquad -6x^2 = -24 \qquad | : (-6)$$
$$\Leftrightarrow \qquad x^2 = 4 \qquad | \sqrt{}$$
$$\Leftrightarrow \qquad x_{1,2} = \pm 2$$

Im Definitionsbereich $[0; \sqrt{12}]$ liegt nur der positive Wert $x = 2$.

Schritt 4:
Die 2. Ableitung von A lautet $A''(x) = -12x$. Einsetzten der Stelle 2 ergibt

$$A''(2) = -24 < 0.$$

Die **hinreichende Bedingung** *liefert, dass an der Stelle 2 ein Hochpunkt vorliegt. Wir erhalten den zugehörigen Flächeninhalt, indem wir die Extremstelle 2 in die Zielfunktion $A(x)$ einsetzen:*

$$A(2) = -2 \cdot 2^3 + 24 \cdot 2 = -16 + 48 = 32.$$

Der Hochpunkt lautet demnach

$$H = (2 \mid 32).$$

Schritt 5:
Jetzt setzen wir die Randwerte $a = 0$ und $b = \sqrt{12}$ in die Zielfunktion ein:

$$A(0) = 0 \quad und \quad A(\sqrt{12}) = 0.$$

Weil beide Werte kleiner sind als 32, liegt kein Randmaximum vor.

c) *Der maximale Flächeninhalt beträgt 32 FE.*

6.3   Steckbriefaufgaben – Funktionen aufstellen

Bei Steckbriefaufgaben muss eine unbekannte Funktion, zum Beispiel

$$f(x) = ax^3 + bx^2 + cx + d$$

mit Hilfe von bestimmten Informationen über die Eigenschaften von f konstruiert werden. Die Herausforderung besteht darin, die wichtigen Informationen aus einer Textaufgabe oder einer Grafik herauszulesen und in mathematische Gleichungen zu übersetzen.

Wir haben die gängigen Übersetzungen in folgender Tabelle für Dich zusammengefasst. Die entsprechenden Bilder findest Du auf der nächsten Seite.

Information:	Bild:	Gleichung(en)
Der Graph verläuft durch den Punkt (3 | 2);	1	$f(3) = 2$
Nullstelle bei $x = 3$; *Der Graph schneidet die x-Achse bei* $x = 3$;	2	$f(3) = 0$
Doppelte Nullstelle bei $x = 3$; *Der Graph berührt die x-Achse bei* $x = 3$;	3	$f(3) = 0,\ f'(3) = 0$
Der Graph schneidet die y-Achse bei $y = 6$;	4	$f(0) = 6$
An der Stelle $x = 1$ *die Steigung* $m = -1$;	5	$f'(1) = -1$
An der Stelle $x = 1$ *die Tangente* $y = -x + 5$; *Im Punkt* (1 | 4) *die Steigung* $m = -1$;	6	$f(1) = 4,\ f'(1) = -1$
An der Stelle $x = 3$ *ein Extremwert*;	7	$f'(3) = 0$
Ein Hoch-/Tiefpunkt in (3 | 4);	8	$f(3) = 4,\ f'(3) = 0$
An der Stelle $x = 2$ *ein Sattelpunkt*;	9	$f'(2) = 0,\ f''(2) = 0$
Ein Sattelpunkt in (2 | 4).	10	$f(2) = 4,\ f'(2) = 0$ $f''(2) = 0$
An der Stelle $x = 1$ *ein Wendepunkt*;	11	$f''(1) = 0$
Ein Wendepunkt in (1 | 4);	12	$f(1) = 4,\ f''(1) = 0$

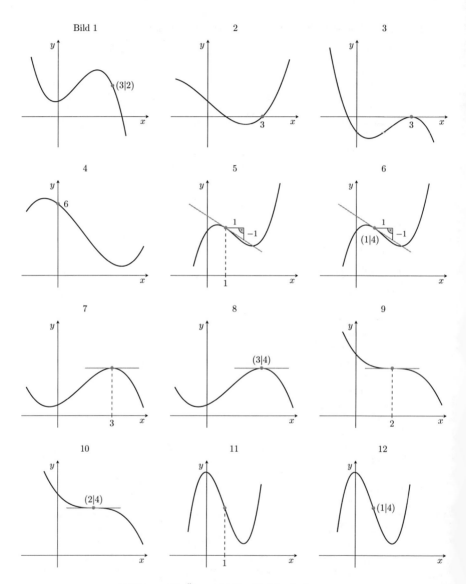

Abbildung 53: Übersicht Steckbriefaufgaben

Tipp: Steckbriefaufgaben – ganzrationale Funktionen

1. Schreibe zuerst die gesuchte Funktionsgleichung zusammen mit den ersten zwei Ableitungen auf. Ist z. B. eine ganzrationale Funktion 3. Grades gesucht, dann lautet der Ansatz:

$$f(x) = ax^3 + bx^2 + cx + d$$
$$f'(x) = 3ax^2 + 2bx + c$$
$$f''(x) = 6ax + 2b$$

2. Jetzt musst Du alle Informationen aus dem Text/Graphik in mathematische Gleichungen übersetzen. Dabei hilft Dir die Übersicht auf Seite 243;

Beachte!

Manchmal musst Du auch die Symmetrieeigenschaften der Funktion verwenden. Für ganzrationale Funktionen gilt:

- Achsensymmetrie (y-Achse): Es gibt nur gerade Exponenten, z. B.

$$f(x) = ax^4 + bx^2 + c;$$

- Punktsymmetrie (Ursprung): Es gibt nur ungerade Exponenten, z. B.

$$f(x) = ax^3 + bx;$$

3. Stelle das entsprechende lineare Gleichungssystem (LGS) auf. Die Unbekannten im Beispiel oben lauten a, b, c, d;

4. Löse das LGS;

5. Schreibe im letzten Schritt die gesuchte Funktionsgleichung auf, indem Du die Werte für a, b, c, d einsetzt.

Merke: Anzahl der benötigten Informationen

Eine ganzrationale Funktion (Polynom) 3. Grades besitzt 4 Freiheitsgrade, a, b, c, d. Du musst also 4 verschiedene Gleichungen aufstellen (4 Informationen suchen) und mit diesen das LGS aufstellen. Eine ganzrationale Funktion n-ten Grades besitzt entsprechend $n + 1$ Freiheitsgrade ($n + 1$ Informationen suchen).

Beispiel. *Gesucht ist eine ganzrationale Funktion 3. Grades, die durch den Ursprung verläuft, einen Wendepunkt bei $x = 2$, sowie einen Extrempunkt $(1 \mid 4)$ besitzt.*

Lösung. *Schritt 1:*
Der Ansatz für die gesuchte Funktion lautet

$$f(x) = ax^3 + bx^2 + cx + d$$
$$f'(x) = 3ax^2 + 2bx + c$$
$$f''(x) = 6ax + 2b$$

Es gibt also 4 Freiheitsgrade, nämlich a, b, c und d.

Schritt 2:
Wir entnehmen dem Text die folgenden Informationen:

- *Info 1 (i1): Die Funktion geht durch den Ursprung: $f(0) = 0$, also*

$$a \cdot 0^3 + b \cdot 0^2 + c \cdot 0 + d = 0$$
$$\Leftrightarrow \quad (i1): \quad \boxed{d = 0}$$

- *Info 2: Wendepunkt an der Stelle $x = 2$: $f''(2) = 0$, also*

$$6a \cdot 2 + 2b = 0$$
$$\Leftrightarrow \quad (i2): \quad 12a + 2b = 0;$$

- *Info 3 und 4: Extrempunkt in $(1 \mid 4)$: $f(1) = 4$ und $f'(1) = 0$, also*

$$a \cdot 1^3 + b \cdot 1^2 + c \cdot 1 + d = 4$$
$$\Leftrightarrow \quad (i3): \quad a + b + c + d = 4 \quad und$$

$$3a \cdot 1^2 + 2b \cdot 1 + c = 0$$
$$\Leftrightarrow \quad (i4): \quad 3a + 2b + c = 0$$

Schritt 3:
Nun stellen wir das LGS auf. Dabei verwenden wir, dass wegen Gleichung (i1) $d = 0$ gilt. Wir können diesen Wert gleich in (i3) einsetzen. Auf diese Weise erhalten wir ein LGS mit nur drei Gleichungen:

$$
\begin{aligned}
(1): \ & 12a + 2b \quad\ \ = 0 \\
(2): \ & \ \ a + \ b + c = 4 \\
(3): \ & \ 3a + 2b + c = 0
\end{aligned}
\qquad (6.1)
$$

Schritt 4:
Wir müssen jetzt das LGS in (6.1) lösen und gehen wie folgt vor: Zunächst eliminieren wir die Variable c, indem wir Gleichung (2) von Gleichung (3) abziehen:

$$(3') = (3) - (2) : \quad 2a + b = -4$$

Umformen dieser Gleichung liefert nun

$$(3') : \quad b = -4 - 2a.$$

Wir setzen diese Beziehung in Gleichung (1) ein und erhalten

$$12a + 2 \cdot (-4 - 2a) = 0$$
$$\Leftrightarrow \qquad 12a - 8 - 4a = 0$$
$$\Leftrightarrow \qquad 8a - 8 = 0 \quad | +8$$
$$\Leftrightarrow \qquad 8a = 8 \quad | :8$$
$$\Leftrightarrow \qquad \boxed{a = 1}$$

Jetzt können wir den Wert von a in Gleichung (3') einsetzen:

$$b = -4 - 2 \cdot 1 = -6$$

Es gilt also $\boxed{b = -6.}$ *Zuletzt muss noch c berechnet werden. Dazu setzen wir die Werte von a und b in Gleichung (2) ein:*

$$1 + (-6) + c = 4$$
$$\Leftrightarrow \qquad -5 + c = 4 \quad | +5$$
$$\Leftrightarrow \qquad \boxed{c = 9}$$

Schritt 5:
Im letzten Schritt schreiben wir die gesuchte Funktionsgleichung auf:

$$f(x) = x^3 - 6x^2 + 9x.$$

Beispiel. *Bestimme die Funktionsgleichung einer ganzrationalen Funktion 4. Grades, die symmetrisch zur y-Achse ist, die y-Achse bei $y = -1$ schneidet, und ein Maximum im Punkt $(-2 \mid 1)$ besitzt.*

Lösung. *Schritt 1:*
Weil die gesuchte Funktion symmetrisch zur y-Achse ist, können nur gerade Exponenten auftauchen. Der Ansatz lautet in diesem Fall

$$f(x) = ax^4 + bx^2 + c$$
$$f'(x) = 4ax^3 + 2bx$$
$$f''(x) = 12ax^2 + 2b$$

Es gibt also 3 Freiheitsgrade, nämlich a, b und c.

Schritt 2:
Nun entnehmen wir dem Text die folgenden Informationen:

- *Info 1 (i1): Die Funktion schneidet die y-Achse bei $y = -1$: $f(0) = -1$, also*

$$a \cdot 0^4 + b \cdot 0^2 + c = -1$$

$$\Leftrightarrow \quad (i1): \quad \boxed{c = -1}$$

- *Info 2 und 3: Maximum im Punkt $(-2 \mid 1)$: $f(-2) = 1$ und $f'(-2) = 0$, also*

$$a \cdot (-2)^4 + b \cdot (-2)^2 + c = 1$$
$$\Leftrightarrow \quad (i2): \qquad 16a + 4b + c = 1 \quad und$$

$$4a \cdot (-2)^3 + 2b \cdot (-2) = 0$$
$$\Leftrightarrow \quad (i3): \qquad -32a - 4b = 0$$

Schritt 3:
Beim Aufstellen des LGS verwenden wir $c = -1$ und erhalten somit

$$
\begin{aligned}
(1): \quad & 16a + 4b + (-1) = 1 \\
(2): \quad & -32a - 4b = 0
\end{aligned}
\qquad (6.2)
$$

Schritt 4:
Zunächst eliminieren wir b, indem wir die Gleichungen (1) und (2) addieren:

$$(3) = (1) + (2): \quad -16a - 1 = 1.$$

Auflösen nach a liefert

$$
\begin{aligned}
-16a - 1 &= 1 & &\mid +1 \\
\Leftrightarrow \quad -16a &= 2 & &\mid : (-16) \\
\Leftrightarrow \quad & \boxed{a = -1/8}
\end{aligned}
$$

Wir setzen diese Beziehung in Gleichung (1) (oder (2)) ein und erhalten

$$16 \cdot \left(-\frac{1}{8}\right) + 4b - 1 = 1 \qquad | +1$$

$$\Leftrightarrow \qquad\qquad -2 + 4b = 2 \qquad | +2$$

$$\Leftrightarrow \qquad\qquad 4b = 4 \qquad | :4$$

$$\Leftrightarrow \qquad\qquad \boxed{b = 1}$$

Schritt 5:
Die gesuchte Funktionsgleichung lautet also

$$f(x) = -\frac{1}{8}x^4 + x^2 - 1.$$

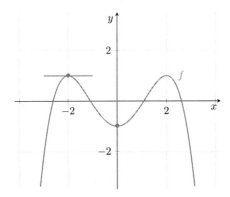

Abbildung 54: Bild zur Aufgabe: Graph der gesuchten Funktion, Informationen in orange

6.4 Aufgaben zum Vertiefen

6.4.1 Exponentielle Wachstums- und Zerfallsprozesse

Aufgabe A-134   **Lösung auf Seite LA-173**

Bei einer schlecht eingeschenkten Maß Bier beträgt die Schaumhöhe anfangs 10 cm. Um das Bier einigermaßen trinken zu können, wartet der Gast eine gewisse Zeit. Nach drei Minuten ist die Schaumhöhe auf die Hälfte zurückgegangen.

a) Stelle die (exponentielle) Zerfallsgleichung für den Bierschaumzerfall auf.

b) Berechne, wann die Schaumhöhe auf 3 cm zurückgegangen ist.

c) Bei einem anderen Gast beträgt die Schaumhöhe nach drei Minuten noch 3 cm. Wie war die Schaumhöhe nach dem Einschenken?

Aufgabe A-135   **Lösung auf Seite LA-174**

Physiker*innen führen ein Experiment zum radioaktiven Zerfall von Iod-131 durch. Sie beginnen ihr Experiment mit 10 000 Atomen. Nach 8 h liegt nur noch die Hälfte der ursprünglichen Anzahl an Atomen vor. Als Modell für den zeitlichen Verlauf der Anzahl an Atomen wählen sie die Funktion

$$N(t) = N_0 \cdot e^{-\lambda t}.$$

a) Bestimme passende Werte für N_0 und λ, wenn t in Stunden gemessen wird.

b) Wie lange dauerte es, bis die ersten 1 000 Atome zerfallen sind?

c) Bestimme die Halbwertszeit des radioaktiven Zerfalls von Iod-131.

Aufgabe A-136   **Lösung auf Seite LA-175**

Beim Pflanzen einer Orchidee ist diese 10 cm groß. Nach sechs Wochen ist sie 25 cm groß. Nimm an, dass die Größe der Pflanze exponentiellem Wachstum unterliegt.

a) Bestimme eine Funktion, die diesen Sachverhalt modelliert.

b) Wie viel Zeit muss ab dem Zeitpunkt des Einpflanzens vergehen, damit die Pflanze 35 cm groß ist?

c) Bestimme die Zeitspanne, in der sich die Höhe der Pflanze verdoppelt.

d) Ab welcher Woche nach Beobachtungsbeginn wächst die Pflanze wöchentlich um mehr als fünf Zentimeter? Wie groß ist sie zu diesem Zeitpunkt?

Aufgabe A-137   **Lösung auf Seite LA-176**

Physiker*innen messen die Zerfallskurve von Bismut-210. Ihr Messergebnis ist in der unten stehenden Abbildung eingetragen.
Diese stellt die Anzahl an vorhandenen Bismut-210-Atomen in Abhängigkeit von der vergangenen Zeit in Tagen dar. Als Modell wählen sie die Funktion

$$N(t) = N_0 \cdot e^{-\lambda t}.$$

Bestimme mittels der Abbildung die passenden Werte für die Parameter N_0 und λ und gib die Halbwertszeit τ von Bismut-210 an.

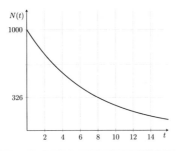

Aufgabe A-138 **Lösung auf Seite LA-178**

Auf einer Party sammelt Dominik Daten. Er schreibt stetig auf, wie viele Flaschen Bier nach x Stunden leer in den Bierkästen stehen. Die Tabelle zeigt seine Ergebnisse:

Vergangene Zeit (in Stunden)	0	1	1,5	2	3	4	5
Anzahl leere Flaschen	0	2	3	4	8	16	32

a) Anfangs geht er von einer linearen Zunahme der konsumierten Getränke mit der Zeit aus. Stelle basierend auf den beiden Datenpunkten nach 0 und nach 2 Stunden eine Funktion $f(x)$ auf, die die Anzahl der leeren Flaschen als lineares Wachstum beschreibt.

b) Nach vier Stunden beginnt er sich zu wundern. Woran könnte die größere Zunahme liegen?

c) Dominik will das Modell anpassen und die Anzahl der leeren Flaschen nun durch ein exponentielles Wachstum beschreiben. Stelle eine geeignete Funktion $g(x)$ auf. Beziehe Dich dabei auf die Werte nach 2,3,4 und 5 Stunden.

d) Vergleiche die beiden Modellierungsansätze miteinander.

Aufgabe A-139 **Lösung auf Seite LA-179**

Eine Bank bietet Dir zwei Optionen für die Verzinsung Deines Guthabens in Höhe von 100 Euro an.

A: „Wir geben Ihnen jedes Jahr 60 % des zu Beginn eingezahlten Guthabens."

B: „Wir erhöhen Ihren Kontostand jedes Jahr um 20 %"

Nimm an, dass Du nie Geld abhebst oder zusätzlich einzahlst und dass jedes Jahr neu verzinst wird. Welche Option solltest Du (aus mathematischer Sicht) wählen? Begründe Deine Antwort!

Aufgabe A-140   **Lösung auf Seite LA-180**

Biologen und Biologinnen untersuchen in einer Petrischale Bakterienkulturen der Gattung E. Coli. Durch einen Unfall wurden einige Datensätze zerstört. Ihre verbleibenden Daten sind in der unten stehenden Tabelle aufgeführt.

Vergangene Zeit (in Stunden)	0	1	2	3	5	10
Gemessene Bakterienanzahl	100	448	1 900	8 361	30 600	36 790

a) Für den Beginn vermuten die Forscher*innen exponentielles Wachstum. Bestimme anhand der ersten beiden Datenpunkte die passenden Parameter.

b) Erläutere den Messwert bei $t = 0$ im Sachzusammenhang.

c) Vergleiche den empirischen Messwert zum Zeitpunkt $t = 5$ mit der Vorhersage des Modells und deute das Ergebnis.

d) Wann beträgt die momentane Wachstumsrate der Bakterienkultur, laut Modell, erstmalig mehr als 3 000 Bakterien pro Stunde?

In Aufgabe c) wurde festgestellt, dass das Modell die Realität für lange Zeiträume nicht zutreffend abbildet. Daher wählen die Forscher*innen zwei alternative Ansätze:

$$(I) \quad g(t) = 100 \cdot (4{,}5)^t \quad \text{und} \quad (II) \quad k(t) = \frac{36\,800}{1 + 367e^{-1{,}5t}}$$

e) Begründe, welcher der beiden Ansätze sinnvoller ist.

f) Gib die maximale Größe der Kolonie im zweiten Modell an.

g) Zu welchem Zeitpunkt ist die Kolonie im zweiten Modell halb so groß wie ihre Maximalgröße?

Aufgabe A-141   **Lösung auf Seite LA-182**

Nimm an, dass sich der Wert eines Neuwagens jedes Jahr halbiert. Mathematisch versierte Autohändler*innen versuchen die Preisentwicklung für einen Neuwagen, der ursprünglich 10 000 Euro gekostet hat, zu modellieren. Dazu benutzen sie eine Funktion der Form

$$P(t) = P_0 \cdot b^t.$$

Die Variable t gibt dabei die vergangene Zeit in Jahren an.

a) Bestimme passende Werte für die Parameter P_0 und b.

Das Kollegium behauptet, dass der gleiche Zusammenhang auch durch eine e-Funktion beschrieben werden kann.

b) Schreibe das obige Modell in eine Wachstumsfunktion der Form

$$P(t) = P_0 \cdot e^{\lambda t}$$

um und ermittle die passende Zerfallskonstante.

c) Zu welchem Zeitpunkt beträgt der Wert des Wagens noch gerade 2000 Euro?

Aufgabe A-142   **Lösung auf Seite LA-184**

In einem Laborschrank wurde im Jahr 1960 eine Menge von 10 Gramm des Kohlenstoffisotops ^{14}C eingeschlossen. Dieses hat eine Halbwertszeit von 5730 Jahren.

a) Stelle die Bestandsfunktion auf, die die Masse des Kohlenstoffisotops über die Zeit hinweg angibt.

b) Wieviel ^{14}C befand sich im Jahr 2015 im Schrank?

c) Kurz nach der Auslöschung der Menschheit finden Außerirdische den Laborschrank. Dort befinden sich noch 7 Gramm ^{14}C. In welchem Jahr wird die Menschheit ausgelöscht sein?

6.4.2 Logistisches Wachstum

Aufgabe A-143   Lösung auf Seite LA-185

Ein Waldgebiet bietet Platz für 500 Füchse. Zum Zeitpunkt $t = 0$ leben 10 Füchse im Wald. Wir nehmen an, dass sich die Populationsgröße $f(t)$ durch ein logistisches Wachstum mit Wachstumskonstante $k = 0,001$ beschreiben lässt. t ist dabei die vergangene Zeit in Jahren.

a) Bestimme $f(t)$.

b) Wann ist der Platz, den der Wald bietet, zur Hälfte ausgeschöpft?

c) Skizziere G_f im Intervall $[0; 15]$.

d) Nimm statt dem logistischen Wachstum nun begrenztes Wachstum an (mit den selben Werten aus der Angabe und $k = 0,25$). Gib eine dazu passende Wachstumsfunktion $B(t)$ an.

Aufgabe A-144   Lösung auf Seite LA-186

Die Anzahl der Bakterien einer Kultur wird näherungsweise durch die Funktion

$$f(t) = 500 \cdot \frac{1}{10 + 40 \cdot e^{-1,25t}}$$

beschrieben. Dabei beschreibt t die vergangene Zeit in Tagen.

a) Welches Wachstumsmodell liegt dieser Annahme zu Grunde?

b) Wie viele Bakterien sind zum Startzeitpunkt $t = 0$ vorhanden?

c) Wie viele Bakterien sind maximal vorhanden?

d) Bestimme die Koordinaten des Wendepunkts $(t_W \mid f(t_W))$ von G_f.

e) Bestimme die maximale Wachstumsgeschwindigkeit der Bakterienkultur.

Aufgabe A-145   **Lösung auf Seite LA-188**

Förster*innen sammeln Daten zum Baumbestand. Der Durchmesser eines Baumes (in Höhe von 0,8 m) wird näherungsweise durch die Funktion $d(t)$ beschrieben:

$$d(t) = \frac{5}{1 + 4 \cdot e^{-0,05t}}$$

Dabei beschreibt $t \geq 0$ die vergangene Zeit seit Beobachtungsbeginn in Jahren und $d(t)$ den Durchmesser des Baumes in Meter.

a) Welchen Durchmesser hat der Baum zum Beobachtungsstart?

b) Welchen Durchmesser kann der Baum maximal erreichen, wenn man die Funktion $d(t)$ zu Grunde legt?

c) Zeige, dass $d(t)$ der Differentialgleichung $d'(t) = k \cdot d(t) \cdot (5 - d(t))$ genügt. Setze dazu die Funktionsvorschriften von $d(t)$ und $d'(t)$, sowie die Wachstumskonstante $k = 0,01$ in die Gleichung ein und überprüfe deren Gültigkeit.

d) Skizziere den Graphen der Funktion d für $0 \leq t \leq 100$.

e) In welchem Alter hat der Baum einen Durchmesser von 2 m erreicht?

Aufgabe A-146   **Lösung auf Seite LA-191**

Auf einer einsamen Insel, bislang unentdeckt, und so wunderschön, dass sie noch niemals von einem Bewohner verlassen wurde, breitet sich eine Seuche aus. Insgesamt leben 6500 Einwohner auf der Insel. Zunächst hatte sich nur ein Fischer infiziert, welcher einen bis dahin unbekannten Fisch erbeutet hatte. Nach 5 Tagen waren jedoch schon 300 Einwohner erkrankt. Insgesamt lässt sich die Zahl der Erkrankten durch logistisches Wachstum beschreiben.

a) Stelle die Funktionsgleichung für die Anzahl f der erkrankten Einwohner auf.

b) Wann sind 1000 Menschen erkrankt?

c) Wann ist nur noch ein einziger Mensch gesund?

d) Wie viele Kranke gibt es nach 10 Tagen?

6.4.3 Begrenztes und unbegrenztes Wachstum

Aufgabe A-147   **Lösung auf Seite LA-193**

Ein neues Smartphone kommt auf den Markt. Im Einzugsgebiet eines Verkaufsmarktes leben 9 999 Menschen, die sich dieses Smartphone zulegen würden. In den ersten beiden Tagen nach Verkaufsstart werden bereits 5 000 Exemplare verkauft. Die Anzahl der verkauften Smartphones soll als eine Funktion des begrenzten Wachstums modelliert werden.

a) Ist dieses Modell Deiner Meinung nach realistisch?

b) Bestimme unter Annahme von logistischem Wachstum die Funktion $B(t)$, die die Anzahl der verkauften Handys in Abhängigkeit von der Zeit t (in Tagen) angibt.

c) Zu welchem Zeitpunkt haben etwa 90% der Personen im Modell das neue Smartphone erworben?

d) Zeichne den Graphen der Funktion $B(t)$ in einem relevanten Intervall.

Aufgabe A-148   **Lösung auf Seite LA-194**

Ein Becher Bubble Tea wird im Kühlschrank abgekühlt. Der Kühlschrank kühlt dabei auf minimal 4° C ab. Wir wollen den Abkühlprozess durch eine begrenzte Abnahme modellieren. Dabei soll die Funktion

$$T(t) = 4 + 16e^{-0,4t}$$

die Temperatur in Grad Celsius (° C) in Abhängigkeit von der Zeit t in Minuten angeben.

a) Welche Temperatur hatte der Tee zu Beginn? Bringe die Funktion T in die Form $T(t) = S - (S - T(0)) \cdot e^{-kt}$.

b) Welche Temperatur hat der Tee nach 5 min ?

c) Ein anderer Kühlschrank kühlt den gleichen Tee mit einer anderen Wachstumskonstante k_2 ebenfalls auf 4° C ab. Nach 5 Minuten hat der Tee in diesem Kühlschrank noch eine Temperatur von 10° C. Bestimme das k_2, das zur Abkühlung dieses zweiten Kühlschranks gehört.

6.4.4   Extremwertprobleme

Aufgabe A-149   **Lösung auf Seite LA-196**

Aus einem rechteckigen Stück Pappe von 42 cm Länge und 30 cm Breite soll eine oben offene Schachtel hergestellt werden.
Dazu wird an jeder der vier Ecken ein Quadrat abgeschnitten. Anschließend werden die überstehenden Streifen hochgeklappt. Welche Seitenlänge müssen die Quadrate haben, damit das Volumen der Schachtel maximal wird?

Aufgabe A-150   **Lösung auf Seite LA-197**

Auf einer Wiese soll eine rechteckige Pferdekoppel eingezäunt werden. Dazu stehen 60 m Zaun zu Verfügung.

Eine Längeneinheit entspricht einem Meter in der Realität.

a) Fertige eine Skizze inkl. Seitenlängen an.

b) Gib die Maße der Koppel an, bei denen die eingezäunte Fläche maximal wird.

Aufgabe A-151   **Lösung auf Seite LA-198**

Ein Auto fährt auf einer Straße, deren Verlauf mittels der Funktion

$$f(x) = \sqrt{x}$$

beschrieben werden kann. Fußgänger*innen befinden sich neben der Straße rund um die Stelle $B(2\,|\,0)$.

a) Fertige ein Skizze inkl. Straße und Position der Fußgänger*innen an.

b) An welchem Punkt kommt das Auto der Position der Fußgänger*innen am nähesten?

Aufgabe A-152   **Lösung auf Seite LA-200**

Der Graph der Funktion $f(x) = 12 - x^2$ schließt mit der x-Achse eine Fläche ein. In diese Fläche soll ein Rechteck einbeschrieben werden.

a) Fertige eine beschriftete Skizze an.

b) Gib die Maße des Rechtecks mit dem maximalen Flächeninhalt an.

Aufgabe A-153   **Lösung auf Seite LA-202**

Zerlege die Zahl 36 in zwei positive Summanden x und y, sodass das Produkt der einen Zahl mit der Quadratwurzel der anderen Zahl maximal wird.

Aufgabe A-154   **Lösung auf Seite LA-203**

Eine Wandergruppe befindet sich im Punkt $A(0\,|\,1)$ in ebenem, aber unzugänglichem Gelände. In ihrer Nähe verläuft eine schnurgerade Straße, welche durch die Funktion $y = 3$ beschrieben wird. Ihr Ziel befindet sich im Punkt $C(6\,|\,3)$. Da das Gelände unzugänglich ist, schaffen sie dort nur eine Geschwindigkeit von $2\,\frac{km}{h}$. Auf der Staße hingegen schaffen sie $4\,\frac{km}{h}$.
Bestimme die minimale Zeit, die sie benötigen, um von Punkt A zu Punkt C zu gelangen.

Eine Längeneinheit entspricht 1 Kilometer in der Realität.

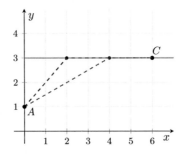

Tipp:

Allgemein gilt $t = \frac{s}{v}$. Hierbei ist s der zurückgelegte Weg, t die dafür benötigte Zeit und v die Geschwindigkeit. Zudem sind in der Grafik zwei mögliche Wege eingezeichnet.

6.4.5 Steckbriefaufgaben – Funktionen aufstellen

Aufgabe A-155   **Lösung auf Seite LA-206**

Eine neue Landstraße soll drei Dörfer verbinden. Die Dörfer befinden sich in den Punkten $A(0 \mid 0)$, $B(2 \mid 2)$ und $C(4 \mid 0)$. Der Verlauf der Straße soll durch eine ganzrationale Funktion zweiten Grades beschrieben werden. Bestimme mit den gegebenen Informationen diesen Graphen.

Aufgabe A-156   **Lösung auf Seite LA-207**

Gesucht ist ein Polynom 3. Grades, welches im Ursprung einen Tiefpunkt hat. Außerdem soll die Funktion bei $x = -1$ eine Nullstelle besitzen und durch den Punkt $(1 \mid 2)$ verlaufen.

Aufgabe A-157   **Lösung auf Seite LA-209**

Maurer*innen planen einen symmetrischen Torbogen. Dieser soll durch eine quadratische Funktion beschrieben werden.
Die Höhe des Bogens soll am Scheitelpunkt 8m betragen, wobei seine Symmetrieachse bei $x = 2$ liegt. Der Torbogen beginnt bei $x = 1$ und hat am Boden eine Breite von insgesamt 2 m.

Eine Längeneinheit entspricht 1 Meter in der Realität.

a) Fertige eine Skizze mit allen Spezifikationen des Kunden an.

b) Gib die Funktion an, mit welcher der Torbogen beschrieben wird.

Aufgabe A-158   **Lösung auf Seite LA-212**

Der Verlauf eines Wasserfalls im Amazonasgebiet soll durch eine ganzrationale Funktion zweiten Grades beschrieben werden.
Der Wasserfall beginnt im Punkt $A(0 \mid 4)$ und trifft im Punkt $B(4 \mid 0)$ auf den Boden. Zudem ist bekannt, dass der Wasserfall waagerecht über die Felskante tritt. Bestimme die Funktion, mit der der Verlauf des Wasserfalls beschrieben werden kann.

Aufgabe A-159   **Lösung auf Seite LA-213**

Der Wasserpark *Water World* möchte eine neue Rutsche bauen, um sein Image aufzubessern. Dazu gibt er den Ingenieuren und Ingenieurinnen genaue Anweisungen: Der Einstieg der Rutsche soll sich an der Stelle $x = 10$ in 15m Höhe befinden. Der Ausstieg soll sich im Punkt $(0 \mid 0)$ befinden.

Der steilste Punkt der Rutsche soll genau auf halber Strecke (x-Achse) zwischen Einstieg und Ausstieg sein, wobei die Steigung dort den Wert 2 haben soll.

Gib die ganzrationale Funktion 3. Grades an, mit welcher die Rutsche beschrieben wird.

Eine Längeneinheit entspricht 1 Meter in der Realität.

Aufgabe A-160   **Lösung auf Seite LA-215**

Gesucht ist ein Polynom 3. Grades, welches durch den Ursprung verläuft und einen Wendepunkt bei $(-1 \mid 0)$ besitzt. Außerdem besitzt die Funktion eine Wendetangente, die orthogonal auf der folgenden Gerade steht:

$$g(x) = \frac{1}{3}x + \frac{1}{3}$$

Bestimme eine Funktion f, welche die gewünschten Eigenschaften erfüllt.

Meilenstein 3

Beispielhafte Anwendungen des Integrals

Das (bestimmte) Integral wird nicht nur in der Mathematik zur Flächenbestimmung verwendet, sondern auch in praktischen Anwendungen aus Natur und Technik. Erinnere Dich noch einmal an den HDI. Das Integrieren ist demzufolge die „entgegengesetzte" Operation zum Ableiten. Wenn eine Funktion aus der Physik also z. B. die Geschwindigkeit eines Objekts beschreibt (Ableitung der Zeit-Ort-Funktion), dann entspricht das Integral dieser Funktion folglich der zurückgelegten Strecke des Objekts. Tatsächlich gehört das Integrieren – genau wie das Ableiten – zu den grundlegenden mathematischen Kompetenzen in vielen verschiedenen Wissenschaftsgebieten.

7 Kapitelübergreifende Aufgaben

Aufgabe A-161 **Lösung auf Seite LA-217**

1. Gegeben ist die Funktion $f(x) = \ln(\cos(x))$.

   a) Bestimme den maximalen Definitionsbereich D_f.

   b) Bestimme den maximalen Wertebereich W_f.

   c) Berechne die Nullstellen.

   Nun wird der Definitionsbereich auf das Intervall $I = \left(-\frac{\pi}{2}, \frac{\pi}{2}\right)$ eingeschränkt. Die eingeschränkte Funktion bezeichnen wir mit $\tilde{f} : I \to \mathbb{R}$.

   d) Zeige, dass für die zweite Ableitung gilt:

   $$\tilde{f}''(x) = -\frac{1}{\cos^2(x)}$$

   e) Gib sowohl die Lage, als auch die Art aller Extrempunkte von $\tilde{f}$ an.

   f) Begründe mithilfe der bisherigen Ergebnisse, dass die Funktion $\tilde{f}$ keine Wendepunkte besitzt.

   g) Untersuche das Verhalten von $\tilde{f}$ an den Definitionsrändern und skizziere die Funktion.

2. Die Funktion $\tilde{f}$ kann auf ihrem Definitionsbereich näherungsweise durch die Funktion g beschrieben werden:

   $$g(x) = -\frac{x^2}{2} - \frac{x^4}{12}$$

   a) Die Funktion $\tilde{f}$ schließt im IV. Quadranten mit der x-Achse und der Geraden $x = 1{,}5$ einen Flächeninhalt von ca. $0{,}83$ FE ein. Um wie viel Prozent weicht der Flächeninhalt ab, wenn statt $\tilde{f}$ nun die Näherungsfunktion g benutzt werden würde?

   b) Wie viele Nullstellen besitzt die Integralfunktion $G(x) = \int_{-1{,}5}^{x} g(y)\,\mathrm{d}y$? Begründe Deine Antwort.

   c) Berechne die Umkehrfunktion g^{-1} auf dem Intervall $\left[0, \frac{\pi}{2}\right)$.

d) Bartosz ist Gärtner und möchte ein Blumenbeet rechts von der y-Achse anlegen. Dieses soll durch g, die Winkelhalbierende und eine dritte Gerade begrenzt werden, welche senkrecht zur x-Achse verläuft. Das Beet soll dabei 1 FE und der Winkel zwischen der dritten Gerade und der Funktion g genau 45° betragen. Er setzt die dritte Grenze bei $x = 1$.
Hat er seine Wünsche damit erfüllt? Wenn nein, kann er die dritte Grenze nach rechts oder links verschieben, um dies zu erreichen?

Aufgabe A-162   **Lösung auf Seite LA-221**

1. Die Funktion $f(t) = e^{-(t-2)}(t^2 - t + 1)$ mit dem Definitionsbereich $D_f = [0\,;\,\infty[$ beschreibt die Geschwindigkeit eines fahrenden Autos zum Beobachtungszeitpunkt t (s. Abbildung):

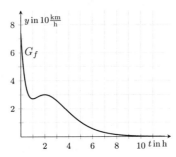

a) Bestimme den Grenzwert $\lim\limits_{t \to \infty} f(t)$ und interpretiere das Ergebnis im Sachzusammenhang.

b) Bestimme rechnerisch die Lage und Art der Extrempunkte und deute den Verlauf der Funktion im Sachzusammenhang.

c) Gib die maximale Geschwindigkeit des Autos an.

d) Gib den Zeitpunkt der **betragsmäßig** größten Beschleunigung an.

e) Zeige, dass die Funktionen $F_k(t)$ Stammfunktionen von $f(t)$ sind:

$$F_k(t) = -e^{-(t-2)}(t^2 + t + 2) + k, \qquad k \in \mathbb{R}.$$

f) Gib eine Funktion an, die die zurückgelegte Strecke des Autos seit dem Zeitpunkt $t = 0$ beschreibt.

g) Nimmt der Inhalt der Fläche, die vom Graphen G_f und der x-Achse eingeschlossen wird, auf dem Definitionsbereich D_f einen endlichen Wert an?

2. Auf einer Rennstrecke liefern sich ein oranger und ein grüner Sportwagen ein spannendes Duell. Das Stadion ist voll besetzt und das Publikum eifert voller Begeisterung mit. Die Geschwindigkeiten der beiden Rennwagen sind in der untenstehenden Abbildung dargestellt und können durch die folgenden Funktionen beschrieben werden:

$$o(t) = -\frac{1}{4}t(4t^3 - 32t^2 + 81t - 73) \quad \text{und} \quad g(t) = t(-1{,}5t + 6).$$

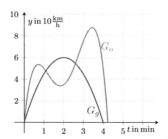

Dabei ist die Geschwindigkeit des orangen Wagens durch die Funktion $o(t)$ und die des grünen durch $g(t)$ gegeben. Mal liegt der eine in Führung, dann wieder der andere.

a) Sieger ist derjenige, der nach 4 Minuten die längste Strecke zurückgelegt hat. Ermittle rechnerisch, wer das Rennen gewinnt und mit wie viel Kilometer Vorsprung.

b) Ein großer Fan und Hobbyanalyst behauptet, es würde bereits genügen, einen einzigen Parameter in der Funktion $g(t)$ zu verändern, damit der grüne Wagen schneller als der orange ist.
Betrachte nun die Funktionsschar $g_m(t) = t(-1{,}5t+m), m \in \mathbb{N}$. Wie groß muss m mindestens sein, damit der grüne Sportwagen gewinnt?

3. Formel-1-Fan Zendaya möchte ihren neuen Sportwagen Probe fahren. Dazu begibt sie sich auf eine Teststrecke, auf der sie mindestens eine Stunde fahren möchte, bevor sie nachtanken muss. Ihr Tank fasst ein Volumen von 100 Liter und ist zu Beginn voll. Der Benzinstand während der Fahrt kann durch eine lineare Funktion $b(t)$ modelliert werden, die von der Zeit in Sekunden abhängt. Als Funktionswerte gibt sie das noch verbleibende Benzin in Liter zurück. Dabei fällt die Funktion mit dem Wert der maximalen Beschleunigung a_{max} (in $\frac{m}{s^2}$ gegeben), welcher noch mit dem Faktor $\frac{1}{300}\frac{s}{m}$ skaliert wird.

Die folgende Funktion v_k, wobei $k \in \mathbb{R}^+$ ist, beschreibt die Geschwindigkeit eines startenden Autos:

Funktion $v = v_k$ mit ausgewähltem Parameter k:

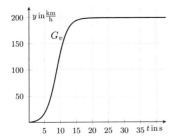

$$v_k(t) = \frac{200}{1 + 200e^{-kt}} - \frac{200}{201}, \quad k \in \mathbb{R}^+.$$

a) Stelle die Funktion $b(t)$ auf und gib an, wie viel Zendaya maximal beschleunigen darf, damit ihr Wagen eine Stunde durchhält.

b) Bestimme nun die exakte Funktion, mit der die Geschwindigkeit von Zendayas Wagen modelliert werden kann. Nimm dazu an, dass es jeweils einen Wendepunkt von v_k für jedes $k \in \mathbb{R}^+$ gibt.

─────────────── **Tipp:** ───────────────

Um $\frac{\text{km}}{\text{h}}$ in $\frac{\text{m}}{\text{s}}$ umzuwandeln, dividiere durch 3,6.

Aufgabe A-163   **Lösung auf Seite LA-229**

a) Beweise, dass es sich bei der Funktion $G(x) = x \cdot \ln(x) - x$ um eine mögliche Stammfunktion der Funktion $g(x) = \ln(x)$ handelt.

b) Gib eine weitere Stammfunktion an, die durch den Punkt $P(e|e)$ verläuft.

Gegeben ist die Funktion $f(x) = -1 + \ln(x - 1)$.

c) Beschreibe, wie G_f schrittweise aus dem Graphen der in $\mathbb{R}^+$ definierten Funktion g hervorgeht.

d) Bestimme die maximale Definitionsmenge D_f der Funktion f, bei der gilt, dass die zugehörige Wertemenge W_f eine Teilmenge von $\mathbb{R}_0^-$ ist.

In der unten stehenden Abbildung ist die Profilansicht einer rotationssymmetrischen Vase zu sehen. Die rechte Außenkante wird durch den Verlauf der Funktion f im

Bereich $[r; 1 + e]$ beschrieben (blau eingezeichnet). Der Parameter r entspricht hier dem Radius des Vasenbodens. Es soll $r > 1$ gelten. Eine Längeneinheit entspricht 10 cm in der Realität.

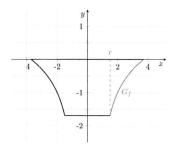

e) Durch welche Funktion $j(x)$ kann der Verlauf der linken Außenkante beschrieben werden? Gib den Funktionsterm, sowie die Definitionsmenge an.

f) Gib die Höhe h der Vase an, wenn der Boden einen Durchmesser von 30 cm hat.

g) Bestimme den Flächeninhalt, den die beiden Funktionen j und f mit der x-Achse und der Horizontalen bei $y = -h$ einschließen.

Im Bereich $[2; 3]$ kann die Funktion f in guter Näherung durch eine Funktion aus der Parameterschar

$$f_k(x) = \frac{2x^3 - 15x^2 + 7k(x - 1) - 4}{k}$$

beschrieben werden. Hierbei gilt $k \in \mathbb{R}^+$

h) Für welche Parameter k hat die Funktion keine Extrempunkte?

i) Für welche Werte des Parameters k hat die Funktion einen Wendepunkt bei $x = 2{,}5$?

Lineare Algebra/
Analytische Geometrie

abiturma

1 Basics

1.1 Lösen linearer Gleichungssysteme

Wir wiederholen die Rechentechniken zum Lösen von Gleichungssystemen der Art

$$
\begin{aligned}
x + 2y + 3z &= 1 \\
x + y + z &= 2 \\
2x + 2y + z &= 3
\end{aligned}
\qquad \text{bzw.} \qquad
\begin{aligned}
x_1 + 2x_2 + 3x_3 &= 1 \\
x_1 + x_2 + x_3 &= 2 \\
2x_1 + 2x_2 + x_3 &= 3
\end{aligned}
$$

Solche Gleichungssysteme nennt man **lineare Gleichungssysteme** (kurz LGS).

Merke: Notation bei LGS

In diesem Skript verwenden wir stets die Schreibweise mit den Variablen $x_1, x_2, x_3, \dots$ Im Kapitel „Lineare Algebra und analytische Geometrie" kannst Du natürlich auch gerne x, y, z verwenden.

Lineare Gleichungssysteme treten beispielsweise bei Steckbriefaufgaben auf. Wir wiederholen hier die folgenden Verfahren:

- Additionsverfahren
- Einsetzungsverfahren
- Gleichsetzungsverfahren
- Gaußsches Eliminationsverfahren (Gauß-Verfahren)

Beim Rechnen mit Gleichungen gelten die folgenden Regeln:

Fakt: Rechenregeln für LGS

Folgende Umformungen ändern die Lösungsmenge eines LGS nicht:

Typ 1: Die Multiplikation beider Seiten einer Gleichung mit einer Zahl $a \neq 0$;

Typ 2: Das Addieren/Subtrahieren zweier Gleichungen;

Typ 3: Vertauschen zweier Gleichungen.

1.1.1   Das Additionsverfahren

Bei diesem Verfahren muss eine der Gleichungen so umgeformt werden, dass durch die Addition mit einer anderen Gleichung eine der Variablen verschwindet.

Beispiel. *Löse folgendes Gleichungssystem:*

$$2x_1 + 5x_2 = 12$$
$$-x_1 + 2x_2 = 3$$

Lösung. *Zur Übersicht führen wir folgende Nummerierung der Gleichungen ein:*

$$(1): \ 2x_1 + 5x_2 = 12$$
$$(2): -x_1 + 2x_2 = 3$$

Im ersten Schritt multiplizieren wir Gleichung (2) *mit 2* [**Umformung Typ 1**]:

$$(1): \quad 2x_1 + 5x_2 = 12$$
$$(2'): -2x_1 + 4x_2 = 6$$

Nun addieren wir Gleichung (1) *und* (2') [**Typ 2**]. *Auf diese Weise wird* x_1 *eliminiert:*

$$(1) + (2'): \ 9x_2 = 18$$

Die Lösung der letzten Gleichung lautet $\boxed{x_2 = 2.}$

Wir müssen nun noch x_1 *berechnen; dazu setzen wir den Wert von* x_2 *in Gleichung* (1) *ein und erhalten*

$$2x_1 + 5 \cdot 2 = 12 \quad | -10$$
$$\Leftrightarrow \quad 2x_1 = 2 \quad | :2$$
$$\Leftrightarrow \quad \boxed{x_1 = 1}$$

Das LGS besitzt also die **eindeutige Lösung** $x_1 = 1$ *und* $x_2 = 2$.

1.1.2 Das Einsetzungsverfahren

Bei diesem Verfahren wird zuerst eine der Gleichungen nach einer der Variablen aufgelöst. Der so erhaltene Term wird im Anschluss in eine andere Gleichung eingesetzt. Dadurch wird eine Variable eliminiert.

Beispiel. *Wir betrachten erneut das Gleichungssystem*

$$(1):\ 2x_1 + 5x_2 = 12$$
$$(2): -x_1 + 2x_2 =\ 3$$

Im ersten Schritt lösen wir Gleichung (2) nach x_1 auf:

$$-x_1 + 2x_2 = 3 \qquad |-2x_2$$
$$\Leftrightarrow \qquad -x_1 = 3 - 2x_2 \qquad |\cdot(-1)$$
$$\Leftrightarrow \qquad x_1 = -3 + 2x_2$$

Nun setzen wir $x_1 = -3 + 2x_2$ in Gleichung (1) ein. Dadurch wird x_2 eliminiert:

$$2\cdot(-3 + 2x_2) + 5x_2 = 12.$$

Diese Gleichung kann nun nach x_2 aufgelöst werden:

$$2\cdot(-3 + 2x_2) + 5x_2 = 12$$
$$\Leftrightarrow \qquad -6 + 4x_2 + 5x_2 = 12$$
$$\Leftrightarrow \qquad -6 + 9x_2 = 12 \qquad |+6$$
$$\Leftrightarrow \qquad 9x_2 = 18 \qquad |:9$$
$$\Leftrightarrow \qquad \boxed{x_2 = 2}$$

Im letzten Schritt müssen wir noch x_1 berechnen; dazu setzen wir $x_2 = 2$ in Gleichung (1) oder (2) ein. Wir wählen Gleichung (2) und erhalten

$$-x_1 + 2\cdot 2 = 3 \qquad |-4$$
$$\Leftrightarrow \qquad -x_1 = -1 \qquad |\cdot(-1)$$
$$\Leftrightarrow \qquad \boxed{x_1 = 1}$$

*Wie beim Additionsverfahren erhalten wir die **eindeutige Lösung** $x_1 = 1$ und $x_2 = 2$.*

1.1.3   Das Gleichsetzungsverfahren

Bei diesem Verfahren werden zwei Gleichungen nach derselben Unbekannten aufgelöst. Die so erhaltenen Terme werden danach gleichgesetzt. Konkret sieht das wie folgt aus:

Beispiel. *Gegeben sei wieder das Gleichungssystem*

$$(1):\ 2x_1 + 5x_2 = 12$$
$$(2):\ -x_1 + 2x_2 =\ \ 3$$

Wir lösen beide Gleichungen nach x_1 auf. Für die erste Gleichung erhalten wir

$$2x_1 + 5x_2 = 12 \qquad \mid -5x_2$$
$$\Leftrightarrow \qquad 2x_1 = 12 - 5x_2 \qquad \mid :2$$
$$\Leftrightarrow \qquad x_1 = 6 - \frac{5}{2}x_2$$

Für die zweite Gleichung erhalten wir

$$-x_1 + 2x_2 = 3 \qquad \mid -2x_2$$
$$\Leftrightarrow \qquad -x_1 = 3 - 2x_2 \qquad \mid \cdot(-1)$$
$$\Leftrightarrow \qquad x_1 = -3 + 2x_2$$

Im nächsten Schritt setzen wir die so erhaltenen Terme für x_1 gleich:

$$6 - \frac{5}{2}x_2 = -3 + 2x_2$$

Diese Gleichung kann nun nach x_2 aufgelöst werden:

$$6 - \frac{5}{2}x_2 = -3 + 2x_2 \qquad \mid +2,5x_2$$
$$\Leftrightarrow \qquad 6 = -3 + 4,5x_2 \qquad \mid +3$$
$$\Leftrightarrow \qquad 9 = 4,5x_2 \qquad \mid :4,5$$
$$\Leftrightarrow \qquad \boxed{x_2 = 2}$$

Um x_1 zu berechnen, setzen wir $x_2 = 2$ in (1) oder (2) ein: Für Gleichung (1) ergibt sich

$$2x_1 + 5 \cdot 2 = 12 \qquad \mid -10$$
$$\Leftrightarrow \qquad 2x_1 = 2 \qquad \mid :2$$
$$\Leftrightarrow \qquad \boxed{x_1 = 1}$$

*Auch bei diesem Verfahren erhalten wir die **eindeutige Lösung** $x_1 = 1$ und $x_2 = 2$.*

1.1.4 Das Gauß-Verfahren

Das Gauß-Verfahren ermöglicht eine strukturierte Berechnung der Lösungsmenge eines linearen Gleichungssystems. Ziel der Umformungen ist, das LGS auf eine **Stufenform** zu bringen, das heißt, dass abwärts pro Zeile mindestens eine Variable weniger auftritt.

Tipp: Stufenform

Habe immer vor Augen, dass Du nach und nach Variablen eliminierst, und auf diese Weise das Gleichungssystem auf **Stufenform** bringst. Zum Beispiel ist folgendes Gleichungssystem in Stufenform:

$$(1): \quad x_1 + 2x_2 + 3x_3 = 1$$
$$(2): \quad\quad\quad -x_2 - 2x_3 = 2$$
$$(3): \quad\quad\quad\quad\quad -x_3 = 3$$

In dieser Form kann das LGS sehr einfach gelöst werden:

1. Löse die letzte Gleichung, oben (3), wie gewohnt nach x_3 auf;

   $\rightarrow$ [*Zwischenergebnis oben:* $x_3 = -3$]

2. Setze den Wert von x_3 in die obere Gleichung (2) ein.
   Du erhältst dadurch eine Gleichung, die nur noch die Unbekannte x_2 enthält;

   $\rightarrow$ [*Zwischenergebnis:* $-x_2 - 2 \cdot (-3) = 2$]

3. Löse die so erhaltene Gleichung nach x_2 auf;

   $\rightarrow$ [*Zwischenergebnis:* $x_2 = 4$];

4. Setze die Werte von x_2 und x_3 in die obere Gleichung (1) ein.
   Du erhältst dadurch eine Gleichung, die nur noch die Unbekannte x_1 enthält;

   $\rightarrow$ [*Zwischenergebnis:* $x_1 + 2 \cdot 4 + 3 \cdot (-3) = 1$];

5. Löse die so erhaltene Gleichung nach x_1 auf

   $\rightarrow$ [*Zwischenergebnis:* $x_1 = 2$];

   Das **Endergebnis** in diesem Beispiel lautet somit $x_1 = 2$, $x_2 = 4$, $x_3 = -3$.
   Diese Zahlenkombination erfüllt alle drei Gleichungen.

Beispiel (Gauß-Verfahren – eindeutige Lösung). *Gegeben sei folgendes LGS:*

$$(1): 4x_1 - 2x_2 - 2x_3 = 4$$
$$(2): \quad x_1 - \quad x_2 + 2x_3 = 4$$
$$(3): 3x_1 + 2x_2 + \quad x_3 = 2 \qquad (1.1)$$

Wie wir sehen, steht in Zeile (2) *die Variable* x_1 *ohne Vorfaktor, während in den anderen Zeilen* $4x_1$ *und* $3x_1$ *auftaucht. Für die weiteren Umformungen bietet es sich deshalb an, die Zeilen* (1) *und* (2) *zu tauschen* [**Typ 3**]. *Die neue Nummerierung lautet also*

$$(1): \quad x_1 - \quad x_2 + 2x_3 = 4$$
$$(2): 4x_1 - 2x_2 - 2x_3 = 4$$
$$(3): 3x_1 + 2x_2 + \quad x_3 = 2$$

Als nächstes eliminieren wir die Variable x_1 *in den Gleichungen* (2) *und* (3) *und erzeugen somit die erste Stufe* [**Typ 2**]:

$$
\begin{aligned}
(1): \quad x_1 - \quad x_2 + 2x_3 &= \quad 4 \\
(2): 4x_1 - 2x_2 - 2x_3 &= \quad 4 \qquad |\ (2) - 4 \cdot (1) \quad \to (2') \\
(3): 3x_1 + 2x_2 + \quad x_3 &= \quad 2 \qquad |\ (3) - 3 \cdot (1) \quad \to (3')
\end{aligned}
$$

$$
\longrightarrow
\begin{aligned}
(1): \quad x_1 - \quad x_2 + 2x_3 &= \quad 4 \\
(2'): \qquad \quad 2x_2 - 10x_3 &= -12 \\
(3'): \qquad \quad 5x_2 - 5x_3 &= -10
\end{aligned}
$$

Nun vereinfachen wir die Gleichungen (2') *und* (3') *wie folgt* [**Typ 1**]:

$$
\begin{aligned}
(1): \quad x_1 - \quad x_2 + 2x_3 &= \quad 4 \\
(2'): \qquad \quad 2x_2 - 10x_3 &= -12 \qquad |\ : 2 \quad \to (2'') \\
(3'): \qquad \quad 5x_2 - 5x_3 &= -10 \qquad |\ : 5 \quad \to (3'')
\end{aligned}
$$

$$
\longrightarrow
\begin{aligned}
(1): \quad x_1 - \quad x_2 + 2x_3 &= \quad 4 \\
(2''): \qquad \quad x_2 - 5x_3 &= -6 \\
(3''): \qquad \quad x_2 - \quad x_3 &= -2
\end{aligned}
$$

Im nächsten Schritt eliminieren wir die Unbekannte x_2 in Gleichung $(3'')$ und erhalten somit eine weitere Stufe [**Typ 2**]:

$$
\begin{aligned}
(1): \quad & x_1 - x_2 + 2x_3 = 4 \\
(2''): \quad & \phantom{x_1 - {}} x_2 - 5x_3 = -6 \\
(3''): \quad & \phantom{x_1 - {}} x_2 - x_3 = -2 \quad \mid (3'') - (2'') \quad \to (3''')
\end{aligned}
$$

$$
\longrightarrow
\begin{aligned}
(1): \quad & x_1 - x_2 + 2x_3 = 4 \\
(2''): \quad & \phantom{x_1 - {}} x_2 - 5x_3 = -6 \\
(3'''): \quad & \phantom{x_1 - x_2 + {}} 4x_3 = 4
\end{aligned}
$$

Das Gleichungssystem befindet sich jetzt in Stufenform.

Die letzte Gleichung, also $(3''')$, besitzt die Lösung $\boxed{x_3 = 1.}$

Wir setzen diesen Wert nun in die nächst obere Gleichung $(2'')$ ein und erhalten

$$
x_2 - 5 \cdot 1 = -6 \quad \mid +5
$$

$$
\Leftrightarrow \quad \boxed{x_2 = -1}
$$

Zum Schluss setzen wir die Werte von x_2 und x_3 in die obere Gleichung (1) ein:

$$
x_1 - (-1) + 2 \cdot 1 = 4
$$

$$
\Leftrightarrow \quad x_1 + 3 = 4 \quad \mid -3
$$

$$
\Leftrightarrow \quad \boxed{x_1 = 1}
$$

*Das **Endergebnis** lautet folglich $x_1 = 1$, $x_2 = -1$, $x_3 = 1$.*

Beachte, dass ein LGS **nicht immer eine eindeutige Lösung** besitzt:

Fakt: Anzahl der Lösungen eines LGS

Bei linearen Gleichungssystemen können für die Lösungsmenge drei Fälle eintreten:

- Das LGS besitzt **keine Lösung**;
- Das LGS besitzt eine **eindeutige Lösung**;
- Das LGS besitzt **unendlich viele Lösungen** (Lösungsschar)

Beispiel (Gauß-Verfahren – keine Lösung). *Wir betrachten das Gleichungssystem*

$$(1): \quad x_1 + 4x_2 + 6x_3 = 1$$
$$(2): \quad 2x_1 + 3x_2 + 7x_3 = 1$$
$$(3): \quad 3x_1 + 2x_2 + 8x_3 = 2$$

Mit Hilfe des Additionsverfahrens eliminieren wir im ersten Schritt die Variable x_1 in den Gleichungen (2) und (3). Auf diese Weise erhalten wir die erste Stufe:

$$(1): \quad x_1 + \quad 4x_2 + \quad 6x_3 = \quad 1$$
$$(2): \quad 2x_1 + \quad 3x_2 + \quad 7x_3 = \quad 1 \qquad | \ (2) - 2 \cdot (1) \qquad \to (2')$$
$$(3): \quad 3x_1 + \quad 2x_2 + \quad 8x_3 = \quad 2 \qquad | \ (3) - 3 \cdot (1) \qquad \to (3')$$

$$\qquad\quad (1): \quad x_1 + \quad 4x_2 + \quad 6x_3 = \quad 1$$
$$\longrightarrow \quad (2'): \qquad\qquad -5x_2 - \quad 5x_3 = -1$$
$$\qquad\quad (3'): \qquad\qquad -10x_2 - 10x_3 = -1$$

Um die nächste Stufe zu erhalten, eliminieren wir in Gleichung (3') die Variable x_2. Dazu ziehen wir das 2-fache der Gleichung (2') von Gleichung (3') ab:

$$\qquad\quad (1): \quad x_1 + \quad 4x_2 + \quad 6x_3 = \quad 1$$
$$\qquad\quad (2'): \qquad\qquad -5x_2 - \quad 5x_3 = -1$$
$$\qquad\quad (3'): \qquad\qquad -10x_2 - 10x_3 = -1 \qquad | \ (3') - 2 \cdot (2') \qquad \to (3'')$$

$$\qquad\quad (1): \quad x_1 + \quad 4x_2 + \quad 6x_3 = \quad 1$$
$$\longrightarrow \quad (2'): \qquad\qquad -5x_2 - \quad 5x_3 = -1$$
$$\qquad\quad (3''): \qquad\qquad\qquad\qquad 0 = \quad 1 \qquad \text{⫻ Widerspruch}$$

Gleichung (3'') enthält einen Widerspruch. Daher besitzt das gesamte LGS keine Lösung.

Tipp: Widerspruch im LGS

Falls bei Deinen Umformungen ein Widerspruch auftaucht (z. B. „$0 = 1$"), dann besitzt das komplette LGS keine Lösung.

Beispiel (Gauß-Verfahren – unendlich viele Lösung). *Gegeben sei folgendes LGS*

$$\begin{aligned}
(1): \quad & x_1 + x_2 + 3x_3 = 7 \\
(2): \quad & 2x_1 - x_2 + 3x_3 = 5 \\
(3): \quad & 5x_1 - x_2 + 9x_3 = 17
\end{aligned} \qquad (1.2)$$

Wie wir gleich sehen werden, besitzt dieses LGS unendlich viele Lösungen. Im ersten Schritt eliminieren wir wie gewohnt x_1 in den Gleichungen (2) und (3) und erzeugen auf diesem Weg die erste Stufe:

$$\begin{aligned}
(1): \quad & x_1 + & x_2 + 3x_3 = & \;\; 7 & \\
(2): \quad & 2x_1 - & x_2 + 3x_3 = & \;\; 5 & \mid (2) - 2 \cdot (1) \quad \rightarrow (2') \\
(3): \quad & 5x_1 - & x_2 + 9x_3 = & \;\; 17 & \mid (3) - 5 \cdot (1) \quad \rightarrow (3')
\end{aligned}$$

$$\longrightarrow \quad \begin{aligned}
(1): \quad & x_1 + & x_2 + 3x_3 = & \;\; 7 \\
(2'): \quad & & -3x_2 - 3x_3 = & \;\; -9 \\
(3'): \quad & & -6x_2 - 6x_3 = & \;\; -18
\end{aligned}$$

Als nächstes Teilen wir Gleichung (2') durch -3 und Gleichung (3') durch -6:

$$\begin{aligned}
(1): \quad & x_1 + & x_2 + 3x_3 = & \;\; 7 & \\
(2'): \quad & & -3x_2 - 3x_3 = & \;\; -9 & \mid \;: (-3) \quad \rightarrow (2'') \\
(3'): \quad & & -6x_2 - 6x_3 = & \;\; -18 & \mid \;: (-6) \quad \rightarrow (3'')
\end{aligned}$$

$$\longrightarrow \quad \begin{aligned}
(1): \quad & x_1 + & x_2 + 3x_3 = & \;\; 7 \\
(2''): \quad & & x_2 + x_3 = & \;\; 3 \\
(3''): \quad & & x_2 + x_3 = & \;\; 3
\end{aligned}$$

Wie wir sehen, sind (2'') und (3'') äquivalent. Gleichung (3'') ist deshalb überflüssig:

$$\begin{aligned}
(1): \quad & x_1 + x_2 + 3x_3 = 7 \\
(2''): \quad & \quad\;\; x_2 + x_3 = 3
\end{aligned} \qquad (1.3)$$

Weil es im LGS (1.3) mehr Variablen (x_1, x_2, x_3) als Gleichungen gibt, sagt man auch, dass das LGS **unterbestimmt** *ist. Dies zeigt, dass es unendlich viele Lösungen gibt.*

Angeberwissen: Lösungsschar angeben

Im letzten Beispiel haben wir bereits festgestellt, dass das LGS (1.3) unterbestimmt ist und deshalb unendlich viele Lösungen besitzt. Es stellt sich die Frage, wie die Lösungsmenge eines unterbestimmten Gleichungssystems angegeben werden kann. Wir führen diese Rechnung am Beispiel des unterbestimmten LGS in (1.3) vor:

Es gibt drei Unbekannte (x_1, x_2, x_3) und zwei Gleichungen. Anschaulich werden durch diese Gleichungen zwei der Unbekannten festgelegt (x_1, x_2), während man die dritte (x_3) „variieren" kann. Man sagt deshalb, dass es $3 - 2 = 1$ Freiheitsgrad gibt.

_____ *Beachte:* _____

Bei fünf Unbekannten und drei Gleichungen gäbe es $5 - 2 = 3$ Freiheitsgrade.

Im Folgenden bezeichnen wir diesen Freiheitsgrad mit t und setzen

$$x_3 = t.$$

Das bedeutet, dass x_3 variieren kann, denn für t kann man beliebige Werte einsetzen. Nun setzen wir den Wert von x_3 in Gleichung (2') ein und lösen nach x_2 auf:

$$x_2 + t = 3 \qquad | -t$$

$$\Leftrightarrow \qquad x_2 = 3 - t$$

_____ *Beachte:* _____

Wenn Du einen speziellen Wert für t wählst, dann ist x_2 eine ganz bestimmte Zahl. Zum Beispiel erhalten wir $x_2 = 3 - 1 = 2$ für den Wert $t = 1$.

Im letzten Schritt setzen wir die Werte von x_2 und x_3 in Gleichung (1) ein:

$$x_1 + (3 - t) + 3t = 7$$

$$\Leftrightarrow \qquad x_1 + 3 + 2t = 7 \qquad | -3$$

$$\Leftrightarrow \qquad x_1 + 2t = 4 \qquad | -2t$$

$$\Leftrightarrow \qquad x_1 = 4 - 2t$$

Fortsetzung folgt auf der nächsten Seite.

Angeberwissen: Fortsetzung

Zusammenfassend lässt sich die Lösungsmenge wie folgt angeben:

$$\mathbb{L} = \left\{ \left(\underbrace{4 - 2t}_{x_1} ; \underbrace{3 - t}_{x_2} ; \underbrace{t}_{x_3} \right) \mid t \in \mathbb{R} \right\}$$

—————————— **Beachte:** ——————————

Geometrisch lässt sich die Lösungsmenge als Gerade interpretieren, siehe Seite 29. Die Parameterform der entsprechenden Geradengleichung lautet:

$$g : \vec{x} = \begin{pmatrix} x_1 \\ x_2 \\ x_3 \end{pmatrix} = \begin{pmatrix} 4 \\ 3 \\ 0 \end{pmatrix} + t \cdot \begin{pmatrix} -2 \\ -1 \\ 1 \end{pmatrix}$$

1.2 Vektoren

1.2.1 Ortsvektoren

Ein Vektor, dessen Anfangspunkt im Ursprung $O = (0 \mid 0 \mid 0)$ und dessen Endpunkt in einem beliebigen Punkt A liegt, heißt der Ortsvektor von A und wird geschrieben als

$$\vec{a} = \overrightarrow{OA}.$$

Beispiel. *Gegeben seien die beiden Punkte $A = (2 \mid 3 \mid 2)$ und $B = (7 \mid 4 \mid 3)$. Bestimme die dazugehörigen Ortsvektoren.*

Lösung. *Wir erhalten*

$$\vec{a} = \begin{pmatrix} 2 \\ 3 \\ 2 \end{pmatrix} \quad und \quad \vec{b} = \begin{pmatrix} 7 \\ 4 \\ 3 \end{pmatrix}$$

1.2.2 Rechnen mit Vektoren

Es gelten die folgenden Rechenregeln:

Fakt: Rechenregeln

Es seien a, b zwei beliebige Vektoren in $\mathbb{R}^3$ und c eine beliebige reelle Zahl. Dann gilt:

Addition/Subtraktion:
$$\begin{pmatrix} a_1 \\ a_2 \\ a_3 \end{pmatrix} \pm \begin{pmatrix} b_1 \\ b_2 \\ b_3 \end{pmatrix} = \begin{pmatrix} a_1 \pm b_1 \\ a_2 \pm b_2 \\ a_3 \pm b_3 \end{pmatrix};$$

Multiplikation mit einer Zahl:
$$c \cdot \begin{pmatrix} a_1 \\ a_2 \\ a_3 \end{pmatrix} = \begin{pmatrix} c \cdot a_1 \\ c \cdot a_2 \\ c \cdot a_3 \end{pmatrix};$$

Skalarprodukt:
$$\begin{pmatrix} a_1 \\ a_2 \\ a_3 \end{pmatrix} \circ \begin{pmatrix} b_1 \\ b_2 \\ b_3 \end{pmatrix} = a_1 \cdot b_1 + a_2 \cdot b_2 + a_3 \cdot b_3;$$

Betrag bzw. Länge:
$$\left| \begin{pmatrix} a_1 \\ a_2 \\ a_3 \end{pmatrix} \right| = \sqrt{a_1^2 + a_2^2 + a_3^2};$$

Merke: Rechenregeln

„Vektor plus Vektor ist Vektor" und „Zahl mal Vektor ist Vektor".

Beispiel. *Gegeben seien die Vektoren* $\vec{a} = \begin{pmatrix} -1 \\ 2 \\ 4 \end{pmatrix}$ *und* $\vec{b} = \begin{pmatrix} 3 \\ 1 \\ 2 \end{pmatrix}$. *Berechne:*

i) $\vec{a} + \vec{b}$ *ii)* $\vec{a} - \vec{b}$ *iii)* $2 \cdot \vec{a}$ *iv)* $- \vec{a}$

v) $2\vec{a} + 3\vec{b}$ *vi)* $\vec{a} \circ \vec{b}$ *vii)* $|\vec{a}|$ *viii)* $|\vec{a} + \vec{b}|$

Lösung. *Mit den Rechenregeln erhalten wir:*

(i)

$$\vec{a} + \vec{b} = \begin{pmatrix} -1 \\ 2 \\ 4 \end{pmatrix} + \begin{pmatrix} 3 \\ 1 \\ 2 \end{pmatrix} = \begin{pmatrix} -1+3 \\ 2+1 \\ 4+2 \end{pmatrix} = \begin{pmatrix} 2 \\ 3 \\ 6 \end{pmatrix} ;$$

(ii)

$$\vec{a} - \vec{b} = \begin{pmatrix} -1 \\ 2 \\ 4 \end{pmatrix} - \begin{pmatrix} 3 \\ 1 \\ 2 \end{pmatrix} = \begin{pmatrix} -1-3 \\ 2-1 \\ 4-2 \end{pmatrix} = \begin{pmatrix} -4 \\ 1 \\ 2 \end{pmatrix} ;$$

(iii)

$$2 \cdot \vec{a} = 2 \cdot \begin{pmatrix} -1 \\ 2 \\ 4 \end{pmatrix} = \begin{pmatrix} 2 \cdot (-1) \\ 2 \cdot 2 \\ 2 \cdot 4 \end{pmatrix} = \begin{pmatrix} -2 \\ 4 \\ 8 \end{pmatrix} ;$$

(iv)

$$-\vec{a} = - \begin{pmatrix} -1 \\ 2 \\ 4 \end{pmatrix} = \begin{pmatrix} -(-1) \\ -2 \\ -4 \end{pmatrix} = \begin{pmatrix} 1 \\ -2 \\ -4 \end{pmatrix} ;$$

(v)

$$2\vec{a} + 3\vec{b} = 2 \cdot \begin{pmatrix} -1 \\ 2 \\ 4 \end{pmatrix} + 3 \cdot \begin{pmatrix} 3 \\ 1 \\ 2 \end{pmatrix} = \begin{pmatrix} -2+9 \\ 4+3 \\ 8+6 \end{pmatrix} = \begin{pmatrix} 7 \\ 7 \\ 14 \end{pmatrix} ;$$

(vi)

$$\vec{a} \circ \vec{b} = \begin{pmatrix} -1 \\ 2 \\ 4 \end{pmatrix} \circ \begin{pmatrix} 3 \\ 1 \\ 2 \end{pmatrix} = (-1) \cdot 3 + 2 \cdot 1 + 4 \cdot 2 = -3 + 2 + 8 = 7;$$

(vii)

$$|\vec{a}| = \sqrt{(-1)^2 + 2^2 + 4^2} = \sqrt{1 + 4 + 16} = \sqrt{21};$$

(viii) Mit Teil (i) erhalten wir

$$|\vec{a} + \vec{b}| = \sqrt{2^2 + 3^2 + 6^2} = \sqrt{4 + 9 + 36} = \sqrt{49} = 7;$$

1.2.3   Verbindungsvektoren

Merke: Spitze minus Fuß

Der Verbindungsvektor $\overrightarrow{AB}$ zwischen zwei Punkten A und B ist gegeben durch

$$\overrightarrow{AB} = \vec{b} - \vec{a}.$$

Es gilt also die bekannte Regel

„Spitze minus Fuß"

Beispiel. *Bestimme den Vektor $\overrightarrow{AB}$ zu den Punkten aus dem vorherigen Beispiel.*

Lösung. *Es gilt*

$$\overrightarrow{AB} = \begin{pmatrix} 7 \\ 4 \\ 3 \end{pmatrix} - \begin{pmatrix} 2 \\ 3 \\ 2 \end{pmatrix} = \begin{pmatrix} 5 \\ 1 \\ 1 \end{pmatrix}.$$

1.2.4   Teilverhältnisse

Manchmal sind zwei Punkte A und B gegeben, und gesucht ist ein Punkt S, der die Verbindungsstrecke in einem vorgegebenen Verhältnis teilt.

Beispiel. *Gegeben seien die beiden Punkte $A = (3 \mid -1 \mid 3)$ und $B = (6 \mid -1 \mid 0)$. Bestimme den Punkt S, der die Strecke $[AB]$ im Verhältnis $1 : 2$ teilt.*

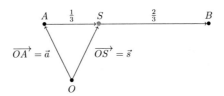

Abbildung 55: Bild zur Aufgabe: Teilverhältnisse

Lösung. *Wir betrachten folgende Skizze:*

Weil der Punkt S die Strecke [AB] im Verhältnis 1 : 2 teilt, gilt

$$\overline{AS} = \frac{1}{3} \cdot \overline{AB}.$$

Dabei steht $\overline{AS}$ bzw. $\overline{AB}$ für die Länge der Strecke [AS] bzw. [AB]. Vom Punkt A aus muss man also 1/3 der Strecke [AB] ablaufen, um zum Punkt S zu gelangen. Dies liefert folgende Gleichung:

$$\overrightarrow{OS} = \overrightarrow{OA} + \frac{1}{3} \cdot \overrightarrow{AB} = \begin{pmatrix} 3 \\ -1 \\ 3 \end{pmatrix} + \frac{1}{3} \begin{pmatrix} 6 - 3 \\ -1 - (-1) \\ 0 - 3 \end{pmatrix}$$

$$= \begin{pmatrix} 3 \\ -1 \\ 3 \end{pmatrix} + \frac{1}{3} \begin{pmatrix} 3 \\ 0 \\ -3 \end{pmatrix}$$

$$= \begin{pmatrix} 3 \\ -1 \\ 3 \end{pmatrix} + \begin{pmatrix} 1 \\ 0 \\ -1 \end{pmatrix} = \begin{pmatrix} 4 \\ -1 \\ 2 \end{pmatrix}$$

Der gesuchte Punkt lautet folglich S(4 | −1 | 2).

1.3 Lineare (Un-)Abhängigkeit

Wenn **zwei** Vektoren $\vec{a}$ und $\vec{b}$ linear abhängig (kollinear) sind, dann sind sie ein Vielfaches voneinander. Es gibt also einen Faktor $k \in \mathbb{R}$, mit dem man den einen Vektor multiplizieren kann, um den anderen zu erhalten: $\vec{a} = k \cdot \vec{b}$.

Wenn **drei** Vektoren linear abhängig sind, dann liegen sie in einer Ebene. Um das zu überprüfen, wählt man folgenden Ansatz:

$$r \cdot \vec{a} + s \cdot \vec{b} + t \cdot \vec{c} = \vec{0}$$

Gesucht sind alle Zahlen r, s, t, die dieses Gleichungssystem erfüllen.

Merke: Lineare Abhängigkeit

Falls $r = s = t = 0$ die **einzige** Lösung ist, dann sind $\vec{a}$, $\vec{b}$ und $\vec{c}$ **linear unabhängig**. Falls es eine andere Lösung gibt, dann sind die Vektoren **linear abhängig**.

Beispiel. *Prüfe die Vektoren auf lineare Abhängigkeit:*

1. $\begin{pmatrix} 2 \\ 1 \\ -3 \end{pmatrix}$, $\begin{pmatrix} -4 \\ -2 \\ 6 \end{pmatrix}$

2. $\begin{pmatrix} 4 \\ 0 \\ -2 \end{pmatrix}$, $\begin{pmatrix} 1 \\ 3 \\ -1 \end{pmatrix}$, $\begin{pmatrix} 6 \\ 6 \\ -4 \end{pmatrix}$,

Lösung. *Zu Teil 1) Es gilt*

$$(-2) \cdot \begin{pmatrix} 2 \\ 1 \\ -3 \end{pmatrix} = \begin{pmatrix} -4 \\ -2 \\ 6 \end{pmatrix}$$

Die Vektoren sind also linear abhängig.

Zu Teil 2) Der Ansatz lautet

$$r \cdot \begin{pmatrix} 4 \\ 0 \\ -2 \end{pmatrix} + s \cdot \begin{pmatrix} 1 \\ 3 \\ -1 \end{pmatrix} + t \cdot \begin{pmatrix} 6 \\ 6 \\ -4 \end{pmatrix} = \begin{pmatrix} 0 \\ 0 \\ 0 \end{pmatrix}.$$

Zum Beispiel ist $t = 1, s = -2$ und $r = -1$ eine mögliche Lösung. Deshalb sind die drei Vektoren linear abhängig.

1.4   Das Skalarprodukt und senkrechte Vektoren

Zwei Vektoren sind orthogonal (stehen senkrecht aufeinander), wenn das Skalarprodukt gleich 0 ist. Ist es ungleich 0, dann sind sie nicht orthogonal.

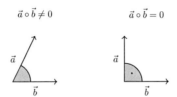

Abbildung 56: Zusammenhang zwischen Orthogonalität und Skalarprodukt

---

Tipp: Skalarprodukt

Das Skalarprodukt wird Dir oft begegnen. Stelle daher sicher, dass Du es in seiner geometrischen Bedeutung verstanden hast.

Beispiel. *Sind die beiden Vektoren orthogonal?*

$$\vec{a} = \begin{pmatrix} 5 \\ -1 \\ 3 \end{pmatrix}, \quad \vec{b} = \begin{pmatrix} 2 \\ 1 \\ -3 \end{pmatrix}$$

Lösung. *Wir berechnen das Skalarprodukt:*

$$\vec{a} \circ \vec{b} = \begin{pmatrix} 5 \\ -1 \\ 3 \end{pmatrix} \circ \begin{pmatrix} 2 \\ 1 \\ -3 \end{pmatrix} = 5 \cdot 2 + (-1) \cdot 1 + 3 \cdot (-3) = 0.$$

Die Vektoren sind also orthogonal.

Beispiel. *Finde einen Vektor, der zu* $\begin{pmatrix} 1 \\ 2 \\ -3 \end{pmatrix}$ *orthogonal ist.*

Lösung. *Gesucht ist ein Vektor, der mit dem Vektor von oben das Skalarprodukt 0 ergibt. Für die ersten beiden Komponenten wählen wir jeweils den Wert 1. Die dritte Komponente ergibt sich durch eine Gleichung:*

$$\begin{pmatrix} 1 \\ 1 \\ z \end{pmatrix} \circ \begin{pmatrix} 1 \\ 2 \\ -3 \end{pmatrix} = 0 \qquad | \text{ Skalarprodukt ausrechnen}$$

$$\Leftrightarrow \quad 1 \cdot 1 + 1 \cdot 2 + z \cdot (-3) = 0$$

$$\Leftrightarrow \qquad\qquad 3 - 3z = 0 \qquad | + 3z$$

$$\Leftrightarrow \qquad\qquad 3 = 3z \qquad | : 3$$

$$\Leftrightarrow \qquad\qquad 1 = z$$

Somit ergibt sich der Vektor $\begin{pmatrix} 1 \\ 1 \\ 1 \end{pmatrix}$.

1.5 Das Vektorprodukt (Kreuzprodukt)

Das Vektorprodukt zweier Vektoren $\vec{a}$ und $\vec{b}$ ergibt einen neuen Vektor, der **senkrecht** auf $\vec{a}$ und $\vec{b}$ steht. Das Vektorprodukt ist wie folgt definiert:

Definition: Vektorprodukt

Das **Vektorprodukt** zweier beliebiger Vektoren $\vec{a}$ und $\vec{b}$ ist gegeben durch

$$\vec{a} \times \vec{b} = \begin{pmatrix} a_1 \\ a_2 \\ a_3 \end{pmatrix} \times \begin{pmatrix} b_1 \\ b_2 \\ b_3 \end{pmatrix} = \begin{pmatrix} a_2 b_3 - a_3 b_2 \\ a_3 b_1 - a_1 b_3 \\ a_1 b_2 - a_2 b_1 \end{pmatrix}$$

Die Berechnung des Vektorprodukt kannst Du Dir mit folgendem Schema merken:

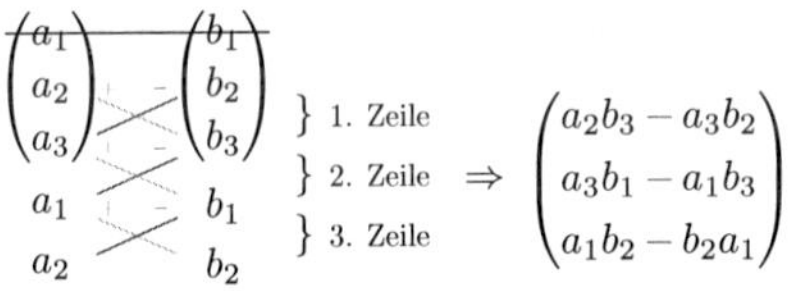

$$\begin{pmatrix} a_1 \\ a_2 \\ a_3 \end{pmatrix} \begin{pmatrix} b_1 \\ b_2 \\ b_3 \end{pmatrix} \begin{array}{l} \} \text{ 1. Zeile} \\ \} \text{ 2. Zeile} \\ \} \text{ 3. Zeile} \end{array} \Rightarrow \begin{pmatrix} a_2 b_3 - a_3 b_2 \\ a_3 b_1 - a_1 b_3 \\ a_1 b_2 - b_2 a_1 \end{pmatrix}$$

Abbildung 57: Veranschaulichung des Vektorprodukts

Beispiel. *Berechne das Vektorprodukt der Vektoren*

$$\vec{a} = \begin{pmatrix} 2 \\ 3 \\ 4 \end{pmatrix} \quad und \quad \vec{b} = \begin{pmatrix} 5 \\ 6 \\ 7 \end{pmatrix}.$$

Lösung. *Es gilt*

$$\vec{a} \times \vec{b} = \begin{pmatrix} 2 \\ 3 \\ 4 \end{pmatrix} \times \begin{pmatrix} 5 \\ 6 \\ 7 \end{pmatrix} = \begin{pmatrix} 3 \cdot 7 - 4 \cdot 6 \\ 4 \cdot 5 - 2 \cdot 7 \\ 2 \cdot 6 - 3 \cdot 5 \end{pmatrix} = \begin{pmatrix} 21 - 24 \\ 20 - 14 \\ 12 - 15 \end{pmatrix} = \begin{pmatrix} -3 \\ 6 \\ -3 \end{pmatrix}.$$

Angeberwissen: Vektorprodukt

Das Vektorprodukt ist **antikommutativ**, das heißt es gilt

$$\vec{a} \times \vec{b} = -\vec{b} \times \vec{a}.$$

Die Zahl $|\vec{a} \times \vec{b}|$ (Vektorlänge) gibt den **Flächeninhalt** des **Parallelogramms** an, das von $\vec{a}$ und $\vec{b}$ aufgespannt wird:

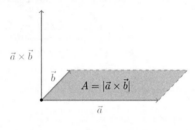

Entsprechend gilt

$$A_{Dreieck} = \frac{1}{2} \cdot |\vec{a} \times \vec{b}|.$$

Für das **Volumen** des von den Vektoren $\vec{a}, \vec{b}, \vec{c}$ aufgespannten **Spats** gilt

$$V = \left|(\vec{a} \times \vec{b}) \circ \vec{c}\right|.$$

Außerdem gilt

$$V_{Vierseitige\ Pyramide} = \frac{1}{3} \cdot \left|(\vec{a} \times \vec{b}) \circ \vec{c}\right|, \quad \text{sowie}$$

$$V_{Dreiseitige\ Pyramide} = \frac{1}{6} \cdot \left|(\vec{a} \times \vec{b}) \circ \vec{c}\right|.$$

Beachte: Die Reihenfolge der Vektoren spielt bei allen Formeln keine Rolle!

1.6   Aufgaben zum Vertiefen

1.6.1   Lösen linearer Gleichungssysteme

Aufgabe G-1   **Lösung auf Seite LG-1**

In einer Urne befinden sich 12 Kugeln. Es ist bekannt, dass sich in der Urne dreimal so viele blaue wie rote Kugeln befinden. Zieht man blind eine Kugel, so erhält man mit einer Wahrscheinlichkeit von $\frac{2}{3}$ eine grüne Kugel.
Wie viele Kugeln jeder Farbe sind in der Urne?

Aufgabe G-2   **Lösung auf Seite LG-2**

Löse folgende Gleichungssysteme:

a)
$$(1): \quad 3x + 2y + 2z = 2$$
$$(2): -5x - 2y - z = -5$$
$$(3): \quad 6x + 2y + 4z = 10$$

b)
$$(1): \quad 2x - 2y + 2z = -4$$
$$(2): \quad 4x + 2y \quad\quad = 6$$
$$(3): -3x + 5y + z = 0$$

Aufgabe G-3   **Lösung auf Seite LG-3**

Bei der Post gibt es ein Sonderaktion für Briefmarken. Zur Auswahl stehen rote, blaue und grüne Briefmarken.
Das erste Paket enthält drei rote, zwei blaue und eine grüne Briefmarke und kostet 2 Euro und 50 Cent. Das zweite Paket enthält vier rote, zwei blaue und vier grüne Marken und kostet fünf Euro. Das teuerste Paket kostet zehn Euro und enthält zehn grüne, sowie zehn rote Briefmarken. Bestimme den Wert der einzelnen Briefmarken.

Aufgabe G-4   **Lösung auf Seite LG-4**

Löse folgende Gleichungssysteme:

a)
$$(1): \quad 2x + 3y - 2z = -3$$
$$(2): -5x - 7y - 2z = -8$$
$$(3): \quad\quad\quad 4y + 4z = -4$$

b)
$$(1): \quad 2x - 3y + z = -4$$
$$(2): -4x + 6y - 2z = 3$$
$$(3): -3x + 5y + 4z = 0$$

Aufgabe G-5   **Lösung auf Seite LG-4**

Löse folgende Gleichungssysteme mit dem Gauß-Verfahren! Verwende für Deinen Lösungsweg eine Koeffizientenmatrix!

a) $(1):$ $\quad 2x + y + 3z = \quad 2$
 $(2):$ $\quad x + y + 4z = -1$
 $(3):$ $-2x + 5y + 3z = \quad -2$

b) $(1):$ $\quad 4x - 3y + z = \quad 6$
 $(2):$ $\quad -x + 2y - 2z = -14$
 $(3):$ $\quad 5x - y - z = \quad -4$

c) $(1):$ $\quad x - y + 3z = \quad 0$
 $(2):$ $\quad x - 2y + 5z = \quad 4$
 $(3):$ $3x - 4y + 7z = -2$

Aufgabe G-6   **Lösung auf Seite LG-6**

Löse folgende Gleichungssysteme mit der für Dich jeweils einfachsten Methode!

a) $(1):$ $\quad x + 2y - z = 6$
 $(2):$ $-2x + y - 3z = 3$
 $(3):$ $\quad x + y - z = 4$

b) $(1):$ $\quad 2x - 3y + z = -7$
 $(2):$ $\quad x - y - z = -3$
 $(3):$ $\quad 4x + 2y - 4z = 12$

Aufgabe G-7   **Lösung auf Seite LG-9**

Joel kauft auf dem Wochenmarkt ein. Er kauft dreimal so viele Bananen wie Äpfel. In einen seiner Tragekörbe passen 12 Stück Obst. In diesem verstaut er die Hälfte seiner Äpfel, sowie ein Drittel seiner Bananen und die Hälfte seiner Orangen. Den Rest verstaut er in einem zweiten Korb. In diesem befinden sich 18 Stück Obst. Wie viele Bananen, Orangen und Äpfel hat Joel gekauft?

Aufgabe G-8   **Lösung auf Seite LG-10**

Löse folgende Gleichungssysteme:

a) $(1):\ 6x + 7y - z = -1$

$(2):\ 3x - 8y - 3z = -4$

$(3):\ -x + 4y + 2z = 6$

b) $(1):\ 2x - 2y + 2z = -4$

$(2):\ 2y - 2z = 6$

$(3):\ -4x + 4y - 4z = 8$

1.6.2   Vektoren

Aufgabe G-9   **Lösung auf Seite LG-12**

Bestimme jeweils Kreuz- und Skalarprodukt der Vektoren $\vec{v}$ und $\vec{w}$. Stehen die Vektoren senkrecht zueinander?

a) $\vec{v} = \begin{pmatrix} -1 \\ 4 \\ 2 \end{pmatrix}$, $\vec{w} = \begin{pmatrix} 3 \\ 0 \\ -7 \end{pmatrix}$

b) $\vec{v} = \begin{pmatrix} -2 \\ 3 \\ 3 \end{pmatrix}$, $\vec{w} = \begin{pmatrix} 3 \\ -4 \\ 6 \end{pmatrix}$

Aufgabe G-10   **Lösung auf Seite LG-13**

Ein Vogel fliegt vom Punkt $A(-5 \mid 3 \mid 1)$ zum Punkt $B(4 \mid 3 \mid 3)$ und von dort zur Spitze eines Kirchturms, welche im Punkt $K(0 \mid 6 \mid 6)$ liegt.

a) Um wie viel Prozent war die gewählte Route länger als die direkte Route von A nach K?

b) Ein anderer Vogel fliegt im Ursprung los und landet beim ersten Vogel auf dem Kirchturm. Welche Strecke legt er zurück?

Aufgabe G-11   **Lösung auf Seite LG-13**

Prüfe folgende Vektoren auf lineare Abhängigkeit:

a) $\vec{v} = \begin{pmatrix} 3 \\ 6 \\ -2 \end{pmatrix}$, $\vec{w} = \begin{pmatrix} -1 \\ 2 \\ 0 \end{pmatrix}$

b) $\vec{v} = \begin{pmatrix} 1 \\ -3 \\ 2 \end{pmatrix}$, $\vec{w} = \begin{pmatrix} 2 \\ 0 \\ -2 \end{pmatrix}$, $\vec{z} = \begin{pmatrix} 1 \\ 0 \\ -1 \end{pmatrix}$

Aufgabe G-12   **Lösung auf Seite LG-14**

Auf einer Schatzkarte befinden sich folgende Anweisungen:

1. Gehe drei Schritte nach Süden.

2. Drehe Dich Anschließend in Richtung Osten und mache vier Schritte rückwärts.

3. Dort triffst Du auf eine Felswand. Klettere zwei Einheiten nach oben. Hier liegt der Schatz verborgen.

Nimm an, dass die Schatzsuche im Ursprung beginnt. Die Himmelsrichtung Süden entspricht der positiven x_1-Achse und ein Schritt einer Längeneinheit.

a) In welchem Punkt liegt der Schatz?

b) Was ist die Luftlinien-Distanz vom Ursprung zum Schatz?

Aufgabe G-13   **Lösung auf Seite LG-16**

Das Dreieck FLO hat die Eckpunkte $F\left(-1 \mid 2 \mid 0\right)$, $L\left(2 \mid 2 \mid 0\right)$ und $O\left(-1 \mid 5 \mid 0\right)$.

a) Handelt es sich um ein rechtwinkliges Dreieck?

b) Bestimme den Flächeninhalt.

Aufgabe G-14   **Lösung auf Seite LG-17**

In Hamburg an der Elbe steht das einem Schiff ähnelnde Dockland-Gebäude. Es
hat in etwa die Form eines Spates mit sechs Parallelogrammen als Seitenflächen
und kann durch die Eckpunkte D,O,C,K,L,A,N,D_2 beschrieben werden. Wenn eine
Längeneinheit zehn Meter in der Wirklichkeit entspricht, kann das Gebäude modellhaft in ein dreidimensionales Koordinatensystem eingebettet werden. Dann haben
einige Punkte im Modell die folgenden Koordinaten (vgl. Abbildung).
$D(0 \mid 0 \mid 0)$, $O(2 \mid 0 \mid 0)$, $K(0{,}5 \mid 13 \mid 0)$ und $L(0{,}1 \mid 4 \mid 2{,}5)$.

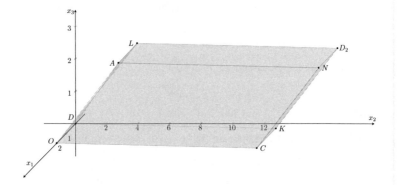

a) Bestimme die Koordinaten aller weiteren Eckpunkte.

b) Überprüfe die Vektoren $\overrightarrow{DO}$, $\overrightarrow{DL}$ und $\overrightarrow{DK}$ auf lineare Unabängigkeit.

c) Berechne das Volumen des modellierten Gebäudes.

d) Wähle einen Vektor $\vec{v}$, der linear abhängig von $\overrightarrow{DO}$ und $\overrightarrow{DK}$ ist. Was lässt
   sich dadurch über die Lage von $\vec{v}$ aussagen?

e) Berechne das Volumen des Spates, dass durch die Vektoren $\overrightarrow{DO}$, $\overrightarrow{DK}$ und $\vec{v}$
   aufgespannt wird! Was stellst Du fest?

f) Formuliere eine „Genau-Dann-Wenn" Aussage zum Zusammenhang zwischen
   dem Volumen eines Spates, welches durch drei Vektoren aufgespannt wird und
   der linearen (Un-)Abängigkeit dieser drei Vektoren.

Aufgabe G-15   **Lösung auf Seite LG-19**

Prüfe folgende Vektoren auf lineare Abhängigkeit:

a) $\vec{v} = \begin{pmatrix} 4 \\ 6 \\ -2 \end{pmatrix}$, $\vec{w} = \begin{pmatrix} -2 \\ -3 \\ 1 \end{pmatrix}$

b) $\vec{v} = \begin{pmatrix} 1 \\ 0 \\ 2 \end{pmatrix}$, $\vec{w} = \begin{pmatrix} 2 \\ -1 \\ -2 \end{pmatrix}$, $\vec{z} = \begin{pmatrix} 3 \\ -3 \\ 0 \end{pmatrix}$

Aufgabe G-16   **Lösung auf Seite LG-21**

Das Flachdach eines Hauses wird durch das Parallelogramm SABI mit den Eckpunkten $S\,(1 \mid 1 \mid 2)$, $A\,(2 \mid 0 \mid 2)$, $B\,(2 \mid 3 \mid 2)$ und $I\,(1 \mid 4 \mid 2)$ beschrieben.

a) Berechne den Flächeninhalt des Daches.

b) Bestimme die Länge der Dachkante $\overrightarrow{AB}$.

c) Eine auf dem Dach installierte Antenne zeigt in Richtung des Vektors

$$\vec{v} = \begin{pmatrix} 0 \\ 0 \\ 2 \end{pmatrix}.$$

   Steht sie senkrecht auf dem Dach?

Aufgabe G-17   **Lösung auf Seite LG-22**

Eine Brücke verbindet die beiden Punkte $A\,(3 \mid 2 \mid 2)$ und $B\,(1 \mid 4 \mid 2)$. Genau in der Mitte der Brücke befindet sich ein senkrechter Stützträger, der zwei Längeneinheiten hoch ist.

a) In welchem Punkt ist der Träger am Boden verankert?

b) Eine zweite Brücke verbindet den Punkt B mit dem Punkt $C\,(-1 \mid 0 \mid 2)$. Verlaufen die beiden Brücken in einem rechten Winkel zueinander?

Aufgabe G-18 **Lösung auf Seite LG-23**

Prüfe folgende Vektoren auf lineare Abhängigkeit:

a) $\vec{v} = \begin{pmatrix} 8 \\ 7 \\ -2 \end{pmatrix}$, $\vec{w} = \begin{pmatrix} 4 \\ 2 \\ -1 \end{pmatrix}$

b) $\vec{v} = \begin{pmatrix} 1 \\ -3 \\ 2 \end{pmatrix}$, $\vec{w} = \begin{pmatrix} 2 \\ 6 \\ -2 \end{pmatrix}$, $\vec{z} = \begin{pmatrix} 3 \\ 3 \\ 0 \end{pmatrix}$

2 Geraden und Ebenen im Raum

2.1 Geraden

Definition: Parameterform einer Geraden

Die Parameterform einer Geraden hat die Form

$$g\colon \vec{x} = \vec{a} + t \cdot \vec{r}_g, \quad t \in \mathbb{R}.$$

Darin heißt $\vec{a}$ der **Stützvektor** und $\vec{r}_g$ der **Richtungsvektor** der Geraden.

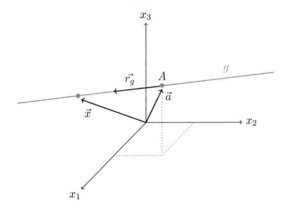

Abbildung 58: Veranschaulichung der Parameterform

2.1.1 Geradengleichung aufstellen

Um eine Geradengleichung anhand von zwei Punkten A und B aufzustellen, kannst Du wie folgt vorgehen:

Tipp: Geradengleichung aufstellen

1. Als **Stützvekor** wähle den Ortsvektor von einem der gegebenen Punkte;

2. Als **Richtungsvektor** wähle den Verbindungsvektor der gegebenen Punkte;

3. Stelle die Geradengleichung auf.

Beispiel. *Stelle die Gerade auf, die durch $A = (1 \mid 0 \mid 2)$ und $B = (3 \mid 1 \mid 3)$ geht.*

Lösung. *Schritt 1: Als Stützvekor wählen wir den Ortsvektor von A, also*

$$\vec{a} = \begin{pmatrix} 1 \\ 0 \\ 2 \end{pmatrix}.$$

Schritt 2: Der Richtungsvektor ist gegeben durch

$$\vec{r}_g = \vec{b} - \vec{a} = \begin{pmatrix} 3 \\ 1 \\ 3 \end{pmatrix} - \begin{pmatrix} 1 \\ 0 \\ 2 \end{pmatrix} = \begin{pmatrix} 2 \\ 1 \\ 1 \end{pmatrix}.$$

Schritt 3: Die gesuchte Geradengleichung lautet folglich

$$g \colon \vec{x} = \begin{pmatrix} 1 \\ 0 \\ 2 \end{pmatrix} + t \cdot \begin{pmatrix} 2 \\ 1 \\ 1 \end{pmatrix}.$$

2.1.2 Punktprobe

Um zu überprüfen, ob ein bestimmter Punkt auf einer Geraden liegt, kannst Du die sogenannte Punktprobe benutzen. Dazu setzt man den Ortsvektor des zu überprüfenden Punktes für $\vec{x}$ ein. Wenn sich für alle drei Zeilen der gleiche Parameter ergibt, dann liegt der Punkt auf der Geraden.

Beispiel. *Weise nach, dass der Punkt $P = (2 \mid 7 \mid 0)$ auf folgender Geraden liegt:*

$$g \colon \vec{x} = \begin{pmatrix} 1 \\ 3 \\ -2 \end{pmatrix} + t \cdot \begin{pmatrix} 1 \\ 4 \\ 2 \end{pmatrix}.$$

Lösung. *Wir setzen den Ortsvektor ein und erhalten:*

$$\begin{pmatrix} 2 \\ 7 \\ 0 \end{pmatrix} = \begin{pmatrix} 1 \\ 3 \\ -2 \end{pmatrix} + t \cdot \begin{pmatrix} 1 \\ 4 \\ 2 \end{pmatrix}.$$

Die erste Zeile liefert die Gleichung

$$2 = 1 + t \quad \Leftrightarrow \quad t = 1$$

Für die zweite Gleichung ergibt sich

$$7 = 3 + 4t \quad \Leftrightarrow \quad t = 1$$

Und für die dritte Gleichung erhalten wir

$$0 = -2 + 2t \quad \Leftrightarrow \quad t = 1$$

Weil sich in allen Gleichungen dieselbe Lösung ergeben hat, liegt P auf der Geraden.

2.2   Ebenen

2.2.1   Ebenengleichung in Parameterform

Definition: Parameterform einer Ebene

Die Parameterform einer Ebene hat die Form

$$E\colon \vec{x} = \vec{a} + r \cdot \vec{u} + s \cdot \vec{v}, \quad r, s \in \mathbb{R}.$$

Darin heißt $\vec{a}$ der **Stützvektor** und $\vec{u}, \vec{v}$ die **Spannvektoren** der Ebene.

Der folgende Tipp hilft Dir dabei, die Parameterform aufzustellen:

Tipp: Parameterform einer Ebene aufstellen

Gegeben: Drei Punkte:

1. Wähle einen der Punkte als Stützpunkt der Ebene;

2. Berechne die Verbindungsvektoren zwischen dem gewählten Stützpunkt und den übrigen Punkten. Diese bilden die beiden Spannvektoren;

Ein Punkt, eine Gerade:

1. Übernehme den Stützvektor der Geraden als Stützvektor für die Ebene;

2. Übernehme den Richtungsvektor der Geraden als 1. Spannvektor;

3. Berechne den Verbindungsvektor zwischen dem angegebenem Punkt und dem Stützvektor der Geraden. Dieser Vektor bildet den 2. Spannvektor;

Zwei Geraden, die sich schneiden:

1. Übernehme den Stützvektor einer der Geraden als Stützvektor für die Ebene;

2. Übernehme die beiden Richtungsvektoren der Geraden als Spannvektoren;

Zwei Geraden, die parallel sind:

1. Übernehme den Stützvektor einer der Geraden als Stützvektor für die Ebene;

2. Übernehme den Richtungsvektor einer der Geraden als 1. Spannvektor;

3. Berechne den Verbindungsvektor zwischen den Stützpunkten der Geraden. Dieser Vektor bildet den 2. Spannvektor.

Beispiel. *Gegeben seien die Punkte $A = (1 \mid 4 \mid 3)$, $B = (2 \mid 7 \mid -3)$ und $C = (3 \mid 5 \mid 1)$. Bestimme die Parameterform der Ebene, die diese Punkte enthält.*

Lösung. *Schritt 1: Wir wählen A als Stützpunkt.*

Schritt 2: Für die Spannvektoren bilden wir $\overrightarrow{AB}$ und $\overrightarrow{AC}$:

$$\overrightarrow{AB} = \vec{b} - \vec{a} = \begin{pmatrix} 2 \\ 7 \\ -3 \end{pmatrix} - \begin{pmatrix} 1 \\ 4 \\ 3 \end{pmatrix} = \begin{pmatrix} 1 \\ 3 \\ -6 \end{pmatrix},$$

$$\overrightarrow{AC} = \vec{c} - \vec{a} = \begin{pmatrix} 3 \\ 5 \\ 1 \end{pmatrix} - \begin{pmatrix} 1 \\ 4 \\ 3 \end{pmatrix} = \begin{pmatrix} 2 \\ 1 \\ -2 \end{pmatrix}.$$

Somit erhalten wir

$$E: \vec{x} = \begin{pmatrix} 1 \\ 4 \\ 3 \end{pmatrix} + r \cdot \begin{pmatrix} 1 \\ 3 \\ -6 \end{pmatrix} + s \cdot \begin{pmatrix} 2 \\ 1 \\ -2 \end{pmatrix}.$$

Beispiel. *Gegeben sei der Punkt $A = (1 \mid 3 \mid 6)$ und die Gerade*

$$g: \vec{x} = \begin{pmatrix} -1 \\ 2 \\ 4 \end{pmatrix} + r \cdot \begin{pmatrix} 3 \\ 6 \\ -1 \end{pmatrix}.$$

Bestimme die Parameterform der Ebene, die den Punkt und die Gerade enthält.

Lösung. *Schritt 1 und 2: Den Stützvektor und den 1. Richtungsvektor übernehmen wir von der Geraden g.*

Schritt 3: Für den 2. Richtungsvektor bilden wir den Verbindungsvektor zwischen dem gegebenem Punkt und dem Stützvektor:

$$\begin{pmatrix} 1 \\ 3 \\ 6 \end{pmatrix} - \begin{pmatrix} -1 \\ 2 \\ 4 \end{pmatrix} = \begin{pmatrix} 2 \\ 1 \\ 2 \end{pmatrix}.$$

Somit erhalten wir

$$E: \vec{x} = \begin{pmatrix} -1 \\ 2 \\ 4 \end{pmatrix} + r \cdot \begin{pmatrix} 3 \\ 6 \\ -1 \end{pmatrix} + s \cdot \begin{pmatrix} 2 \\ 1 \\ 2 \end{pmatrix}.$$

Beispiel. *Gegeben seien die Geraden*

$$g\colon \vec{x} = \begin{pmatrix} 5 \\ 2 \\ -1 \end{pmatrix} + t \cdot \begin{pmatrix} -1 \\ 0 \\ 4 \end{pmatrix} \quad und \quad h\colon \vec{x} = \begin{pmatrix} 5 \\ 2 \\ -1 \end{pmatrix} + r \cdot \begin{pmatrix} 2 \\ -5 \\ 3 \end{pmatrix}.$$

Bestimme die Parameterform der Ebene, die beide Geraden enthält.

Lösung. *Weil beide Geraden denselben Stützvektor besitzen und die Richtungsvektoren linear unabhängig sind, schneiden sich die Geraden.*

Schritt 1 und 2: Die gesuchte Ebenengleichung kann direkt ohne weitere Berechnungen aufgestellt werden:

$$E\colon \vec{x} = \begin{pmatrix} 5 \\ 2 \\ -1 \end{pmatrix} + r \cdot \begin{pmatrix} 2 \\ -5 \\ 3 \end{pmatrix} + t \cdot \begin{pmatrix} -1 \\ 0 \\ 4 \end{pmatrix}.$$

Beispiel. *Gegeben seien die Geraden*

$$g\colon \vec{x} = \begin{pmatrix} 5 \\ 2 \\ -1 \end{pmatrix} + t \cdot \begin{pmatrix} -1 \\ 0 \\ 4 \end{pmatrix} \quad und \quad h\colon \vec{x} = \begin{pmatrix} 1 \\ 0 \\ 3 \end{pmatrix} + r \cdot \begin{pmatrix} 2 \\ 0 \\ -8 \end{pmatrix}.$$

Bestimme die Parameterform der Ebene, die beide Geraden enthält.

Lösung. *Die Geraden sind parallel (Richtungsvektoren kollinear, Punktprobe negativ).*

Schritt 1 und 2: Den Stützvektor und den 1. Spannvektor übernehmen wir von g.

Schritt 3: Den 2. Spannvektor berechnen wir wie folgt (Differenz der Stützvektoren):

$$\begin{pmatrix} 1 \\ 0 \\ 3 \end{pmatrix} - \begin{pmatrix} 5 \\ 2 \\ -1 \end{pmatrix} = \begin{pmatrix} -4 \\ -2 \\ 4 \end{pmatrix}.$$

Die gesuchte Ebenengleichung lautet also

$$E\colon \vec{x} = \begin{pmatrix} 5 \\ 2 \\ -1 \end{pmatrix} + t \cdot \begin{pmatrix} -1 \\ 0 \\ 4 \end{pmatrix} + r \cdot \begin{pmatrix} -4 \\ -2 \\ 4 \end{pmatrix}.$$

2.2.2 Ebenengleichung in Koordinatenform

Definition: Koordinatenform einer Ebene

Die Koordinatenform einer Ebene hat die Form

$$E: n_1 x_1 + n_2 x_2 + n_3 x_3 = d.$$

Darin ist $d \in \mathbb{R}$ eine Zahl und der Vektor $\vec{n} = \begin{pmatrix} n_1 \\ n_2 \\ n_3 \end{pmatrix} \neq 0$ ist ein Normalenvektor.

Tipp: Koordinatenform einer Ebene aufstellen

Gegeben: Drei Punkte:

1. Wähle einen der Punkte als Stützpunkt der Ebene;

2. Berechne die Verbindungsvektoren zwischen dem gewählten Stützpunkt und den übrigen Punkten. Diese bilden die beiden Spannvektoren;

3. Berechne den Normalenvektor $\vec{n}$ als Vektorprodukt der Spannvektoren;

4. Berechne d als Skalarprodukt von $\vec{n}$ und dem Stützvektor aus Schritt 1;

Beispiel. *Gegeben seien die Punkte* $A = (2 \mid 2 \mid 2)$, $B = (4 \mid 1 \mid 3)$ *und* $C = (8 \mid 4 \mid 5)$. *Bestimme die Koordinatenform der Ebene, die diese Punkte enthält.*

Lösung. *Schritt 1: Wir wählen A als Stützpunkt.*

Schritt 2: Für die Spannvektoren bilden wir $\overrightarrow{AB}$ und $\overrightarrow{AC}$:

$$\overrightarrow{AB} = \vec{b} - \vec{a} = \begin{pmatrix} 4 \\ 1 \\ 3 \end{pmatrix} - \begin{pmatrix} 2 \\ 2 \\ 2 \end{pmatrix} = \begin{pmatrix} 2 \\ -1 \\ 1 \end{pmatrix},$$

$$\overrightarrow{AC} = \vec{c} - \vec{a} = \begin{pmatrix} 8 \\ 4 \\ 5 \end{pmatrix} - \begin{pmatrix} 2 \\ 2 \\ 2 \end{pmatrix} = \begin{pmatrix} 6 \\ 2 \\ 3 \end{pmatrix}.$$

Schritt 3: Aus den beiden Spannvektoren bilden wir nun $\vec{n}$ mithilfe des Vektorprodukts:

$$\vec{n} = \begin{pmatrix} 2 \\ -1 \\ 1 \end{pmatrix} \times \begin{pmatrix} 6 \\ 2 \\ 3 \end{pmatrix} = \begin{pmatrix} -5 \\ 0 \\ 10 \end{pmatrix}.$$

Schritt 4: Den Wert von d erhalten wir jetzt mithilfe des Skalarprodukts:

$$d = \begin{pmatrix} 2 \\ 2 \\ 2 \end{pmatrix} \circ \begin{pmatrix} -5 \\ 0 \\ 10 \end{pmatrix} = 2 \cdot (-5) + 2 \cdot 0 + 2 \cdot 10 = 10.$$

Die gesuchte Ebenengleichung lautet also $-5x_1 + 10x_3 = 10$ bzw. $-x_1 + 2x_3 = 2$.

Merke: Wichtige Normalenvektoren

Bei manchen Aufgaben wird von der x_1x_2-, der x_1x_3- bzw. der x_2x_3-Ebene gesprochen. Dabei gilt: Die Koordinatenform der

- x_1x_2-Ebene lautet $x_3 = 0$ und ein Normalvektor ist $\begin{pmatrix} 0 \\ 0 \\ 1 \end{pmatrix}$.

- x_1x_3-Ebene lautet $x_2 = 0$ und ein Normalenvektor ist $\begin{pmatrix} 0 \\ 1 \\ 0 \end{pmatrix}$.

- x_2x_3-Ebene lautet $x_1 = 0$ und ein Normalenvektor ist $\begin{pmatrix} 1 \\ 0 \\ 0 \end{pmatrix}$.

2.2.3 Ebenengleichung in Punkt-Normalenform

Die Punkt-Normalenform einer Ebene hat die Form

$$E: \ (\vec{x} - \vec{a}) \circ \vec{n} = 0.$$

Darin heißt $\vec{a}$ der **Stützvektor** und $\vec{n}$ der **Normalenvektor**. Der Normalenvektor steht senkrecht (orthogonal) auf der Ebene.

Falls der Normalenvektor $\vec{n}$ die Länge 1 hat (es gilt also $|\vec{n}| = 1$), dann spricht man von der sogenannten **Hesseschen Normalform**.

Die Punkt-Normalenform und die Koordinatenform können sehr einfach ineinander überführt werden, denn es gilt:

$$\left(\begin{pmatrix} x_1 \\ x_2 \\ x_3 \end{pmatrix} - \begin{pmatrix} a_1 \\ a_2 \\ a_3 \end{pmatrix} \right) \circ \begin{pmatrix} n_1 \\ n_2 \\ n_3 \end{pmatrix} = 0 \quad \Leftrightarrow \quad n_1 x_1 + n_2 x_2 + n_3 x_3 = d,$$

mit $d = n_1 a_1 + n_2 a_2 + n_3 a_3$.

Beispiel. *Gegeben sei die Punkt-Normalenform*

$$E: \ \left(\begin{pmatrix} x_1 \\ x_2 \\ x_3 \end{pmatrix} - \begin{pmatrix} 1 \\ 2 \\ 3 \end{pmatrix} \right) \circ \begin{pmatrix} 1 \\ -1 \\ 1 \end{pmatrix} = 0.$$

Die Koordinatenform von E lautet $x_1 - x_2 + x_3 = 2$.

Beispiel. *Gegeben sei die Koordinatenform $x_1 + 2x_2 - x_3 = 5$. Wenn wir $x_1 = x_2 = 0$ einsetzen, dann ergibt sich*

$$-x_3 = 5 \quad \Leftrightarrow \quad x_3 = -5.$$

Deshalb liegt der Punkt $P = (0 \mid 0 \mid -5)$ in der Ebene und kann als Stützpunkt gewählt werden. Die entsprechende Punkt-Normalenform lautet somit

$$\left(\begin{pmatrix} x_1 \\ x_2 \\ x_3 \end{pmatrix} - \begin{pmatrix} 0 \\ 0 \\ -5 \end{pmatrix} \right) \circ \begin{pmatrix} 1 \\ 2 \\ -1 \end{pmatrix} = 0.$$

2.2.4 Umwandeln der Parameterform zur Punkt-Normalenform

Du kannst die Parameterform wie folgt in die Punkt-Normalenform (und somit auch leicht in die Koordinatenform) umwandeln:

Tipp: Parameterform in Punkt-Normalenform umwandeln

1. Berechne den Normalenvektor mithilfe des Vektorprodukts der Spannvektoren:
$$\vec{n} = \vec{u} \times \vec{v}$$

2. Übernehme den Stützvektor der Parameterform;

3. Stelle die Punkt-Normalenform $E\colon (\vec{x} - \vec{a}) \circ \vec{n} = 0$ auf;

4. **Falls** nach der **Koordinatenform** gefragt ist:
   Multipliziere die Punkt-Normalenform aus und stelle die Koordinatenform auf.

Beispiel. *Forme folgende Parameterform in die Koordinatenform um:*

$$E\colon \vec{x} = \begin{pmatrix} 2 \\ -1 \\ 0 \end{pmatrix} + r \cdot \begin{pmatrix} 3 \\ 6 \\ -1 \end{pmatrix} + s \cdot \begin{pmatrix} 2 \\ 1 \\ 2 \end{pmatrix}$$

Lösung. *Schritt 1: Zuerst berechnen wir das Vektorprodukt:*

$$\vec{n} = \begin{pmatrix} 3 \\ 6 \\ -1 \end{pmatrix} \times \begin{pmatrix} 2 \\ 1 \\ 2 \end{pmatrix} = \begin{pmatrix} 13 \\ -8 \\ -9 \end{pmatrix}.$$

Schritt 2: Der Stützvektor wählen wir $\begin{pmatrix} 2 \\ -1 \\ 0 \end{pmatrix}$.

Schritt 3: Die Punkt-Normalenform lautet

$$E\colon \left(\begin{pmatrix} x_1 \\ x_2 \\ x_3 \end{pmatrix} - \begin{pmatrix} 2 \\ -1 \\ 0 \end{pmatrix} \right) \circ \begin{pmatrix} 13 \\ -8 \\ -9 \end{pmatrix} = 0.$$

Schritt 4: Die Koordinatenform von E lautet $13x_1 - 8x_2 - 9x_3 = 34$.

2.2.5   Umwandeln der Koordinatenform zur Parameterform

Tipp: Koordinatenform in Parameterform umwandeln

1. Forme die Koordinatenform nach einer Koordinate um, z. B. nach x_3;

2. Setze für die verbliebenen Koordinaten die Parameter r beziehungsweise s ein, z. B. $x_1 = r$ und $x_2 = s$;

3. Schreibe das so entstandene Gleichungssystem in Vektorform um und lies die Parameterform ab.

Beispiel. *Wandle $7x_1 + 4x_2 - x_3 + 11 = 0$ in die Parameterform um.*

Lösung. *Schritt 1: Auflösen nach x_3 ergibt $x_3 = 7x_1 + 4x_2 + 11$.*

Schritt 2: Wir setzen $x_1 = r$ und $x_2 = s$.

Schritt 3: Es ergibt sich folgendes Gleichungssystem:

$$x_1 = r$$
$$x_2 = s$$
$$x_3 = 7r + 4s + 11$$

Die gesuchte Parameterform lautet also

$$\begin{pmatrix} x_1 \\ x_2 \\ x_3 \end{pmatrix} = \begin{pmatrix} 0 + 1r + 0s \\ 0 + 0r + 1s \\ 11 + 7r + 4s \end{pmatrix} = \begin{pmatrix} 0 \\ 0 \\ 11 \end{pmatrix} + r \cdot \begin{pmatrix} 1 \\ 0 \\ 7 \end{pmatrix} + s \cdot \begin{pmatrix} 0 \\ 1 \\ 4 \end{pmatrix}.$$

Beispiel. *Wandle $2x_1 - 3x_2 = 12$ in die Parameterform um.*

Lösung. *Schritt 1: Auflösen nach x_2 ergibt $x_2 = \dfrac{2}{3}x_1 - 4$.*

Schritt 2: Wir setzen $x_1 = r$ und $x_3 = s$.

Schritt 3: Es ergibt sich folgendes Gleichungssystem:

$$x_1 = r$$
$$x_2 = \frac{2}{3}r - 4$$
$$x_3 = s$$

Die gesuchte Parameterform lautet also

$$\begin{pmatrix} x_1 \\ x_2 \\ x_3 \end{pmatrix} = \begin{pmatrix} 0 + 1r + 0s \\ -4 + \frac{2}{3}r + 0s \\ 0 + 0r + 1s \end{pmatrix} = \begin{pmatrix} 0 \\ -4 \\ 0 \end{pmatrix} + r \cdot \begin{pmatrix} 1 \\ \frac{2}{3} \\ 0 \end{pmatrix} + s \cdot \begin{pmatrix} 0 \\ 0 \\ 1 \end{pmatrix}$$

$$= \begin{pmatrix} 0 \\ -4 \\ 0 \end{pmatrix} + r' \cdot \begin{pmatrix} 3 \\ 2 \\ 0 \end{pmatrix} + s \cdot \begin{pmatrix} 0 \\ 0 \\ 1 \end{pmatrix}.$$

2.2.6 Spurpunkte

Definition: Spurpunkte

Die Schnittpunkte einer Ebene mit den Koordinatenachsen nennt man **Spurpunkte**.

Um die Spurpunkte zu berechnen, benötigst Du die **Koordinatenform**. In dieser setzt Du jeweils zwei der drei Koordinaten x_1, x_2, x_3 gleich null und löst die so entstandenen Gleichungen nach dem verbleibenden Parameter auf. Um zum Beispiel den Schnittpunkt mit der x_1-Achse zu berechnen, setzt Du in der Koordinatenform $x_2 = x_3 = 0$ und löst nach x_1 auf. Der Schnittpunkt hat dann die Form $S_1 = (s_1 \mid 0 \mid 0)$.

Beispiel. *Berechne die Spurpunkte der Ebene* $E \colon 3x_1 + 4x_2 + 3x_3 = 12$.

Lösung. *Für den Schnittpunkt mit der x_1-Achse erhalten wir*

$$3x_1 + 4 \cdot 0 + 3 \cdot 0 = 12 \quad \Leftrightarrow \quad x_1 = 4$$

Dies liefert $S_1 = (4 \mid 0 \mid 0)$. *Für die x_2-Achse ergibt sich*

$$3 \cdot 0 + 4x_2 + 3 \cdot 0 = 12 \quad \Leftrightarrow \quad x_2 = 3$$

Dies liefert $S_2 = (0 \mid 3 \mid 0)$. *Zu letzt berechnen wir den Schnittpunkt mit der x_3-Achse*

$$3 \cdot 0 + 4 \cdot 0 + 3 \cdot x_3 = 12 \quad \Leftrightarrow \quad x_3 = 4$$

Wir erhalten also $S_3 = (0 \mid 0 \mid 4)$.

2.3 Aufgaben zum Vertiefen

2.3.1 Geraden

Aufgabe G-19   **Lösung auf Seite LG-24**

Gegeben sind die Punkte

$$A(0 \mid 1 \mid 5) \quad \text{und} \quad B(3 \mid 0 \mid -1).$$

a) Stelle die Gerade auf, die durch die beiden Punkte verläuft.

b) Liegt der Ursprung auf der Geraden?

Aufgabe G-20   **Lösung auf Seite LG-25**

Liegen die folgenden Punkte jeweils auf einer Geraden?

a) $A(3 \mid 0 \mid 2)$, $B(4 \mid 1 \mid 4)$ und $C(6 \mid 3 \mid 8)$

b) $A(7 \mid 4 \mid 3)$, $B(9 \mid 10 \mid 4)$ und $C(11 \mid 10 \mid 3)$

Aufgabe G-21   **Lösung auf Seite LG-27**

Ein hungriger Maulwurf sitzt im Punkt $M(1 \mid -2 \mid 0)$. Er möchte sich einen geraden Tunnel in den Boden graben. Sein Tunnel soll an zwei Punkten vorbeiführen, an denen er Käfer vermutet. Angenommen die Käfer befinden sich an den Punkten

$$K(2 \mid -3 \mid -3) \quad \text{und} \quad I(4 \mid -5 \mid -9),$$

kann der Maulwurf diese mit nur einem knickfreien Tunnel erreichen?

Aufgabe G-22   **Lösung auf Seite LG-28**

Gegeben sind die Punkte

$$A\,(4 \mid -2 \mid 2) \quad \text{und} \quad B\,(5 \mid -1 \mid -3)\,.$$

a) Stelle die Gerade auf, die durch die beiden Punkte verläuft.

b) Welchen Wert muss k annehmen, damit der Punkt $C\,(1 \mid k \mid 17)$ auf der aufgestellten Geraden liegt?

Aufgabe G-23   **Lösung auf Seite LG-29**

Nimm Stellung zu folgenden Aussagen:

a) Auf jeder Geraden lässt sich ein Punkt finden, dessen zweite Koordinate den Wert -3 hat.

b) Auf jeder Geraden lässt sich ein Punkt finden, dessen erste Koordinate 1 und dessen zweite Koordinate 0 ist.

c) Es gibt eine Gerade, die, unabhängig von ihrem Richtungsvektor, die x_1x_2-Ebene, die x_1x_3-Ebene und die x_2x_3-Ebene schneidet.

2.3.2   Ebenen

Aufgabe G-24   **Lösung auf Seite LG-31**

Gegeben ist der Normalenvektor $\begin{pmatrix} -3 \\ 0 \\ 1 \end{pmatrix}$ einer Ebene und der Punkt $A\,(0 \mid 1 \mid 4)$, der in dieser Ebene liegt.

   a)   Gib die Koordinatenform der Ebene an.

   b)   Gib die Schnittpunkte der Ebene mit den Koordinatenachsen an.

Aufgabe G-25   **Lösung auf Seite LG-32**

In einem Actionfilm springt der Held in einer dramatischen Verfolgungsjagd von einem Haus und landet senkrecht auf der Markise eines Cafés. Er trifft die Markise im Punkt $M\,(6 \mid 4 \mid 1)$.
Sein Fall kurz vor dem Aufprall kann durch den Vektor $\begin{pmatrix} 3 \\ -2 \\ -1 \end{pmatrix}$ beschrieben werden.

   a)   Gib eine Normalenform der Ebene an, die die Markise beschreibt.

   b)   Gib eine Koordinatenform der Ebene an.

   c)   Gib eine hessesche Normalenform der Ebene an.

Aufgabe G-26   **Lösung auf Seite LG-33**

Die Punkte $A\,(1 \mid 2 \mid 3)$, $B\,(0 \mid 1 \mid 2)$ und $C\,(1 \mid 2 \mid 2)$ liegen auf einer Ebene.

   a)   Gib eine Parameterform der Ebene an.

   b)   Gib eine Koordinatenform der Ebene an.

   c)   Liegt der Punkt $P\,(1 \mid 2 \mid 0)$ in der Ebene?

Aufgabe G-27   **Lösung auf Seite LG-34**

Für Rollstuhlfahrende soll eine rechteckige Rampe gebaut werden. Die linke untere Ecke der Rampe soll sich im Ursprung befinden. Die rechte untere Ecke hingegen im Punkt $A\,(1 \mid 0 \mid 0)$. Die Rampe soll in der Schräge 2,55m lang und am Ende einen halben Meter hoch sein. (s. Skizze)

Nimm dazu an, dass die x_1x_2-Ebene den Boden darstellt und eine Längeneinheit einem Meter entspricht. Runde auf zwei Nachkommastellen.

a) Gib die oberen beiden Eckpunkte der Rampe an.

b) Gib eine Parameterform der Ebene an, in der die Rampe liegt.

c) Gib eine Koordinatenform der Ebene an.

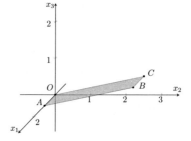

Aufgabe G-28   **Lösung auf Seite LG-37**

a) Gib eine Parameterform der Ebene an, die durch die folgenden Punkte aufgespannt wird:

$$A\,(0\mid 0\mid 1)\,,\quad B\,(3\mid -2\mid -10)\,,\quad C\,(2\mid -7\mid 1)$$

b) Gib eine Parameterform der Ebene an, die durch den Punkt $A\,(-4\mid -1\mid -1)$ und die folgende Gerade aufgespannt wird:

$$g:\vec{x}=\begin{pmatrix}8\\7\\6\end{pmatrix}+t\begin{pmatrix}6\\0\\1\end{pmatrix},\quad t\in\mathbb{R}.$$

c) Wandle die Ebenen E und F in die hessesche Normalenform (in Koordinatenform) um, wobei $r,s\in\mathbb{R}$ gilt.

$$E:\vec{x}=\begin{pmatrix}3\\1\\3\end{pmatrix}+r\begin{pmatrix}1\\2\\1\end{pmatrix}+s\begin{pmatrix}1\\0\\1\end{pmatrix}$$

$$F:\vec{x}=\begin{pmatrix}5\\-1\\2\end{pmatrix}+r\begin{pmatrix}-1\\3\\2\end{pmatrix}+s\begin{pmatrix}0\\-2\\-1\end{pmatrix}$$

Aufgabe G-29   **Lösung auf Seite LG-40**

Skizziere die folgenden Ebenen in ein dreidimensionales Koordinatensytem. Nutze dazu insbesondere die Spurpunkte der Ebenen, d.h. die Schnittpunkte mit den Koordinatenachsen.

a) $E:2x_1+3x_2+4x_3-12=0$

b) $F:-4x_1+4x_2-8x_3+8=0$

c) $H:2x_1+x_2-4=0$

d) Welche besondere Lage haben Ebenen mit genau einem oder genau zwei Spurpunkten?

Aufgabe G-30   **Lösung auf Seite LG-44**

Gegeben sind der Punkt $A\,(-1 \mid k \mid 6)$ und die Gerade

$$g : \vec{x} = \begin{pmatrix} -3 \\ -7 \\ 1 \end{pmatrix} + t \begin{pmatrix} 1 \\ 1 \\ 1 \end{pmatrix}, \quad t \in \mathbb{R}.$$

a) Gib eine Parameterform der Ebene an, die die Gerade g und den Punkt A enthält.

b) Welchen Wert muss k annehmen, damit der Punkt $B\,(4 \mid 0 \mid -1)$ in der Ebene liegt?

c) Gib eine Koordinatenform der Ebene aus Teil b) an.

Aufgabe G-31   **Lösung auf Seite LG-46**

Die Stadt New York möchte einen neuen Wolkenkratzer bauen. Dieser soll ein schräges Dach besitzen, wobei zwei Kanten durch die folgenden Geraden beschrieben werden:

$$g : \vec{x} = \begin{pmatrix} 4 \\ -1 \\ -7 \end{pmatrix} + t_1 \begin{pmatrix} 2 \\ 0 \\ -6 \end{pmatrix}, \quad t_1 \in \mathbb{R},$$

$$h : \vec{x} = \begin{pmatrix} 1 \\ 3 \\ 6 \end{pmatrix} + t_2 \begin{pmatrix} 3 \\ 4 \\ -5 \end{pmatrix}, \quad t_2 \in \mathbb{R}.$$

a) Gib die Parameterform der Ebene an, in der das Dach liegt.

b) Gib eine Koordinatenform der Ebene an.

2.3.3   Umwandlung von Ebenenformen

Aufgabe G-32   **Lösung auf Seite LG-48**

Gib eine Parameterform der folgenden Ebenen an:

a) $E : 2x_1 + x_2 - 4x_3 + 1 = 0$

b) $F : 6x_1 - 3x_2 + x_3 = 0$

Aufgabe G-33   **Lösung auf Seite LG-50**

Forme die folgenden Ebenen in Parameterform in die Koordinatenform um:

a) $\quad E \colon \vec{x} = \begin{pmatrix} -1 \\ 0 \\ 2 \end{pmatrix} + r \begin{pmatrix} 3 \\ 4 \\ -1 \end{pmatrix} + s \begin{pmatrix} 1 \\ 1 \\ 2 \end{pmatrix}$

b) $\quad F \colon \vec{x} = \begin{pmatrix} 1 \\ -1 \\ 0 \end{pmatrix} + r \begin{pmatrix} 3 \\ 1 \\ 0 \end{pmatrix} + s \begin{pmatrix} 3 \\ 5 \\ -2 \end{pmatrix}$

Nutze dabei bei Teilaufgabe b) nicht das Vektor- bzw. Kreuzprodukt!

Aufgabe G-34   **Lösung auf Seite LG-52**

Gib eine Parameterform der folgenden Ebenen an:

a) $E : x_1 - 7x_3 + 5 = 0$

b) $F : x_3 - 4 = 0$

Aufgabe G-35   **Lösung auf Seite LG-55**

Gib eine Parameterform der folgenden Ebenen an:

a) $E : 2x_1 - x_3 + 5 + t = 0$

b) $F : -x_1 + (3 + s)x_2 + 3 = 0$

Meilenstein 1

Brücke und Vektoren

Bevor eine Brücke gebaut wird, müssen die Belastungen an verschiedenen Punkten berechnet werden. Die wirkenden Kräfte (u. a. Gravitation und Spannung) an einzelnen Stellen werden von StatikerInnen als Vektoren (Pfeile) mit einer bestimmten Richtung und Länge (auch Betrag genannt) beschrieben. Ganz allgemein werden in der Physik Kräfte durch Vektoren beschrieben, mit denen dann, wie Du in der analytischen Geometrie gelernt hast, gerechnet werden kann.

Übrigens: Wenn ein Brückengeländer (z. B. einer Hängebrücke) einfach aus einem Seil besteht, das an zwei Endpunkten aufgehängt ist und nur unter dem Einfluss der Schwerkraft durchhängt, ist die zugrundeliegende Kurve, wie man vielleicht auf den ersten Blick erwarten könnte, keine Parabel (quadratische Funktion). Die Kurve wird Kettenlinie (auch Seilkurve oder Katenoide) genannt und mit etwas weiterführender Mathematik kann gezeigt werden, dass es sich dabei um die Summe zweier e-Funktionen handelt.

3 Lagebeziehungen

3.1 Gegenseitige Lage zweier Geraden

Zwei Geraden können auf vier verschiedene Weisen zueinander liegen:

1. Sie können **parallel** sein;

2. Sie können sich **schneiden**;

3. Sie können **identisch** sein;

4. Sie können **windschief** sein;

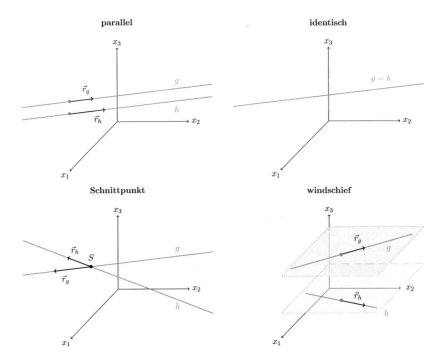

Abbildung 59: Veranschaulichung der Lagebeziehungen von Geraden

Wenn nach der Lage von zwei Geraden gefragt wird, dann kannst Du das Schema auf der nächsten Seite benutzen.

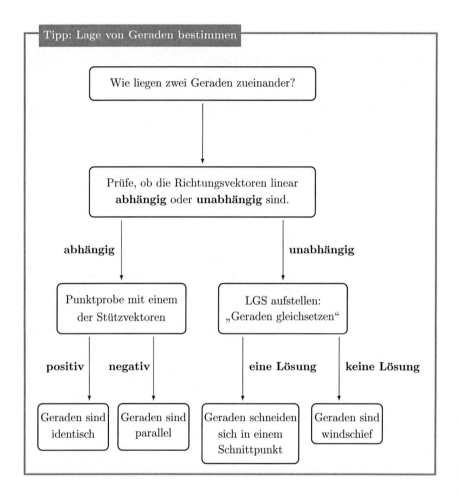

Beispiel. *Bestimme die Lage der Geraden g und h mit*

1.

$$g : \vec{x} = \begin{pmatrix} 4 \\ 2 \\ 5 \end{pmatrix} + t \cdot \begin{pmatrix} 1 \\ 1 \\ 2 \end{pmatrix}, \quad h : \vec{x} = r \cdot \begin{pmatrix} 2 \\ 0 \\ 1 \end{pmatrix};$$

2.

$$g : \vec{x} = \begin{pmatrix} 4 \\ 0 \\ 1 \end{pmatrix} + t \cdot \begin{pmatrix} 2 \\ -1 \\ 3 \end{pmatrix}, \quad h : \vec{x} = \begin{pmatrix} 6 \\ -1 \\ 4 \end{pmatrix} + r \cdot \begin{pmatrix} -2 \\ 1 \\ -3 \end{pmatrix};$$

Lösung. *Zu Teil 1) Es gibt keine Zahl k mit*

$$k \cdot \begin{pmatrix} 1 \\ 1 \\ 2 \end{pmatrix} = \begin{pmatrix} 2 \\ 0 \\ 1 \end{pmatrix},$$

denn die erste Zeile liefert $k = 2$, die zweite hingegen $k = 0$. Daher sind die Richtungsvektoren linear unabhängig. Die beiden Geraden können folglich nur windschief sein oder sich schneiden. Es ergibt sich folgendes Gleichungssystem:

$$(1) : 4 + 1t = 2r$$
$$(2) : 2 + 1t = 0$$
$$(3) : 5 + 2t = 1r$$

Gleichung (2) liefert $t = -2$. Einsetzen in (1) liefert $4 - 2 = 2r$, also $r = 1$. Gleichung (3) verwenden wir zum Überprüfen. Einsetzten von $t = -2$ und $r = 1$ ergibt

$$5 + 2 \cdot (-2) = 1$$

Weil hier kein Widerspruch entstanden ist, ist $t = -2$ und $r = 1$ die eindeutige Lösung. Es gibt also einen Schnittpunkt. Diesen erhalten wir, indem wir z. B. $r = 1$ in die Gerade h einsetzen. Dies liefert den Schnittpunkt $S = (2 \mid 0 \mid 1)$.

Zu Teil 2) Die Richtungsvektoren sind linear abhängig, denn es gilt

$$(-1) \cdot \begin{pmatrix} 2 \\ -1 \\ 3 \end{pmatrix} = \begin{pmatrix} -2 \\ 1 \\ -3 \end{pmatrix}.$$

Die beiden Geraden können folglich nur parallel oder identisch sein. Wir benutzen nun die Punktprobe und prüfen nach, ob der Stützpunkt $P = (4 \mid 0 \mid 1)$ der Geraden g auch auf der Geraden h liegt: Es ergibt sich folgendes Gleichungssystem:

$$\begin{pmatrix} 4 \\ 0 \\ 1 \end{pmatrix} = \begin{pmatrix} 6 \\ -1 \\ 4 \end{pmatrix} + r \cdot \begin{pmatrix} -2 \\ 1 \\ -3 \end{pmatrix},$$

beziehungsweise

$$4 = 6 - 2r \quad \Rightarrow r = 1$$
$$0 = -1 + 1r \Rightarrow r = 1$$
$$1 = 4 - 3r \quad \Rightarrow r = 1$$

Die Punktprobe ist positiv und deshalb sind die Geraden identisch.

3.2 Gegenseitige Lage von Geraden und Ebenen

Eine Gerade und eine Ebene können auf drei verschiedene Weisen zueinander liegen:

1. Die Gerade kann die Ebene **schneiden**;

2. Die Gerade kann **parallel** zur Ebene liegen;

3. Die Gerade kann **in der Ebene** liegen;

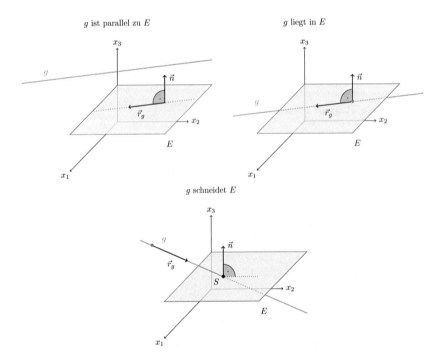

Abbildung 60: Veranschaulichung der Lagebeziehungen zwischen Geraden und Ebenen

Um die Lagebeziehung festzustellen, kannst Du wie folgt vorgehen:

Tipp: Lage von Gerade und Ebene bestimmen

1. Stelle fest, in welcher Form die Ebene angegeben ist:

   - **Ebene in Koordinatenform:** Schreibe jede Zeile der Geradengleichung separat, also

     $$x_1 = ..., \quad x_2 = ..., \quad x_3 = ...$$

     und setze diese Werte in die Koordinatengleichung ein. Dadurch ergibt sich eine neue Gleichung;

   - **Ebene in Parameterform:** Setze die Gerade in der Parameterform der Ebene für $\vec{x}$ ein. Dadurch ergibt sich ein Gleichungssystem (3 Zeilen);

2. Beim Auflösen der Gleichung (Koordinatenform) bzw. des Gleichungssystems (Parameterform) können folgende Fälle auftauchen:

   - Es gibt eine **eindeutige Lösung** → Die Gerade **schneidet** Ebene;

   - Es tritt ein **Widerspruch** auf → Die Gerade liegt **parallel** zur Ebene;

   - Es gibt **unendlich viele Lösungen** → Die Gerade liegt **in der Ebene**.

Beispiel. *Bestimme die gegenseitige Lage der folgenden Gerade und Ebene:*

$$g \colon \vec{x} = \begin{pmatrix} 4 \\ 6 \\ 2 \end{pmatrix} + r \cdot \begin{pmatrix} 1 \\ 2 \\ 3 \end{pmatrix}, \quad E \colon 2x_1 + 4x_2 + 6x_3 = -12.$$

Lösung. *Zuerst schreiben wir die Geradengleichung für jede Koordinate:*

$$x_1 = 4 + r, \quad x_2 = 6 + 2r, \quad x_3 = 2 + 3r$$

Diese Werte setzen wir nun in die Koordinatengleichung der Ebene ein:

$$
\begin{aligned}
& 2 \cdot (4 + r) + 4 \cdot (6 + 2r) + 6 \cdot (2 + 3r) = -12 && |\ ausklammern \\
\Leftrightarrow \quad & 8 + 2r + 24 + 8r + 12 + 18r = -12 && |\ zusammenfassen \\
\Leftrightarrow \quad & 28r + 44 = -12 && |\ -44 \\
\Leftrightarrow \quad & 28r = -56 && |\ :28 \\
\Leftrightarrow \quad & r = -2
\end{aligned}
$$

Weil es eine eindeutige Lösung gibt, schneidet die Gerade die Ebene. Der zugehörige Schnittpunkt lautet ($r = -2$ in die Geradengleichung einsetzen) $S = (2 \mid 2 \mid -4)$.

Beispiel. *Bestimme die gegenseitige Lage der folgenden Gerade und Ebene:*

$$g\colon \vec{x} = \begin{pmatrix} 4 \\ 1 \\ 3 \end{pmatrix} + t \cdot \begin{pmatrix} 2 \\ -1 \\ 1 \end{pmatrix}, \quad E\colon \vec{x} = \begin{pmatrix} 1 \\ -2 \\ -2 \end{pmatrix} + r \cdot \begin{pmatrix} 3 \\ 6 \\ -3 \end{pmatrix} + s \cdot \begin{pmatrix} 8 \\ -4 \\ 4 \end{pmatrix}$$

Lösung. *Wir setzen die Gerade in der Parameterform der Ebene für $\vec{x}$ ein:*

$$\begin{pmatrix} 4 \\ 1 \\ 3 \end{pmatrix} + t \cdot \begin{pmatrix} 2 \\ -1 \\ 1 \end{pmatrix} = \begin{pmatrix} 1 \\ -2 \\ -2 \end{pmatrix} + r \cdot \begin{pmatrix} 3 \\ 6 \\ -3 \end{pmatrix} + s \cdot \begin{pmatrix} 8 \\ -4 \\ 4 \end{pmatrix}$$

Daraus ergibt sich folgendes Gleichungssystem:

$$\begin{aligned}
(1)\colon \ 4 + 2t &= \ 1 + 3r + 8s \\
(2)\colon \ 1 - \ t &= -2 + 6r - 4s \\
(3)\colon \ 3 + \ t &= -2 - 3r + 4s
\end{aligned}$$

Umformen liefert

$$\begin{aligned}
(1)\colon 3r + 8s - 2t &= \ \ 3 & & \\
(2)\colon 6r - 4s + \ t &= \ \ 3 & &\mid (2) - 2 \cdot (1) \quad \to (2') \\
(3)\colon 3r - 4s + \ t &= -5 & &\mid (1) - (3) \quad\quad\ \to (3')
\end{aligned}$$

$$\longrightarrow \quad \begin{aligned}
(1)\colon 3r + 8s - 2t &= \ \ 3 & & \\
(2')\colon \quad\ -20s + 5t &= -3 & & \\
(3')\colon \quad\quad 12s - 3t &= \ \ 8 & &\mid 20 \cdot (3') + 12 \cdot (2') \to (3'')
\end{aligned}$$

$$\longrightarrow \quad \begin{aligned}
(1)\colon 3r + 8s - 2t &= \ \ 3 & & \\
(2')\colon \quad\ -20s + 5t &= -3 & & \\
(3'')\colon \quad\quad\quad\ 0 &= 124 & &\text{⚡ Widerspruch}
\end{aligned}$$

Weil sich ein Widerspruch ergeben hat, liegt die Gerade parallel zu Ebene.

Fakt: Gerade parallel zur Ebene

Eine Gerade g ist genau dann parallel zu einer Ebene E (oder sie liegt in der Ebene), falls der Normalenvektor $\vec{n}$ von E senkrecht auf dem Richtungsvektor $\vec{r}$ von g steht. In diesem Fall gilt

$$\vec{n} \circ \vec{r} = 0.$$

Beispiel. *Betrachte die Gerade g_z und die Ebene E mit*

$$g_z \colon \vec{x} = \begin{pmatrix} 1 \\ 4 \\ -2 \end{pmatrix} + t \cdot \begin{pmatrix} 2 \\ 1 \\ z \end{pmatrix}, \quad E \colon x_1 + 2x_2 + 4x_3 = 2.$$

Für welchen Wert von z gilt $g_z \parallel E$, d. h. die Gerade g_z ist parallel zur Ebene E?

Lösung. *Wir lesen den Normalenvektor $\vec{n}$ der Ebene aus der Koordinatenform ab:*

$$\vec{n} = \begin{pmatrix} 1 \\ 2 \\ 4 \end{pmatrix}.$$

Das Skalarprodukt mit dem Richtungsvektor ist in Abhängigkeit von z daher gegeben durch

$$\vec{n} \circ \vec{r} = \begin{pmatrix} 1 \\ 2 \\ 4 \end{pmatrix} \circ \begin{pmatrix} 2 \\ 1 \\ z \end{pmatrix} = 1 \cdot 2 + 2 \cdot 1 + 4 \cdot z = 4 + 4z.$$

Dies liefert die Bedingung $0 = 4 + 4z \Leftrightarrow z = -1$. Die Gerade ist also nur für $z = -1$ parallel zur Ebene. Insbesondere liegt die Gerade g_{-1} nicht in der Ebene ($g_{-1} \not\subseteq E$), denn Einsetzen des Aufpunkts der Gerade in die Ebenengleichung liefert einen Widerspruch:

$$1 = 1 + 2 \cdot 4 + 4 \cdot (-2) \neq 2$$

3.3 Gegenseitige Lage zweier Ebenen

Zwei Ebenen können auf drei verschiedene Weisen zueinander liegen:

1. Die Ebenen können sich **schneiden**;

2. Die Ebenen können **parallel** liegen;

3. Die Ebenen können **identisch** sein.

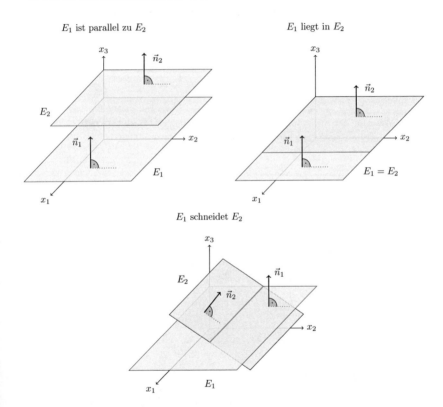

Abbildung 61: Veranschaulichung der Lagebeziehungen zweier Ebenen

Um die Lagebeziehung zweier Ebenen zu bestimmen, ist es nützlich, wenn beide Ebenen in ihrer Koordinatenform vorliegen. Falls eine andere Form gegeben ist, musst Du zuerst die Koordinatenform aufstellen. Danach kannst Du wie folgt vorgehen:

Tipp: Lage von Ebenen bestimmen

1. Schreibe beide Gleichungen als lineares Gleichungssystem auf;

2. Bringe das Gleichungssystem auf Stufenform, siehe Grundlagen Seite 5;

3. Setze in der untersten Stufe für eine der Variablen den Parameter t ein;

4. Bestimme die anderen Variablen in Abhängigkeit von t;

5. Stelle die Geradengleichung auf;

Hinweis:

- Wenn in der Stufenform auf der unteren Stufe ein **Widerspruch** auftaucht, dann sind die beiden Ebenen **parallel**;

- Wenn auf der unteren Stufe $0 = 0$ steht, dann sind die Ebenen **identisch**.

Beispiel. *Bestimme eine Gleichung der Schnittgeraden der Ebenen*

$$E_1 \colon 2x_1 + 3x_2 - x_3 = 6 \quad und \quad E_2 \colon x_1 + x_2 - 2x_3 = 2.$$

Lösung. *Schritt 1: Wir erhalten folgendes Gleichungssystem:*

$$(1) \colon 2x_1 + 3x_2 - \ x_3 = 6$$
$$(2) \colon \ x_1 + \ x_2 - 2x_3 = 2$$

Schritt 2: Wir erzeugen eine Stufe, indem wir in Gleichung (2) die Variable x_1 eliminieren. Dazu rechnen wir $(1) - 2 \cdot (2) \to (2')$:

$$(1) \colon 2x_1 + 3x_2 - \ x_3 = 6$$
$$(2') \colon \qquad x_2 + 3x_3 = 2$$

Schritt 3: Auf der untersten Stufe, also Gleichung (2), setzen wir $x_3 = t$.

Schritt 4: Wir müssen nun x_1 und x_2 in Abhängigkeit von t angeben. Mit $(2')$ folgt

$$x_2 = 2 - 3x_3 = 2 - 3t$$

und mit (1) ergibt sich schließlich

$$2x_1 + 3 \cdot (2 - 3t) - t = 6 \quad \Leftrightarrow \quad x_1 = 5t.$$

Schritt 5: Die gesuchte Schnittgerade ist gegeben durch

$$g \colon \vec{x} = \begin{pmatrix} x_1 \\ x_2 \\ x_3 \end{pmatrix} = \begin{pmatrix} 5t \\ 2 - 3t \\ t \end{pmatrix} = \begin{pmatrix} 0 \\ 2 \\ 0 \end{pmatrix} + t \cdot \begin{pmatrix} 5 \\ -3 \\ 1 \end{pmatrix}.$$

Beispiel. *Zeige, dass folgende Ebenen parallel sind:*

$$E_1 \colon 4x_1 + 3x_2 - 2x_3 = -7, \quad E_2 \colon 8x_1 + 6x_2 - 4x_3 = -15$$

Schritt 1 und 2: Wir erhalten folgendes Gleichungssystem:

$$(1) \colon 4x_1 + 3x_2 - 2x_3 = -7$$
$$(2) \colon 8x_1 + 6x_2 - 4x_3 = -15 \quad | \ (2) - 2 \cdot (1) \quad \rightarrow (2')$$

$$\begin{aligned} & (1) \colon 4x_1 + 3x_2 - 2x_3 = -7 \\ \longrightarrow \quad & (2') \colon \qquad\qquad\qquad 0 = -1 \quad \text{\sout{ }} \ \text{Widerspruch} \end{aligned}$$

Weil ein Widerspruch aufgetaucht ist, sind die Ebenen parallel.

Beispiel. *Für welchen Wert von d sind folgende Ebenen identisch?*

$$E \colon 2x_1 + x_2 - 3x_3 = d, \quad F \colon -4x_1 - 2x_2 + 6x_3 = 10$$

Lösung. *Schritt 1 und 2: Wir erhalten folgendes Gleichungssystem:*

$$(1) \colon \quad 2x_1 + x_2 - 3x_3 = d$$
$$(2) \colon -4x_1 - 2x_2 + 6x_3 = 10 \qquad | \ (2) + 2 \cdot (1) \quad \rightarrow (2')$$

$$\begin{aligned} & (1) \colon \quad 2x_1 + x_2 - 3x_3 = d \\ \longrightarrow \quad & (2') \colon \qquad\qquad\qquad 0 = 10 + 2d \end{aligned}$$

Die Ebenen sind genau dann identisch, wenn in der letzten Zeile kein Widerspruch steht. Diese Bedingung liefert

$$0 = 10 + 2d \quad \Leftrightarrow \quad d = -5$$

Die Ebenen sind also für d = −5 identisch und für alle anderen Werte parallel.

3.4   Aufgaben zum Vertiefen

3.4.1   Gegenseitige Lage zweier Geraden

Aufgabe G-36   **Lösung auf Seite LG-58**

Ein Bergbauunternehmen plant einen neuen Schacht. Die Bohrung beginnt im Punkt $A\,(1 \mid -1 \mid 0)$. Als erstes Zwischenziel ist der Punkt $B\,(0 \mid 1 \mid -3)$ ausgegeben. Ein älterer Schacht verläuft entlang der Geraden

$$g:\ \vec{x} = \begin{pmatrix} -0{,}5 \\ -1 \\ -0{,}5 \end{pmatrix} + t \begin{pmatrix} 1 \\ 1 \\ -1 \end{pmatrix}, \quad t \in \mathbb{R}.$$

a) Entscheide, ob die Bohrung des neuen Schachts auf den ersten treffen wird. Wenn ja, in welchem Punkt?

b) Verlaufen die beiden Tunnel senkrecht zueinander?

Aufgabe G-37   **Lösung auf Seite LG-59**

Seien $t_1, t_2 \in \mathbb{R}$. Bestimme die Lagebeziehung der Geraden g und h. Falls sie sich schneiden, gib den Schnittpunkt an.

a) $g:\ \vec{x} = \begin{pmatrix} -1 \\ 0 \\ 2 \end{pmatrix} + t_1 \begin{pmatrix} 3 \\ 4 \\ -1 \end{pmatrix}, \quad h:\ \vec{x} = \begin{pmatrix} -4 \\ -5 \\ 3 \end{pmatrix} + t_2 \begin{pmatrix} -3 \\ -3 \\ 1 \end{pmatrix}$

b) $g:\ \vec{x} = \begin{pmatrix} 2 \\ 0 \\ -2 \end{pmatrix} + t_1 \begin{pmatrix} 1 \\ 1 \\ 2 \end{pmatrix}, \quad h:\ \vec{x} = \begin{pmatrix} -1 \\ 9 \\ 0 \end{pmatrix} + t_2 \begin{pmatrix} -3 \\ 3 \\ -2 \end{pmatrix}$

Aufgabe G-38   **Lösung auf Seite LG-61**

In einem Labor verlaufen zwei Laserstrahlen entlang der Geraden g und h:

$$g : \vec{x} = \begin{pmatrix} 2 \\ -2 \\ 2 \end{pmatrix} + t_1 \begin{pmatrix} -1 \\ 1 \\ 2 \end{pmatrix}, \quad t_1 \in \mathbb{R},$$

$$h : \vec{x} = \begin{pmatrix} -3 \\ -6 \\ 0 \end{pmatrix} + t_2 \begin{pmatrix} 1 \\ -2 \\ -1 \end{pmatrix}, \quad t_2 \in \mathbb{R}.$$

Um das Experiment sicher durchzuführen, dürfen sich die beiden Strahlen nicht schneiden.

a) Entscheide, ob der Experimentaufbau bereits die Anforderungen erfüllt.

b) Missgünstige Laboranten und Laborantinnen versuchen das Experiment zu sabotieren. Daher richten sie die Strahlrichtung des zweiten Lasers entlang des Vektors

$$\vec{v} = \begin{pmatrix} 1 \\ -2 \\ p \end{pmatrix}$$

neu aus. Wie muss der Parameter p gewählt werden, damit sich die Strahlen schneiden?

Aufgabe G-39   **Lösung auf Seite LG-62**

Seien $t_1, t_2 \in \mathbb{R}$. Bestimme jeweils die Lagebeziehung der Geraden g und h. Falls sie sich schneiden, gib den Schnittpunkt an.

a) $g : \vec{x} = \begin{pmatrix} 4 \\ 0 \\ 3 \end{pmatrix} + t_1 \begin{pmatrix} -2 \\ 0 \\ -6 \end{pmatrix}, \quad h : \vec{x} = \begin{pmatrix} 5 \\ -6 \\ 0 \end{pmatrix} + t_2 \begin{pmatrix} 1 \\ -2 \\ 1 \end{pmatrix}$

b) $g : \vec{x} = \begin{pmatrix} 1 \\ 8 \\ 1 \end{pmatrix} + t_1 \begin{pmatrix} 1 \\ -1 \\ 2 \end{pmatrix}, \quad h : \vec{x} = \begin{pmatrix} -1 \\ 3 \\ 4 \end{pmatrix} + t_2 \begin{pmatrix} 3 \\ 3 \\ -2 \end{pmatrix}$

c) $g : \vec{x} = \begin{pmatrix} 2 \\ 6 \\ 9 \end{pmatrix} + t_1 \begin{pmatrix} 2 \\ 8 \\ 8 \end{pmatrix}, \quad h : \vec{x} = \begin{pmatrix} -1 \\ 4 \\ 3 \end{pmatrix} + t_2 \begin{pmatrix} 1 \\ 4 \\ 4 \end{pmatrix}$

Aufgabe G-40 **Lösung auf Seite LG-65**

Zwei Atom-U-Boote im Nordpolarmeer befinden sich auf Tauchfahrt. Sie bewegen sich entlang der Geraden

$$g : \vec{x} = \begin{pmatrix} 3 \\ -4 \\ -5 \end{pmatrix} + t_1 \begin{pmatrix} 3 \\ -2 \\ -1 \end{pmatrix} \quad \text{und}$$

$$h : \vec{x} = \begin{pmatrix} 1 \\ 0 \\ -3 \end{pmatrix} + t_2 \begin{pmatrix} 2 \\ -2 \\ -1 \end{pmatrix}.$$

Der Richtungsvektor entspricht bei beiden Geraden der gerichteten Geschwindigkeit. Die Parameter $t_1, t_2 \in \mathbb{R}^+$ repräsentieren die vergangene Zeit.

a) Sollten die beiden U-Boote kollidieren kommt es zum nuklearen Supergau. Ist die Welt in Gefahr?

b) Ein drittes U-Boot startet seine Tauchfahrt im Punkt $P\,(2 \mid -4 \mid -6)$ und bewegt sich parallel zum ersten. Mit welcher Gerade kann diese Bewegung beschrieben werden?

Aufgabe G-41 **Lösung auf Seite LG-65**

Seien $t_1, t_2 \in \mathbb{R}$.

a) Bestimme die Lagebeziehung der Geraden g und h:

$$g : \vec{x} = \begin{pmatrix} 1 \\ 5 \\ 8 \end{pmatrix} + t_1 \begin{pmatrix} 4 \\ -8 \\ -6 \end{pmatrix}, \quad h : \vec{x} = \begin{pmatrix} 3 \\ 1 \\ 5 \end{pmatrix} + t_2 \begin{pmatrix} 4 \\ -8 \\ -6 \end{pmatrix}$$

b) Wie muss der Parameter p gewählt werden, damit sich die Geraden schneiden?

$$g : \vec{x} = \begin{pmatrix} -2 \\ 1 \\ p \end{pmatrix} + t_1 \begin{pmatrix} 3 \\ 1 \\ 5 \end{pmatrix}, \quad h : \vec{x} = \begin{pmatrix} -1 \\ 0 \\ 1 \end{pmatrix} + t_2 \begin{pmatrix} 1 \\ 1 \\ 4 \end{pmatrix}$$

3.4.2 Gegenseitige Lage von Geraden und Ebenen

Aufgabe G-42 **Lösung auf Seite LG-68**

Ein Projektil auf einem Testgelände fliegt entlang der Geraden

$$g: \vec{x} = \begin{pmatrix} -3 \\ -3 \\ 2 \end{pmatrix} + t \begin{pmatrix} 2 \\ 2 \\ 1 \end{pmatrix}, \quad t \in \mathbb{R}.$$

In welchem Punkt trifft es auf die Wand, welche durch die folgende Ebene beschrieben wird?

$$E: \ 2x_1 + 2x_2 + x_3 - 12 = 0$$

Aufgabe G-43 **Lösung auf Seite LG-68**

Untersuche die Lagebeziehung der Ebene E und der Geraden g. Falls sie sich schneiden, gib den Schnittpunkt an.

a) $g: \vec{x} = \begin{pmatrix} 1 \\ 5 \\ 8 \end{pmatrix} + t \begin{pmatrix} 4 \\ 2 \\ -6 \end{pmatrix}, \ t \in \mathbb{R}, \qquad E: \ 3x_1 - 2x_2 - 1 = 0$

b) $g: \vec{x} = \begin{pmatrix} -2 \\ 3 \\ 1 \end{pmatrix} + s \begin{pmatrix} 3 \\ -1 \\ -2 \end{pmatrix}, \ s \in \mathbb{R}, \qquad E: \ 3x_1 - x_2 - 2x_3 + 1 = 0$

Aufgabe G-44 **Lösung auf Seite LG-70**

Untersuche die Lagebeziehung der Ebene E und der Geraden g. Falls sie sich schneiden, gib den Schnittpunkt an.

a) $g: \vec{x} = \begin{pmatrix} 1 \\ 2 \\ -3 \end{pmatrix} + t \begin{pmatrix} 0 \\ -4 \\ -4 \end{pmatrix}, \quad t \in \mathbb{R}, \quad E: \ -x_1 + 4x_2 - x_3 + 2 = 0$

b) $g: \vec{x} = \begin{pmatrix} 4 \\ -3 \\ 2 \end{pmatrix} + s \begin{pmatrix} 2 \\ 0 \\ -2 \end{pmatrix}, \quad s \in \mathbb{R}, \quad E: \ 2x_1 + x_2 + 2x_3 - 9 = 0$

Aufgabe G-45   **Lösung auf Seite LG-70**

Ein neu geplanter U-Bahntunnel soll entlang der Geraden durch die Punkte
$A(-1 \mid 3 \mid -2)$ und $B(2 \mid 1 \mid -2)$ verlaufen. Forscher*innen haben angemerkt, dass
im Untergrund eine besonders harte Granitschicht zu finden ist, die den Bau fast
unmöglich macht. Diese Schicht kann durch die Ebene

$$E: \ -x_1 + 3x_2 - x_3 - 30 = 0$$

beschrieben werden. Trifft der neu geplante Tunnel auf die Granitschicht?

Aufgabe G-46   **Lösung auf Seite LG-71**

Die Schnittpunkte einer Gerade mit den Koordinatenebenen werden auch als Spurpunkte (der Gerade) bezeichnet.

a) Erkläre wie Du die Spurpunkte der Geraden

$$g: \vec{x} = \begin{pmatrix} 6 \\ 2 \\ 4 \end{pmatrix} + t \cdot \begin{pmatrix} 3 \\ 0 \\ -2 \end{pmatrix}$$

   mit $t \in \mathbb{R}$ berechnen kannst und gib diese an!

b) Gib ein Beispiel für eine Gerade an, die

   (i) genau einen Spurpunkt hat,

   (ii) genau zwei Spurpunkte hat,

   (iii) genau drei Spurpunkte hat,

   (iv) unendlich viele Spurpunkte hat.

Aufgabe G-47   **Lösung auf Seite LG-72**

Für ein neuartiges Beleuchtungssystem sollen die Lichtstrahlen einer Lampe mittels eines Spiegels umgelenkt werden. Die Lampe steht im Punkt $P\,(2 \mid -4 \mid 3)$ und leuchtet in die Richtung des Vektors

$$\vec{v} = \begin{pmatrix} 1 \\ 2 \\ 1 \end{pmatrix}.$$

Der Spiegel wird durch die Ebene

$$E : \vec{x} = \begin{pmatrix} 5 \\ 3 \\ 4 \end{pmatrix} + r \begin{pmatrix} -1 \\ 1 \\ 0 \end{pmatrix} + s \begin{pmatrix} 0 \\ -1 \\ 2 \end{pmatrix}, \quad \text{mit } r, s \in \mathbb{R},$$

beschrieben. In welchem Punkt trifft der Lichtstrahl auf den Spiegel?

Aufgabe G-48   **Lösung auf Seite LG-75**

Untersuche die Lagebeziehung der Ebene E und der Geraden g. Falls sie sich schneiden, gib den Schnittpunkt an.

a) $g : \vec{x} = \begin{pmatrix} 2 \\ -7 \\ 0 \end{pmatrix} + t \begin{pmatrix} -5 \\ 7 \\ -1 \end{pmatrix}, \; t \in \mathbb{R}, \quad E : 2x_1 - 2x_2 + 4x_3 + 10 = 0$

b) $g : \vec{x} = \begin{pmatrix} -2 \\ 3 \\ 1 \end{pmatrix} + s \begin{pmatrix} 3 \\ 2 \\ 1 \end{pmatrix}, \; s \in \mathbb{R}, \quad E : x_1 - 3x_2 + 3x_3 + 1 = 0$

3.4.3 Gegenseitige Lage zweier Ebenen

Aufgabe G-49   **Lösung auf Seite LG-76**

Die beiden Ebenen

$$E: \quad 4x_1 + 2x_2 - x_3 - 2 = 0 \quad \text{und}$$
$$F: -2x_1 - x_2 + 4x_3 + 1 = 0$$

schneiden sich in einer Schnittgeraden g. Bestimme die Geradengleichung von g.

Aufgabe G-50   **Lösung auf Seite LG-77**

Seien $r, s \in \mathbb{R}$. Bestimme die Lagebeziehung der Ebenen E und F. Gib gegebenenfalls die Schnittgerade an.

a) $E : 3x_1 - 4x_2 + x_3 - 2 = 0$, $F : 2x_1 - x_2 = 0$

b) $E : -2x_1 - 3x_2 + x_3 + 4 = 0$, $F : \vec{x} = \begin{pmatrix} 3 \\ 0 \\ 2 \end{pmatrix} + r \begin{pmatrix} -1 \\ 1 \\ 1 \end{pmatrix} + s \begin{pmatrix} 1 \\ 2 \\ 0 \end{pmatrix}$

Aufgabe G-51   **Lösung auf Seite LG-82**

Die Grundseite eines Würfels hat die Eckpunkte $A\,(-1\mid 1\mid 0)$, $B\,(3\mid 1\mid 0)$, $C\,(3\mid 5\mid 0)$ und $D\,(-1\mid 5\mid 0)$.

a) Bestimme das Volumen des Würfels.

b) Der Würfel soll entlang der Ebene

$$E : x_1 - x_2 + 2 = 0$$

in zwei Hälften geschnitten werden. Bestimme die Schnittgerade zwischen der Grundfläche $ABCD$ und der Ebene E.

c) Erfolgt der Schnitt entlang der Geraden $\overrightarrow{BD}$?

Aufgabe G-52   **Lösung auf Seite LG-84**

Seien $r, s \in \mathbb{R}$. Bestimme die Lagebeziehung der Ebenen E und F. Gib gegebenenfalls die Schnittgerade an.

a) $E: -2x_1 + x_2 + x_3 - 2 = 0, \qquad F: 2x_1 - x_2 - 4x_3 + 5 = 0$

b) $E: 4x_1 + 6x_2 + 14x_3 - 9 = 0, \quad F: \vec{x} = \begin{pmatrix} -6 \\ 0 \\ 0 \end{pmatrix} + r \begin{pmatrix} 2 \\ 1 \\ -1 \end{pmatrix} + s \begin{pmatrix} 3 \\ -2 \\ 0 \end{pmatrix}$

Aufgabe G-53   **Lösung auf Seite LG-88**

Die Grundseite einer vierseitigen, symmetrischen Pyramide hat die Eckpunkte $A(1 \mid 1 \mid -1)$, $B(3 \mid 1 \mid -1)$, $C(3 \mid 3 \mid -1)$ und $D(1 \mid 3 \mid -1)$. Die Spitze liegt im Punkt $S(2 \mid 2 \mid 3)$.

a) Bestimme das Volumen der Pyramide.

b) Auf halber Höhe der Pyramide soll eine zweite Ebene F eingezogen werden, die parallel zur Grundfläche liegt. Gib eine Koordinatenform dieser Ebene an.

c) Bestimme die Schnittgerade der Ebene F und der Seitenwand ABS.

Aufgabe G-54   **Lösung auf Seite LG-92**

Seien $r, s \in \mathbb{R}$. Bestimme die Lagebeziehung der Ebenen E und F. Gib gegebenenfalls die Schnittgerade an.

a) $E: -4x_1 + 2x_3 - 4 = 0, \qquad F: 2x_1 - x_2 + 6x_3 - 8 = 0$

b) $E: -2x_1 + 2x_2 - 4x_3 + 8 = 0, \quad F: \vec{x} = \begin{pmatrix} 1 \\ 1 \\ 2 \end{pmatrix} + r \begin{pmatrix} 2 \\ 4 \\ 1 \end{pmatrix} + s \begin{pmatrix} 3 \\ 5 \\ 1 \end{pmatrix}$

4 Abstands- und Winkelberechnungen

4.1 Abstandsberechnungen

4.1.1 Punkt-Punkt

Der Abstand zwischen zwei Punkten entspricht der Länge des Verbindungsvektors.

Beispiel. *Gegeben seien die Punkte $P = (1 \mid -6 \mid 1)$ und $Q = (-2 \mid -2 \mid 1)$. Berechne die Länge der Strecke $[AB]$.*

Lösung. *Der Verbindungsvektor $\overrightarrow{PQ}$ ist gegeben durch*

$$\overrightarrow{PQ} = \vec{q} - \vec{p} = \begin{pmatrix} -2 \\ -2 \\ 1 \end{pmatrix} - \begin{pmatrix} 1 \\ -6 \\ 1 \end{pmatrix} = \begin{pmatrix} -3 \\ 4 \\ 0 \end{pmatrix}.$$

Somit erhalten wir

$$\overline{PQ} = |\overrightarrow{PQ}| = \left| \begin{pmatrix} -3 \\ 4 \\ 0 \end{pmatrix} \right| = \sqrt{(-3)^2 + 4^2 + 0^2} = \sqrt{25} = 5.$$

Die gesuchte Länge beträgt folglich 5 LE.

4.1.2 Punkt-Gerade

Den Abstand von einem Punkt zu einer Gerade bestimmen wir in drei Schritten:

Tipp: Abstand Punkt-Gerade berechnen

Gegeben: Ein Punkt P und eine Gerade $g\colon \vec{x} = \vec{a} + t \cdot \vec{r}_g$.

1. Stelle die Punkt-Normalenform der Hilfsebene $H\colon (\vec{x} - \vec{p}) \circ \vec{r}_g = 0$ auf;

2. Berechne den Schnittpunkt S von Gerade g und Ebene H. Setze dazu die Geradengleichung in die Hilfsebene H ein und löse nach t auf;

3. Der gesuchte Abstand entspricht der Länge des Verbindungsvektors $\overrightarrow{SP}$.

Beispiel. *Berechnen den Abstand des Punktes $P = (6 \mid -6 \mid 9)$ zur Geraden*

$$g\colon \vec{x} = \begin{pmatrix} 4 \\ 5 \\ 6 \end{pmatrix} + t \cdot \begin{pmatrix} -2 \\ 1 \\ 1 \end{pmatrix}.$$

Lösung. *Schritt 1: Die Punkt-Normalenform von H lautet*

$$H: \left(\begin{pmatrix} x_1 \\ x_2 \\ x_3 \end{pmatrix} - \begin{pmatrix} 6 \\ -6 \\ 9 \end{pmatrix} \right) \circ \begin{pmatrix} -2 \\ 1 \\ 1 \end{pmatrix} = 0.$$

Schritt 2: Als nächstes berechnen wir den Schnittpunkt von g und H.

$$\left(\begin{pmatrix} 4 \\ 5 \\ 6 \end{pmatrix} + t \cdot \begin{pmatrix} -2 \\ 1 \\ 1 \end{pmatrix} - \begin{pmatrix} 6 \\ -6 \\ 9 \end{pmatrix} \right) \circ \begin{pmatrix} -2 \\ 1 \\ 1 \end{pmatrix} = 0 \qquad | \; zusammenfassen$$

$$\Leftrightarrow \qquad \begin{pmatrix} 4 - 2t - 6 \\ 5 + t + 6 \\ 6 + t - 9 \end{pmatrix} \circ \begin{pmatrix} -2 \\ 1 \\ 1 \end{pmatrix} = 0 \qquad | \; Skalarprodukt$$

$$\Leftrightarrow \quad (4 - 2t - 6) \cdot (-2) + (5 + t + 6) \cdot 1 + (6 + t - 9) \cdot 1 = 0 \qquad | \; zusammenfassen$$

$$\Leftrightarrow \qquad\qquad\qquad 12 + 6t = 0 \qquad | \; -12$$

$$\Leftrightarrow \qquad\qquad\qquad 6t = -12 \qquad | \; : 6$$

$$\Leftrightarrow \qquad\qquad\qquad t = -2$$

Einsetzen in die Geradengleichung liefert den Schnittpunkt $S = (8 \mid 3 \mid 4)$.

Schritt 3: Der Verbindungsvektor $\overrightarrow{SP}$ ist gegeben durch

$$\overrightarrow{SP} = \vec{p} - \vec{s} = \begin{pmatrix} 6 \\ -6 \\ 9 \end{pmatrix} - \begin{pmatrix} 8 \\ 3 \\ 4 \end{pmatrix} = \begin{pmatrix} -2 \\ -9 \\ 5 \end{pmatrix}$$

und seine Länge ist

$$|\overrightarrow{SP}| = \left| \begin{pmatrix} -2 \\ -9 \\ 5 \end{pmatrix} \right| = \sqrt{(-2)^2 + (-9)^2 + 5^2} = \sqrt{110} \approx 10{,}5.$$

Der gesuchte Abstand beträgt folglich ungefähr 10,5 LE.

4.1.3 Punkt-Ebene

Bei der Abstandsberechnung von Punkt und Ebene arbeitet man typischerweise mit der **Hessesche Normalenform** (HNF) der Ebene (das ist eine Punkt-Normalenform, wobei der Normalenvektor $\vec{n_0}$ die Länge 1 hat). Die HNF hat die Form

$$E\colon (\vec{x} - \vec{a}) \circ \vec{n_0} = 0.$$

Der Abstand d der Ebene E zu einem Punkt P ist dann gegeben durch

$$d = |(\vec{p} - \vec{a}) \circ \vec{n_0}|.$$

Fakt: Abstand Punkt-Ebene

Wenn eine Ebene in der Koordinatenform $E\colon n_1 x_1 + n_2 x_2 + n_3 x_3 = w$ angegeben ist, dann ist der Abstand von E zu einem Punkt $P = (p_1 \mid p_2 \mid p_3)$ gegeben durch

$$d = \frac{|n_1 p_1 + n_2 p_2 + n_3 p_3 - w|}{\sqrt{n_1^2 + n_2^2 + n_3^2}}.$$

Angeberwissen: Richtung des Normalenvektors

Eine Ebene teilt den ganzen Raum bzw. das Koordinatensystem in zwei Teilbereiche. Am Vorzeichen der Zahl

$$d_\pm = \frac{n_1 p_1 + n_2 p_2 + n_3 p_3 - w}{\sqrt{n_1^2 + n_2^2 + n_3^2}}$$

kannst Du schnell erkennen, ob der Punkt P in dem Teilbereich liegt, in den der Normalenvektor $\vec{n}$ zeigt. Im Fall

- $d_\pm > 0$ liegt P im Teilbereich, in den $\vec{n}$ zeigt;

- $d_\pm = 0$ liegt P in der Ebene;

- $d_\pm < 0$ liegt P im entgegengesetzten Teilbereich, in den $\vec{n}$ zeigt;

Insbesondere gilt: Im Fall

- $d_\pm > 0$ liegen P und der Ursprung O in unterschiedlichen Teilbereichen;

- $d_\pm < 0$ liegen P und der Ursprung O im gleichen Teilbereich.

Beispiel. *Gegeben sei der Punkt $P = (2 \mid 4 \mid -1)$ und die Ebene*

$$E\colon 2x_1 - x_2 + 2x_3 = 1.$$

1. *Berechne den Abstand $d(E; P)$ von der Ebene E zum Punkt P;*

2. *Die Ebene E teilt den Raum in zwei Halbräume. Gib an, ob P im gleichen Halbraum wie der Ursprung O liegt.*

Lösung. *Teil 1: Wir setzen P in die Formel ein (es gilt $n_1 = 2, n_2 = -1, n_3 = 2, w = 1$):*

$$d = \frac{|2 \cdot 2 - 1 \cdot 4 + 2 \cdot (-1) - 1|}{\sqrt{2^2 + (-1)^2 + 2^2}} = \frac{|-3|}{\sqrt{9}} = \frac{3}{3} = 1.$$

Wir erhalten also $d(E; P) = 1\,\mathrm{LE}$.

Teil 2: Wie im Angeberwissen beschrieben ist, kann die Lagebeziehung am Vorzeichen der Zahl $d_\pm$ abgelesen werden (im Zähler einfach die Betragsstriche weglassen). Es gilt

$$d_\pm = \frac{2 \cdot 2 - 1 \cdot 4 + 2 \cdot (-1) - 1}{\sqrt{2^2 + (-1)^2 + 2^2}} = \frac{-3}{\sqrt{9}} = \frac{-3}{3} = -1 < 0.$$

Folglich liegen P und O im gleichen Teilbereich.

4.1.4   Gerade-Gerade

Um den Abstand zweier Geraden zu berechnen, musst Du zunächst überprüfen, ob die Geraden **parallel** oder **windschief** zueinander liegen.

Parallele Geraden:

Bei parallelen Geraden kannst Du den Abstand wie im Fall „Punkt-Gerade" bestimmen. Als Punkt verwendest Du einfach den Stützpunkt von einer der beiden Geraden.

Windschiefe Geraden:

Fakt: Abstand windschiefer Geraden

Gegeben seien zwei windschiefe Geraden

$$g\colon \vec{x} = \vec{a} + t \cdot \vec{r_g} \quad \text{und} \quad h\colon \vec{x} = \vec{b} + t \cdot \vec{r_h}.$$

Dann ist der Abstand $d(g; h)$ zwischen g und h gegeben durch

$$d(g; h) = \frac{\left| (\vec{a} - \vec{b}) \circ (\vec{r_g} \times \vec{r_h}) \right|}{|\vec{r_g} \times \vec{r_h}|}.$$

Beispiel. *Berechne den Abstand der windschiefen Geraden*

$$g\colon \vec{x} = \begin{pmatrix} -1 \\ -3 \\ 5 \end{pmatrix} + t \cdot \begin{pmatrix} 4 \\ 1 \\ -1 \end{pmatrix} \quad und \quad h\colon \vec{x} = \begin{pmatrix} 0 \\ -4 \\ 8 \end{pmatrix} + r \cdot \begin{pmatrix} 2 \\ 0 \\ -1 \end{pmatrix}.$$

Lösung. *Zuerst berechnen wir das Vektorprodukt* $\vec{r_g} \times \vec{r_h}$:

$$\vec{r_g} \times \vec{r_h} = \begin{pmatrix} 4 \\ 1 \\ -1 \end{pmatrix} \times \begin{pmatrix} 2 \\ 0 \\ -1 \end{pmatrix} = \begin{pmatrix} -1 \\ 2 \\ -2 \end{pmatrix}.$$

Insbesondere gilt

$$|\vec{r_g} \times \vec{r_h}| = \left| \begin{pmatrix} -1 \\ 2 \\ -2 \end{pmatrix} \right| = \sqrt{(-1)^2 + 2^2 + (-2)^2} = \sqrt{9} = 3.$$

Für die Differenz der Stützvektoren erhalten wir weiter

$$\vec{a} - \vec{b} = \begin{pmatrix} -1 \\ -3 \\ 5 \end{pmatrix} - \begin{pmatrix} 0 \\ -4 \\ 8 \end{pmatrix} = \begin{pmatrix} -1 \\ 1 \\ -3 \end{pmatrix}.$$

Dies liefert das Skalarprodukt

$$\left(\vec{a} - \vec{b}\right) \circ \left(\vec{r_g} \times \vec{r_h}\right) = \begin{pmatrix} -1 \\ 1 \\ -3 \end{pmatrix} \circ \begin{pmatrix} -1 \\ 2 \\ -2 \end{pmatrix} = (-1) \cdot (-1) + 1 \cdot 2 + (-3) \cdot (-2) = 9.$$

Nun setzen wir alle Werte in die Formal ein und erhalten schließlich

$$d(g; h) = \frac{\left|\left(\vec{a} - \vec{b}\right) \circ \left(\vec{r_g} \times \vec{r_h}\right)\right|}{\left|\vec{r_g} \times \vec{r_h}\right|} = \frac{|9|}{3} = 3.$$

Der gesuchte Abstand beträgt folglich 3 LE.

4.1.5 Gerade-Ebene und Ebene-Ebene

Vom Abstand Gerade-Ebene bzw. Ebene-Ebene zu sprechen, macht nur dann Sinn, wenn die Gerade und die Ebene bzw. beide Ebenen **parallel zueinander** liegen. Ist dies erfüllt, dann kannst Du den Abstand wie im Fall „Punkt-Ebene" bestimmen. Wähle dazu einfach einen beliebigen Punkt auf der Geraden bzw. in einer der beiden Ebenen.

4.2   Winkelberechnungen

In vielen Aufgaben wird nach dem Winkel gefragt, unter dem sich zwei Geraden oder zwei
Ebenen schneiden. Den Winkel zwischen zwei Vektoren kannst Du wie folgt berechnen:

Fakt: Winkel zwischen zwei Vektoren

Für den Winkel $\alpha \in [-90°, 90°]$, den zwei Vektoren $\vec{a}$ und $\vec{b}$ einschließen, gilt

$$\cos(\alpha) = \frac{\vec{a} \circ \vec{b}}{|\vec{a}| \cdot |\vec{b}|}.$$

Insbesondere gilt

$$\alpha = \cos^{-1}\left(\frac{\vec{a} \circ \vec{b}}{|\vec{a}| \cdot |\vec{b}|}\right).$$

Beispiel. *Berechne den Winkel zwischen*

$$\vec{a} = \begin{pmatrix} 2 \\ 3 \\ -1 \end{pmatrix} \quad und \quad \vec{b} = \begin{pmatrix} 3 \\ 1 \\ -3 \end{pmatrix}.$$

Lösung. *Es gilt*

$$\vec{a} \circ \vec{b} = \begin{pmatrix} 2 \\ 3 \\ -1 \end{pmatrix} \circ \begin{pmatrix} 3 \\ 1 \\ -3 \end{pmatrix} = 2 \cdot 3 + 3 \cdot 1 + (-1) \cdot (-3) = 12,$$

sowie

$$|\vec{a}| = \left| \begin{pmatrix} 2 \\ 3 \\ -1 \end{pmatrix} \right| = \sqrt{2^2 + 3^2 + (-1)^2} = \sqrt{14} \quad und$$

$$|\vec{a}| = \left| \begin{pmatrix} 3 \\ 1 \\ -3 \end{pmatrix} \right| = \sqrt{3^2 + 1^2 + (-3)^2} = \sqrt{19}.$$

Mit diesen Werten ergibt sich

$$\alpha = \cos^{-1}\left(\frac{12}{\sqrt{14} \cdot \sqrt{19}}\right) \approx 42{,}6°.$$

Tipp: Schnittwinkel zweier Geraden/Ebenen berechnen

Es seien g und h zwei sich schneidende Geraden mit Richtungsvektoren $\vec{r}_g$ bzw. $\vec{r}_h$. Den Schnittwinkel α kannst Du mit folgender Formel berechnen:

$$\alpha = \cos^{-1}\left(\frac{\vec{r}_g \circ \vec{r}_h}{|\vec{r}_g| \cdot |\vec{r}_h|}\right).$$

Den Schnittwinkel zweier Ebenen E_1 und E_2 mit Normalenvektoren $\vec{n}_1$ bzw. $\vec{n}_2$ erhältst Du mit der Formel

$$\alpha = \cos^{-1}\left(\frac{\vec{n}_1 \circ \vec{n}_2}{|\vec{n}_1| \cdot |\vec{n}_2|}\right).$$

Beispiel. *Zeige, dass sich die Geraden*

$$g\colon \vec{x} = \begin{pmatrix} 2 \\ 1 \\ -1 \end{pmatrix} + t \cdot \begin{pmatrix} -1 \\ 3 \\ 5 \end{pmatrix} \quad und \quad h\colon \vec{x} = \begin{pmatrix} 2 \\ 1 \\ -1 \end{pmatrix} + r \cdot \begin{pmatrix} 7 \\ 0 \\ 2 \end{pmatrix}.$$

schneiden, und berechne den Schnittwinkel.

Lösung. *Zuerst zeigen wir, dass sich die Geraden schneiden: Die Richtungsvektoren sind linear unabhängig, weil es keine Zahl k gibt, mit*

$$k \cdot \begin{pmatrix} -1 \\ 3 \\ 5 \end{pmatrix} = \begin{pmatrix} 7 \\ 0 \\ 2 \end{pmatrix}.$$

Die erste Zeile liefert $k = -7$, die zweite hingegen $k = 0$. Weil beide Geraden den gleichen Stützvektor besitzen, schneiden sich die Geraden im Punkt $S = (2 \mid 1 \mid -1)$. Weiter folgt

$$\vec{r}_g \circ \vec{r}_h = \begin{pmatrix} -1 \\ 3 \\ 5 \end{pmatrix} \circ \begin{pmatrix} 7 \\ 0 \\ 2 \end{pmatrix} = (-1) \cdot 7 + 3 \cdot 0 + 5 \cdot 2 = 3$$

sowie

$$|\vec{r}_g| = \left| \begin{pmatrix} -1 \\ 3 \\ 5 \end{pmatrix} \right| = \sqrt{(-1)^2 + 3^2 + 5^2} = \sqrt{35} \quad und$$

$$|\vec{r}_h| = \left| \begin{pmatrix} 7 \\ 0 \\ 2 \end{pmatrix} \right| = \sqrt{7^2 + 0^2 + 2^2} = \sqrt{53}.$$

Mit diesen Werten ergibt sich der Schnittwinkel

$$\alpha = \cos^{-1}\left(\frac{3}{\sqrt{35}\cdot\sqrt{53}}\right) \approx 86°.$$

Tipp: Schnittwinkel Gerade/Ebene berechnen

Den Schnittwinkel einer Geraden mit Richtungsvektor $\vec{r}_g$ und einer Ebene mit dem Normalenvektor n kannst Du mit folgender Formel berechnen:

$$\alpha = \sin^{-1}\left(\frac{\vec{r}_g \circ \vec{n}}{|\vec{r}_g|\cdot|\vec{n}|}\right).$$

Beispiel. *Bestimme den Schnittwinkel zwischen der x_1x_2-Ebene und der Geraden*

$$g\colon \vec{x} = \begin{pmatrix} 8 \\ -5 \\ 1 \end{pmatrix} + t\cdot\begin{pmatrix} -2 \\ 2 \\ 7 \end{pmatrix}.$$

Lösung. *Die Koordinatenform der x_1x_2-Ebene lautet $x_3 = 0$, ein Normalenvektor ist*

$$\vec{n} = \begin{pmatrix} 0 \\ 0 \\ 1 \end{pmatrix}.$$

Somit folgt

$$\vec{r}_g \circ \vec{n} = \begin{pmatrix} -2 \\ 2 \\ 7 \end{pmatrix} \circ \begin{pmatrix} 0 \\ 0 \\ 1 \end{pmatrix} = (-2)\cdot 0 + 2\cdot 0 + 7\cdot 1 = 7,$$

sowie

$$|\vec{r}_g| = \left|\begin{pmatrix} -2 \\ 2 \\ 7 \end{pmatrix}\right| = \sqrt{(-2)^2 + 2^2 + 7^2} = \sqrt{57}\quad und$$

$$|\vec{n}| = \left|\begin{pmatrix} 0 \\ 0 \\ 1 \end{pmatrix}\right| = \sqrt{0^2 + 0^2 + 1^2} = \sqrt{1} = 1.$$

Mit diesen Werten ergibt sich der Schnittwinkel

$$\alpha = \sin^{-1}\left(\frac{7}{\sqrt{57}\cdot 1}\right) \approx 68°.$$

4.3   Aufgaben zum Vertiefen

4.3.1   Abstandsberechnung

Aufgabe G-55   **Lösung auf Seite LG-96**

Zeige, dass die beiden Ebenen parallel sind und berechne den Abstand:

a) $E : 3x_1 + 2x_2 - x_3 = 0$ und $F : 6x_1 + 4x_2 - 2x_3 + 8 = 0$

b) $E : -5x_1 + x_2 - 3x_3 - 4 = 0$ und $F : \vec{x} = \begin{pmatrix} 0 \\ 1 \\ 0 \end{pmatrix} + r \begin{pmatrix} 0 \\ 3 \\ 1 \end{pmatrix} + s \begin{pmatrix} 1 \\ 5 \\ 0 \end{pmatrix}$, $r, s \in \mathbb{R}$.

Aufgabe G-56   **Lösung auf Seite LG-99**

Seien $t_1, t_2 \in \mathbb{R}$. Zeige, dass die beiden Geraden parallel sind und berechne den Abstand:

a) $g : \vec{x} = \begin{pmatrix} 1 \\ 3 \\ 9 \end{pmatrix} + t_1 \begin{pmatrix} 3 \\ 1 \\ 0 \end{pmatrix}$ und $h : \vec{x} = \begin{pmatrix} 0 \\ 3 \\ -2 \end{pmatrix} + t_2 \begin{pmatrix} -3 \\ -1 \\ 0 \end{pmatrix}$

b) $g : \vec{x} = \begin{pmatrix} 2 \\ 5 \\ 9 \end{pmatrix} + t_1 \begin{pmatrix} 12 \\ -4 \\ 8 \end{pmatrix}$ und $h : \vec{x} = \begin{pmatrix} -2 \\ 0 \\ 0 \end{pmatrix} + t_2 \begin{pmatrix} 3 \\ -1 \\ 2 \end{pmatrix}$

Aufgabe G-57   **Lösung auf Seite LG-101**

Seien $t, r, s \in \mathbb{R}$. Zeige, dass die Gerade parallel zur Ebene liegt und berechne den Abstand:

a) $g : \vec{x} = \begin{pmatrix} 4 \\ 4 \\ 3 \end{pmatrix} + t \begin{pmatrix} 1 \\ 0 \\ 1 \end{pmatrix}$ und $E : 4x_2 - 5 = 0$

b) $g : \vec{x} = \begin{pmatrix} 1 \\ 0 \\ 0 \end{pmatrix} + t \begin{pmatrix} 3 \\ 4 \\ -1 \end{pmatrix}$ und $E : \vec{x} = \begin{pmatrix} -2 \\ 0 \\ 0 \end{pmatrix} + r \begin{pmatrix} 1 \\ -1 \\ 0 \end{pmatrix} + s \begin{pmatrix} 7 \\ 0 \\ -1 \end{pmatrix}$

Aufgabe G-58   **Lösung auf Seite LG-105**

Die Ecken einer rechteckigen Bauplatte befinden sich in den Punkten $A\,(2\mid -1\mid 3)$, $B\,(5\mid 3\mid 3)$, $C\,(1\mid 8\mid 3)$ und $D\,(-2\mid 4\mid 3)$. Im Mittelpunkt soll ein Seil senkrecht zur Platte verankert werden, sodass ein Kran diese abtransportieren kann.

a) Gib die Koordinaten des Mittelpunktes der Platte an.

b) Das Seil ist 3 m lang. An welchem Punkt ist das obere Ende des Seils am Kran befestigt?

c) Wegen Platzmangels kann das Ende des Kranarmes nur am Punkt $K\,(1{,}5\mid 4{,}5\mid 5)$ positioniert werden. Ermittle die nun benötigte Seillänge mit Hilfe der hesseschen Normalenform.

Eine Längeneinheit entspricht einem Meter.

Aufgabe G-59   **Lösung auf Seite LG-107**

Ein Schiff hält seinen Kurs entlang der Geraden

$$g : \vec{x} = t \begin{pmatrix} -3 \\ 2 \\ 3 \end{pmatrix}, \quad t \in \mathbb{R}.$$

In der Ferne ist ein Eisberg im Punkt $E\,(5\mid 0\mid -1)$ in Sicht. Um wie viele Meter verfehlt das Schiff den Eisberg? Eine Längeneinheit einspricht hier einem Meter. Nimm den Eisberg hierzu als punktförmig an.

Aufgabe G-60   **Lösung auf Seite LG-108**

Anna läuft in einer Lasertag-Arena umher. Diese befindet sich in einer schiefen Ebene, auf der drei Hindernisse zum Verstecken positioniert sind. Die Hindernisse stehen in den Punkten $H\,(1\mid 3\mid -2)$, $K\,(5\mid -1\mid 8)$ und $L\,(-1\mid 0\mid 3)$. Ein Ziel, bei dem es besonders viele Bonuspunkte gibt, hängt an der Wand im Punkt $Z\,(-10\mid 0\mid 8)$.

a) Gib eine Koordinatenform der Ebene an, in der Anna umherläuft.

b) Anna kann Ziele nur treffen, wenn diese weniger als 5 m entfernt sind. Sie möchte daher wissen, ob es einen Punkt auf dem schiefen Boden gibt, der weniger als 5 m vom Ziel im Punkt Z entfernt ist. Existiert ein solcher Punkt?

Eine Längeneinheit entspricht einem Meter.

Aufgabe G-61   **Lösung auf Seite LG-110**

Am Flughafen München soll eine neue Startbahn gebaut werden. Diese wird aber nur zugelassen, wenn sich die Flugbahn der abhebenden Flugzeuge mindestens 100 m von der naheliegenden Kirchturmspitze entfernt befindet. Die Kirchturmspitze kann durch den Punkt $K\,(3\mid 7\mid 8)$ und die Flugbahn durch die Gerade

$$g:\vec{x}=\begin{pmatrix}1\\3\\9\end{pmatrix}+t\begin{pmatrix}3\\1\\0\end{pmatrix},\quad t\in\mathbb{R},$$

beschrieben werden. Entscheide, ob die Startbahn zugelassen wird. Eine Längeneinheit entspricht hier 10 Meter.

Aufgabe G-62   **Lösung auf Seite LG-111**

Bestimme den Abstand des Punktes $P(1\mid 2\mid 3)$ von der Geraden

$$g:\vec{x}=\begin{pmatrix}-5\\7\\2\end{pmatrix}+t\begin{pmatrix}0\\2\\-3\end{pmatrix}$$

mit dem Lotfußpunktverfahren. Beschreibe dabei Dein Vorgehen stichpunktartig!

Aufgabe G-63   **Lösung auf Seite LG-112**

Cleo kauft sich ein neuartig gestaltetes Aquarium. Dieses hat eine quadratische Grundfläche und ist symmetrisch aufgebaut. Die Seitenwände sind alle im gleichen Winkel nach außen geneigt. Außerdem ist es 4 LE hoch, an der oberen Kante 6 LE und an der unteren 4 LE lang. Der Mittelpunkt der Wasseroberfläche befindet sich im Punkt M (2 | 1 | 4). Nimm an, dass das Aquarium bis zum Rand mit Wasser gefüllt ist und gerade steht.

a) Gib alle Eckpunkte des Aquariums $SQUIRTLE$ an.

b) Cleo möchte eine Futterkugel an einer Kette aufhängen. Die Kette ist am Punkt M verankert und soll so lang sein, dass die Kugel mindestens 2,67 LE von allen Seitenwänden entfernt ist. Gib näherungsweise die Koordinaten der Futterkugel an. Nimm dazu an, dass die Kette senkrecht herab hängt.

Aufgabe G-64   **Lösung auf Seite LG-115**

Eine Autobahn soll entlang der Geraden

$$g : \vec{x} = \begin{pmatrix} -2 \\ k \\ 0 \end{pmatrix} + t \begin{pmatrix} 0 \\ -1 \\ 1 \end{pmatrix}, \quad t \in \mathbb{R},$$

gebaut werden. Aus Lärmschutzgründen muss der Abstand zum nächstgelegenen Wohnhaus im Punkt W (0 | 3 | 3) mindestens 50 m betragen.
Welche Werte darf k annehmen? Beachte dabei nur positive Werte.
Eine Längeneinheit entspricht hier 10 m.

Aufgabe G-65   **Lösung auf Seite LG-116**

Louis meint, er habe eine neue Möglichkeit gefunden, den Abstand von einem Punkt P zu einer Geraden g zu bestimmen. Erkläre in eigenen Worten wie sein Verfahren funktioniert:

Gegeben sind der Punkt $P(3 \mid 4 \mid -2)$ und die Gerade

$$g: \vec{x} = \begin{pmatrix} 1 \\ 1 \\ 1 \end{pmatrix} + t \begin{pmatrix} 2 \\ 1 \\ -2 \end{pmatrix}.$$

Louis rechnet wie folgt:

Schritt 1: Definiere den Punkt $L_t(1 + 2t \mid 1 + t \mid 1 - 2t)$.
Schritt 2: Stelle den Vektor $\overrightarrow{PL_t}$ auf:

$$\overrightarrow{PL_t} = \begin{pmatrix} -2 + 2t \\ -3 + t \\ 3 - 2t \end{pmatrix}$$

Schritt 3:

$$\overrightarrow{PL_t} \circ \begin{pmatrix} 2 \\ 1 \\ -2 \end{pmatrix} = 0$$

$$\Leftrightarrow \qquad t = \frac{13}{9}$$

Schritt 4: Setze $t = \frac{13}{9}$ in L_t ein und berechne dann $|\overrightarrow{PL_t}|$. Dies ist der gesuchte Abstand.

4.3.2   Winkelberechnungen

Aufgabe G-66   **Lösung auf Seite LG-119**

Der Pfosten eines ramponierten Basketballkorbs wird durch die Gerade

$$g : \vec{x} = \begin{pmatrix} 1 \\ 3 \\ 0 \end{pmatrix} + t \begin{pmatrix} 0 \\ 1 \\ 5 \end{pmatrix}, \quad t \in \mathbb{R},$$

beschrieben. Der Boden des Platzes entspricht der $x_1 x_2$-Ebene.

a) In welchem Winkel ist der Pfosten gegen den Boden geneigt?

b) Zum Aufwärmen wirft ein Spieler den Ball entlang der Geraden

$$h : \vec{x} = \begin{pmatrix} 4 \\ 2 \\ 5 \end{pmatrix} + s \begin{pmatrix} -1{,}5 \\ 1 \\ 0 \end{pmatrix}, \quad s \in \mathbb{R}.$$

Trifft er den Pfosten? Wenn ja, in welchem Winkel?

c) Eine Werbebande kann durch die Ebene

$$E : x_1 - x_2 + 2x_3 - 2 = 0$$

beschrieben werden. In welchem Winkel ist diese gegen den Boden geneigt?

Aufgabe G-67   **Lösung auf Seite LG-121**

Bestimme den Winkel $\alpha \in [-90°, 90°]$ zwischen den Vektoren

a)

$$\vec{a} = \begin{pmatrix} 1 \\ 1 \\ 1 \end{pmatrix} \quad \text{und} \quad \vec{b} = \begin{pmatrix} -1 \\ 0 \\ 1 \end{pmatrix}$$

b)

$$\vec{a} = \begin{pmatrix} 1 \\ 2 \\ 3 \end{pmatrix} \quad \text{und} \quad \vec{b} = \begin{pmatrix} 3 \\ 2 \\ 1 \end{pmatrix}$$

c)

$$\vec{a} = \begin{pmatrix} 0 \\ 4 \\ 1 \end{pmatrix} \quad \text{und} \quad \vec{b} = \begin{pmatrix} -2 \\ 1 \\ 1 \end{pmatrix}$$

Aufgabe G-68   **Lösung auf Seite LG-122**

Die Grundseite einer antiken vierseitigen, symmetrischen Pyramide hat die Eckpunkte $A(1 \mid 1 \mid -1)$, $B(3 \mid 1 \mid -1)$, $C(3 \mid 3 \mid -1)$ und $D(1 \mid 3 \mid -1)$. Die Spitze liegt im Punkt $S(2 \mid 2 \mid 3)$.

a) Bestimme den Winkel, den die Seitenwände mit der Grundfläche einschließen.

b) Ein Geheimgang kann durch die Gerade g beschrieben werden:

$$g: \vec{x} = \begin{pmatrix} 2 \\ 2 \\ -1 \end{pmatrix} + t \begin{pmatrix} 1 \\ 0 \\ 2 \end{pmatrix}, \quad t \in \mathbb{R},$$

In welchem Winkel trifft der Geheimgang auf die Grundfläche der Pyramide?

c) Ein zweiter Schacht verläuft senkrecht zur Grundfläche durch den Punkt $M(2 \mid 2 \mid -1)$. Trifft er auf den Geheimgang? Wenn ja, in welchem Winkel?

Aufgabe G-69   **Lösung auf Seite LG-126**

Ein autonomer Tauchroboter untersucht das versunkene Wrack einer spanischen Galeere. Der Meeresboden wird durch die x_1x_2-Ebene beschrieben. Der Roboter wird im Punkt $P(3 \mid -2 \mid 4)$ zu Wasser gelassen und taucht dann in Richtung des Vektors

$$\vec{v} = \begin{pmatrix} -1 \\ 2 \\ -1 \end{pmatrix}.$$

a) Das Deck der Galeere kann durch die Ebene E beschrieben werden:

$$E: 2x_1 - 3x_2 + 2x_3 + 7 = 0$$

In welchem Winkel ist das Deck gegen den Meeresboden geneigt?

b) Der Mast der Galeere steht senkrecht auf das Deck und ist im Punkt $A(0 \mid 3 \mid 1)$ verankert. Trifft der Roboter auf den Mast? Wenn ja, in welchem Winkel?

c) Die Wasseroberfläche wird durch die Ebene

$$F: x_3 - 4 = 0$$

beschrieben. In welchem Winkel taucht der Roboter ab?

Aufgabe G-70   **Lösung auf Seite LG-128**

Johannes hat beim Abschreiben einer Geradengleichung von der Tafel einen Wert vergessen. Aus der weiteren Aufgabenbearbeitung weiß er allerdings noch, dass die Gerade g die x_1x_2-Ebene im Winkel von $30°$ schneidet und der Richtungsvektor nur positive Komponenten hat. Kannst Du ihm helfen und den fehlenden Wert für a bestimmen?

Die Geradengleichung lautet:

$$g \colon \vec{x} = \begin{pmatrix} 2 \\ 3 \\ 5 \end{pmatrix} + t \begin{pmatrix} 1 \\ \sqrt{2} \\ a \end{pmatrix}$$

Meilenstein 2

Elektrodynamik / Anwendungen von Vektoren in der Technik und der Physik

Heutzutage können wir ohne Kabel unser Smartphone laden, Wasser rasend schnell per Induktion kochen und mithilfe von WLAN zahlreiche Teile unseres alltäglichen Lebens vereinfachen. Die zugrunde liegenden physikalischen Gesetze können durch die sogenannten Maxwellschen Gleichungen beschrieben werden, in denen Vektoren in Form von elektrischen und magnetischen Feldern im dreidimensionalen Raum vorkommen.

5 Objekte im Raum unter der Lupe

5.1 Spiegelungen

Die Spiegelung eines Punktes an einer Geraden oder an einer Ebene läuft immer auf eine Spiegelung am sogenannten Lotfußpunkt hinaus. Deshalb üben wir als erstes die Spiegelung an einem Punkt.

5.1.1 Punkt an Punkt

> **Merke**
>
> Um einen Punkt P an einem Punkt S zu spiegeln, musst Du den Verbindungsvektor $\overrightarrow{PS}$ zum Ortsvektor $\overrightarrow{OS}$ addieren. Für den Spiegelpunkt P' gilt also
>
> $$\overrightarrow{OP'} = \vec{s} + \overrightarrow{PS}.$$
>
> Alternativ kannst Du wie folgt rechnen:
>
> $$\overrightarrow{OP'} = \vec{p} + 2 \cdot \overrightarrow{PS}$$

Beispiel. *Spiegele den Punkt $P = (3 \mid 4 \mid 5)$ am Punkt $S = (2 \mid 1 \mid 2)$.*

Lösung. *Der Verbindungsvektor $\overrightarrow{PS}$ lautet*

$$\overrightarrow{PS} = \vec{s} - \vec{p} = \begin{pmatrix} 2 \\ 1 \\ 2 \end{pmatrix} - \begin{pmatrix} 3 \\ 4 \\ 5 \end{pmatrix} = \begin{pmatrix} -1 \\ -3 \\ -3 \end{pmatrix}$$

Für den Spiegelpunkt P' ergibt sich demnach

$$\overrightarrow{OP'} = \vec{s} + \overrightarrow{PS} = \begin{pmatrix} 2 \\ 1 \\ 2 \end{pmatrix} + \begin{pmatrix} -1 \\ -3 \\ -3 \end{pmatrix} = \begin{pmatrix} 1 \\ -2 \\ -1 \end{pmatrix}.$$

Dies liefert $P' = (1 \mid -2 \mid -1)$.

5.1.2 Punkt an Gerade

Um einen Punkt an einer Geraden zu spiegeln, kannst Du wie folgt vorgehen:

Tipp: Punkt an Gerade spiegeln

Gegeben: Ein Punkt P und eine Gerade $g\colon \vec{x} = \vec{a} + t \cdot \vec{r_g}$;

1. Berechne den Lotfußpunkt S auf der Geraden.

 • Stelle dazu die Gleichung folgender Hilfsebene auf:

$$H\colon (\vec{x} - \vec{p}) \circ \vec{r_g} = 0;$$

 • Berechne den Lotfußpunkt S als Schnittpunkt von g und H;

2. Spiegele den Punkt P am Lotfußpunkt S.

Beispiel. *Spiegele den Punkt $Q = (2 \mid 3 \mid 4)$ an der Gerade*

$$g\colon \vec{x} = \begin{pmatrix} 2 \\ 1 \\ 2 \end{pmatrix} + t \cdot \begin{pmatrix} 1 \\ 0 \\ 1 \end{pmatrix}.$$

Lösung. *Schritt 1: Die Punkt-Normalenform der Hilfsebene H ist gegeben durch*

$$H\colon \left(\begin{pmatrix} x_1 \\ x_2 \\ x_3 \end{pmatrix} - \begin{pmatrix} 2 \\ 3 \\ 4 \end{pmatrix} \right) \circ \begin{pmatrix} 1 \\ 0 \\ 1 \end{pmatrix} = 0.$$

Die Koordinatenform von H lautet also

$$H\colon x_1 + x_3 = 6.$$

Einsetzen der Koordinaten von g liefert

$$(2 + t) + (2 + t) = 6 \quad \Leftrightarrow \quad t = 1$$

Der Schnittpunkt S ist folglich gegeben durch $S = (3 \mid 1 \mid 3)$.

Schritt 2: Zuletzt spiegeln wir noch Q an S. Es gilt

$$\overrightarrow{OQ'} = \vec{s} + \overrightarrow{QS} = \begin{pmatrix} 3 \\ 1 \\ 3 \end{pmatrix} + \begin{pmatrix} 1 \\ -2 \\ -1 \end{pmatrix} = \begin{pmatrix} 4 \\ -1 \\ 2 \end{pmatrix}.$$

Dies liefert $Q' = (4 \mid -1 \mid 2)$.

5.1.3 Punkt an Ebene

Einen Punkt kannst Du wie folgt an einer Ebene spiegeln:

Tipp: Punkt an Ebene spiegeln

Gegeben: Ein Punkt P und eine Ebene E;

1. Berechne den Lotfußpunkt S auf der Ebene.

   - Berechne einen Normalvektor $\vec{n}$ der Ebene;
   - Stelle die Gleichung folgender Hilfsgerade auf:

   $$h\colon \vec{x} = \vec{p} + t \cdot \vec{n}$$

   - Berechne den Lotfußpunkt S als Schnittpunkt von E und h;

2. Spiegele den Punkt P am Lotfußpunkt S.

Beispiel. *Spiegele den Punkt $P = (1 \mid 4 \mid 7)$ an der Ebene $E\colon x_1 - x_2 - 2x_3 + 11 = 0$.*

Lösung. *Schritt 1: Weil die Ebene E in ihrer Koordinatenform vorliegt, können wir einen Normalenvektor einfach ablesen:*

$$\vec{n} = \begin{pmatrix} 1 \\ -1 \\ -2 \end{pmatrix}.$$

Die Gleichung der Hilfsgeraden h lautet somit

$$h\colon \vec{x} = \begin{pmatrix} 1 \\ 4 \\ 7 \end{pmatrix} + t \cdot \begin{pmatrix} 1 \\ -1 \\ -2 \end{pmatrix}.$$

Einsetzen der Koordinaten von h in die Koordinatenform von E liefert

$$(1 + t) - (4 - t) - 2 \cdot (7 - 2t) + 11 = 0 \quad \Leftrightarrow \quad t = 1$$

Der Schnittpunkt S ist folglich gegeben durch $S = (2 \mid 3 \mid 5)$.

Schritt 2: Zuletzt spiegeln wir noch P an S. Es gilt

$$\overrightarrow{OP'} = \vec{s} + \overrightarrow{PS} = \begin{pmatrix} 2 \\ 3 \\ 5 \end{pmatrix} + \begin{pmatrix} 1 \\ -1 \\ -2 \end{pmatrix} = \begin{pmatrix} 3 \\ 2 \\ 3 \end{pmatrix}.$$

Dies liefert $P' = (3 \mid 2 \mid 3)$.

5.2 Kugeln

Eine Kugel, also die Menge aller Punkte, die von einem gegebenen Mittelpunkt M den gleichen Abstand $r > 0$ (Kugelradius) haben, kann durch eine Vektorgleichung oder eine Koordinatengleichung beschrieben werden:

Fakt: Kugelgleichungen

Eine Kugel K mit Mittelpunkt $M = (m_1 \mid m_2 \mid m_3)$ und Radius r kann wie folgt geschrieben werden:

$$K \colon (\vec{x} - \vec{m})^2 = r^2 \qquad \textbf{(Vektorgleichung)}$$

$$K \colon (x_1 - m_1)^2 + (x_2 - m_2)^2 + (x_3 - m_3)^2 = r^2 \qquad \textbf{(Koordinatengleichung)}$$

Beispiel. *Es sei $M = (2 \mid -3 \mid 6)$ der Mittelpunkt und $r = 4$ der Radius der Kugel K. Stelle die Kugelgleichung in Koordinaten- und Vektorform auf.*

Lösung. *Die Vektorgleichung lautet*

$$K \colon \left[\begin{pmatrix} x_1 \\ x_2 \\ x_3 \end{pmatrix} - \begin{pmatrix} 2 \\ -3 \\ 6 \end{pmatrix} \right]^2 = 16.$$

Die Koordinatengleichung lautet

$$(x_1 - 2)^2 + (x_2 + 3)^2 + (x_3 - 6)^2 = 16$$
$$\Leftrightarrow \quad x_1^2 - 4x_1 + 4 + x_2^2 + 6x_2 + 9 + x_3^2 - 12x_3 + 36 = 16$$
$$\Leftrightarrow \quad x_1^2 - 4x_1 + x_2^2 + 6x_2 + x_3^2 - 12x_3 = -33$$

Beispiel. *Bestimme den Mittelpunkt und den Radius der Kugel K mit*

$$K \colon x_1^2 - 16x_1 + x_2^2 - 4x_2 + x_3^2 + 2x_3 = 12.$$

Lösung. *Mit Hilfe der quadratischen Ergänzung formen wir die Gleichung wie folgt um:*

$$x_1^2 - 16x_1 + x_2^2 - 4x_2 + x_3^2 + 2x_3 = 12$$
$$\Leftrightarrow \quad (x_1^2 - 16x_1 + 8^2) - 8^2 + (x_2^2 - 4x_2 + 2^2) - 2^2 + (x_3^2 + 2x_3 + 1^2) - 1^2 = 12$$
$$\Leftrightarrow \quad (x_1 - 8)^2 - 64 + (x_2 - 2)^2 - 4 + (x_3^2 + 1)^2 - 1 = 12$$
$$\Leftrightarrow \quad (x_1 - 8)^2 + (x_2 - 2)^2 + (x_3^2 + 1)^2 = 81$$

In dieser Form können wir den Mittelpunkt und den Radius einfach ablesen:

$$M = (8 \mid 2 \mid -1), \quad r = 9.$$

5.2.1 Lage von Punkt und Kugel

Tipp: Lage von Punkt und Kugel bestimmen

Den Abstand eines Punktes $P = (p_1 \mid p_2 \mid p_3)$ zu der Kugel K mit Mittelpunkt M und Radius r berechnest Du mit der Formel

$$d = \sqrt{(p_1 - m_1)^2 + (p_2 - m_2)^2 + (p_3 - m_3)^2}.$$

Es können drei Fälle auftreten:

- Im Fall $d < r$ liegt der Punkt innerhalb der Kugel;

- Im Fall $d = r$ liegt der Punkt auf der Kugel;

- Im Fall $d > r$ liegt der Punkt außerhalb der Kugel.

Beispiel. *Bestimme die Lage des Punktes $P = (1 \mid 1 \mid 6)$ zur Kugel*

$$K \colon (x_1 - 2)^2 + (x_2 + 3)^2 + (x_3 - 6)^2 = 16.$$

Lösung. *Der Radius der Kugel ist $r = 4$. Den Abstand von P zum Mittelpunkt der Kugel berechnen wir wie folgt:*

$$d = \sqrt{(1 - 2)^2 + (1 + 3)^2 + (6 - 6)^2} = \sqrt{(-1)^2 + 4^2 + 0^2} = \sqrt{1 + 16} = \sqrt{17} > r.$$

Der Punkt liegt folglich außerhalb der Kugel.

5.2.2 Lage von Gerade und Kugel

Eine Gerade und eine Kugel können auf drei verschiedene Weisen zueinander liegen:

1. Die Gerade schneidet die Kugel in zwei Punkten (**Sekante**);

2. Die Gerade berührt die Kugel in einem Punkt (**Tangente**);

3. Die Gerade schneidet die Kugel nicht (**Passante**).

Tipp: Lage von Gerade und Kugel bestimmen

Um zu überprüfen, wie viele Schnittpunkte eine Gerade und eine Kugel besitzen, musst Du die Koordinaten der Geraden in die Kugelgleichung einsetzen. Dadurch entsteht eine quadratische Gleichung in Abhängigkeit des Geraden-Parameters, die Du dann mithilfe der abc- oder der pq-Formel lösen kannst.

Beispiel. *Bestimme die gegenseitige Lage der Kugel K mit Mittelpunkt $M = (5 \mid 1 \mid 0)$ und Radius $r = \sqrt{14}$ zur Geraden*

$$g\colon \vec{x} = \begin{pmatrix} 6 \\ 1 \\ 7 \end{pmatrix} + t \cdot \begin{pmatrix} 1 \\ -1 \\ 2 \end{pmatrix}.$$

Lösung. *Zuerst stellen wir die Koordinatengleichung der Kugel auf. Diese lautet*

$$K\colon (x_1 - 5)^2 + (x_2 - 1)^2 + x_3^2 = 14.$$

Einsetzen der Koordinaten der Geraden g liefert

$$
(6 + t - 5)^2 + (1 - t - 1)^2 + (7 + 2t)^2 = 14
$$
$$
\Leftrightarrow \quad (1 + t)^2 + (-t)^2 + (7 + 2t)^2 = 14
$$
$$
\Leftrightarrow \quad 1 + 2t + t^2 + t^2 + 49 + 28t + 4t^2 = 14
$$
$$
\Leftrightarrow \quad 6t^2 + 30t + 36 = 0
$$
$$
\Leftrightarrow \quad t^2 + 5t + 6 = 0
$$

Die Gleichung $t^2 + 5t + 6 = 0$ lösen wir mit der abc-Formel $\left[a = 1,\ b = 5,\ c = 6 \right]$:

$$t_{1,2} = \frac{-5 \pm \sqrt{5^2 - 4 \cdot 1 \cdot 6}}{2 \cdot 1} = \frac{-5 \pm \sqrt{1}}{2} = \frac{-5 \pm 1}{2}.$$

Die Lösungen lauten $t_1 = -3$ und $t_2 = -2$. Es handelt sich daher um eine Sekante.

5.2.3 Lage von Ebene und Kugel

Eine Ebene und eine Kugel können auf drei verschiedene Weisen zueinander liegen:

1. Die Ebene schneidet die Kugel in einem sogenannten **Schnittkreis**;

2. Die Ebene berührt die Kugel in einem Punkt (**Tangentialebene**);

3. Die Ebene schneidet die Kugel nicht;

Tipp: Lage von Ebene und Kugel bestimmen

Um zu überprüfen, ob sich eine Ebene und eine Kugel schneiden, musst Du den Abstand d von der Ebene zum Mittelpunkt M der Kugel berechnen. Es können drei Fälle auftreten:

- Im Fall $d < r$ schneiden sich Ebene und Kugel;

- Im Fall $d = r$ handelt es sich um eine Tangentialebene;

- Im Fall $d > r$ schneiden sich Ebene und Kugel nicht;

Den Mittelpunkt M^* und den Radius r^* des Schnittkreises kannst Du gegebenenfalls wie folgt berechnen:

1. Berechne falls nötig den Normalenvektor $\vec{n}$ der Ebene;

2. Stelle die Gleichung folgender Hilfsgeraden auf:

$$h\colon \vec{x} = \vec{m} + t \cdot \vec{n};$$

3. Berechne den Schnittpunkt der Hilfsgeraden und der Ebene. Das ist der Mittelpunkt des Schnittkreises;

4. Berechne den Radius des Schnittkreises mit der Formel

$$r^* = \sqrt{r^2 - d^2}.$$

Beispiel. *Gegeben sei die Kugel* $K\colon (x_1 - 2)^2 + (x_2 + 1)^2 + (x_3 - 3)^2 = 9$ *und die Ebene* $E\colon 2x_1 - x_2 - 2x_3 = -7$.

1. Zeige, dass sich Kugel und Ebene schneiden;

2. Bestimme den Radius und den Mittelpunkt des Schnittkreises.

Lösung. *Zu Teil 1) Den Abstand der Ebene E zum Mittelpunkt* $M = (2 \mid -1 \mid 3)$ *der Kugel berechnen wir mit der Formel auf Seite 70:*

$$d = \frac{|2 \cdot 2 - (-1) - 2 \cdot 3 - (-7)|}{\sqrt{2^2 + (-1)^2 + (-2)^2}} = \frac{|6|}{\sqrt{9}} = \frac{6}{3} = 2.$$

Der Radius der Kugel lautet $r = 3$. *Somit folgt* $d = 2 < 3 = r$, *was zeigt, dass sich Kugel und Ebene schneiden.*

Zu Teil 2) Schritt 1: Den Normalenvektor können wir einfach ablesen:

$$\vec{n} = \begin{pmatrix} 2 \\ -1 \\ -2 \end{pmatrix}.$$

Schritt 2: Nun stellen wir die Parameterform der Hilfsgeraden auf:

$$h \colon \vec{x} = \begin{pmatrix} 2 \\ -1 \\ 3 \end{pmatrix} + t \cdot \begin{pmatrix} 2 \\ -1 \\ -2 \end{pmatrix}.$$

Schritt 3: Einsetzen der Koordinaten von h in die Ebengleichung liefert

$$2 \cdot (2 + 2t) - (-1 - t) - 2 \cdot (3 - 2t) = -7 \quad \Leftrightarrow \quad t = -\frac{2}{3}$$

und somit den Mittelpunkt $M^* = (2/3 \mid -1/3 \mid 13/3)$.

Schritt 4: Der Radius des Schnittkreises berechnet sich zu

$$r^* = \sqrt{3^2 - 2^2} = \sqrt{5}.$$

5.2.4   Lage zweier Kugeln

Um die gegenseitige Lage von zwei Kugeln K_1 und K_2 mit den Radien r_1 und r_2 zu bestimmen, musst Du den Abstand d der Mittelpunkte M_1 und M_2 berechnen.

Es können dann fünf Fälle auftreten:

1. Im Fall $d > r_1 + r_2$ haben die Kugeln keinen Punkt gemeinsam; Der Abstand $d(K_1; K_2)$ der beiden Kugeln ist gegeben durch

$$d(K_1; K_2) = d - (r_1 + r_2).$$

2. Im Fall $d = r_1 + r_2$ berühren sich die Kugeln von außen;

3. Im Fall $|r_1 - r_2| < d < r_1 + r_2$ schneiden sich die Kugel in einem **Schnittkreis**;

4. Im Fall $d = |r_1 - r_2|$ berühren sich die Kugeln von innen;

5. Im Fall $d < |r_1 - r_2|$ liegt eine Kugel in der anderen;

Beispiel. *Wir betrachten die Kugeln K_1 und K_2 mit*

$$M_1 = (8 \mid 16 \mid 17),\ r_1 = 17 \quad und \quad M_2 = (1 \mid 2 \mid 3),\ r_2 = 10.$$

Zeige, dass sich K_1 und K_2 schneiden.

Lösung. *Der Abstand der Mittelpunkte M_1 und M_2 ist gegeben durch*

$$d = |\overrightarrow{M_1 M_2}| = \left| \begin{pmatrix} -7 \\ -14 \\ -14 \end{pmatrix} \right| = \sqrt{(-7)^2 + (-14)^2 + (-14)^2} = \sqrt{441} = 21.$$

Weiter gilt

$$|r_1 - r_2| = |17 - 10| = 7 \quad und \quad r_1 + r_2 = 27.$$

Weil $|r_1 - r_2| < d < r_1 + r_2$ folgt, schneiden sich die beiden Kugeln.

5.3   Aufgaben zum Vertiefen

5.3.1   Spiegel- und Schattenpunkte

Aufgabe G-71   **Lösung auf Seite LG-130**

Spiegle jeweils den Punkt A am Punkt B:

  a) $A(0 \mid 3 \mid -1)$ und $B(2 \mid 2 \mid 4)$

  b) $A(6 \mid -7 \mid 1)$ und $B(8 \mid 1 \mid -4)$

  c) $A(1 \mid 16 \mid -3)$ und $B(-5 \mid 12 \mid -6)$

Aufgabe G-72   **Lösung auf Seite LG-131**

Spiegle jeweils den Punkt A an der Ebene E:

  a) $A(1 \mid -2 \mid 4)$ und $E : 2x_1 - 2x_2 + x_3 - 1 = 0$

  b) $A(-1 \mid 0 \mid 3)$ und $E : -3x_1 + 5x_2 - x_3 - 105 = 0$

  c) $A(4 \mid 6 \mid -5)$ und $E : 4x_1 - x_2 - x_3 + 21 = 0$

Aufgabe G-73   **Lösung auf Seite LG-134**

Spiegle jeweils den Punkt A an der Geraden g:

  a) $A(-2 \mid 0 \mid 1)$ und $g : \vec{x} = \begin{pmatrix} 12 \\ 2 \\ 2 \end{pmatrix} + t \begin{pmatrix} 3 \\ 4 \\ 0 \end{pmatrix}, \quad t \in \mathbb{R}.$

  b) $A(-1 \mid 3 \mid -1)$ und $g : \vec{x} = \begin{pmatrix} 4 \\ -1 \\ -1 \end{pmatrix} + t \begin{pmatrix} -2 \\ 2 \\ 1 \end{pmatrix}, \quad t \in \mathbb{R}.$

  c) $A(4 \mid 3 \mid -5)$ und $g : \vec{x} = \begin{pmatrix} 7 \\ 1 \\ 4 \end{pmatrix} + t \begin{pmatrix} 3 \\ -4 \\ 1 \end{pmatrix}, \quad t \in \mathbb{R}.$

Aufgabe G-74   **Lösung auf Seite LG-137**

Gamze designed ein 3D-Mandala. Dieses soll die Symmetrie-Achse g besitzen.

$$g : \vec{x} = \begin{pmatrix} 6 \\ -1 \\ 4 \end{pmatrix} + t \begin{pmatrix} 2 \\ 0 \\ 1 \end{pmatrix}, \quad t \in \mathbb{R},$$

Vor der Fertigstellung muss noch die Kugel K an der Symmetrieachse gespiegelt werden.

$$K : (x_1 - 3)^2 + (x_2 + 2)^2 + x_3^2 = 4$$

Hilf Gamze und spiegle den Mittelpunkt der Kugel an der Geraden g.

Aufgabe G-75   **Lösung auf Seite LG-138**

Gegeben sind die Punkte $A(-1 \mid 0 \mid -5)$, $B(-1 \mid 0 \mid 1)$, $C(2 \mid 1 \mid 0)$, $E(-2 \mid 3 \mid 0)$ und $F(1 \mid 4 \mid 5)$.

a) Zeichne die Punkte, sowie die Strecken $\overline{BC}$, $\overline{BE}$, $\overline{BF}$, $\overline{BA}$, $\overline{AC}$, $\overline{AE}$, $\overline{CF}$ und $\overline{FE}$ in ein Koordinatensystem ein.

b) Die Figur bildet einen halben Diamanten. Bestimme die Koordinaten des fehlenden Punktes D, der diesen vervollständigt, indem du B an der Strecke $\overline{AF}$ spiegelst.

Aufgabe G-76   **Lösung auf Seite LG-140**

Forscher*innen untersuchen eine ägyptische Pyramide. Es handelt sich um eine gerade Pyramide und die Eckpunkte der Grundfläche befinden sich in den Punkten

$$C\left(-1 \mid 0 \mid 1\right),\ H\left(1 \mid 2 \mid 1\right),\ E\left(-1 \mid 4 \mid 1\right)\ \text{und}\ O\left(-3 \mid 2 \mid 1\right).$$

a) Zeige, dass die Grundfläche quadratisch ist.

b) Die Pyramide ist 10 m hoch. Wo befindet sich die Spitze P?

c) Um die Pyramide rankt sich eine Legende. Damit sich eine geheime Kammer öffnet, muss das Sonnenlicht durch die einzige Luke im Punkt $S\left(-1 \mid 3 \mid 6\right)$ fallen und genau auf den Mittelpunkt des Bodens der Pyramide treffen. Durch welchen Vektor kann das einfallende Sonnenlicht beschrieben werden?

d) Dort im Mittelpunkt liegt ein Spiegel am Boden. Dieser reflektiert den Lichtstrahl. In welchem Punkt trifft der Lichtstrahl auf die gegenüberliegende Wand, die durch die Ebene beschrieben wird, in der die Punkte C, P und O liegen?

e) Bevor die Forscher*innen die Pyramide betreten möchten sie den möglichen Sauerstoffgehalt im Inneren der Pyramide schätzen. Dazu benötigen sie das Volumen der Pyramide. Wie groß ist dieses?

Eine Längeneinheit entspricht einem Meter.

Aufgabe G-77   **Lösung auf Seite LG-144**

Anlässlich des großen Stadtfestes wird eine Girlande an drei Pfosten symmetrisch aufgehängt. Die Girlande wird am linken Pfosten im Punkt $P\left(1 \mid 0 \mid 5\right)$ befestigt. Der Mittlere kann durch die folgende Gerade beschrieben werden.:

$$g : \vec{x} = \begin{pmatrix} -2 \\ 9 \\ -4 \end{pmatrix} + t \begin{pmatrix} 1 \\ -1 \\ 10 \end{pmatrix},\quad t \in \mathbb{R},$$

a) An welchem Punkt muss die Girlande am rechten Pfosten befestigt werden?

b) Wie lang muss die Girlande mindestens sein?

Eine Längeneinheit entspricht einem Meter in der Realität.

Aufgabe G-78   **Lösung auf Seite LG-146**

Ein Anglerfisch hat eine punktförmige Lichtquelle an einer Art Antenne am Körper, die seine Beute anlocken soll. In einem dreidimensionalen Koordinatensystem liegt diese Lichtquelle im Punkt $L(5 \mid 5 \mid -2)$. Die Ebene $E \colon x_1 + x_3 - 1 = 0$ stellt eine Felswand dar, an der der Schatten von (als punktförmig angenommenen) Beutefischen zu sehen ist.

a) Ein ahnungsloser Fisch schwimmt im Punkt $P(4 \mid 5 \mid -1{,}5)$. In welchem Punkt landet sein Schatten auf der Felswand?

b) Ein weiterer Schatten ist im Punkt $Q(3 \mid 4 \mid -2)$ zu sehen. Der Beutefisch, zu dem der Schatten gehört, schwimmt eine Längeneinheit von der Lichtquelle des Anglerfisches entfernt. An welchem Punkt befindet sich der zweite Beutefisch?

Aufgabe G-79   **Lösung auf Seite LG-147**

Wir betrachten das Modell einer Sonnenuhr im dreidimensionalen Koordinatensystem. Dabei entspricht die x_1x_2-Ebene dem Boden. Die Stellen an denen die "Ziffern" der Uhr stehen müssten, liegen auf dem Kreis mit dem Mittelpunkt $M(0 \mid 0 \mid 0)$ und der Gleichung

$$K \colon \vec{x} = \cos(t) \cdot \begin{pmatrix} 0 \\ 3 \\ 0 \end{pmatrix} + \sin(t) \cdot \begin{pmatrix} 3 \\ 0 \\ 0 \end{pmatrix}$$

mit $t \in \mathbb{R}$. Die Zahl "12" steht dabei beispielsweise im Punkt $(0 \mid -3 \mid 0)$. Der "Zeiger" der Uhr ist dabei der Schatten eines Stocks, dessen Spitze im Punkt $P(0 \mid 0 \mid 7)$ steht. Das Sonnenlicht fällt entlang des Vektors

$$\vec{v} = \begin{pmatrix} 4 \\ 4 \\ -\sqrt{98} \end{pmatrix}$$

ein. Wie spät ist es?

5.3.2 Kugeln

Aufgabe G-80   **Lösung auf Seite LG-149**

Gegeben sind die Kugel

$$K : (x_1 - 2)^2 + (x_2 + 1)^2 + x_3^2 = 4$$

und die Gerade

$$g : \vec{x} = \begin{pmatrix} 2 \\ 2 \\ -3 \end{pmatrix} + t \begin{pmatrix} 2 \\ 1 \\ -1 \end{pmatrix}, \quad t \in \mathbb{R}.$$

a) Bestimme den Mittelpunkt M sowie den Radius r der Kugel.

b) Liegt der Punkt $P(1 \mid 0 \mid -1)$ auf der Kugel?

c) Prüfe, ob die Gerade g die Kugel schneidet.

d) Eine zweite Gerade h berührt die Kugel im Punkt $A(0 \mid -1 \mid 0)$. Gib eine mögliche Gleichung der Geraden h an.

Aufgabe G-81   **Lösung auf Seite LG-151**

Gegeben sind die Kugel

$$K_1 : (x_1 + 4)^2 + (x_2 + 2)^2 + (x_3 - 1)^2 = 9$$

sowie eine zweite Kugel K_2 mit Radius $r_2 = 5$ und Mittelpunkt $M_2(-1 \mid 2 \mid 1)$.

a) Bestimme die Kugelgleichung der Kugel K_2.

b) Entscheide, ob sich die beiden Kugeln schneiden.

c) Entscheide, ob die Kugel K_1 die $x_1 x_2$-Ebene berührt.

Aufgabe G-82 **Lösung auf Seite LG-152**

Der Asteroid Apophis bewegt sich auf einer Flugbahn, die durch die Gerade

$$g : \vec{x} = \begin{pmatrix} -1 \\ 1 \\ 8 \end{pmatrix} + t \begin{pmatrix} -1 \\ 2 \\ 2 \end{pmatrix}, \quad t \in \mathbb{R},$$

beschrieben wird. Die Erde wird durch eine Kugel mit Radius $r = 1$ und Mittelpunkt $M(1 \mid -3 \mid 4)$ beschrieben.

a) Entscheide, ob der Asteroid die Erde trifft. Wenn ja, in welchem Punkt?

b) Gib eine mögliche Flugbahn an, bei der der Asteroid die Erde lediglich im Punkt $P(1 \mid -2 \mid 4)$ berührt.

Aufgabe G-83 **Lösung auf Seite LG-154**

Eine Kugel soll einen Hang hinab gerollt werden. Der Hang wird durch die Ebene

$$E : x_1 + 2x_2 + 2x_3 - 2 = 0$$

beschrieben. Zu Beginn ruht die Kugel auf der Ebene, ihr Mittelpunkt befindet sich im Punkt $M(-1 \mid 3 \mid 3)$.

a) Was ist der Durchmesser der Kugel?

b) Gegeben ist der Punkt $P(0 \mid 3 \mid k)$. Wie muss der Parameter k gewählt werden, sodass der Punkt P auf der Kugel liegt?

Aufgabe G-84   **Lösung auf Seite LG-155**

Eine durchsichtige Skulptur kann in einem dreidimensionalen Koordinatensystem durch eine Kugel mit der Gleichung

$$K: (x_1 + 2)^2 + (x_2 - 3)^2 + (x_3 + 1)^2 = 9$$

dargestellt werden. An verschiedenen Punkten in der Skulptur sollen Lichter angebracht werden.
Entscheide bei den folgenden Punkten, ob diese innerhalb, auf oder außerhalb der Kugel liegen:

a) $A(-2 \mid 3{,}5 \mid 0)$

b) $B(0 \mid 2 \mid 2)$

c) $C(1 \mid 3 \mid 3)$

d) Gib einen weiteren Punkt D an, der genau auf der Kugel liegt.

Aufgabe G-85   **Lösung auf Seite LG-156**

Gegeben sind die Kugel K, sowie die Ebene E:

$$K: \ (x_1 - 5)^2 + x_2^2 + (x_3 + 2)^2 = 16$$
$$E: \ 2x_1 - 2x_2 + x_3 + 3 = 0$$

a) Gib den Radius r, sowie den Mittelpunkt M der Kugel an.

b) Gegeben ist der Punkt $P(4 \mid -2 \mid k)$. Welche Werte kann der Parameter k annehmen, sodass der Punkt P auf der Kugel liegt?

c) Prüfe, ob die Kugel K die Ebene E schneidet.

Aufgabe G-86   **Lösung auf Seite LG-158**

Gegeben sind die Kugel

$$K_1 : (x_1 + 2)^2 + (x_2 - 2)^2 + (x_3 + 1)^2 = 4$$

und die Gerade

$$g : \vec{x} = \begin{pmatrix} 1 \\ -1 \\ 1 \end{pmatrix} + t \begin{pmatrix} 1 \\ -2 \\ 1 \end{pmatrix} , \quad t \in \mathbb{R}.$$

a) Stelle eine mögliche Gleichung der Kugel K_2 auf, auf deren Oberfläche die Punkte $A\,(1 \mid 0 \mid 1)$ und $B\,(3 \mid 2 \mid 1)$ liegen.

b) Wie liegen die beiden Kugeln K_1 und K_2 zueinander?

c) In welchen Punkten schneidet die Gerade g die Kugel K_1?

Aufgabe G-87   **Lösung auf Seite LG-160**

Der Todesstern - ein großes, kugelförmiges Raumschiff - bewegt sich durch die Galaxie. Sein Mittelpunkt startet dabei modellhaft im Punkt $(0 \mid 0 \mid 0)$ und verläuft näherungsweise entlang des Vektors

$$\vec{v} = \begin{pmatrix} 1 \\ 2 \\ -2 \end{pmatrix}$$

Eine Längeneinheit im Koordinatensystem entspricht dabei 10 000 km in der Realität. Der Todesstern hat einen Radius von 500 km und legt bei vollem Antrieb 60 000 km pro Stunde zurück.

a) Stelle die Geradengleichung g der Geraden auf, auf der sich der Mittelpunkt des Todessterns bewegt.

b) Gib die Kugelgleichung an, die den Todesstern im Modell beschreibt.

c) An welcher Stelle im Koordinatensystem ist der Mittelpunkt des Todessterns bei vollem Antrieb nach zwei Stunden?

d) Wann hat der Todesstern-Mittelpunkt den Punkt $(8 \mid 16 \mid -16)$ erreicht?

e) Nach fünf Stunden mit vollem Antrieb schaltet der Todesstern aufgrund einer
   Fehlfunktion in den Lüftungsschächten alle Antriebe ab und wird dann gerad-
   linig in das Zentrum eines weißen Lochs im Punkt $(10 \mid 24 \mid 17)$ gezogen. Stelle
   die Gerade h auf, auf der sich der Mittelpunkt des Todessterns in dieser Zeit
   bewegt.

Der Todesstern wird in das weiße Loch gezogen und an einen neuen Ort teleportiert.
Dabei landet dessen Mittelpunkt im Punkt $S(10 \mid 10 \mid 10)$.

f) Die Ebene $E\colon x_2 + x_3 - 21 = 0$ stellt im Modell ein gefährliches Meteoriten-
   feld dar. Begründe, ob der Todesstern nun Gefahr läuft von einem Meteoriten
   getroffen zu werden.

Der Planet Nabuu kann im Modell durch die Kugelgleichung

$$K_N\colon (x_1 - 9)^2 + (x_2 - 9)^2 + (x_3 - 12)^2 = 2$$

beschrieben werden.

g) Welchen Durchmesser (in Kilometer) hat der Planet Nabuu? Wo liegt sein
   Mittelpunkt?

h) Untersuche die Lagebeziehung vom Todesstern und dem Planeten Nabuu. Schneiden sich die beiden Kugeln im Modell? Falls nein, welchen Abstand haben die
   Oberflächen des Todesstern und des Planets voneinander?

i) Vom Punkt S aus bewegt sich der Mittelpunkt des Todessterns nun mit
   geschädigten Antrieben entlang des Vektors

$$\vec{w} = \begin{pmatrix} -1 \\ -0{,}5 \\ 2 \end{pmatrix}.$$

Wird er mit Nabuu kollidieren? Erkläre Dein Vorgehen bei dieser Aufgabe!

Aufgabe G-88   **Lösung auf Seite LG-163**

Gegeben sind die beiden Kugeln

$$K_1: (x_1 - 5)^2 + (x_2 - 1)^2 + x_3^2 = 9$$

und

$$K_2: \left| \vec{x} - \begin{pmatrix} 0 \\ 4 \\ -\sqrt{2} \end{pmatrix} \right|^2 = 16$$

Begründe, dass sich K_1 und K_2 schneiden.
Gib dann eine Gleichung der Ebene an, in der der gemeinsame Schnittkreis liegt und berechne den Mittelpunkt M sowie den Radius r des gemeinsamen Schnittkreises an.

Aufgabe G-89   **Lösung auf Seite LG-166**

Gegeben sind die Kugel K und die Ebene E mit

$$K: (x_1 - 5)^2 + x_2^2 + (x_3 + 2)^2 = 16$$
$$E: 2x_1 - 2x_2 + x_3 + 3 \quad\;\; = 0$$

a) Zeige, dass sich E und K schneiden.

b) Gib den Radius r_s und den Mittelpunkt M_s des Schnittkreises an.

5.3.3   Ebenen- und Geradenscharen

Aufgabe G-90   **Lösung auf Seite LG-169**

Gegeben ist die Geradenschar

$$g_s\colon \vec{x} = \begin{pmatrix} 1 \\ -3 \\ -4 \end{pmatrix} + t \cdot \begin{pmatrix} 1 \\ 3+s \\ 2s \end{pmatrix} \quad \text{mit} \quad s \in \mathbb{R}$$

a) Bestimme die Gerade g_s der Schar, die durch den Punkt $P(3 \mid 7 \mid 4)$ verläuft

b) Welche besondere Lage hat g_0?

c) Zeige, dass alle Geraden der Schar in einer Ebene liegen und gib die Gleichung dieser Ebene in Koordinatenform an.

d) Haben alle Geraden der Schar einen gemeinsamen Punkt? Wenn ja, gib seine Koordinaten an.

Aufgabe G-91   **Lösung auf Seite LG-170**

Gegeben ist die Geradenschar

$$g_s\colon \vec{x} = \begin{pmatrix} 1 \\ 7 \\ 3 \end{pmatrix} + t \cdot \begin{pmatrix} 2 \\ s+1 \\ 2s \end{pmatrix} \quad \text{mit} \quad s \in \mathbb{R}$$

und die Gerade

$$h\colon \vec{x} = \begin{pmatrix} -1 \\ -4 \\ 3 \end{pmatrix} + r \cdot \begin{pmatrix} 0 \\ 4 \\ -2 \end{pmatrix}$$

Bestimme die Werte für s, für die sich g_s und h schneiden und gib den Schnittpunkt oder die Schnittpunkte an!

Aufgabe G-92   **Lösung auf Seite LG-172**

Wir betrachten eine Ebenenschar der Form

$$E_t : \vec{x} = \begin{pmatrix} 0 \\ 0 \\ 0{,}8 \end{pmatrix} + r \begin{pmatrix} 0{,}5 \\ 0 \\ 0 \end{pmatrix} + s \begin{pmatrix} 0 \\ 1{,}2\cos(\frac{\pi}{2}t) \\ 1{,}2\sin(\frac{\pi}{2}t) \end{pmatrix} \quad \text{mit} \quad t \in \mathbb{R}.$$

Fleißige Heimwerker*innen möchten für den Bach im Garten ein Wasserrad aus Holz herstellen und in das Wasser setzen. Für $t \in \{0; 0{,}5; 1; 1{,}5; 2; 2{,}5; 3; 3{,}5\}$ und jeweils $0 \le r, s \le 1$ beschreiben die Ebenen der Ebenenschar E_t die Bretter des Rades (genauer deren obere Seite). Eine Längeneinheit im Modell entspricht dann einem Meter in der Realität.

a) Gib die gemeinsame Schnittgerade der Ebenenschar ohne Rechnung an. Welche Bedeutung hat sie im Sachzusammenhang?

b) Skizziere die Ebenen E_0, E_1, E_2 und E_3 für $0 \le r, s \le 1$ in ein dreidimensionales Koordinatensystem.

c) Welche Länge (Maß in der x_2x_3-Ebene) und Breite (Maß in x_1-Richtung) hat ein Brett?

d) Gib einen Wert für t an, für den E_t parallel zur x_1x_2-Ebene ist!

e) Gib einen Wert für t an, für den E_t parallel zur Ebene $F: -x_2 + x_3 + 1 = 0$ ist! Beschreibe Dein Vorgehen auch in Worten!

f) Für $t = 1{,}5$ steht das Brett $E_{1{,}5}$ genau senkrecht auf die Wasseroberfläche und die Fließrichtung des Baches. Das Wasserrad ragt dann am tiefsten Punkt 30 cm in das Wasser. Gib die Gleichung einer Geraden an, die im Modell genau auf der Wasseroberfäche verläuft.

Aufgabe G-93   **Lösung auf Seite LG-174**

Bestimme jeweils die gemeinsame Schnittgerade folgender Ebenenscharen

a) $E_a : \vec{x} = \begin{pmatrix} 2 \\ -1 \\ -2 \end{pmatrix} + r \begin{pmatrix} -2a \\ a \\ 0 \end{pmatrix} + s \begin{pmatrix} -1 \\ 0 \\ a \end{pmatrix}$ mit $a \in \mathbb{R} \setminus \{0\}$

b) $E_b : x_1 + 2bx_2 - 3bx_3 + 1 = 0$ mit $b \in \mathbb{R} \setminus \{0\}$

6 Matrizen und Lineare Abbildungen

6.1 Rechnen mit Matrizen

Definition: Matrix

Eine $m \times n$-Matrix (sprich: m-Kreuz-n-Matrix) ist ein rechteckiges Schema von Zahlen mit m Zeilen und n Spalten:

$$A = \begin{pmatrix} a_{11} & \cdots & a_{1n} \\ \vdots & \ddots & \vdots \\ a_{m1} & \cdots & a_{mn} \end{pmatrix}$$

Das Element in der i-ten Zeile und j-ten Spalte der Matrix A wird mit a_{ij} notiert. Im Fall $n = m$ spricht man von einer **quadratischen Matrix** und die Elemente $a_{11}, a_{22}, \ldots, a_{nn}$ bilden die Hauptdiagonale.

Beispiel. *Ein Vektor der Form* $\begin{pmatrix} x_1 \\ x_2 \\ x_3 \end{pmatrix}$ *ist eine 3×1-Matrix.*

Die 2×3-Matrix

$$A = \begin{pmatrix} 1 & 2 & 4 \\ 0 & 5 & -1 \end{pmatrix}$$

besitzt die Einträge $a_{11} = 1, a_{12} = 2, a_{13} = 4$ sowie $a_{21} = 0, a_{22} = 5, a_{23} = -1$.

*Eine quadratische Matrix nennt man **Diagonalmatrix**, falls alle Einträge außerhalb der Hauptdiagonalen gleich Null sind. Zum Beispiel ist*

$$D = \begin{pmatrix} 1 & 0 & 0 \\ 0 & 2 & 0 \\ 0 & 0 & -1 \end{pmatrix}$$

eine 3×3 Diagonalmatrix mit den Elementen $d_{11} = 1, d_{22} = 2$ und $d_{33} = -1$.

*Falls bei einer Diagonalmatrix auf der Diagonalen nur Einsen stehen, spricht man von einer **Einheitsmatrix**. Zum Beispiel ist*

$$E_2 = \begin{pmatrix} 1 & 0 \\ 0 & 1 \end{pmatrix}$$

die 2×2 Einheitsmatrix.

Fakt: Skalar-Multiplikation

Jede Matrix lässt sich mit einer beliebigen Zahl multiplizieren, indem jedes Element der Matrix mit der Zahl multipliziert wird.

Beispiel. *Es gilt*

$$2 \cdot \begin{pmatrix} 1 & 2 & 4 \\ 0 & 5 & -1 \end{pmatrix} = \begin{pmatrix} 2 & 4 & 8 \\ 0 & 10 & -2 \end{pmatrix} \quad sowie \quad 0 \cdot \begin{pmatrix} 1 & 2 \\ 3 & -1 \end{pmatrix} = \begin{pmatrix} 0 & 0 \\ 0 & 0 \end{pmatrix}.$$

Fakt: Addition und Subtraktion

Zwei $m \times n$-Matrizen lassen sich addieren/subtrahieren, indem jeweils die Elemente an der gleichen Position addiert/subtrahiert werden.

Beispiel. *Es gilt*

$$\begin{pmatrix} 5 & 8 & -8 \\ 0 & 1 & 0 \\ -1 & -2 & 3 \end{pmatrix} + \begin{pmatrix} -1 & 0 & 0 \\ 2 & 3 & 0 \\ 2 & -2 & -4 \end{pmatrix} = \begin{pmatrix} 4 & 8 & -8 \\ 2 & 4 & 0 \\ 1 & -4 & -1 \end{pmatrix}.$$

Fakt: Matrizenmultiplikation

Eine $m \times r$-Matrix A kann mit einer $r \times n$-Matrix B multipliziert werden. Dadurch ergibt sich eine $m \times n$-Matrix $C = A \cdot B$. Der Eintrag c_{ij} ist gleich dem **Skalarprodukt** der i-ten Zeile von A und der j-ten Spalte von B.

Beispiel. *Es sei*

$$A = \begin{pmatrix} 1 & 0 & 1 \\ 0 & 1 & 2 \end{pmatrix} \quad und \quad B = \begin{pmatrix} 1 & 1 \\ 1 & 2 \\ 0 & 1 \end{pmatrix}.$$

A ist eine 2×3-Matrix, B eine 3×2 Matrix. Das Produkt von $C = A \cdot B$ von A und B ist also eine 2×2-Matrix. Der Eintrag c_{11} entspricht dem Skalarprodukt der 1. Zeile von A und der 1. Spalte von B, also

$$c_{11} = \begin{pmatrix} 1 \\ 0 \\ 1 \end{pmatrix} \circ \begin{pmatrix} 1 \\ 1 \\ 0 \end{pmatrix} = 1 \cdot 1 + 0 \cdot 1 + 1 \cdot 0 = 1.$$

Auf die gleiche Weise erhalten wir die anderen Einträge:

$$C = \begin{pmatrix} 1 & 2 \\ 1 & 4 \end{pmatrix}$$

Beispiel. *Berechne folgendes Matrix-Vektor-Produkt:*

$$\begin{pmatrix} 1 & 2 \\ 3 & 4 \end{pmatrix} \cdot \begin{pmatrix} 5 \\ 6 \end{pmatrix}$$

Lösung. *Es ergibt sich folgender Vektor:*

$$\begin{pmatrix} 1 & 2 \\ 3 & 4 \end{pmatrix} \cdot \begin{pmatrix} 5 \\ 6 \end{pmatrix} = \begin{pmatrix} 1 \cdot 5 + 2 \cdot 6 \\ 3 \cdot 5 + 4 \cdot 6 \end{pmatrix} = \begin{pmatrix} 17 \\ 39 \end{pmatrix}$$

Beispiel. *Berechne folgendes Matrix-Vektor-Produkt:*

$$\begin{pmatrix} 1 & 3 & 2 \\ 0 & -1 & 3 \\ 5 & 4 & 2 \end{pmatrix} \cdot \begin{pmatrix} x_1 \\ x_2 \\ x_3 \end{pmatrix}$$

Lösung. *Es ergibt sich folgender Vektor:*

$$\begin{pmatrix} 1 & 3 & 2 \\ 0 & -1 & 3 \\ 5 & 4 & 2 \end{pmatrix} \cdot \begin{pmatrix} x_1 \\ x_2 \\ x_3 \end{pmatrix} = \begin{pmatrix} x_1 + 3x_2 + 2x_3 \\ -x_2 + 3x_3 \\ 5x_1 + 4x_2 + 2x_3 \end{pmatrix}$$

Tipp: Matrizenmultiplikation

Wenn Du zwei Matrizen A und B miteinander multiplizieren möchtest, musst Du immer darauf achten, dass die **Ordnungen der Matrizen passend sind**, d. h. die Anzahl der Spalten von A muss gleich der Anzahl der Zeilen von B sein. Schreibe dazu die Ordnungen wie folgt auf (vergleiche mit dem letzten Beispiel):

$$A \qquad \cdot \qquad B \qquad = \qquad C$$

$$2 \times 3 \qquad 3 \times 2 \quad \longrightarrow \quad 2 \times 2$$

Merke: Reihenfolge der Matrizenmultiplikation

Denke daran, dass bei quadratische Matrizen die **Reihenfolge der Multiplikation** wichtig ist! Im Allgemeinen gilt

$$A \cdot B \neq B \cdot A$$

6.2 Inverse Matrix

Definition: Inverse Matrix

Betrachte eine **quadratische** $n \times n$-Matrix A. Falls es eine $n \times n$-Matrix B gibt, mit

$$A \cdot B = E_n = B \cdot A,$$

dann heißt B **invers** zu A. Man schreibt dann auch $B = A^{-1}$.

Merke: Inverse Matrix

- Nicht jede quadratische Matrix besitzt eine inverse Matrix!

- Wenn Du zeigen sollst, dass A und B invers zueinander sind, reicht es aus, wenn Du $A \cdot B = E_n$ zeigst.

Beispiel. *Zeige, dass folgende Matrizen invers zueinander sind:*

$$A = \begin{pmatrix} 1 & 4 & 2 \\ 0 & 1 & -1 \\ 2 & 8 & 3 \end{pmatrix}, \quad B = \begin{pmatrix} -11 & -4 & 6 \\ 2 & 1 & -1 \\ 2 & 0 & -1 \end{pmatrix}$$

Lösung. *Es reicht zu zeigen, dass $A \cdot B = E_3$ gilt (siehe Merke-Kasten). Es gilt*

$$A \cdot B = \begin{pmatrix} 1 & 4 & 2 \\ 0 & 1 & -1 \\ 2 & 8 & 3 \end{pmatrix} \cdot \begin{pmatrix} -11 & -4 & 6 \\ 2 & 1 & -1 \\ 2 & 0 & -1 \end{pmatrix}$$

$$= \begin{pmatrix} 1 \cdot (-11) + 4 \cdot 2 + 2 \cdot 2 & 1 \cdot (-4) + 4 \cdot 1 & 1 \cdot 6 + 4 \cdot (-1) + 2 \cdot (-1) \\ 1 \cdot 2 + (-1) \cdot 2 & 1 \cdot 1 & 1 \cdot (-1) + (-1) \cdot (-1) \\ 2 \cdot (-11) + 8 \cdot 2 + 3 \cdot 2 & 2 \cdot (-4) + 8 \cdot 1 & 2 \cdot 6 + 8 \cdot (-1) + 3 \cdot (-1) \end{pmatrix}$$

$$= \begin{pmatrix} 1 & 0 & 0 \\ 0 & 1 & 0 \\ 0 & 0 & 1 \end{pmatrix} = E_3.$$

> ## Tipp: Inverse Matrix berechnen
>
> **Gegeben:** Eine beliebige $n \times n$-Matrix A;
>
> 1. Schreibe die Matrizen A und E_n wie folgt nebeneinander:
>
> $$A \mid E_n$$
>
> 2. Versuche, die Matrix A auf der linken Seite mithilfe des **Gauß-Verfahrens** schrittweise in die Einheitsmatrix E_n zu überführen und wende dabei in jedem Schritt alle Umformungen auch auf die rechte Seite an;
>
> 3. Falls auf der linken Seite eine Nullzeile oder Nullspalte auftaucht, dann ist A nicht invertierbar. Andernfalls ist die Matrix, die zum Schluss auf der rechten Seite steht, die Inverse A^{-1};

Beispiel. *Berechne die Inverse der Matrix*

$$\begin{pmatrix} 1 & 1 & 0 \\ 1 & 0 & 1 \\ 1 & -1 & 1 \end{pmatrix}.$$

Lösung. *Schritt 1. Wir schreiben die gegebene Matrix links neben die 3×3 Einheitsmatrix:*

$$\begin{pmatrix} 1 & 1 & 0 \\ 1 & 0 & 1 \\ 1 & -1 & 1 \end{pmatrix} \left| \begin{pmatrix} 1 & 0 & 0 \\ 0 & 1 & 0 \\ 0 & 0 & 1 \end{pmatrix} \right.$$

Schritt 2: Nun versuchen wir mithilfe des Gauß-Verfahrens, die Matrix auf der linken Seite so umzuformen, dass links die Einheitsmatrix entsteht:

Auf beiden Seiten: $(2) \leftarrow (2) - (1)$ *und* $(3) \leftarrow (3) - (1)$:

$$\begin{pmatrix} 1 & 1 & 0 \\ 0 & -1 & 1 \\ 0 & -2 & 1 \end{pmatrix} \left| \begin{pmatrix} 1 & 0 & 0 \\ -1 & 1 & 0 \\ -1 & 0 & 1 \end{pmatrix} \right.$$

Auf beiden Seiten: $(3) \leftarrow (3) - 2 \cdot (2)$:

$$\begin{pmatrix} 1 & 1 & 0 \\ 0 & -1 & 1 \\ 0 & 0 & -1 \end{pmatrix} \left| \begin{pmatrix} 1 & 0 & 0 \\ -1 & 1 & 0 \\ 1 & -2 & 1 \end{pmatrix} \right.$$

Auf beiden Seiten: (3) ← −(3):

$$\begin{pmatrix} 1 & 1 & 0 \\ 0 & -1 & 1 \\ 0 & 0 & 1 \end{pmatrix} \left| \begin{pmatrix} 1 & 0 & 0 \\ -1 & 1 & 0 \\ -1 & 2 & -1 \end{pmatrix} \right.$$

Auf beiden Seiten: (2) ← (2) − (3):

$$\begin{pmatrix} 1 & 1 & 0 \\ 0 & -1 & 0 \\ 0 & 0 & 1 \end{pmatrix} \left| \begin{pmatrix} 1 & 0 & 0 \\ 0 & -1 & 1 \\ -1 & 2 & -1 \end{pmatrix} \right.$$

Auf beiden Seiten: (2) ← −(2):

$$\begin{pmatrix} 1 & 1 & 0 \\ 0 & 1 & 0 \\ 0 & 0 & 1 \end{pmatrix} \left| \begin{pmatrix} 1 & 0 & 0 \\ 0 & 1 & -1 \\ -1 & 2 & -1 \end{pmatrix} \right.$$

Auf beiden Seiten: (1) ← (1) − (2):

$$\begin{pmatrix} 1 & 0 & 0 \\ 0 & 1 & 0 \\ 0 & 0 & 1 \end{pmatrix} \left| \begin{pmatrix} 1 & -1 & 1 \\ 0 & 1 & -1 \\ -1 & 2 & -1 \end{pmatrix} \right.$$

Schritt 3: Weil keine Nullzeilen oder Nullspalten aufgetaucht sind, können wir die Inverse auf der rechten Seite ablesen:

$$\begin{pmatrix} 1 & -1 & 1 \\ 0 & 1 & -1 \\ -1 & 2 & -1 \end{pmatrix}$$

6.3 Lineare Abbildungen

Eine **lineare Abbildung** von $\mathbb{R}^n$ nach $\mathbb{R}^m$ ordnet jedem Vektor $\vec{x}$ mit n Einträgen einen Vektor $\vec{y}$ mit m Einträgen zu und kann geschrieben werden als

$$\vec{y} = A \cdot \vec{x},$$

wobei A eine $n \times m$-Matrix ist. Die Matrix A wird als **Abbildungsmatrix** bezeichnet.

Beispiel. *Wir betrachten die Abbildungsmatrix*

$$A = \begin{pmatrix} 1 & 0 \\ 0 & -1 \end{pmatrix}.$$

Für die zugehörige lineare Abbildung gilt

$$\begin{pmatrix} y_1 \\ y_2 \end{pmatrix} = \begin{pmatrix} 1 & 0 \\ 0 & -1 \end{pmatrix} \cdot \begin{pmatrix} x_1 \\ x_2 \end{pmatrix} = \begin{pmatrix} x_1 \\ -x_2 \end{pmatrix}$$

Ein Punkt $P = (x_1 \mid x_2)$ wird also auf den Punkt $P' = (x_1 \mid -x_2)$ abgebildet. Es handelt sich folglich um die Spiegelung an der x-Achse.

Tipp: Bilder der Einheitsvektoren

Die Einheitsvektoren in der Ebene bzw. im dreidimensionalen Raum lauten

$$e_1 = \begin{pmatrix} 1 \\ 0 \end{pmatrix}, \quad e_2 = \begin{pmatrix} 0 \\ 1 \end{pmatrix}, \quad \text{bzw.} \quad e_1 = \begin{pmatrix} 1 \\ 0 \\ 0 \end{pmatrix}, \quad e_2 = \begin{pmatrix} 0 \\ 1 \\ 0 \end{pmatrix}, \quad e_3 = \begin{pmatrix} 0 \\ 0 \\ 1 \end{pmatrix}.$$

In den Spalten der Abbildungsmatrix A einer **linearen Abbildung** stehen immer die **Bilder der Einheitsvektoren**. Das bedeutet: Wenn Du die Information bekommst, dass zum Beispiel der Einheitsvektor e_1 auf den Vektor

$$\begin{pmatrix} 1 \\ 2 \\ 3 \end{pmatrix}$$

abgebildet wird, dann sieht die zugehörige Abbildungsmatrix wie folgt aus:

$$\begin{pmatrix} 1 & * & * \\ 2 & * & * \\ 3 & * & * \end{pmatrix}$$

Beispiel. *Bestimme die zugehörige Abbildungsmatrix der linearen Abbildung, die den Punkt* $(1 \mid 0)$ *auf* $(2 \mid 4)$ *und den Punkt* $(0 \mid 1)$ *auf* $(0 \mid -1)$ *abbildet.*

Lösung. *Die gesuchte Abbildungsmatrix lautet*

$$\begin{pmatrix} 2 & 0 \\ 4 & -1 \end{pmatrix}.$$

Definition: Affine Abbildung

Wenn zu einer linearen Abbildung noch ein Vektor $\vec{b}$ addiert wird, dann entsteht eine sogenannte **affine Abbildung**. Diese hat die allgemeine Form

$$\vec{y} = A \cdot \vec{x} + \vec{b}.$$

Beispiel. *Gegeben sei die affine Abbildung*

$$\begin{pmatrix} y_1 \\ y_2 \end{pmatrix} = \begin{pmatrix} 1 & 2 \\ 5 & -4 \end{pmatrix} \cdot \begin{pmatrix} x_1 \\ x_2 \end{pmatrix} + \begin{pmatrix} -4 \\ 7 \end{pmatrix}.$$

Berechne den Bildpunkt von $P = (2 \mid 3)$.

Lösung. *Es gilt*

$$\begin{pmatrix} y_1 \\ y_2 \end{pmatrix} = \begin{pmatrix} 1 & 2 \\ 5 & -4 \end{pmatrix} \cdot \begin{pmatrix} 2 \\ 3 \end{pmatrix} + \begin{pmatrix} -4 \\ 7 \end{pmatrix} = \begin{pmatrix} 4 \\ 5 \end{pmatrix}.$$

Der Punkt $P = (2 \mid 3)$ *wird also auf den Punkt* $P' = (4 \mid 5)$ *abgebildet.*

In folgender Übersicht findest Du wichtige Abbildungen in der Ebene:

Parallelverschiebung:

Bei einer Parallelverschiebung mit dem Verschiebungsvektor $\vec{v}$ werden alle Punkte der Ebene um $\vec{v}$ verschoben:

$$\begin{pmatrix} y_1 \\ y_2 \end{pmatrix} = \begin{pmatrix} 1 & 0 \\ 0 & 1 \end{pmatrix} \cdot \begin{pmatrix} x_1 \\ x_2 \end{pmatrix} + \begin{pmatrix} v_1 \\ v_2 \end{pmatrix}$$

Zentrische Streckung:

Bei einer zentrischen Streckung werden die Einträge aller Punkte mit einem konstanten Streckfaktor $k \neq 0$ multipliziert:

$$\begin{pmatrix} y_1 \\ y_2 \end{pmatrix} = \begin{pmatrix} k & 0 \\ 0 & k \end{pmatrix} \cdot \begin{pmatrix} x_1 \\ x_2 \end{pmatrix}$$

Drehung um den Ursprung:

Die Drehung (gegen den Uhrzeigersinn) eines Punktes in der Ebene um einen Winkel φ um den Ursprung ist eine lineare Abbildung und ist von der Form

$$\begin{pmatrix} y_1 \\ y_2 \end{pmatrix} = \begin{pmatrix} \cos(\varphi) & -\sin(\varphi) \\ \sin(\varphi) & \cos(\varphi) \end{pmatrix} \cdot \begin{pmatrix} x_1 \\ x_2 \end{pmatrix}$$

Spiegelung an einer Ursprungsgeraden:

Wir betrachten eine Ursprungsgerade, die mit der x-Achse einen Winkel α einschließt. Die Spiegelung eines Punktes an dieser Ursprungsgerade ist eine lineare Abbildung und ist von der Form

$$\begin{pmatrix} y_1 \\ y_2 \end{pmatrix} = \begin{pmatrix} \cos(2\alpha) & \sin(2\alpha) \\ \sin(2\alpha) & -\cos(2\alpha) \end{pmatrix} \cdot \begin{pmatrix} x_1 \\ x_2 \end{pmatrix}$$

> **Fakt: Hintereinanderschaltung von linearen Abbildungen**
>
> Wenn Du zwei **lineare Abbildungen** mit den Matrizen A_1 und A_2 hintereinander ausführst (verkettest), dann ergibt sich wieder eine lineare Abbildung und die Abbildungsmatrix der Gesamtabbildung ist $A = A_1 \cdot A_2$.

Beispiel. *Auf welchen Vektor wird* $\vec{x} = \begin{pmatrix} 2 \\ 1 \end{pmatrix}$ *bei einer* $30°$*-Drehung abgebildet?*

Lösung. *Die passende Drehmatrix lautet*

$$A = \begin{pmatrix} \cos(30°) & -\sin(30°) \\ \sin(30°) & \cos(30°) \end{pmatrix} = \begin{pmatrix} \sqrt{3}/2 & -1/2 \\ 1/2 & \sqrt{3}/2 \end{pmatrix}.$$

Somit folgt

$$\begin{pmatrix} y_1 \\ y_2 \end{pmatrix} = \begin{pmatrix} \sqrt{3}/2 & -1/2 \\ 1/2 & \sqrt{3}/2 \end{pmatrix} \cdot \begin{pmatrix} 2 \\ 1 \end{pmatrix} = \begin{pmatrix} \sqrt{3} - 1/2 \\ 1 + \sqrt{3}/2 \end{pmatrix} \approx \begin{pmatrix} 1{,}23 \\ 1{,}87 \end{pmatrix}.$$

Beispiel. *Wir betrachten eine lineare Abbildung, die zuerst Punkte mit dem Streckfaktor* $k = 2$ *zentrisch streckt und sie danach um* $45°$ *um den Ursprung dreht. Wie lautet die Abbildungsmatrix der Gesamtabbildung?*

Lösung. *Zuerst wird mit dem Streckfaktor* $k = 2$ *zentrisch gestreckt, d. h. es gilt*

$$A_1 = \begin{pmatrix} 2 & 0 \\ 0 & 2 \end{pmatrix}.$$

Danach wird um $45°$ *um den Ursprung gedreht:*

$$A_2 = \begin{pmatrix} \sqrt{2}/2 & -\sqrt{2}/2 \\ \sqrt{2}/2 & \sqrt{2}/2 \end{pmatrix}.$$

Die Abbildungsmatrix der Gesamtabbildung ist folglich gegeben durch

$$A = A_1 \cdot A_2 = \begin{pmatrix} 2 & 0 \\ 0 & 2 \end{pmatrix} \cdot \begin{pmatrix} \sqrt{2}/2 & -\sqrt{2}/2 \\ \sqrt{2}/2 & \sqrt{2}/2 \end{pmatrix} = \begin{pmatrix} \sqrt{2} & -\sqrt{2} \\ \sqrt{2} & \sqrt{2} \end{pmatrix}.$$

In folgender Übersicht findest Du wichtige Abbildungen im Raum:

Parallelverschiebung:

Bei einer Parallelverschiebung mit dem Verschiebungsvektor $\vec{v}$ werden alle Punkte der Ebene um $\vec{v}$ verschoben:

$$\begin{pmatrix} y_1 \\ y_2 \\ y_3 \end{pmatrix} = \begin{pmatrix} 1 & 0 & 0 \\ 0 & 1 & 0 \\ 0 & 0 & 1 \end{pmatrix} \cdot \begin{pmatrix} x_1 \\ x_2 \\ x_3 \end{pmatrix} + \begin{pmatrix} v_1 \\ v_2 \\ v_3 \end{pmatrix}$$

Zentrische Streckung:

Bei einer zentrischen Streckung werden die Einträge aller Punkte mit einem konstanten Streckfaktor $k \neq 0$ multipliziert:

$$\begin{pmatrix} y_1 \\ y_2 \\ y_3 \end{pmatrix} = \begin{pmatrix} k & 0 & 0 \\ 0 & k & 0 \\ 0 & 0 & k \end{pmatrix} \cdot \begin{pmatrix} x_1 \\ x_2 \\ x_3 \end{pmatrix}$$

Drehung um eine Achse:

Die Drehung eines Punktes im Raum um einen Winkel φ um eine **Koordinaten-Achse** (x, y oder z) ist eine lineare Abbildung mit der Abbildungsmatrix

$$A_x = \begin{pmatrix} 1 & 0 & 0 \\ 0 & \cos(\varphi) & -\sin(\varphi) \\ 0 & \sin(\varphi) & \cos(\varphi) \end{pmatrix},$$

$$A_y = \begin{pmatrix} \cos(\varphi) & 0 & \sin(\varphi) \\ 0 & 1 & 0 \\ -\sin(\varphi) & 0 & \cos(\varphi) \end{pmatrix},$$

$$A_z = \begin{pmatrix} \cos(\varphi) & -\sin(\varphi) & 0 \\ \sin(\varphi) & \cos(\varphi) & 0 \\ 0 & 0 & 1 \end{pmatrix}.$$

Parallelprojektionen:

Bei einer Parallelprojektion wird ein Objekt im Raum auf eine zweidimensionale Ebene projiziert, wobei die zugehörigen Projektionsstrahlen parallel verlaufen. Im Prinzip kann man sich dies als Schattenwurf vorstellen.

Bei einer Parallelprojektion in eine **Koordinaten-Ebene** (xy, xz oder yz) in Richtung eines Projektionsvektors

$$\vec{v} = \begin{pmatrix} v_1 \\ v_2 \\ v_3 \end{pmatrix}$$

lauten die entsprechenden Abbildungsmatrizen wie folgt:

$$A_{xy} = \begin{pmatrix} 1 & 0 & -v_1/v_3 \\ 0 & 1 & -v_2/v_3 \\ 0 & 0 & 0 \end{pmatrix},$$

$$A_{xz} = \begin{pmatrix} 1 & -v_1/v_2 & 0 \\ 0 & 0 & 0 \\ 0 & -v_3/v_2 & 1 \end{pmatrix},$$

$$A_{yz} = \begin{pmatrix} 0 & 0 & 0 \\ -v_2/v_1 & 1 & 0 \\ -v_3/v_1 & 0 & 1 \end{pmatrix}.$$

Merke: Allgemeine Parallelprojektionen

Parallelprojektionen müssen natürlich nicht immer in eine Koordinaten-Ebene gehen. Bei einer beliebigen Ebene erhältst Du die passende Abbildungsmatrix, indem Du die Bilder der Einheitsvektoren bestimmst (siehe nächstes Beispiel).

Beispiel. *Bestimme die zugehörige Abbildungsmatrix der Parallelprojektion auf die Ebene* $E\colon x_1 - x_2 = 0$ *in Richtung des Vektors*

$$\vec{v} = \begin{pmatrix} 3 \\ 1 \\ -1 \end{pmatrix}.$$

Lösung. *Um die Spalten der gesuchten Abbildungsmatrix zu bestimmen, berechnen wir die Bilder der Einheitsvektoren* e_1, e_2 *und* e_3. *Diese erhalten wir, indem wir Geraden*

$$g_1\colon \vec{x} = e_1 + t \cdot v, \quad g_2\colon \vec{x} = e_2 + t \cdot v, \quad und \quad g_3\colon \vec{x} = e_3 + t \cdot v$$

mit der Ebene E *schneiden. Dazu setzen wir die einzelnen Koordinaten der Geraden in die Koordinatengleichung von* E *ein. Für* g_1 *ergibt sich z. B. folgende Gleichung:*

$$(1 + t \cdot 3) - (0 + t \cdot 1) = 0 \quad \Leftrightarrow \quad t = -\frac{1}{2}.$$

Einsetzen von $t = -1/2$ *liefert den Schnittpunkt* $S_1 = (-0{,}5 \mid -0{,}5 \mid 0{,}5)$. *Genauso erhalten wir die Schnittpunkte von* g_2 *mit* E, *bzw. von* g_3 *mit* E. *Diese lauten*

$$S_2 = (1{,}5 \mid 1{,}5 \mid -0{,}5) \quad sowie \quad S_3 = (0 \mid 0 \mid 1).$$

Die Bilder der Einheitsvektoren, also die Ortsvektoren der Schnittpunkte S_1, S_2 *und* S_3 *bilden die Abbildungsmatrix. Diese lautet also*

$$A = \begin{pmatrix} -0{,}5 & 1{,}5 & 0 \\ -0{,}5 & 1{,}5 & 0 \\ 0{,}5 & -0{,}5 & 1 \end{pmatrix}.$$

6.3.1   Geraden abbilden

Um das **Bild einer Geraden** zu erhalten, setzen wir den Vektor $\vec{x}$ der Geraden einfach in die Abbildungsvorschrift ein:

Beispiel. *Gegeben sei die affine Abbildung*

$$\begin{pmatrix} y_1 \\ y_2 \end{pmatrix} = \begin{pmatrix} 1 & 2 \\ 5 & -4 \end{pmatrix} \cdot \begin{pmatrix} x_1 \\ x_2 \end{pmatrix} + \begin{pmatrix} -4 \\ 7 \end{pmatrix}.$$

Berechne die Bildgerade von

$$g\colon \begin{pmatrix} x_1 \\ x_2 \end{pmatrix} = \begin{pmatrix} 4 \\ -3 \end{pmatrix} + t \cdot \begin{pmatrix} 1 \\ 2 \end{pmatrix}.$$

Lösung. *Einsetzen liefert:*

$$\begin{pmatrix} y_1 \\ y_2 \end{pmatrix} = \begin{pmatrix} 1 & 2 \\ 5 & -4 \end{pmatrix} \cdot \left[\begin{pmatrix} 4 \\ -3 \end{pmatrix} + t \cdot \begin{pmatrix} 1 \\ 2 \end{pmatrix} \right] + \begin{pmatrix} -4 \\ 7 \end{pmatrix}$$

$$= \begin{pmatrix} 1 & 2 \\ 5 & -4 \end{pmatrix} \cdot \begin{pmatrix} 4 \\ -3 \end{pmatrix} + t \cdot \begin{pmatrix} 1 & 2 \\ 5 & -4 \end{pmatrix} \cdot \begin{pmatrix} 1 \\ 2 \end{pmatrix} + \begin{pmatrix} -4 \\ 7 \end{pmatrix}$$

$$= \begin{pmatrix} -2 \\ 32 \end{pmatrix} + t \cdot \begin{pmatrix} 5 \\ -3 \end{pmatrix} + \begin{pmatrix} -4 \\ 7 \end{pmatrix}$$

$$= \begin{pmatrix} -6 \\ 39 \end{pmatrix} + t \cdot \begin{pmatrix} 5 \\ -3 \end{pmatrix}$$

Die Parameterform der Bildgeraden g' lautet also

$$g'\colon \begin{pmatrix} x_1 \\ x_2 \end{pmatrix} = \begin{pmatrix} -6 \\ 39 \end{pmatrix} + t \cdot \begin{pmatrix} 5 \\ -3 \end{pmatrix}.$$

6.4   Fixpunktmengen

Eine lineare Abbildung bildet jeden Vektor $\vec{x}$ auf einen Vektor $\vec{y}$ ab. Wenn ein Vektor auf sich selbst abgebildet wird, also im Fall $\vec{y} = \vec{x}$, spricht man von einem Fixpunkt. Bei der Spiegelung von Punkten an einer Ursprungsgeraden sind zum Beispiel genau die Punkte, die auf der Geraden liegen, Fixpunkte.

Merke: Fixpunkte

Gegeben sei eine lineare Abbildung mit der Abbildungsmatrix A. Um die **Fixpunkte** zu berechnen, musst Du folgendes Gleichungssystem lösen:

$$\vec{x} = A \cdot \vec{x}$$

Beispiel. *Bestimme die Menge der Fixpunkte der Abbildung mit der Abbildungsmatrix*

$$A = \begin{pmatrix} 0 & 1 & -1 \\ 1 & 0 & 1 \\ 1 & -1 & 2 \end{pmatrix}$$

Lösung. *Wir müssen folgendes Gleichungssystem lösen:*

$$\begin{pmatrix} x_1 \\ x_2 \\ x_3 \end{pmatrix} = \begin{pmatrix} 0 & 1 & -1 \\ 1 & 0 & 1 \\ 1 & -1 & 2 \end{pmatrix} \cdot \begin{pmatrix} x_1 \\ x_2 \\ x_3 \end{pmatrix}$$

Die einzelnen Gleichungen lauten also

$$(1): x_1 = x_2 - x_3$$
$$(2): x_2 = x_1 + x_3$$
$$(3): x_3 = x_1 - x_2 + 2x_3$$

beziehungsweise

$$(1): \quad x_1 - x_2 + x_3 = 0$$
$$(2): -x_1 + x_2 - x_3 = 0$$
$$(3): -x_1 + x_2 - x_3 = 0$$

Wie wir sehen, sind die Gleichungen (2) und (3) identisch. Gleichung (3) kann deshalb gestrichen werden. Außerdem erhält man (1), indem man (2) mit -1 multipliziert. Deshalb kann auch (2) gestrichen werden. Alle Punkte, die die Gleichung $x_1 - x_2 + x_3 = 0$ erfüllen, sind also Fixpunkte. Bei der Fixpunktmenge handelt es sich folglich um die Ebene mit der Koordinatenform

$$x_1 - x_2 + x_3 = 0.$$

6.5 Aufgaben zum Vertiefen

6.5.1 Matrizen

Aufgabe G-94 **Lösung auf Seite LG-178**

Gegeben sind die beiden Matrizen A und B:

$$A = \begin{pmatrix} 1 & 4 & 0 \\ -2 & 3 & 5 \\ 0 & 2 & 1 \end{pmatrix} \qquad B = \begin{pmatrix} 3 & 2 & -3 \\ 6 & -4 & 1 \\ 2 & 0 & 5 \end{pmatrix}$$

Bestimme folgende Audrücke:

a) $2 \cdot A + 3 \cdot B$ c) $B \cdot A$

b) $A \cdot B$ d) $A \cdot B - B \cdot A$

Aufgabe G-95 **Lösung auf Seite LG-179**

Zeige, dass die beiden Matrizen A und B invers zueinander sind:

$$A = \begin{pmatrix} 1 & -3 \\ 1 & -4 \end{pmatrix} \qquad B = \begin{pmatrix} 4 & -3 \\ 1 & -1 \end{pmatrix}$$

Aufgabe G-96 **Lösung auf Seite LG-179**

Bestimme mit Hilfe des Gauß-Algorithmus die Inversen der Matrizen A und B:

$$A = \begin{pmatrix} 1 & -1 & 0 \\ 0 & 1 & 2 \\ 2 & -1 & 3 \end{pmatrix} \qquad B = \begin{pmatrix} 1 & 4 & -2 \\ 2 & 2 & -1 \\ -1 & -2 & 2 \end{pmatrix}$$

Aufgabe G-97   **Lösung auf Seite LG-181**

a) Gib zu folgenden Prozessdiagrammen die zugehörigen Übergangsmatrizen an.
   Bestimme dabei die fehlenden Werte von a und b. Übergänge mit der Wahrscheinlichkeit Null sind zur besseren Übersicht nicht eingezeichnet.

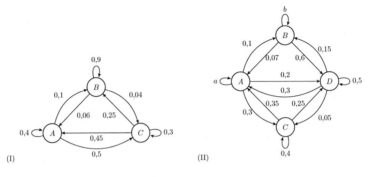

(I)   (II)

b) Zeiche zu den folgenden Übergangsmatrizen jeweils ein Prozessdiagramm mit
   den Zuständen A und B (bzw. A, B und C). Bestimme dazu auch die fehlenden
   Werte von c und d.

$$U_1 = \begin{pmatrix} 0{,}2 & 0{,}3 \\ 0{,}8 & c \end{pmatrix} \qquad U_2 = \begin{pmatrix} 0{,}1 & 0{,}3 & 0{,}2 \\ 0{,}1 & 0{,}5 & 0{,}6 \\ 0{,}8 & d & 0{,}2 \end{pmatrix}$$

Aufgabe G-98   **Lösung auf Seite LG-183**

Die drei Sport-Streaminganbieter *BAZN*, *Himmel* und *Amazonas* teilen sich die 1000 Zuschauer*innen eines sportbegeisterten Ortes untereinander auf. Jeden Monat erheben die Anbieter, wie viele Menschen ihre meiste Streaming-Zeit auf ihrem Portal verbracht haben. Die Wahrscheinlichkeiten, dass ein Zuschauer bzw. eine Zuschauerin den Favoriten zwischen zwei Monaten nicht wechselt, beträgt für alle drei Anbieter gleichermaßen 40%. Die Übergangsmatrix U beschreibt modellhaft die Wahrscheinlichkeiten eines Zuschauerwechsels am Ende eines Monats. (Die erste Zeile/Spalte kann dem Sender *BAZN*, die zweite *Himmel* und die dritte *Amazonas* zugeordnet werden.)

$$U = \begin{pmatrix} 0{,}4 & 0{,}2 & 0{,}25 \\ 0{,}1 & 0{,}4 & 0{,}35 \\ 0{,}5 & 0{,}4 & 0{,}4 \end{pmatrix}$$

a) Erkläre, wieso *BAZN* nicht gut auf *Amazonas* zu sprechen ist.

b) Wie wahrscheinlich ist es, dass ein (hauptsächlicher) *Himmel*-Kunde im nächsten Monat am meisten *Amazonas* und im darauffolgenden Monat dann *BAZN* schaut?

Im Januar schauen 250 Menschen *BAZN*, 600 Menschen *Himmel* und 150 Menschen *Amazonas*.

c) Berechne die Verteilung im Februar und im März.

d) Gib an, was

$$U^{-1} \cdot \begin{pmatrix} 250 \\ 600 \\ 150 \end{pmatrix}$$

im Sachzusammenhang bedeutet.

e) Formuliere eine Aufgabe, die mit dem Ansatz

$$U^{12} \cdot \begin{pmatrix} 250 \\ 600 \\ 150 \end{pmatrix}$$

gelöst werden könnte.

Aufgabe G-99   **Lösung auf Seite LG-184**

a) Für eine lineare Abbildung β von $\mathbb{R}^n$ nach $\mathbb{R}^n$ gilt stets

$$\beta(\vec{x} + \vec{y}) = \beta(\vec{x}) + \beta(\vec{y}) \quad \text{und} \quad \beta(\lambda \cdot \vec{x}) = \lambda \cdot \beta(\vec{x}).$$

Beweise, dass eine lineare Abbildung den Nullvektor $\vec{0}$ immer auf sich selbst abbilden muss.

b) C sei eine invertierbare $n \times n$-Matrix und es gelte $C^2 = C$. Beweise, dass es sich bei C um die Einheitsmatrix handeln muss.

Aufgabe G-100   **Lösung auf Seite LG-184**

Die Punkte $A(1 \mid 1)$, $B(4 \mid 0)$ und $C(1 \mid -1)$ werden durch die affine Abbildung α auf die Bildpunkte $A'(3 \mid 2)$, $B'(-2 \mid 1)$ und $C'(1 \mid -1)$ abgebildet.

a) Bestimme die Form der affinen Abbildung.

b) Bestimme das Bild der folgenden Geraden unter der Abbildung α:

$$g : \vec{x} = \begin{pmatrix} -1 \\ 1 \end{pmatrix} + t \begin{pmatrix} 2 \\ 0 \end{pmatrix}, \quad t \in \mathbb{R}.$$

Aufgabe G-101   **Lösung auf Seite LG-187**

Der Vektor $\vec{v}$ soll zuerst um $45°$ um die x-Achse gedreht, dann um den Faktor 2 gestreckt und anschließend um $60°$ um die z-Achse gedreht werden.

a) Bestimme die Matrix M, welche die obige Abbildung beschreibt.

b) Bestimme das Bild des Vektors $\vec{v} = \begin{pmatrix} 4 \\ -2 \\ 1 \end{pmatrix}$ unter der Abbildung M.

Aufgabe G-102   Lösung auf Seite LG-188

Gegeben sind die beiden Abbildungsmatrizen A und B, sowie die Drehmatrix S_z

$$A = \begin{pmatrix} 3 & -1 & 4 \\ 2 & 0 & 4 \\ -4 & 2 & -2 \end{pmatrix} \quad B = \begin{pmatrix} 1 & 0 & -1 \\ -2 & 5 & 2 \\ -1 & -5 & 6 \end{pmatrix} \quad S_z = \begin{pmatrix} \cos(\alpha) & -\sin(\alpha) & 0 \\ \sin(\alpha) & \cos(\alpha) & 0 \\ 0 & 0 & 1 \end{pmatrix}$$

a) Bestimme jeweils die Menge aller Fixpunkte der beiden Abbildungen A und B.

b) Bestimme ohne explizite Rechnung die Menge aller Fixpunkte der Drehmatrix.

Aufgabe G-103   Lösung auf Seite LG-190

Bei einem japanischen Schattenspiel wird eine Leinwand aufgestellt, die durch die Ebene

$$E : x_1 - 2x_2 + x_3 - 4 = 0$$

beschrieben werden kann. Die Strahlen der Lichtquelle verlaufen entlang des Vektors

$$\vec{v} = \begin{pmatrix} 1 \\ 1 \\ 2 \end{pmatrix}.$$

Bestimme die Matrix, mit welcher die Projektion einer Schattenfigur auf die Leinwand beschrieben werden kann.

Aufgabe G-104   Lösung auf Seite LG-191

Frösche haben drei Entwicklungsstufen. Das Ei, die Phase als Kaulquappe und anschließend das Leben als ausgewachsener Frosch. Nimm an, dass ein Entwicklungszyklus genau ein Jahr dauert.
Zudem ist bekannt, dass jeder Frosch im Schnitt 100 Eier legt, von denen aber lediglich 25% zu Kaulquappen werden. Von diesen Kaulquappen wiederum überleben lediglich 5% das Larvenstadium und werden zu ausgewachsenen Fröschen. Zudem sterben pro Jahr etwa ein Fünftel der ausgewachsenen Frösche.

a) Stelle die Übergangsmatrix für eine Froschpopulation auf.

b) Wenn in einem Gebiet zu Beginn lediglich 100 Frösche leben, wie sieht die Population nach zwei Jahren aus?

c) Kann die Population langfristig überleben?

Aufgabe G-105 **Lösung auf Seite LG-192**

Der folgende Übergangsgraph (Prozessdiagramm) beschreibt die Wahrscheinlichkeiten, dass Menschen ihren Wohnort (innerhalb von 10 Jahren) zwischen den drei Städten A, B und C ändern. (Menschen, die an einen anderen Ort ziehen, werden nicht erfasst).

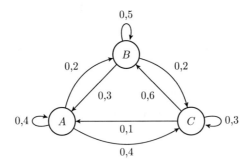

Die Bürgermeister*innen wundern sich: In 10 Jahren ist die Einwohnerzahl in allen drei Städten (beinahe) gleich geblieben. Insgesamt leben 8,5 Millionen Menschen in den drei Städten.

a) Gib eine Einwohner-Verteilung an, die sich in 10 Jahren nicht ändert.

b) Berechne die Lösung der Gleichung

$$\left[\begin{pmatrix} 0,4 & 0,3 & 0,1 \\ 0,2 & 0,5 & 0,6 \\ 0,4 & 0,2 & 0,3 \end{pmatrix} - \begin{pmatrix} 1 & 0 & 0 \\ 0 & 1 & 0 \\ 0 & 0 & 1 \end{pmatrix}\right] \cdot \begin{pmatrix} v_1 \\ v_2 \\ v3 \end{pmatrix} = \begin{pmatrix} 0 \\ 0 \\ 0 \end{pmatrix}.$$

Aufgabe G-106   **Lösung auf Seite LG-195**

In einer Kleinstadt gibt es drei Clubs: $C1$, $C2$ und $C3$, die immer am selben Abend Partys veranstalten. Die Wahrscheinlichkeiten, dass eine Person zwischen zwei Partys die Location wechselt, sind in folgender Übergangsmatrix dargestellt:

$$U = \begin{pmatrix} 1 & 0{,}6 & 0{,}2 \\ 0 & 0{,}4 & 0{,}7 \\ 0 & 0 & 0{,}1 \end{pmatrix}$$

Bei der Eröffnungsparty aller Clubs feierten 5.000 Menschen in Club 1, 20.000 in Club 2 und 15.000 in Club 3.

(Wir gehen in dieser Aufgabe davon aus, dass jeder Partygast auch zur nächsten kommt, sich das Gesamtkontingent der Gäste also nicht ändert.)

a) Bestimme die Besucherzahlen zwei Partys später.

b) Gib an, wie hoch die Wahrscheinlichkeiten sind, dass Gäste auf lange Sicht nicht zwischen den Clubs wechseln, also jeweils immer in einem der drei Clubs feiern.

Aufgabe G-107   **Lösung auf Seite LG-196**

Wir betrachten einen Populationsprozess, der die Entwicklung von Hühnern in einem Jahr beschreibt. Aus den *Eiern* schlüpft zu 50% ein *Küken*. Erfahrungsgemäß haben junge *Küken* im ersten Lebensjahr eine Sterberate von 25%. Ist ein Küken allerdings nach einem Jahr zu einer *Henne* herangewachsen, legt diese im Schnitt ein Ei pro Monat. Nach dem ersten Jahr wird eine Henne freigelassen.

a) Erstelle einen passenden Übergangsgraph dieses Entwicklungsprozesses mit den gegebenen Entwicklungsraten und den Zuständen *Ei*, *Küken* und *Henne*.

b) Stelle die zugehörige Übergangsmatrix bzw. Populationsmatrix P (für ein Jahr) auf.

c) Bauer*innen möchten eine Hühnerfarm aufbauen und starten mit 80 Eiern, 16 Küken und 2 Hennen. Gib an, wie viele Eier (e), Küken (k) und Hennen (h) sie nach einem, zwei und drei Jahren haben.

d) Berechne P^3 und erkläre welche Folgerungen Du im Sachzusammenhang aus P^3 ziehen kannst! Kann es sich eine Hühnerfarm erlauben, die Hennen nach einem Jahr freizulassen?

e) Gib an, wie viele Eier eine Henne jährlich legen müsste, damit sich die Zahlen der Hennen-Population, d.h. die zahlenmäßige Verteilung der Zustände e,h und k in regelmäßigen Abständen wiederholen.

Bemerkung: Wir gehen in dieser Aufgabe davon aus, dass die gegebenen Werte und Zahlen repräsentativ sind. Männliche Küken werden nicht berücksichtigt.

Meilenstein 3

Vektoren in der Medizin

Mit Vektoren können wir u. a. räumliche Strukturen beschreiben. Computerprogramme nutzen Vektoren zur Erstellung und Ausführung bestimmter Aufgaben und Algorithmen. Das eröffnet eine Vielzahl von Anwendungsmöglichkeiten, z. B. in der Medizin. Bei einigen Eingriffen (z. B. beim Einsetzen eines künstlichen Gelenks) hängt der Erfolg der OP wesentlich vom richtigen Winkel der Instrumente sowie der korrekten Abschätzung von Abständen ab. Selbst erfahrene ChirurgInnen machen bei diesen Arbeiten unvermeidbare Fehler. Im schlimmsten Fall kann das schwere und schmerzhafte Folgen für PatientInnen haben, das Gelenk kann beschädigt werden oder herausspringen. Computergestützte Verfahren mit Robotern versprechen hier eine wesentliche Verbesserung und nutzen dabei grundlegende Formeln der Vektorrechnung.

7   Kapitelübergreifende Aufgaben

Aufgabe G-108   **Lösung auf Seite LG-198**

Tom und Melida spielen Squash. Die Frontwand des Spielfelds ist in der unten stehenden Skizze schematisch abgebildet. Beim Aufschlag muss der Ball stets oberhalb der waagerechten roten Linie an die Wand gespielt werden.
Die Ecken der Frontwand sind durch die folgenden Punkte gegeben:

$$O(0 \mid 0 \mid 0),\ A(0 \mid 4 \mid 0),\ B(0 \mid 4 \mid 4)\ \text{und}\ C(0 \mid 0 \mid 4)$$

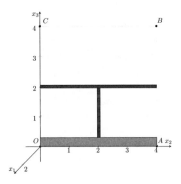

a) Bestimme die Koordinatenform der Ebene, mit der die Frontwand beschrieben werden kann.

b) Beim Aufschlag hält Tom den Ball im Punkt $G(3 \mid 3 \mid 2)$ und schlägt den Ball in Richtung des Vektors

$$\vec{v} = \begin{pmatrix} -2 \\ -1 \\ 1 \end{pmatrix}.$$

In welchem Punkt trifft der Ball auf die Wand?

c) In welchem Winkel trifft der Ball auf die Wand?

d) Die rote Aufschlagmarkierung kann durch die Gerade

$$g : \vec{x} = \begin{pmatrix} 0 \\ 0 \\ 2 \end{pmatrix} + s \begin{pmatrix} 0 \\ 1 \\ 0 \end{pmatrix}, \quad s \in \mathbb{R},$$

beschrieben werden. Entscheide ob Toms Aufschlag gültig war.

e) Melida behauptet, der Aufschlag hätte kaum knapper sein können. In welchem Abstand zu Markierung traf der Ball auf die Wand?

f) Der Ball prallt von der Wand ab. Entlang welcher Geraden bewegt er sich anschließend?

Aufgabe G-109   **Lösung auf Seite LG-202**

Im Hochseilgarten „Klettermaxe" steht ein senkrechter Kletterturm. Die Spitze des Turms liegt im Punkt $S\,(3\mid 2\mid 5)$. Der Boden wird durch die x_1x_2-Ebene repräsentiert. Eine Längeneinheit entspricht einem Meter in der Realität.

a) In welchem Punkt ist der Turm am Boden verankert?

b) Die Strahlen der Sonne verlaufen entlang des Vektors

$$\vec{v} = \begin{pmatrix} 1 \\ -1 \\ -1 \end{pmatrix}.$$

Durch welche Gerade kann der Schatten, den der Turm auf den Boden wirft, beschrieben werden?

c) Die Ebene

$$E : \vec{x} = \begin{pmatrix} 2 \\ 1 \\ -3 \end{pmatrix} + r \begin{pmatrix} 0 \\ -1 \\ 0 \end{pmatrix} + s \begin{pmatrix} 3 \\ 1 \\ 3 \end{pmatrix}, \quad r, s \in \mathbb{R},$$

beschreibt eine geneigte Kletterwand. Bestimme die Geradengleichung der Bodenkante der Kletterwand.

d) Die Baubehörde schreibt vor, dass Sportanlagen auf dem Boden einen Mindestabstand von drei Metern haben müssen. Ist das für den Turm und die Wand der Fall?

e) In welchem Winkel ist die Wand gegen den Boden geneigt?

f) Spiegle den Punkt S an der Ebene E.

Aufgabe G-110   **Lösung auf Seite LG-206**

Gegeben sind die Punkte

$$A\,(4\mid 0\mid -4),\, B\,(-1\mid 3\mid 1),\, C\,(-4\mid 0\mid 4)\quad\text{und}\quad D\,(1\mid -3\mid -1).$$

a) Zeige, dass die Punkte in einer gemeinsamen Ebene liegen.

b) Zeige, dass das Viereck $ABCD$ ein echtes Parallelogramm (also kein Rechteck) ist.

c) Das Parallelogramm soll zu einer Pyramide vervollständigt werden. Konstruiere die Spitze S, die über dem Mittelpunkt von $ABCD$ steht und sich $\sqrt{18}$ LE von der Ebene entfernt befinden soll.

d) Spiegle S an der Grundfläche der Pyramide.

e) Zeichne den konstruierten Körper $S'ABCDS$ in ein Koordinatensystem ein.

f) Berechne die Höhe der Seite ABS.

g) Ermittle auf zwei verschiedenen Wegen den Flächeninhalt der Seite ABS.

Aufgabe G-111   **Lösung auf Seite LG-211**

Ein landwirtschaftlicher Betrieb besitzt eine Anlage zur Herstellung von Biogas. Diese setzt sich zusammen aus einem Silo zur Aufbewahrung der Bio-Abfälle und einem kuppelförmigen Tank, in dem mittels Bakterienkulturen das Gas produziert wird. Das zylinderförmige Silo ist sechs Meter hoch und sein Grundriss am Boden kann durch die zweidimensionale Kugelgleichung

$$(x_1 - 3)^2 + (x_2 - 3)^2 = 1$$

beschrieben werden. Auf dem Dach des Silos befindet sich mittig eine senkrechte und einen Meter hohe Antenne. Der Tank entspricht dem Teil der Kugel K (mit dem Mittelpunkt M und dem Radius r_K), der oberhalb der x_1x_2-Ebene liegt. Die zugehörige Kugelgleichung lautet:

$$K : (x_1 - 1)^2 + (x_2 + 1)^2 + (x_3 + 1)^2 = 10$$

Der Boden wird durch die x_1x_2-Ebene beschrieben und eine Längeneinheit entspricht 2 Metern in der Realität.

a) Wurde beim Bau der für die beiden Gebäude gesetzlich vorgeschriebene Mindestabstand von 2 m eingehalten?

Ein Teil des Schrägdaches des nahestehenden Bauernhauses wird von den vier Punkten $A\,(-4\mid 4\mid 1)$, $B\,(-6\mid 6\mid 1)$, $C\,(-9\mid 3\mid 5)$ und $D\,(-7\mid 1\mid 5)$ begrenzt und ist vollkommen mit Solarpanelen bedeckt. Diese arbeiten umso besser, je größer der Einfallswinkel des Lichts ist. Ein senkrechter Einfall ist also am effizientesten.

b) Beweise, dass es sich bei der Figur $ABCD$ um ein Rechteck handelt und berechne dessen Flächeninhalt.

Im Verlauf eines Vormittags kann der Einfall des Sonnenlichts durch den Vektor $\vec{v}$ beschrieben werden:

$$\vec{v} = \begin{pmatrix} -6 + 0{,}5t \\ 4 - 0{,}5t \\ -2 \end{pmatrix} \quad \text{und} \quad t \in [8;12]$$

Hierbei beschreibt der Parameter t die Uhrzeit in Stunden.

c) Bestimme den Schattenpunkt, den die Spitze der Antenne zur Mittagsstunde auf den kugelförmigen Tank wirft.

Ein Ölkonzern bohrt eine bisher unbekannte Lagerstätte an. Diese wird approximativ durch den Raum zwischen den zwei parallelen Ebenen E und F beschrieben und ist 10 Meter breit. Der Bohrturm wird im Punkt $B\,(1 \mid 1 \mid 0)$ aufgestellt. Der Boden wird durch die x_1x_2-Ebene beschrieben und eine Längeneinheit entspricht $100\,\mathrm{m}$.

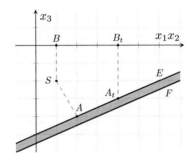

Die Ebenengleichung der Ebene E lautet:

$$E : 2x_1 + 2x_2 - 8x_3 - 56 = 0$$

Zuerst wird für $200\,\mathrm{m}$ senkrecht nach unten gebohrt, bis der Punkt S erreicht wird. Anschließend soll der Bohrkopf so gedreht werden, dass der nächste Abschnitt des

Schachts im Punkt A senkrecht auf die Oberfläche der Lagerstätte trifft. Diese wird durch die Ebene E beschrieben.

a) Um wie viel Grad muss der Bohrkopf gedreht werden?

b) Bestimme die Länge des gesamten Bohrschachts.

c) Bestimme eine Koordinatenform der Ebene F.

Um optimale Druckverhältnisse zu garantieren, soll ein zweiter, senkrecht nach unten verlaufender Schacht gebohrt werden. Aufgrund baulicher Gegebenheiten kann dieser nur in Punkten der Form $B_t\,(2t \mid -t \mid 0)$ beginnen.

d) Welche Punkte sind ausgeschlossen, wenn der Schacht nicht länger als ein Kilometer sein darf?

e) Kann der Bohrpunkt so gewählt werden, dass der Abstand der beiden Punkte, in denen die Schächte auf die Lagerstätte treffen, genau 500 m beträgt?

Stochastik

abiturma

1 Basics

1.1 Grundbegriffe der Wahrscheinlichkeit

1.1.1 Zufallsexperimente

In unserem Alltag sind wir umgeben von „zufälligen" Prozessen. Anstelle von Prozessen spricht man häufig auch von Experimenten oder Versuchen.

> **Merke: Zufallsexperiment**
>
> Ist der Ausgang eines Experiments in der Zukunft ungewiss, dann spricht man von einem **Zufallsexperiment**.

Zu den bekanntesten Beispielen zählen wohl das Werfen einer Münze oder eines Würfels. Auch im Wiederholungsfall ist ungewiss, auf welcher Seite eine Münze landen oder welche Zahl der Würfel zeigen wird. Wenn wir beobachten, wie viele Schüler und Schülerinnen die Abiturprüfung in Mathe dieses Jahr mit 15 Punkten bestehen werden, handelt es sich ebenfalls um ein Zufallsexperiment.

1.1.2 Ergebnis, Ergebnisraum und Ereignisse

Die grundlegenden Begriffe, die im Zusammenhang mit Zufallsexperimenten auftauchen, wiederholen wir am Beispiel eines klassischen Würfelwurfes.

> **Definition: Ergebnis, Ergebnisraum, Ereignis**
>
> - Der Ausgang eines Zufallsexperiments wird als **Ergebnis** bezeichnet;
> - Die Menge aller möglichen Ergebnisse heißt der **Ergebnisraum** Ω;
> - Eine Teilmenge des Ergebnisraums Ω heißt **Ereignis**.

Beispiel.

- *Die möglichen Ergebnisse beim Würfelwurf lauten 1,2,3,4,5 und 6;*
- *Der Ergebnisraum lautet $\Omega = \{1, 2, 3, 4, 5, 6\}$;*
- *Die Teilmengen $A = \{2, 4, 6\}$ (der Würfel zeigt eine gerade Zahl) und $B = \{3, 6\}$ (der Würfel zeigt eine durch 3 teilbare Zahl) sind Ereignisse.*

1.1.3 Beziehungen zwischen Mengen

Ein wichtiger Bestandteil der Stochastik ist der Umgang mit Mengen. Wir wiederholen hier die grundlegenden Rechenregeln.

> **Tipp: Venn-Diagramme**
>
> Es ist wichtig, dass Du den Umgang mit Mengen gut trainierst. Mache Dir deshalb die Beziehungen zwischen Mengen mit Hilfe der Venn-Diagramme klar!

Im Folgenden sind A und B zwei Teilmengen des Ergebnisraums Ω (schreibe $A, B \subseteq \Omega$).

1.1.4 Schnittmenge

Die Schnittmenge $A \cap B$ ist die Menge aller Elemente, die in A **und** B liegen.

Beispiel. *Es sei* $\Omega = \{1, 2, 3, 4, 5, 6\}$, $A = \{2, 4, 6\}$ *und* $B = \{3, 6\}$. *Dann gilt*

$$A \cap B = \{6\}$$

„Alle Elemente, die zu A und B gehören"

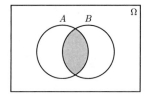

Abbildung 62: Venn-Diagramm zur Schnittmenge

1.1.5 Vereinigungsmenge

Die Vereinigungsmenge $A \cup B$ ist die Menge aller Elemente, die in A **oder** B liegen.

Beispiel. *Es sei* $\Omega = \{1, 2, 3, 4, 5, 6\}$, $A = \{2, 4, 6\}$ *und* $B = \{3, 6\}$. *Dann gilt*

$$A \cup B = \{2, 3, 4, 6\}$$

„Alle Elemente, die zu A oder B gehören"

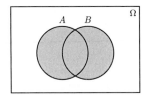

Abbildung 63: Venn-Diagramm zur Vereinigungsmenge

1.1.6 Absolutes Komplement (Gegenereignis)

Das absolute Komplement (oder Gegenereignis) von A ist die Menge aller Elemente in Ω, die nicht in A enthalten sind. Das Komplement wird mit $\overline{A}$ oder A^C notiert.

Beispiel. *Es sei* $\Omega = \{1, 2, 3, 4, 5, 6\}$ *und* $A = \{2, 4, 6\}$. *Dann gilt*

$$\overline{A} = \Omega \setminus A = \{1, 3, 5\}$$

„Alle Elemente, die nicht zu A gehören"

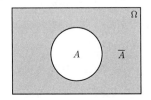

Abbildung 64: Venn-Diagramm zum Komplement

1.1.7 De Morgansche Gesetze

Beim Rechnen mit Gegenereignissen stehen Dir zwei weitere Regeln zur Verfügung:

Fakt: De Morgansche Gesetze

Es seien A und B zwei Ereignisse. Dann gilt

$$\overline{A \cup B} = \overline{A} \cap \overline{B} \quad \text{und} \quad \overline{A \cap B} = \overline{A} \cup \overline{B}.$$

Beispiel. *Aus einem Stapel, bestehend aus Karten mit den Nummern von 1 bis 10, wird zufällig eine Karte gezogen.*

a) *Gib einen passenden Ergebnisraum Ω an;*

b) *Gegeben seien die Ereignisse*

> *A: „Die Kartennummer ist durch 3 teilbar."*

> *B: „Die Kartennummer ist kleiner als 4."*

> *Gib die Ereignisse A und B als Mengen an;*

c) *Beschreibe folgende Ereignisse in Textform:*

$$A \cap B, \ A \cup B, \ A \setminus B, \ B \setminus A, \ B \cap \overline{A}, \ \overline{A \cap B}, \ \overline{A \cup B}.$$

> *Gib zudem jeweils die passende Menge an und zeichne ein Venn-Diagramm.*

Lösung. *Zu Teil a) Wir wählen $\Omega = \{1, 2, ..., 10\}$;*

Zu Teil b) Die Mengen lauten $A = \{3, 6, 9\}$ und $B = \{1, 2, 3\}$;

Zu Teil c) Die aufgelisteten Ereignisse lassen sich verbal wie folgt beschreiben:

- *$A \cap B$: „Die Nummer ist durch 3 teilbar **und** kleiner als 4."*

- *$A \cup B$: „Die Nummer ist durch 3 teilbar **oder** kleiner als 4."*

- *$A \setminus B$: Mit Hilfe von $A \setminus B = A \cap \overline{B}$ erhalten wir:*

> *„Die Nummer ist durch 3 teilbar **und mindestens** 4."*

- *$B \setminus A$: Mit Hilfe von $B \setminus A = B \cap \overline{A}$ erhalten wir:*

> *„Die Nummer ist kleiner als 4 **und nicht** durch 3 teilbar."*

- *$\overline{A \cap B}$: Mit Hilfe von $\overline{A \cap B} = \overline{A} \cup \overline{B}$ erhalten wir:*

> *„Die Kartennummer ist **nicht** durch 3 teilbar **oder mindestens** 4."*

- *$\overline{A \cup B}$: Mit Hilfe von $\overline{A \cup B} = \overline{A} \cap \overline{B}$ erhalten wir:*

> *„Die Kartennummer ist **nicht** durch 3 teilbar **und mindestens** 4."*

Die entsprechenden Mengen lauten

$$A \cap B = \{3\}, \ A \cup B = \{1, 2, 3, 6, 9\}, \ A \setminus B = \{6, 9\}, \ B \setminus A = \{1, 2\},$$

$$\overline{A \cap B} = \{1, 2, 4, 5, 6, 7, 8, 9, 10\}, \ \overline{A \cup B} = \{4, 5, 7, 8, 10\}.$$

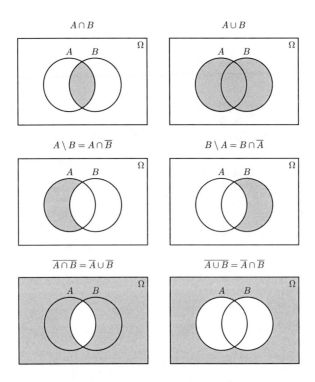

Abbildung 65: Venn-Diagramme zur Aufgabe

1.2   Absolute und relative Häufigkeiten

Wir betrachten das Ereignis $A = \{2, 4, 6\}$ beim einmaligen Würfelwurf. Wie stehen die Chancen, dass A eintreten wird? Um das herauszufinden, könnten wir den Würfel 100-mal werfen und jeden Ausgang notieren. Dieses Vorgehen führt zu folgenden Begriffen:

Definition: Absolute und relative Häufigkeit

Wir wiederholen ein Zufallsexperiment n-mal. Dabei trete ein Ereignis A k-mal ein. Dann heißt die Zahl

- $a_n(A) = k$ die **absolute Häufigkeit** von A nach n Versuchen;

- $h_n(A) = k/n$ die **relative Häufigkeit** von A nach n Versuchen.

Beispiel. *Beim 10-maligen Werfen eines Würfels entstehe die Folge* $3, 5, 4, 1, 6, 1, 6, 6, 2, 5$. *Erstelle eine Tabelle mit den absoluten und relativen Häufigkeiten für die Zahlen 1 bis 6. Wie lautet die absolute bzw. relative Häufigkeit für das Ereignis*

    A: „Die Zahl ist gerade.“?

    B: „Die Zahl ist durch 3 teilbar.“?

Lösung. *Es ergibt sich folgende Tabelle:*

x	1	2	3	4	5	6
$a_{10}(x)$	2	1	1	1	2	3
$h_{10}(x)$	0,2	0,1	0,1	0,1	0,2	0,3

Gefragt ist außerdem nach den Häufigkeiten der Ereignisse $A = \{2, 4, 6\}$ *und* $B = \{3, 6\}$. *Für jeden der 10 Versuche müssen wir prüfen, ob A bzw. B eingetreten ist:*

Versuch	1	2	3	4	5	6	7	8	9	10
Ausgang	3	5	4	1	6	1	6	6	2	5
A	nein	nein	ja	nein	ja	nein	ja	ja	ja	nein
B	ja	nein	nein	nein	ja	nein	ja	ja	nein	nein

Das Ereignis A ist insgesamt 5-mal eingetreten, B 4-mal. Wir erhalten somit

$$a_{10}(A) = 5, \ h_{10}(A) = \frac{5}{10} = 0{,}5 \ \ sowie \ \ a_{10}(B) = 4, \ h_{10}(B) = \frac{4}{10} = 0{,}4.$$

> **Tipp: Relative Häufigkeit nicht Wahrscheinlichkeit**
>
> Im letzten Beispiel lag die **relative Häufigkeit** für das Ereignis $B = \{3, 6\}$ bei
>
> $$h_{10}(B) = 0{,}4.$$
>
> Wie Du schon weißt, ist bei einem fairen Würfel die **Wahrscheinlichkeit** jedoch gegeben durch
>
> $$P(B) = \frac{|B|}{|\Omega|} = \frac{2}{6} = \frac{1}{3}.$$
>
> Achte deshalb immer darauf, dass Du den Begriff der relativen Häufigkeit nicht mit der Wahrscheinlichkeit verwechselst!

1.2.1 Das empirisches Gesetz der großen Zahlen

Wir betrachten das Zufallsexperiment „Werfen einer fairen Münze". Folgende Grafik veranschaulicht die fortlaufend notierte relative Häufigkeit des Ereignisses „Kopf" in Abhängigkeit der Anzahl der durchgeführten Versuche:

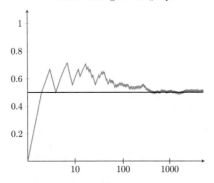

Abbildung 66: Stabilisierung der relativen Häufigkeit

> **Fakt: Empirisches Gesetz der großen Zahlen**
>
> Wenn man ein Zufallsexperiment sehr oft wiederholt, stellt man fest, dass sich die relative Häufigkeit eines Ereignisses stabilisiert.

1.3   Wahrscheinlichkeiten

1.3.1   Der Begriff der Wahrscheinlichkeit

Das Konzept von Wahrscheinlichkeiten ermöglicht uns eine Vielzahl von Berechnungen für Zufallsexperimente. Diese Ergebnisse können dazu verwendet werden, um Aussagen über die Versuchswirklichkeit zu treffen.

Wahrscheinlichkeiten besitzen die folgenden Eigenschaften:

Fakt: Eigenschaften von Wahrscheinlichkeiten

Betrachte einen Ergebnisraum Ω und ein Ereignis $A = \{\omega_1, \omega_2, ..., \omega_n\}$. Dann gilt:

1. $0 \leq P(A) \leq 1$;

2. $P(A) = P(\omega_1) + P(\omega_2) + ... + P(\omega_n)$;

3. $P(\emptyset) = 0$ (Die leere Menge $\emptyset$ heißt auch unmögliches Ereignis);

4. $P(\Omega) = 1$ (Der Ergebnisraum Ω heißt auch sicheres Ereignis);

5. $P(\overline{A}) = 1 - P(A)$ (Gegenwahrscheinlichkeit).

1.3.2   Laplace-Experimente

Zufallsexperimente, bei denen jedes Ergebnis gleich wahrscheinlich ist, spielen eine ganz besondere Rolle:

Definition: Laplace-Experiment

Betrachte einen Ergebnisraum Ω mit n Elementen (wir schreiben dafür $|\Omega| = n$). Falls jedes Ergebnis die gleiche Wahrscheinlichkeit besitzt, dann sprechen wir von einem **Laplace-Experiment**. Für ein Ereignis A mit k Elementen gilt dann

$$P(A) = \frac{|A|}{|\Omega|} = \frac{k}{n} = \frac{\text{„Anzahl der \textbf{günstigen} Ergebnisse“}}{\text{„Anzahl der \textbf{möglichen} Ergebnisse“}}$$

Beispiel. *Ein fairer Würfel wird zweimal geworfen. Mit welcher Wahrscheinlichkeit tritt dabei die Augensumme 5 auf?*

Lösung. *Als Ergebnisraum wählen wir*

$$\Omega = \Big\{(1;1),(1;2),...,(2;1),(2;2),...,(6;6)\Big\}.$$

Dabei entspricht die erste bzw. zweite Zahl dem Ausgang im 1. bzw. 2. Wurf. Zum Beispiel steht das Paar (3; 5) für das Ergebnis „⊡ im ersten Wurf, ⊠ im zweiten Wurf".
Wir erhalten $|\Omega| = 6 \cdot 6 = 36$, denn für jeden der beiden Würfe gibt es 6 mögliche Ausgänge, und weil es sich um einen fairen Würfel handelt, besitzt jeder Ausgang die gleiche Wahrscheinlichkeit. Es handelt sich also um ein Laplace-Experiment.

Das gesuchte Ereignis ist folglich gegeben durch

$$\Big\{\text{„Augensumme 5"}\Big\} = \Big\{(1;4),(2;3),(3;2),(4;1)\Big\}.$$

Die gesuchte Wahrscheinlichkeit ist also gegeben durch

$$P(\text{„Augensumme 5"}) = \frac{4}{36} = \frac{1}{9}.$$

Beispiel. *In einer Urne befinden sich neun Kugeln der gleichen Größe, die von 1 bis 9 nummeriert sind. Mit welcher Wahrscheinlichkeit besitzt eine zufällig gezogene Kugel die Nummer 1,5 oder 9?*

Abbildung 67: Bild zur Aufgabe: Laplace-Experiment

Lösung. *Es liegt ein Laplace-Experiment vor. Der Ergebnisraum lautet $\Omega = \{1, 2, ..., 9\}$. Wir benennen das gesuchte Ereignis mit A, das heißt $A = \{1, 5, 9\}$. Dann folgt*

$$P(A) = \frac{|A|}{|\Omega|} = \frac{3}{9} = \frac{1}{3}.$$

Beispiel. *In einer Urne liegen Kugeln mit den Nummern von 2 bis 100. Du ziehst eine dieser Kugel mit verbundenen Augen. Mit welcher Wahrscheinlichkeit ist die gezogene Zahl mindestens durch eine der verbleibenden Zahlen in der Urne teilbar?*

Hinweis: Zwischen 1 und 100 gibt genau 25 Primzahlen.

Lösung. *Als Ergebnisraum wählen wir* $\Omega = \{2, 3, ..., 100\}$. *Es handelt sich wieder um ein Laplace-Experiment, weil jede Kugel mit der gleichen Wahrscheinlichkeit gezogen wird.*

Angenommen Du ziehst die 10. Diese Zahl ist durch 2 und 5 teilbar, und beide Zahlen liegen in der Urne. Wenn Du hingegen die 13 ziehst, dann ist diese Zahl durch keine der Zahlen in der Urne teilbar, weil 13 eine Primzahl ist und somit keine Teiler besitzt. Gesucht ist deshalb die Wahrscheinlichkeit des Ereignisses

$$A: \text{„Die gezogene Zahl ist \underline{keine} Primzahl.“}$$

Das Gegenereignis hierzu lautet „Die gezogene Zahl ist eine Primzahl. Mit dem Hinweis erhalten wir deshalb:

$$P(A) = 1 - P(\overline{A}) = 1 - \frac{|\overline{A}|}{\Omega} = 1 - \frac{25}{99} = \frac{74}{99} \approx 0{,}75 = 75\%.$$

1.3.3 Die Summenregel

In vielen Fällen wird nach der Wahrscheinlichkeit der Schnitt- oder Vereinigungsmenge zweier Ereignisse gefragt. Hier hilft folgende Formel:

> **Fakt: Summenregel**
>
> Für zwei Ereignisse A und B gilt
>
> $$P(A \cup B) = P(A) + P(B) - P(A \cap B).$$

Beispiel. *Aus dem Stapel eines Skatspiels wird zufällig eine Karte gezogen. Mit welcher Wahrscheinlichkeit handelt es sich um eine Herzkarte oder um eine Lusche (7,8,9)?*

Lösung. *Es handelt sich um ein Laplace-Experiment. Im Folgenden sei*

A: *„Es handelt sich um ein Herzkarte."*

B: *„Es handelt sich um eine Lusche."*

Der Ergebnisraum Ω entspricht allen 32 Karten. Davon gibt es 8 Herzkarten ($|A| = 8$), 12 Luschen ($|B| = 12$), sowie 3 Herz-Luschen $|A \cap B| = 3$. Somit ergibt sich

$$P(\text{„}\heartsuit \text{ oder Lusche"}) = P(A \cup B) = P(A) + P(B) - P(A \cap B)$$
$$= \frac{8}{32} + \frac{12}{32} - \frac{3}{32} = \frac{17}{32}.$$

> **Tipp: Umgeformte Summenregel**
>
> Oft hilft Dir das Umformen des Additionssatzes:
>
> $$P(A \cap B) = P(A) + P(B) - P(A \cup B).$$

Beispiel. *Ein Computer mit zwei defekten Bildschirmen wird gestartet. Der linke Monitor bleibt dabei mit einer Wahrscheinlichkeit von 60% schwarz, der rechte mit 80%. Mit einer Chance von nur 10% starten beide Bildschirme problemlos. Wie wahrscheinlich ist es, dass man an keinem Bildschirm arbeiten kann?*

Lösung. *Wir führen folgende Ereignisse ein:*

SL: *„Der linke Bildschirm bleibt schwarz."*

SR: *„Der rechte Bildschirm bleibt schwarz."*

Gesucht ist $P(SL \cap SR)$. In der Aufgabenstellung sind folgende Werte gegeben:

$$P(SL) = 0{,}6, \quad P(SR) = 0{,}8, \quad P(\overline{SL} \cap \overline{SR}) = 0{,}1.$$

Mit dem Gesetz von De Morgan, siehe Seite 3, erhalten wir zunächst

$$0{,}1 = P(\overline{SL} \cap \overline{SR}) = P(\overline{SL \cup SR})$$

und somit $P(SL \cup SR) = 1 - P(\overline{SL \cup SR}) = 0{,}9$. Der umgestellte Additionssatz liefert schließlich die gesuchte Wahrscheinlichkeit:

$$\begin{aligned}
P(SL \cap SR) &= P(SL) + P(SR) - P(SL \cup SR) \\
&= 0{,}6 + 0{,}8 - 0{,}9 = 0{,}5.
\end{aligned}$$

Angeberwissen: Herleitung der Summenregel

Folgendes Mengendiagramm veranschaulicht den Additionssatz:

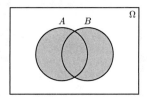

Speziell für Laplace-Experimente lesen wir ab:

$$|A| + |B| = |A \cup B| + |A \cap B| \qquad | : |\Omega|$$

$$\Leftrightarrow \quad \frac{|A|}{|\Omega|} + \frac{|B|}{|\Omega|} = \frac{|A \cup B|}{|\Omega|} + \frac{|A \cap B|}{|\Omega|}$$

$$\Leftrightarrow \quad P(A) + P(B) = P(A \cup B) + P(A \cap B).$$

1.4 Bedingte Wahrscheinlichkeiten

Manchmal weiß man, dass ein bestimmtes Teilergebnis bereits eingetreten ist und sucht die Wahrscheinlichkeit eines Ereignisses unter Berücksichtigung dieses Wissensstands. Dies geschieht mithilfe bedingter Wahrscheinlichkeiten. Der Einfachheit halber setzten wir ab sofort immer voraus, dass alle Wahrscheinlichkeiten nicht gleich null sind.

Definition: Bedingte Wahrscheinlichkeit

Es sei B ein Ereignis, das schon eingetreten ist. Dann ist

$$P_B(A) = \frac{P(A \cap B)}{P(B)}$$

die **bedingte Wahrscheinlichkeit** von A gegeben B.

Beispiel. *Wir werfen zwei faire Würfel. Angenommen wir wissen, dass der 1. Würfel eine 6 zeigt. Was ist die Wahrscheinlichkeit, dass die Summe beider Augenzahlen 10 ist?*

Lösung. *Als Ergebnisraum wählen wir*

$$\Omega = \Big\{(1;1), (1;2), ..., (2;1), (2;2), ..., (6;6)\Big\}.$$

Dabei entspricht die erste bzw. zweite Zahl dem 1. bzw. 2. Würfel. Es sei

A: „Augensumme 10"

B: „Erster Würfel zeigt 6."

Gesucht ist die Wahrscheinlichkeit von A gegeben B, geschrieben $P_B(A)$. Dann gilt

$$A = \Big\{(4;6), (5;5), (6;4)\Big\} \quad und \quad B = \Big\{(6;1), (6;2), ..., (6;6)\Big\}.$$

Das Ereignis $A \cap B$ lautet „Augensumme 10 und erster Würfel zeigt 6", bzw.

$$A \cap B = \Big\{(6;4)\Big\}.$$

Weil es sich um ein Laplace-Experiment handelt, erhalten wir

$$P(B) = \frac{6}{36} \quad und \quad P(A \cap B) = \frac{1}{36}$$

und somit lautet die bedingte Wahrscheinlichkeit von A gegeben B

$$P_B(A) = \frac{\frac{1}{36}}{\frac{6}{36}} = \frac{1}{6}.$$

1.4.1 Baumdiagramme

Baumdiagramme werden dazu benutzt, um mehrstufige Experimente zu veranschaulichen. Dabei gelten die folgenden Regeln:

Fakt: Pfadregel

Jeder Pfad im Baumdiagramm stellt ein Ergebnis des Experiments dar.

1. Die Wahrscheinlichkeit eines **einzelnen Ergebnisses** ist gleich dem Produkt aller Zweigwahrscheinlichkeiten des zugehörigen Pfades;

2. Die Wahrscheinlichkeit eines **Ereignisses** ist gleich der Summe aller zugehörigen Pfadwahrscheinlichkeiten.

Tipp: Baumdiagramme

Bei einem Baumdiagramm hängt die Wahrscheinlichkeit auf einer Linie immer von den vorangegangenen „Knoten" auf dem zu betrachtenden Pfad ab.
Stell Dir zum Beispiel vor, Du ziehst aus einer Urne mit weißen und schwarzen Kugeln nacheinander zwei Kugeln. Es sei

$$W: \text{„Erste Kugel weiß"} \quad \text{und} \quad S: \text{„Zweite Kugel schwarz"}.$$

Dann hat das zugehörige Baumdiagramm die folgende Form:

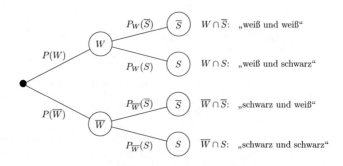

Wie Du siehst, tauchen in der zweiten Stufe bedingte Wahrscheinlichkeiten auf, weil Du ja schon weißt, welche Farbe in der ersten Stufe gezogen wurde.

Beispiel. *Eine Drehscheibe hat fünf gleich große Farbflächen, drei blaue und zwei weiße.*

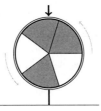

Die Scheibe wird zweimal gedreht.

   a) Veranschauliche das Zufallsexperiment mit Hilfe eines Baumdiagramms;

   b) Mit welcher Wahrscheinlichkeit zeigt der Pfeil im ersten Durchgang auf blau und im zweiten auf weiß?

   c) Berechne die Wahrscheinlichkeit, dass zweimal dieselbe Farbe kommt.

Lösung. *Teil a) Es sei*

   B: „Beim ersten Mal blau"

   W: „Beim zweiten Mal weiß"

Wir entnehmen dem Bild mit der Drehscheibe, dass $P(B) = 3/5 = 0{,}6$ gilt. Weil beide Durchgänge voneinander unbeeinflusst sind, folgern wir

$$P_B(W) = 2/5 = 0{,}4 \quad und \quad P_{\overline{B}}(W) = 2/5 = 0{,}4.$$

Es ergibt sich also folgendes Baumdiagramm:

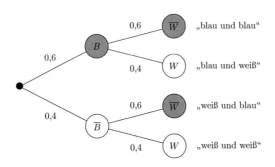

Abbildung 68: Bild zur Aufgabe: Baumdiagramm

Teil b) Gesucht ist $P(B \cap W)$. Mit Hilfe der 1. Pfadregel erhalten wir

$$P(B \cap W) = 0{,}6 \cdot 0{,}4 = 0{,}24.$$

Teil c) Mit Hilfe der 2. Pfadregel berechnet sich die gesuchte Wahrscheinlichkeit zu

$$P(\text{„Gleiche Farbe``}) = P(\text{„blau und blau``}) + P(\text{„weiß und weiß``})$$
$$= 0{,}6^2 + 0{,}4^2 = 0{,}36 + 0{,}16 = 0{,}52.$$

Merke: Baumdiagramme

Bei einem Baumdiagramm beträgt die Summe der Wahrscheinlichkeiten aller Pfade, die vom gleichen Knoten ausgehen, jeweils 1!

Beispiel. *Luis zieht aus einer Urne mit 2 roten und 3 blauen Kugeln zweimal ohne Zurücklegen. Mit welcher Wahrscheinlichkeit zieht er im 2. Zug eine blaue Kugel?*

Lösung. *Wir definieren die Ereignisse*

B_1: *„1. Kugel blau``;*

B_2: *„2. Kugel blau``;*

Weil die Kugeln nach dem Ziehen nicht in die Urne zurück gelegt werden, treten bedingte Wahrscheinlichkeiten auf. Es ergibt sich folgendes Baumdiagramm:

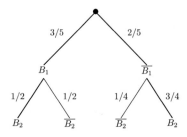

Abbildung 69: Bild zur Aufgabe: Baumdiagramm

Die Wahrscheinlichkeit $P(B_2)$, also dass Luis im 2. Zug eine blaue Kugel zieht, ist die Summe aller Pfadwahrscheinlichkeiten (2. Pfadregel), die zu B_2 führen. Demnach gilt:

$$P(B_2) = \frac{3}{5} \cdot \frac{1}{2} + \frac{2}{5} \cdot \frac{3}{4} = \frac{3}{5}.$$

Beispiel. *Eine Urne enthält 1 weiße, 2 blaue und 3 rote Kugeln. Wir ziehen dreimal eine Kugel ohne zurücklegen. Wie groß ist die Wahrscheinlichkeit, zuerst eine weiße, dann eine blaue und schließlich eine rote Kugel zu ziehen?*

Abbildung 70: Bild zur Aufgabe

Lösung. *Es sei W: „Erste Kugel weiß", B: „Zweite Kugel blau", R: „Dritte Kugel rot". Gesucht ist die Wahrscheinlichkeit*

$$P(W \cap B \cap R).$$

Es ergibt sich folgendes Baumdiagramm:

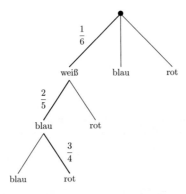

Abbildung 71: Bild zur Aufgabe: Baumdiagramm

Mit Hilfe der 1. Pfadregel erhalten wir

$$P(W \cap B \cap R) = \frac{1}{6} \cdot \frac{2}{5} \cdot \frac{3}{4} = \frac{1}{20}.$$

1.4.2 Die Formel von Bayes

Tipp: Formel von Bayes

Die Formel von Bayes lässt sich anschaulich an folgendem Beispiel erklären:

Wir betrachten zwei Urnen mit jeweils 10 Kugeln. In Urne 1 liegen zwei rote und acht blaue, in Urne 2 hingegen sechs rote und vier blaue Kugeln. Aus einer der beiden Urnen wird eine Kugel gezogen, wobei keine Urne bevorzugt wird. Es ergibt sich also folgendes Baumdiagramm:

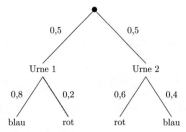

Wir betrachten nun die Ereignisse

E: „Die Kugel stammt aus Urne 1."

R: „Die Kugel ist rot;"

Dabei stellen wir fest:

- Die Wahrscheinlichkeit $P_E(R)$ „Rot falls aus Urne 1" kannst Du einfach am Baumdiagramm einfach ablesen (roter Pfad) und sie beträgt 0,2;

- Die Wahrscheinlichkeit $P_R(E)$ „Aus Urne 1 falls rot" kannst Du nicht einfach am Baumdiagramm ablesen;

- $P_R(E)$ entsteht aus $P_E(R)$ durch Vertauschen von E und R;

Immer wenn Du eine bedingte Wahrscheinlichkeit am Baumdiagramm ablesen kannst, aber nach der „vertauschten" bedingten Wahrscheinlichkeit gesucht ist, musst Du die **Formel von Bayes** benutzen!

Fakt: Formel von Bayes

Für zwei Ereignisse A und B gilt

$$P_A(B) = \frac{P_B(A)P(B)}{P(A)} = \frac{P_B(A)P(B)}{P_B(A)P(B) + P_{\overline{B}}(A)P(\overline{B})}.$$

Beispiel. *Wir kommen jetzt noch einmal zum Beispiel aus dem letzten Tipp: Mit welcher Wahrscheinlichkeit stammt eine rote Kugel aus Urne 1?*

Lösung. *Gesucht ist die Wahrscheinlichkeit $P_R(E)$. Nach der Formel von Bayes gilt*

$$P_R(E) = \frac{P_E(R)P(E)}{P(R)}.$$

Am Baumdiagramm lesen wir ab: $P(E) = 0{,}5$ und $P_E(R) = 0{,}2$. Wir müssen noch $P(R)$ ausrechnen. Dazu summieren wir alle Pfadwahrscheinlichkeiten, die zu „rot" führen:

$$P(R) = 0{,}5 \cdot 0{,}2 + 0{,}5 \cdot 0{,}6 = 0{,}4.$$

Die gesuchte Wahrscheinlichkeit ist folglich gegeben durch

$$P_R(E) = \frac{0{,}2 \cdot 0{,}5}{0{,}4} = 0{,}25.$$

Beispiel. *Eine seltene Krankheit liegt bei 0,5% der Bevölkerung vor. Es gibt einen Test, der bei 99% der Kranken anschlägt, aber auch bei 2% der Gesunden. Mit welcher Wahrscheinlichkeit ist eine Person krank, unter der Bedingung, dass der Test positiv anschlägt?*

Lösung. *Es sei*

K: *„Eine getestete Person ist krank."*

G: *„Eine getestete Person ist gesund."*

T: *„Bei einer getesteten Person spricht der Test an."*

Gesucht ist $P_T(K)$. Dem Text entnehmen wir die Wahrscheinlichkeiten

$$P(K) = 0{,}5\% = 0{,}005, \quad P_K(T) = 99\% = 0{,}99 \quad \text{sowie} \quad P_G(T) = 2\% = 0{,}02.$$

Weiter gilt $P(G) = 1 - P(K) = 0{,}995$. Die Bayes-Formel liefert also

$$P_T(K) = \frac{P_K(T)P(K)}{P_K(T)P(K) + P_G(T)P(G)} = \frac{0{,}99 \cdot 0{,}005}{0{,}99 \cdot 0{,}005 + 0{,}02 \cdot 0{,}995} \approx 0{,}2.$$

Also kein Grund zur Panik!

1.4.3 Unabhängige Ereignisse

Stell Dir vor, Du wirfst einen Würfel zweimal nacheinander. Die Wahrscheinlichkeit, beim zweiten Wurf eine 6 zu werfen, **wenn Du schon weißt** (bedingte Wahrscheinlichkeit), dass im ersten Wurf eine 6 gefallen ist, beträgt 1/6. Die Information „6 im ersten Wurf" lässt die Aussicht auf das Eintreten des Ereignisses „6 im zweiten Wurf" unverändert. Man sagt deshalb:

Die Ereignisse „6 im ersten Wurf" und „6 im zweiten Wurf" sind unabhängig.

Allgemein gilt:

Fakt: Unabhängigkeit

Zwei Ereignisse A und B sind genau dann **unabhängig**, wenn

$$P_B(A) = P(A) \quad \text{bzw.} \quad P_A(B) = P(B) \quad \text{gilt.}$$

Angeberwissen: Unabhängigkeit

Stochastische Unabhängigkeit ist mathematisch wie folgt definiert:

Definition: *Zwei Ereignisse A und B heißen **unabhängig**, falls*

$$P(A \cap B) = P(A) \cdot P(B).$$

Wir rechnen diese Bedingung für den zweimaligen Würfelwurf nach. Es sei

$$\Omega = \Big\{ (1;1), (1;2), ..., (2;1), (2;2), ..., (6,6) \Big\}.$$

Dann gilt:

$$A = \Big\{ \text{„6 im 1. Wurf"} \Big\} = \Big\{ (6;1), (6;2), \ldots, (6;6) \Big\};$$

$$B = \Big\{ \text{„6 im 2. Wurf"} \Big\} = \Big\{ (1;6), (2;6), \ldots, (6;6) \Big\};$$

$$A \cap B = \Big\{ \text{„6 in beiden Würfen"} \Big\} = \Big\{ (6;6) \Big\}.$$

Weil jedes Ergebnis gleichwahrscheinlich ist, erhalten wir

$$P(A) = \frac{|A|}{|\Omega|} = \frac{6}{36} = \frac{1}{6}, \quad P(B) = \frac{6}{36} = \frac{1}{6} \quad \text{sowie} \quad P(A \cap B) = \frac{1}{36}.$$

Insbesondere ist $P(A \cap B) = 1/36 = 1/6 \cdot 1/6 = P(A) \cdot P(B)$ erfüllt.

Beispiel. *Luis zieht aus einer Urne mit 2 roten und 3 blauen Kugeln zweimal ohne Zurücklegen. Sind die Ereignisse*

B_1: *„1. Kugel blau";*

B_2: *„2. Kugel blau";*

unabhängig?

Lösung. *Es ergibt sich folgendes Baumdiagramm:*

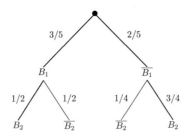

Abbildung 72: Bild zur Aufgabe: Baumdiagramm

Hier lesen wir ab:

$$P_{B_1}(B_2) = \frac{1}{2}.$$

Die Wahrscheinlichkeit $P(B_2)$, also dass Luis im 2. Zug eine blaue Kugel zieht, ist die Summe aller Pfadwahrscheinlichkeiten, die zu B_2 führen. Demnach gilt:

$$P(B_2) = \frac{3}{5} \cdot \frac{1}{2} + \frac{2}{5} \cdot \frac{3}{4} = \frac{3}{5} \neq P_{B_1}(B_2).$$

Folglich sind die Ereignisse nicht unabhängig.

Beispiel. *In einer Studie mit 1036 Teilnehmer*innen (560 Männer und 476 Frauen) wurde untersucht, ob das Sehvermögen vom Geschlecht abhängt. Eine Beeinträchtigung des Sehvermögen lag bei 125 Männern und 105 Frauen vor. Ist es wahr, dass keine Abhängigkeit gefolgert werden kann?*

Lösung. *Es sei B: „Beeinträchtigung liegt vor" und F: „Die Testperson ist eine Frau". Mit den Ergebnissen der Studie können wir $P(B)$ und $P_F(B)$ näherungsweise bestimmen:*

$$P(B) = \frac{125 + 105}{1036} = \frac{230}{1036} \approx 0{,}222 \quad und \quad P_F(B) = \frac{105}{476} \approx 0{,}221.$$

Weil die beiden Werte fast gleich sind, kann keine Abhängigkeit gefolgert werden.

Beispiel. *Eine sogenannte Parallelschaltung (siehe Abbildung unten), fällt nur dann aus, wenn beide Komponenten ausfallen. Komponente 1 arbeitet mit einer Wahrscheinlichkeit von 80% einwandfrei, bei Komponente 2 sind es 90%. Berechne die Zuverlässigkeit der Parallelschaltung, unter der Annahme, dass beide Komponenten unabhänig arbeiten.*

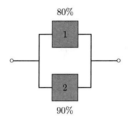

Lösung. *Es sei*

K_1: *„Komponente 1 arbeitet einwandfrei";*

K_2: *„Komponente 2 arbeitet einwandfrei";*

Die Parallelschaltung arbeitet genau dann einwandfrei, wenn mindestes eine Komponente funktionsfähig ist ($K1$ oder $K2$). Dies entspricht der Wahrscheinlichkeit

$$P(K_1 \cup K_2).$$

Mit der Summenregel auf Seite 11 erhalten wir

$$P(K_1 \cup K_2) = P(K_1) + P(K_2) - P(K_1 \cap K_2) = 0{,}8 + 0{,}9 - P(K_1 \cap K_2).$$

Weil $K1$ und $K2$ unabhängig sind, folgt insbesondere

$$P(K_1 \cap K_2) = P(K_1) \cdot P(K_2) = 0{,}8 \cdot 0{,}9.$$

Somit erhalten wir

$$P(K_1 \cup K_2) = 0{,}8 + 0{,}9 - 0{,}8 \cdot 0{,}9 = 0{,}98.$$

Die Parallelschaltung arbeitet also mit einer Wahrscheinlichkeit von 98% einwandfrei.

Merke: Summenregel bei Unabhängigkeit

Für zwei unabhängige Ereignisse A und B lautet die Summenformel

$$P(A \cup B) = P(A) + P(B) - P(A) \cdot P(B).$$

1.4.4 Vierfeldertafeln

Für zwei Ereignisse A und B liefert eine sog. Vierfeldertafel ein übersichtliches Schema, um die Wahrscheinlichkeiten $P(A)$, $P(B)$, $P(A \cap B)$ usw. abzulesen. Die allgemeine Form sieht wie folgt aus:

	A	$\overline{A}$	$\sum$
B	$P(A \cap B)$	$P(\overline{A} \cap B)$	$P(B)$
$\overline{B}$	$P(A \cap \overline{B})$	$P(\overline{A} \cap \overline{B})$	$P(\overline{B})$
$\sum$	$P(A)$	$P(\overline{A})$	1

Die Summenzeichen $\sum$ werden oft weggelassen.

> **Tipp: Vierfeldertafel**
>
> Mit einer Vierfeldertafel kannst Du leicht die Unabhängigkeit von Ereignissen prüfen. Dabei gilt:
>
> - Falls $P(A \cap B) = P(A) \cdot P(B)$ gilt, dann sind A und B unabhängig;
>
> - Falls $P(A \cap B) \neq P(A) \cdot P(B)$ gilt, dann sind A und B abhängig.

Beispiel. *Bei einem Test der Produktion eines Herstellers von Spielzeug-Drohnen hat sich herausgestellt, dass 15% der Drohnen nicht einwandfrei lackiert wurden und bei 20% ein Fehler in der Elektronik vorliegt. Insgesamt sind 30% aller Drohnen von mindestens einem dieser Fehler betroffen.*

a) Erstelle eine Vierfeldertafel, in der die beschriebene Situation dargestellt wird;

b) Entscheide, ob beide Fehler unabhängig voneinander aufgetreten sind.

Lösung. *Teil a) Es sei*

F_1*: „Die Drohne hat einen Lackierfehler";*

F_2*: „Die Drohne hat einen Elektronikfehler";*

Dem Text entnehmen wir die Werte $P(F_1) = 0{,}15$, $P(F_2) = 0{,}2$ und $P(F_1 \cup F_2) = 0{,}3$. Mit der Summenregel folgt

$$P(F_1 \cap F_2) = P(F_1) + P(F_2) - P(F_1 \cup F_2) = 0{,}15 + 0{,}2 - 0{,}3 = 0{,}05.$$

Diese Werte können wir in die Vierfeldertafel eintragen:

	F_1	$\overline{F_1}$	
F_2	0,05	?	0,2
$\overline{F_2}$	?	?	?
	0,15	?	1

Zuerst berechnen wir die fehlenden Randwerte. Dabei verwenden wir, dass die Summe der rechten bzw. der unteren Randwerte jeweils den Wert 1 ergibt:

	F_1	$\overline{F_1}$	
F_2	0,05	?	0,2
$\overline{F_2}$	?	?	0,8
	0,15	0,85	1

Als nächstes berechnen wir die äußeren Zellen. Dabei verwenden wir:

- *Die Summe der beiden Werte in der 1. Zeile ist gleich dem Randwert 0,2;*

- *Die Summe der beiden Werte in der 1. Spalte ist gleich dem Randwert 0,15;*

	F_1	$\overline{F_1}$	
F_2	0,05	0,15	0,2
$\overline{F_2}$	0,1	?	0,8
	0,15	0,85	1

Der letzte Wert berechnet sich aus der Bedingung, dass die Summe der beiden Werte in der 2. Zeile gleich dem Randwert 0,8 ist:

	F_1	$\overline{F_1}$	
F_2	0,05	0,15	0,2
$\overline{F_2}$	0,1	0,7	0,8
	0,15	0,85	1

Teil b) An der Vierfeldertafel lesen wir ab:

$$P(F_1 \cap F_2) = 0,05 \quad und \quad P(F_1) \cdot P(F_2) = 0,15 \cdot 0,2 = 0,03.$$

Weil sich diese Werte unterscheiden, sind die Fehler nicht unabhängig.

1.5 Aufgaben zum Vertiefen

1.5.1 Beschreibende Statistik

Aufgabe S-1   **Lösung auf Seite LS-1**

Eine Klasse von 30 Schüler*innen sammelt, wie viele Minuten sie pro Woche auf Instagram verbringen. Sie gaben folgende Werte an:

$$60, 22, 110, 0, 85,\quad 20, 0, 75, 35, 179,$$

$$39, 45, 0, 61, 62,\quad 62, 200, 70, 30, 77,$$

$$0, 89, 130, 100, 0,\quad 122, 90, 150, 35, 62$$

a) Bestimme der arithmetischen Mittelwert $\bar{x}$ der wöchentlichen Instagram-Minuten in der Klasse.

b) Bestimme die Standardabweichung s der wöchentlichen Instagram-Minuten in der Klasse sowie die Spannweite d_{max} der Datenreihe.

c) Bestimme den Median $\tilde{x}$ der obigen Datenreihe.

d) Bestimme den Modus x_{mod} der Datenreihe.

e) Felix wechselt in die Klasse. Wie lange müsste er wöchentlich auf Instagram verbingen, damit der Klassendurchschnitt dann bei 65 Minuten liegt.

Aufgabe S-2   **Lösung auf Seite LS-2**

Haushalte eines Dorfteils wurden befragt, wie viele Stunden TV sie am Tag schauen. Bestimme das arithmetische Mittel, den Median und die Standardabweichung folgender Datenreihe.

Haushalt	1	2	3	4	5	6	7	8	9	10
Anzahl Stunden	3	2	3	4	4	2	3	2	9	3

Welcher deskriptive Mittelwert ($\bar{x}$ oder $\tilde{x}$) ist in diesem Fall aussagekräftiger? Begründe Deine Antwort!

Aufgabe S-3   **Lösung auf Seite LS-3**

Gib an, wie Körpergrößen (in cm) von 11 Fußballspieler*innen verteilt sein können,
damit sie im (arithmetischen) Mittel 180 cm groß sind, der Median der Körpergrößen
jedoch 175 cm ist.
Erkläre dein Vorgehen und begründe Deine Antwort!

1.5.2   Grundbegriffe der Wahrscheinlichkeit

Aufgabe S-4   **Lösung auf Seite LS-4**

Entscheide bei den folgenden Aussagen, ob sie wahr oder falsch sind. Verbessere alle
falschen Aussagen.

a) Beim einmaligen Werfen eines sechsseitigen Würfels ist der Ergebnisraum Ω
durch folgenden Audruck gegeben:

$$\Omega = \{1, 2, 3, 4, 5\}$$

b) Für die Vereinigung zweier Ereignisse A und B gilt stets:

$$P(A \cup B) = P(A) - P(B) + P(A \cap B)$$

c) Für ein Ereignis E und sein Gegenereignis $\overline{E}$ gilt stets:

$$P(\overline{E}) = 1 - P(E)$$

d) Beim zweimaligen Werfen einer Münze, die entweder Wappen (W) oder Zahl
(Z) zeigt sind $\{(W; Z)\}$ und $\{(W; W; Z)\}$ zwei mögliche Ereignisse.

e) Für zwei Ereignisse A und B gilt stets:

$$P(A \cap B) \geq P(A) + P(B)$$

Aufgabe S-5   **Lösung auf Seite LS-5**

Gegeben sind zwei Ereignisse A und B mit den Wahrscheinlichkeiten

$$P(A) = 0{,}6 \quad P(B) = 0{,}3 \quad \text{und} \quad P_B(A) = 0{,}1.$$

a) Bestimme die Wahrscheinlichkeit $P(A \cap B)$.

b) Bestimme die Wahrscheinlichkeit $P(\overline{B})$.

c) Bestimme die Wahrscheinlichkeit $P(A \cup B)$.

Aufgabe S-6   **Lösung auf Seite LS-5**

Forscher*innen haben beobachtet, dass es an durchschnittlich 142 Tagen im Jahr regnet und an 136 die Sonne scheint. An allen anderen Tagen gab es andere Wetterlagen wie beispielsweise Schnee oder Hagel. Einen Regenbogen sieht man an fünf Tagen im Jahr. Dieser tritt auf, wenn es regnet und gleichzeitig die Sonne scheint. Gegeben sind die folgenden drei Ereignisse:

R: „Es regnet",

S: „Es scheint die Sonne"und

E: „Man sieht einen Regenbogen".

a) Stelle die beiden Ereignisse R und S, sowie das Ereignis E, in einem Mengendiagramm graphisch dar.

b) Stelle das Ereignis $\overline{R} \cup S$ in einem zweiten Mengendiagramm dar.

c) Bestimme die Wahrscheinlichkeit $P(\overline{R} \cup S)$.

1.5.3 Wahrscheinlichkeiten und Laplace-Experimente

Aufgabe S-7   **Lösung auf Seite LS-7**

Bei einem Laplace-Experiment wird mit zwei perfekten, sechsseitigen Würfeln gewürfelt. Bestimme die Wahrscheinlichkeit, dass...

a) beide Würfel eine Sechs zeigen.

b) beide Würfel eine Primzahl zeigen.

c) einer der Würfel eine Drei und der andere eine Vier zeigt.

d) das Produkt der Augenzahlen vier ergibt.

Aufgabe S-8   **Lösung auf Seite LS-8**

Psychologische Fachkräfte untersuchen in einem Kindergarten, wie wichtig Kindern ein Haustier ist. Zu Beginn befragen sie alle Kinder, die bis jetzt kein Haustier haben, ob sie sich lieber einen Hund, eine Katze oder gar kein Haustier wünschen. Ihre Ergebnisse halten sie in der folgenden Tabelle fest.

	Gruppe 1 (Sonne)	Gruppe 2 (Mond)
Hund	4	3
Katze	7	2
Keines	1	4

a) Wie viele Kinder des Kindergartens haben kein Haustier?

b) Mit welcher Wahrscheinlichkeit wünscht sich ein zufällig ausgewähltes Kind eine Katze?

c) Mit welcher Wahrscheinlichkeit ist ein zufällig ausgewähltes Kind aus Gruppe 1?

d) Nimm Stellung zu der Aussage „Die Umfrage zeigt, dass sich ein Kind aus der Sonnengruppe eher einen Hund wünscht als ein Kind aus der Mondgruppe."

e) Gib ein Ereignis A an, welchem die Wahrscheinlichkeit $P(A) = \frac{7}{21}$ zugeordnet werden kann.

Aufgabe S-9   **Lösung auf Seite LS-9**

Bei einem Laplace-Experiment wird mit zwei perfekten, sechsseitigen Würfeln gewürfelt. Bestimme die Wahrscheinlichkeit, dass...

a) das Produkt der Augenzahlen sieben ergibt.

b) die Summe der Augenzahlen sieben ergibt.

c) mindestens einer der Würfel eine Fünf zeigt.

d) das Produkt der Augenzahlen ungerade ist.

Aufgabe S-10   **Lösung auf Seite LS-10**

Das Kraftfahrt-Bundesamt in Flensburg untersucht den Zusammenhang zwischen der Anzahl an Geschwindigkeitsübertretungen und dem Alter der betroffenen Personen. Dazu hat es, im Rahmen einer repräsentativen Studie, die Anzahl an bekannten Geschwindigkeitsübertretungen im vergangenen Jahr nach Altersklassen aufgeschlüsselt.

Anzahl der Übertretungen	Unter 23 Jahren	Über 23 Jahren
≤ 2	154	494
> 2	136	216

Eine Person wird dabei als Raser aufgefasst, wenn sie im letzten Jahr mehr als zwei bekannte Geschwindigkeitsübertretungen hatte. Wir nehmen an, dass diese Zahlen repräsentativ für die Gesamtheit sind.

a) Wie viele Personen wurden in der Studie betrachtet?

b) Was ist die Wahrscheinlichkeit, dass eine zufällig ausgewählte Person unter 23 und ein Raser ist?

c) Mit welcher Wahrscheinlichkeit ist eine Person, die älter als 23 ist, ein Raser?

d) Mit welcher Wahrscheinlichkeit ist eine zufällig ausgewählte Person kein Raser?

e) Nimm Stellung zu der Aussage: „Der Anteil an Rasern ist bei den unter 23 Jährigen höher als bei den über 23 Jährigen."

f) Gib ein mögliches Ereignis A an, welchem die Wahrscheinlichkeit $P(A) = 0{,}154$ zugeordnet werden kann.

Aufgabe S-11 **Lösung auf Seite LS-12**

Bei einem Laplace-Experiment wird mit zwei perfekten, sechsseitigen Würfeln gewürfelt. Bestimme die Wahrscheinlichkeit, dass...

a) das Produkt der Augenzahlen gerade ist.

b) die Differenz der Augenzahlen vier ergibt.

c) genau einer der Würfel eine Eins zeigt.

d) eine zweistellige, aus den gewürfelten Augenzahlen gebildete Zahl nicht die Quersumme Sechs besitzt? (Dabei ist die Reihenfolge der Ziffern durch die Wurfreihenfolge vorgegeben.)

Aufgabe S-12 **Lösung auf Seite LS-14**

Das Finanzamt hat die Verdienstklassen aller Bewohner*innen des Dorfes Mittelhausen erhoben, nach Altersklassen aufgeschlüsselt und in der unten stehenden Tabelle zusammengefasst.
Der Jahresverdienst wird hierbei in Einheiten von jeweils 1000 Euro angegeben.

Lohnklassen	unter 50 Jahre	über 50 Jahre
0 - 17	16	4
17 - 36	18	24
> 36	36	42

Wir nehmen an, dass die Zahlen repräsentativ für die Gesamtheit sind, aus der wir im Folgenden zufällige Personen auswählen.

a) Mit welcher Wahrscheinlichkeit ist eine zufällig ausgewählte Person älter als 50 Jahre?

b) Mit welcher Wahrscheinlichkeit gehört eine zufällig ausgewählte Person unter 50 Jahren zu den Topverdiener*innen?

c) Mit welcher Wahrscheinlichkeit gehört eine zufällig ausgewählte Person nicht zu den Topverdiener*innen?

d) Nimm Stellung zu der Aussage „Der Anteil der Topverdiener*innen ist bei den über 50 Jährigen höher."

e) Gib ein mögliches Ereignis A an, welchem die Wahrscheinlichkeit $P(A) = 1$ zugeordnet werden kann.

1.5.4 Bedingte Wahrscheinlichkeiten

Aufgabe S-13   **Lösung auf Seite LS-15**

Bauer*innen bepflanzen jedes Jahr 30% ihrer Felder mit Weizen, den Rest mit Roggen. Auf Grund einer Dürre in diesem Sommer ernten sie nur 60% des üblichen Weizen- und sogar nur 40% des üblichen Roggenertrags.
Fertige ein beschriftetes Baumdiagramm an und berechne wie viel Prozent im Vergleich zum üblichen Gesamtertrag sie in diesem Jahr nicht einholen können.

Aufgabe S-14   **Lösung auf Seite LS-16**

In einer Urne befinden sich drei blaue, fünf rote und zwei grüne Kugeln.

Es wird zweimal mit Zurücklegen gezogen.

a) Fertige ein beschriftetes Baumdiagramm an.

b) Wie hoch ist die Wahrscheinlichkeit, zwei gleichfarbige Kugeln zu ziehen?

c) Wie hoch ist die Wahrscheinlichkeit, zuerst eine blaue und dann eine andersfarbige Kugel zu ziehen?

Nun wird zweimal ohne Zurücklegen gezogen.

d) Fertige ein beschriftetes Baumdiagramm an.

e) Wie haben sich die Wahrscheinlichkeiten aus b) und c) verändert?

Aufgabe S-15   **Lösung auf Seite LS-17**

Die Firma abiturma befragt in einem Kurs mit 17 Teilnehmenden alle Schüler*innen, ob sie Mathe mögen und ob sie Fußball spielen. 13 Schüler*innen geben an, dass sie Mathe nicht mögen. Die Hälfte der insgesamt vier Fußballer*innen mag Mathe.

a) Wie viele Schüler*innen, die kein Fußball spielen mögen kein Mathe? Fertige dazu eine vollständig ausgefüllte Vierfeldertafel an.

b) Mit welcher Wahrscheinlichkeit spielt ein zufällig ausgewählte Person Fußball, wenn bereits bekannt ist, dass sie kein Mathe mag?

Aufgabe S-16   **Lösung auf Seite LS-18**

Mediziner*innen führten eine klinische Studie zur Verbreitung von Laktoseintoleranz durch. Sie möchten eine Prognose erstellen und stützen sich auf eine vergangene Erhebung. In ihrer Testpersonengruppe stammten 27 Testpersonen aus Asien oder Afrika. Die restlichen 23 Testpersonen stammten aus dem Rest der Welt. Insgesamt 30 Teilnehmende der Studie zeigten eine Laktoseintoleranz. Von den Testpersonen, die nicht aus Asien oder Afrika stammen, zeigten lediglich vier eine Laktoseintoleranz. Wir nehmen diese Werte als repräsentativ an und betrachten die Ereignisse

A : „Eine zufällig ausgewählte Person stammt aus Asien oder Afrika" und

L : „Eine zufällig ausgewählte Person hat eine Laktoseintoleranz".

a) Fertige eine vollständig beschriftete Vierfeldertafel an.

b) Mit welcher Wahrscheinlichkeit stammt eine zufällig ausgewählte Person aus Asien oder Afrika und hat eine Laktoseintoleranz?

c) Prüfe die Ereignisse A und L auf stochastische Unabhängigkeit.

Aufgabe S-17   **Lösung auf Seite LS-19**

Konditormeister*innen stellen 200 Pralinen her. 80% von ihnen sind aus dunkler Schokolade, der Rest aus weißer Schokolade. 30% aller Pralinen enthalten Nüsse, bei den Weißen haben jedoch nur 12,5% einen Nussanteil. Stelle die beschriebene Situation mit einer Vierfeldertafel dar.

Aufgabe S-18   **Lösung auf Seite LS-19**

Bestimme die Wahrscheinlichkeit, bei zweimaligem Werfen eines Würfels eine Augensumme von mindestens Acht zu erhalten, unter der Bedingung, dass beim ersten Wurf eine Vier gefallen ist.

Aufgabe S-19   **Lösung auf Seite LS-20**

Der Radiosender „FM21" führt in der Fußgängerzone eine Studie durch. Insgesamt werden 200 Personen befragt, wie sie zu klassischer Musik stehen. Dabei ergibt sich, dass 60% aller befragten Personen Klassik mögen.
Betrachtet man dabei eine beliebige Person, so ist sie zu 45% über 30 Jahre alt und mag Popmusik (und keine Klassik). Jemand, der der Klassik eine andere Musikrichtung vorzieht, ist nur mit einer Wahrscheinlichkeit von 30% über 30.

a) Fertige ein vollständig beschriftetes Baumdiagramm an und ermittle dabei, mit welcher Wahrscheinlichkeit ein Popmusikfan über 30 ist.

b) Wie viele der befragten Personen waren jünger als 30 Jahre?

Aufgabe S-20   **Lösung auf Seite LS-21**

In einer Urne befinden sich eine blaue, fünf rote und zwei grüne Kugeln.

Es wird zweimal mit Zurücklegen gezogen.

a) Fertige ein beschriftetes Baumdiagramm an.

b) Wie hoch ist die Wahrscheinlichkeit, zwei Kugeln unterschiedlicher Farbe zu ziehen?

c) Wie hoch ist die Wahrscheinlichkeit, im zweiten Zug eine blaue Kugel zu ziehen?

Nun wird zweimal ohne Zurücklegen gezogen.

d) Fertige ein beschriftetes Baumdiagramm an.

e) Wie haben sich die Wahrscheinlichkeiten aus b) und c) verändert?

f) Es wird noch ein weiteres Mal ohne Zurücklegen gezogen. Wie hoch ist die Wahrscheinlichkeit drei gleichfarbige Kugeln zu ziehen?

Aufgabe S-21   **Lösung auf Seite LS-23**

Die Betreiber*innen eines Eisenbahnunternehmens haben eine Umfrage unter ihren Fahrgästen durchgeführt. Diese ergab, dass 10% der Fahrgäste in der ersten Klasse reisen.
Außerdem wurde in der Umfrage abgefragt, wie zufrieden die Fahrgäste mit dem Service des Unternehmens sind. Es wurde festgestellt, dass jeder sechste Fahrgast in der zweiten Klasse unzufrieden war. Zudem gaben lediglich 70% der Fahrgäste der ersten Klasse an, zufrieden zu sein.

Betrachte die Ereignisse:

E : „Ein Teilnehmer der Umfrage ist 1. Klasse Fahrer*in" und

Z : „Ein Teilnehmer der Umfrage ist mit dem Service zufrieden".

a) Fertige eine vollständig beschriftete Vierfeldertafel an.

b) Als die Geschäftsführer*innen die Zufriedenheitszahlen der ersten Klasse erhält, sind sie schockiert und behauptet:

   Das Unternehmen hat es leider nicht geschafft, den Zufriedenheits-
   wert von 77%, aus dem Vorjahr erneut zu erreichen.

   Nimm dazu Stellung.

c) Mit welcher Wahrscheinlichkeit ist ein zufällig ausgewählter Passagier der ersten Klasse unzufrieden?

d) Im Folgejahr fahren 30% Prozent der Passagiere mit der ersten Klasse. Die Zufriedenheitswerte der Passagiere in beiden Klassen bleiben gleich. Wie ändert sich die Gesamtzufriedenheit? Erkläre wieso.

Aufgabe S-22   **Lösung auf Seite LS-24**

Das japanische Fischerei-Ministerium testet gefangene Fische auf Belastung mit Cäsium-Isotopen. Dazu erheben sie eine als repräsentativ angenommene Stichprobe von 1000 Fischen.
240 der Fische stammen aus der Region um Fukushima. Ein Viertel aller untersuchten Fische ist mit Cäsium-Isotopen belastet. Insgesamt 180 der Fische stammen aus der Region um Fukushima und sind unbelastet. Wir betrachten die Ereignisse

F : „Ein zufälliger Fisch stammt aus der Region um Fukushima" und

C : „Ein zufälliger Fisch ist mit Cäsium-Isotopen belastet".

a) Fertige eine vollständig beschriftetet Vierfeldertafel an.

b) Mit welcher Wahrscheinlichkeit stammt ein zufällig ausgewählter Fisch nicht aus Fukushima und ist trotzdem mit Cäsium-Isotopen belastet?

c) Mit welcher Wahrscheinlichkeit stammt ein belasteter Fisch aus Fukushima?

d) Prüfe die Ereignisse F und C auf stochastische Unabhängigkeit.

Aufgabe S-23   **Lösung auf Seite LS-26**

Prüfer*innen des TÜV Süd stellen fest, dass erfahrungsgemäß 5% aller Staudämme in Brasilien, die älter als zehn Jahre sind, schwere Mängel aufweisen. Zwei von drei mangelhaften Dämmen haben dennoch eine Unbedenklichkeitsbescheinigung erhalten. Gegeben sind die zwei Ereignisse

M: „Ein Damm ist mangelhaft" und

U: „Ein Damm erhält eine Unbedenklichkeitsbescheinigung".

a) Bestimme die Wahrscheinlichkeit $P(M \cap U)$.

b) Insgesamt erhalten 90% der Dämme in Brasilien ein Unbedenklichkeitsbescheinigung. Bestimme die Wahrscheinlichkeit $P(M \cup U)$.

c) Erkläre den Unterschied von $P(M \cap U)$ und $P_U(M)$ im Sachzusammenhang.

Aufgabe S-24   **Lösung auf Seite LS-27**

Eine Surf-Schule sagt für den kommenden Tag zu 70% gute Wellen und zu 30% schlechte Wellen zum Surfen voraus. Damit hat sie bei einer positiven Vorhersage in 80% der Fälle Recht, bei einer negativen Vorhersage sind dies sogar 90%.

a) An wie vielen Tagen haben die Surfer*innen tatsächlich gute Wellen?

b) Trotz guten Wellen ist der Surfer Larry nicht zum Surfen an den Strand gekommen. Seinen Freund*innen gegenüber meinte er, die Vorhersage sei pessimistisch ausgefallen. Niemand hatte diese beachtet. Mit welcher Wahrscheinlichkeit war die Vorhersage eigentlich positiv, so dass Larry gelogen hat? Nutze zur Lösung den Satz von Bayes!

Aufgabe S-25   **Lösung auf Seite LS-28**

Ein Statistik-Portal erfasst, dass die Fußballmannschaft FC München mit 70%-iger Wahrscheinlichkeit das Spiel gewinnt, wenn der Spieler Josua Müller in der Startelf steht. Müller steht in 85% der Spiele in der Startelf und der FC München gewinnt insgesamt 75% der Spiele einer Saison.

Da dies ein höherer Wert ist, als die 70% „Sieg-Garantie" durch Josua Müller, fragt sich der Trainer, mit welcher Wahrscheinlichkeit Müller in der Startelf steht, wenn das Team einen Sieg feiert.

Löse diese Aufgabe ohne ein Baumdiagramm!

Aufgabe S-26   **Lösung auf Seite LS-29**

Eine stark verbogene Münze landet mit einer Wahrscheinlichkeit von 55% auf der Seite mit dem Wappen. Bestimme die Wahrscheinlichkeit folgender Ereignisse beim dreimaligen Wurf. Manchmal sind verschiedene Ansätze möglich.

A: „Drei gleiche Symbole"

B: „Mindestens einmal Zahl"

C: „Mindestens zweimal Zahl"

D: „Drei gleiche Symbole oder mindestens zweimal Zahl"

E: „Beide Symbole treten auf und mindestens zweimal Wappen"

F: „Beide Symbole treten auf und mindestens dreimal Wappen"

Aufgabe S-27   **Lösung auf Seite LS-30**

Gegeben sind zwei Urnen. In der ersten Urne liegen zwei rote und vier blaue Kugeln. In der zweiten Urne liegt eine schwarze und zwei grüne Kugeln. Sobald eine Kugel gezogen wurde, wird sie in die andere Urne gelegt.

Eine Freundin hat bereits einmal aus der ersten Urne gezogen. Nun ziehst Du zweimal aus der zweiten Urne.

a) Fertige ein beschriftetes Baumdiagramm für die Situation an.

b) Wie hoch ist die Wahrscheinlichkeit, dass Du in deinem zweiten Zug eine Kugel ziehst, die bereits in der ersten Urne lag?

c) Wie hoch ist die Wahrscheinlichkeit, dass Du zwei Kugeln verschiedener Farben ziehst?

d) Wie hoch ist die Wahrscheinlichkeit, dass nach Deinen zwei Zügen zwei rote Kugeln in der ersten Urne liegen?

Aufgabe S-28   **Lösung auf Seite LS-32**

Das Magazin „TopTrend" testet die Leistung verschiedenster Smartphones. Der Test zeigt, dass in 85% der Handys der Marke Z4 ein sehr guter Akku verbaut wurde. Jedoch besitzen auch 35% der Handys anderer Marken einen sehr langlebigen Akku. Ein zufällig herausgegriffenes Modell hat zu 39,5% eine sehr gute Akkulaufzeit.

a) Fertige ein vollständig beschriftetes Baumdiagramm an und ermittle, welchen Anteil Handys der Marke Z4 an der Menge aller getesteten Handys hatten.

b) Wie hoch ist die Wahrscheinlichkeit, dass ein Handy mit guter Akkulaufzeit von der Marke Z4 stammt?

Aufgabe S-29 **Lösung auf Seite LS-33**

Anwärter*innen der Moskauer Tanzschule müssen bei ihrer Aufnahmeprüfung in Paaren vortanzen. Während ihrer Choreographie müssen sowohl der Mann, als auch die Frau eine komplizierte Solofigur präsentieren.
Bei insgesamt 40% der Paare absolvieren beide Partner ihre Solofigur fehlerfrei. Lediglich 45% der Männer tanzen ihre Figur einwandfrei. Bei 30% der Paare vermasselt der Mann seinen Auftritt, während die Frau ihren Teil fehlerfrei absolviert. Wir betrachten die Ereignisse

M : „Der Mann tanzt seine Figur fehlerfrei" und

F : „Die Frau tanzt ihre Figur fehlerfrei".

a) Fertige eine vollständig beschriftete Vierfeldertafel an.

b) Mit welcher Wahrscheinlichkeit vermasseln bei einem zufällig ausgewählten Paar beide Partner ihren Auftritt?

c) Mit welcher Wahrscheinlichkeit tanzt der Mann seine Figur fehlerfrei, wenn bereits bekannt ist, dass die Frau ihren Auftritt vermasselt hat?

d) Prüfe die Ereignisse M und F auf stochastische Unabhängigkeit.

Aufgabe S-30 **Lösung auf Seite LS-34**

Repräsentative Umfragen unter der Bevölkerung des fiktiven Landes Bamerika aus dem Jahr 2020 ergaben, dass 48% der Männer, aber lediglich 35% der Frauen den Präsidenten Boe Jiden befürworten.
Zusätzlich ist bekannt, dass das Bevölkerungsverhältnis von Männern zu Frauen in Bamerika bei 0,97 liegt. Wir betrachten die Ereignisse

F : „Eine zufällig befragte Person ist eine Frau" und

J : „Eine zufällig befragte Person befürwortet Boe Jiden als Präsident".

a) Fertige eine vollständig beschriftete Vierfeldertafel an.

b) Mit welcher Wahrscheinlichkeit ist eine zufällig ausgewählte Person weiblich und eine Jiden-Befürworterin?

c) Mit welcher Wahrscheinlichkeit ist ein Jiden-Befürworter männlich?

d) Prüfe die Ereignisse F und J auf stochastische Unabhängigkeit.

Aufgabe S-31   **Lösung auf Seite LS-36**

Ein Pharmaunternehmen testet einen neuen Corona-Schnelltest. Dazu führt es nebenher noch eine Studie mit einem Test durch, der sehr zuverlässig, aber auch sehr langsam ist. Der neue Test klassifiziert 90% der tatsächlich Erkrankten als krank. Der zuverlässige Test ergibt, dass eine von vier Testpersonen tatsächlich erkrankt ist.

Gegeben sind die zwei Ereignisse:

K: „Eine getestete Person ist tatsächlich erkrankt" und

T: „Der Schnelltest klassifiziert die Person als erkrankt".

a) Bestimme $P(K)$.

b) Bestimme die Wahrscheinlichkeiten $P(K \cap T)$ und $P(K \cap \bar{T})$.

c) Die Wahrscheinlichkeit, dass eine Person tatsächlich erkrankt ist, oder durch den Schnelltest als krank eingestuft wird, beträgt 35%. Bestimme die Wahrscheinlichkeit, dass der Test eine beliebige Person als krank einstuft.

2 Kombinatorik

In der Kombinatorik geht es darum, die Anzahl verschiedener Konfigurationen abzuzählen. Je nach Art der beschriebenen Situation gibt es verschiedene Regeln, die sich mit Hilfe von sogenannten Urnenmodellen anschaulich beschreiben lassen.

2.1 Die Produktregel

> **Fakt**
>
> In einem Versuch mit k „Stufen" gebe es in der ersten Stufe n_1 mögliche Ausgänge, in der zweiten Stufe n_2 usw. bis zur k-ten Stufe mit n_k Ausgängen. Dann hat der Versuch insgesamt $n_1 \cdot n_2 \cdots n_k$ Ausgänge.

Beispiel. *In einem Restaurant gibt es 10 Vorspeisen, 5 Hauptgänge und 4 Nachspeisen. Wie viele verschiedene Menüs lassen sich zusammenstellen?*

Lösung. *Es gibt drei Stufen (Vorspeise-Hauptgang-Dessert) mit $n_1 = 10$, $n_2 = 5$ und $n_3 = 4$ möglichen Ausgängen. Folglich lassen sich insgesamt*

$$n_1 \cdot n_2 \cdot n_3 = 10 \cdot 5 \cdot 4 = 200$$

verschiedene Menüs zusammenstellen.

> **Tipp: Fakultät**
>
> Ein wichtiger Spezialfall der Produktregel ergibt sich, wenn nach der Anzahl aller Anordnungen von n verschiedenen Objekten gefragt ist: Insgesamt gibt es
>
> $$n! = n \cdot (n-1) \cdots 2 \cdot 1$$
>
> Möglichkeiten, n Elemente mit Beachtung der Reihenfolge anzuordnen.

Beispiel. *Ein Tourist möchte 5 Restaurants in einer Stadt besuchen, ist sich aber noch unsicher, in welcher Reihenfolge er vorgehen möchte. Wie viele Möglichkeiten hat er?*

Lösung. *Für das erste Restaurant hat er 5 Wahlmöglichkeiten, für das zweite noch 4 und so weiter. Insgesamt hat er also $5! = 5 \cdot 4 \cdot 3 \cdot 2 \cdot 1 = 120$ Möglichkeiten.*

2.2 Urnenmodelle

Viele Abzählprobleme lassen sich mithilfe von Urnenmodellen lösen:

Fakt: Ziehen aus Urnen

Wir betrachten eine Urne mit n unterscheidbaren Kugeln, aus der wir k-mal ziehen. Dabei sind folgende Szenarien denkbar:

- Ziehen **mit Zurücklegen mit Beachtung** der Reihenfolge:

$$n^k = n \cdots n \ (k\text{-mal}) \text{ mögliche Ausgänge;}$$

- Ziehen **ohne Zurücklegen mit Beachtung** der Reihenfolge ($k \leq n$):

$$\frac{n!}{(n-k)!} = n \cdot (n-1) \cdots (n-k+1);$$

- Ziehen **ohne Zurücklegen ohne Beachtung** der Reihenfolge ($k \leq n$):

$$\binom{n}{k} = \frac{n!}{k! \, (n-k)!} \quad \text{(Lotto-Szenario);}$$

- Ziehen **mit Zurücklegen ohne Beachtung** der Reihenfolge:

$$\binom{n+k-1}{k}.$$

Beispiel. *Eine Geldkarte besitzt in der Regel eine PIN mit 4 Ziffern zwischen 0 und 9. Wie viele verschiedene PINs gibt es, wenn*

a) eine Ziffernwiederholung erlaubt ist?

b) keine Ziffernwiederholung erlaubt ist?

Lösung. *Zu a) Weil bei einer PIN die Reihenfolge wichtig ist, handelt es sich hier um das Szenario „Ziehen mit Zurücklegen mit Beachtung der Reihenfolge". Dabei ist $n = 10$ (es gibt 10 verschiedene Ziffern) und $k = 4$ (die Länge der PIN ist 4). Es gibt also*

$$10^4 = 10.000 \text{ verschiedene PINs.}$$

Zu b) In diesem Fall handelt es sich um das Szenario „Ziehen ohne Zurücklegen mit Beachtung der Reihenfolge". Folglich gibt es

$$10 \cdot 9 \cdot 8 \cdot 7 = 5.040 \text{ verschiedene PINs.}$$

Beispiel. *Der Abiturjahrgang einer Schule veranstaltet ein kleines Schachturnier, bei dem insgesamt 10 Personen teilnehmen. Wie viele Endspiel-Kombinationen sind möglich?*

Lösung. *Am Ende treffen zwei Spieler aufeinander. Insgesamt gibt es*

$$\binom{10}{2} = \frac{10!}{2!\,(10-2)!} = \frac{10!}{2!\,8!} = 45$$

Möglichkeiten, 2 von 10 Personen ohne Beachtung der Reihenfolge auszuwählen, die im Endspiel aufeinandertreffen können. Es sind also 45 Endspiel-Kombinationen möglich.

Beispiel. *Wie groß ist die Wahrscheinlichkeit, beim Lotto „6 aus 49" genau 4 richtige Zahlen zu treffen?*

Lösung. *Beim Lotto „6 aus 49" gibt es insgesamt 49 Kugeln, aus denen ohne Zurücklegen und ohne Beachtung der Reihenfolge 6 Kugeln gezogen werden. Es gibt also 6 „Treffer" und 43 „Nicht-Treffer". Wenn wir von der Menge der Treffer 4 und von der Menge der Nicht-Treffer 2 Kugeln ziehen, dann haben wir insgesamt genau 4 Richtige. Es gibt*

$$\binom{6}{4} = 15$$

Möglichkeiten, 4 Kugeln (ohne Zurücklegen und ohne Beachtung der Reihenfolge) aus der Menge der Treffer zu ziehen, sowie

$$\binom{43}{2} = 903$$

Möglichkeiten, 2 Kugeln (ohne Zurücklegen und ohne Beachtung der Reihenfolge) aus der Menge der Nicht-Treffer zu ziehen. Weil es insgesamt

$$\binom{49}{6} = 13.983.816$$

mögliche Lottoergebnisse gibt, ist die gesuchte Wahrscheinlichkeit gegeben durch

$$P(\text{„Genau 4 Richtige"}) = \frac{15 \cdot 903}{13.983.816} \approx 0{,}001.$$

Beispiel. *An einem Bahngleis stehen 13 Personen. Wie viele Möglichkeiten gibt es, die Personen auf vier Abteilwagen zu verteilen, wenn es erlaubt ist, dass dabei Abteilwagen leer stehen bleiben?*

Lösung. *Hier kann das Modell „Mit Zurücklegen und ohne Reihenfolge" benutzt werden. Aus einer Urne mit vier Kugeln (vier Abteilwagen) wird 13-mal gezogen (13 Fahrgäste). Jedem Fahrgast wird eine Wagennummer zugeteilt, wobei die Reihenfolge der Personen keine Rolle spielt. Es gibt also*

$$\binom{4+13-1}{13} = \binom{16}{13} = 560 \ \text{Möglichkeiten.}$$

2.3 Aufgaben zum Vertiefen: Kombinatorik

Aufgabe S-32   **Lösung auf Seite LS-37**

Ein Straßenmagier*innen führen in der Münchner Fußgängerzone diverse Tricks auf.
Einer mathematisch versierten Beobachterin kommen beim Betrachten einige Fragen:

a) Bei einem Hütchenspiel befinden sich unter zwei der insgesamt fünf Becher,
   goldene Münzen. Mit welcher Wahrscheinlichkeit errät ein Passant die beiden
   richtigen Becher?

b) Bei einem Kartenspiel gibt es vier unterschiedlich gefärbte Kartenstapel. Ein
   Zuschauer wird aufgefordert, insgesamt sieben Spielkarten von diesen Stapeln
   abzuheben und der Reihe nach auf den Tisch zu legen. Wie viele unterschiedliche Möglichkeiten gibt es, diese Kartenfolge zu legen (wenn nur die Kartenfarbe
   betrachtet wird und von jeder Farbe 10 Karten vorhanden sind)?

c) Beim letzten Trick muss der Zuschauer sechs Messer mit unterschiedlich farbigen Griffen in einer beliebigen Reihenfolge auf ein Holzbrett werfen. Wie viele
   Möglichkeiten gibt es dazu?

Aufgabe S-33   **Lösung auf Seite LS-38**

In einem Reisebus mit 40 Plätzen sollen 36 Reisende transportiert werden. Auf jeder
Seite des Busses gibt es gleich viele Sitzplätze.

a) Wie viele Möglichkeiten gibt es, die Reisenden im Bus zu verteilen?

b) In einem zweiten, baugleichen Bus fahren lediglich zehn Reisende. Wie viele
   Möglichkeiten gibt es, wenn sich jede*r der Reisenden zwischen der rechten
   oder der linken Busseite entscheiden muss?

c) Von den verbleibenden 30 freien Plätzen sollen 15 ausgesucht werden, um dort
   Gepäck zu verstauen. Wie viele Möglichkeiten gibt es?

Aufgabe S-34 **Lösung auf Seite LS-38**

Die drei Freundinnen Zeynep, Marijke und Charlotte haben einen Berg aus acht roten und sieben grünen Gummibärchen vor sich.

a) Um zu entscheiden, wer sich zuerst bedienen darf, würfelt jede dreimal mit einem sechsseitigen Würfel und bildet aus den gewürfelten Augen nacheinander eine dreistellige Zahl. Wie viele mögliche Zahlen können erwürfelt werden?

b) Marijke zieht blind fünf Gummibärchen. Mit welcher Wahrscheinlichkeit zieht sie drei Rote und zwei Grüne?

c) Irgendwann sind nur noch drei Gummibärchen übrig und die Freundinnen vereinbaren eine Reihenfolge, in der sie sich ein letztes Mal bedienen dürfen. Wie viele mögliche Reihenfolgen gibt es?

Aufgabe S-35 **Lösung auf Seite LS-40**

Während des Sportunterrichts werden aus 25 Schüler*innen fünf gleich große Gruppen gebildet.

a) Wie viele Möglichkeiten gibt es, die drei Schüler*innen Sascha, Calvin und Farok auf die Gruppen zu verteilen?

b) Da die drei Freundinnen Munifa, Yasmina und Miriam dauernd herumalbern, sollen sie auf verschiedene Gruppen verteilt werden. Wie viele Möglichkeiten gibt es dazu?

c) Die Gruppen werden nacheinander gebildet. Wie viele Möglichkeiten gibt es, die erste Fünfergruppe zu bilden?

d) Nach dem Sportunterricht werden drei Schüler*innen ausgewählt um aufzuräumen. Wie viele Möglichkeiten gibt es dazu?

_____ **Bonus:** _____

e) Wie viele Möglichkeiten gibt es, alle Schüler*innen auf fünf Gruppen aufzuteilen?

Aufgabe S-36   **Lösung auf Seite LS-41**

Nimm an, du hast zwei rote und drei blaue Bausteine, die untereinander nur durch die Farbe unterschieden werden können. Wie viele Möglichkeiten gibt es, damit einen vier Steine hohen Turm zu bauen?

Aufgabe S-37   **Lösung auf Seite LS-41**

Die kleine Sofia Kowalewskaja feiert Geburtstag. Dazu lädt sie sich acht Freund*innen ein. Während sie feiern, stellt sich Sofia einige Fragen:

a) Beim Kuchenessen verteilen sich die Kinder auf neun Stühle. Wie viele mögliche Sitzordnungen ergeben sich?

b) Anschließend spielen sie „Blinde Kuh". Dazu müssen zwei Fänger*innen bestimmt werden. Wie viele Möglichkeiten gibt es, zwei der neun Kinder auszuwählen?

c) Beim Versteckspiel stehen fünf Räume zu Verfügung. Wie viele Möglichkeiten gibt es, die Kinder unter Beachtung der Reihenfolge auf die unterschiedlichen Räume zu verteilen?

d) Nachdem ein weiterer Gast eingetroffen ist, sind auf der Party sieben Jungen und drei Mädchen anwesend. Für ein Fußball-Match werden zufällig zwei Fünfer-Teams zusammengestellt. Wie hoch ist die Wahrscheinlichkeit, dass alle Mädchen in einem Team sind, wenn die Teams zufällig bestimmt werden?

Aufgabe S-38   **Lösung auf Seite LS-42**

Bibi hat auf ihrem Schreibtisch 12 verschiedene Nagellack Fläschchen.

a) Sie möchte jeden Fingernagel in einer anderen Farbe lackieren. Wie viele Möglichkeiten hat sie, die Farben auszuwählen?

b) Um den Leuten ihre beeindruckende Sammlung zu zeigen, reiht sie die Fläschchen auf. Wie viele unterschiedliche Möglichkeiten hat sie dazu?

c) Bibi besitzt zwei Beauty Cases. In eines passen vier Nagellackfläschchen, in das andere acht. Wie viele Möglichkeiten hat sie, ihre Sammlung auf die zwei Beauty Cases aufzuteilen?

Aufgabe S-39   **Lösung auf Seite LS-43**

In dieser Aufgabe wollen wir die Formel zum Ziehen mit Zurücklegen und ohne Beachtung der Reihenfolge anschaulich herleiten.

Dazu wollen wir überlegen, wie viele Möglichkeiten es gibt, drei Aufgaben aus den Kategorien Grundlagen (G), Analysis (A), lineare Algebra (LA) und Stochastik (S) auszuwählen. Dabei sind die einzelnen Aufgaben aus den Kategorien nicht unterscheidbar.

a) Stelle dazu folgende Tabelle auf und trage zusätzlich die Fälle „G-A-S" und „A-S-A" ein. Kommt eine Aufgabe vor, wird dies mit einem Punkt in der Zelle vermerkt. Dargestellt sind die Beispiele „G-LA-S" und „G-A-A":

Grundlagen (G)	Analysis (A)	lineare Algebra (LA)	Stochastik (S)
•		•	•
•	••		

b) Gib an, wie viele Möglichkeiten es auf diese Weise gibt, die drei Aufgaben aus den vier Kategorien auszuwählen.

c) Stelle eine Vermutung auf, wie viele Möglichkeiten es gibt k Aufgaben aus n Kategorien zu ziehen.

d) Zeige, dass es

$$\binom{n + k - 1}{k}$$

Möglichkeiten gibt, k Kugeln aus einer Urne mit n Kugeln mit Zurücklegen und ohne Beachtung der Reihenfolge zu ziehen.

Meilenstein 1

Rubiks Cube – Zauberwürfel

Es gibt ganze 43.252.003.274.489.856.000 (wie heißt eigentlich diese Zahl?) Möglichkeiten, einen Zauberwürfel zu verschlüsseln, d. h. die Anordnung der verschiedenen farbigen Felder durch Drehungen zu verändern. Übrigens gibt es bestimmte Algorithmen, die jede dieser Verschlüsselungen „lösen" können. In der Praxis musst Du dazu (einfach) eine bestimmte Kette verschiedener Drehungen nacheinander ausführen. Je schneller der Algorithmus zum Ziel gelangt, desto komplizierter sind die Verkettungen der Drehungen.

3 Zufallsvariablen

In vielen Anwendungen ist es hilfreich, wenn man jedem Ergebnis aus der Menge Ω eine Zahl zuordnet. Hier kommen sogenannte Zufallsvariablen/Zufallsgrößen zum Einsatz:

Definition: Zufallsvariable

Eine Funktion X, die jedem Element aus Ω (Ergebnisraum) eine reelle Zahl zuordnet, heißt **Zufallsvariable**.

Beispiel. *Wir betrachten noch einmal das Zufallsexperiment „Werfen zweier Würfel". Als Ergebnisraum wählen wir*

$$\Omega = \Big\{ (1;1), (1;2), ..., (2;1), (2;2), ..., (6;6) \Big\}.$$

Dabei entspricht die erste bzw. zweite Zahl dem Ausgang im 1. bzw. 2. Wurf. Zum Beispiel steht das Paar $(1;2)$ für das Ergebnis „$\boxdot$ im ersten Wurf, $\boxdot$ im zweiten Wurf".

Dann ist zum Beispiel

$$X = Augensumme$$

eine Zufallsvariable, für die gilt:

$$X\big((1;1)\big) = 2 \quad und \quad X\big((2;3)\big) = 5.$$

Tipp: Mengenschreibweise mit Zufallsvariablen

Beim Rechnen mit Zufallsvariablen taucht immer wieder die Notation $X = x_i$ auf, zum Beispiel in der Form $P(X = 1)$. Die Menge $X = x_i$ besteht genau aus den Elementen, die den Wert x_i ergeben (also z. B. die Zahl 4), wenn Du sie in X einsetzt. Im letzten Beispiel ergibt sich entsprechend:

$$X = 4 : \quad \Big\{ (1;3), (2;2), (3;1) \Big\}$$

Die Menge enthält also alle Würfel-Kombinationen mit Augensumme 4.

3.1 Wahrscheinlichkeitsverteilung in Tabellenform

Die Wahrscheinlichkeitsverteilung einer Zufallsvariablen X wird häufig in Tabellenform angegeben. Dabei schreibt man die möglichen Werte $x_1, x_2, \ldots, x_n$ von X in die obere Zeile, und die zugehörigen Wahrscheinlichkeiten $p_1, p_2, \ldots, p_n$ in die untere Zeile:

x_i	x_1	x_2	$\cdots$	x_n
$P(X = x_i)$	p_1	p_2	$\cdots$	p_n

Beispiel. *Wir betrachten folgendes Glücksspiel: Zwei Würfel werden gleichzeitig geworfen. Abhängig von der gewürfelten Augensumme werden folgende Beträge ausgezahlt:*

Augensumme	Auszahlung
$2 - 8$	0 EUR
$9 - 10$	1 EUR
11	2 EUR
12	4 EUR

Im Folgenden bezeichne X den Gewinn/Verlust bei einem Spieleinsatz von 1 EUR. Gib die Wahrscheinlichkeitsverteilung von X in Form einer Tabelle an.

Lösung. *Folgende Gewinne (ein negativer Gewinn ist ein Verlust) sind möglich:*

$$-1 \text{ EUR}, \quad 0 \text{ EUR}, \quad 1 \text{ EUR}, \quad 3 \text{ EUR}.$$

Dies liefert die Werte $x_1 = -1, x_2 = 0, x_3 = 1$ und $x_4 = 3$. Nun brauchen wir noch die zugehörigen Wahrscheinlichkeiten:

$$p_1 = P(X = -1) = P(\text{„Augensumme 2-8"}) = \frac{26}{36};$$

$$p_2 = P(X = 0) = P(\text{„Augensumme 9-10"}) = \frac{7}{36};$$

$$p_3 = P(X = 1) = P(\text{„Augensumme 11"}) = \frac{2}{36};$$

$$p_4 = P(X = 3) = P(\text{„Augensumme 12"}) = \frac{1}{36}.$$

Wir erhalten also folgende Wahrscheinlichkeitsrechnung für X:

x_i	-1	0	1	3
$P(X = x_i)$	$\frac{26}{36}$	$\frac{7}{36}$	$\frac{2}{36}$	$\frac{1}{36}$

3.2   Erwartungswert

Wir haben schon gesehen, dass eine Zufallsvariable X die Auszahlung eines Glücksspiels angeben kann. Wenn man dieses Spiel oft wiederholt, dann kann der Erwartungswert als durchschnittliche Auszahlung pro Spiel angesehen werden.

Definition: Erwartungswert

Es sei X eine Zufallsvariable mit den möglichen Werten $x_1, x_2, ..., x_n$. Die Zahl

$$E(X) = x_1 \cdot P(X = x_1) + x_2 \cdot P(X = x_2) + \cdots + x_n \cdot P(X = x_n)$$

heißt der **Erwartungswert** von X.

Beispiel. *Ein fairer Würfel werde einmal geworfen und es sei X die gewürfelte Augenzahl. Berechne den Erwartungswert von X.*

Lösung. *Die möglichen Werte von X sind die Zahlen von 1 bis 6. Die Wahrscheinlichkeit für jede Augenzahl ist gleich 1/6. Daraus folgt*

$$E(X) = \frac{1}{6} \cdot 1 + \frac{1}{6} \cdot 2 + \cdots + \frac{1}{6} \cdot 6 = \frac{1}{6} \cdot (1 + 2 + \cdots + 6) = \frac{7}{2} = 3{,}5.$$

Beispiel. *Eine faire Münze werde dreimal geworfen und es sei X die Anzahl von „Kopf". Berechne der Erwartungswert von X.*

Lösung. *Als Ergebnisraum wählen wir*

$$\Omega = \Big\{ KKK, KKZ, KZK, ZKK, KZZ, ZKZ, ZZK, ZZZ \Big\}.$$

Hier steht K für „Kopf" und Z für „Zahl". Weil es sich um eine faire Münze handelt, beträgt die Wahrscheinlichkeit für jedes dieser Ergebnisse 1/8. Somit erhalten wir:

x_i	0	1	2	3
$P(X = x_i)$	$\frac{1}{8}$	$\frac{3}{8}$	$\frac{3}{8}$	$\frac{1}{8}$

Der Erwartungswert von X berechnet sich also zu

$$E(X) = 0 \cdot \frac{1}{8} + 1 \cdot \frac{3}{8} + 2 \cdot \frac{3}{8} + 3 \cdot \frac{1}{8} = \frac{3}{2} = 1{,}5.$$

Merke: Faires Spiel

Ein Glücksspiel mit Gewinn X heißt **fair**, wenn $E(X) = 0$ gilt.

Beispiel. *In einer Trommel befinden sich drei Lose. Diese tragen die Nummern 1, 2, 3. Ein Spieler zieht blind ein Los aus der Trommel und muss dafür den Einsatz e bezahlen. Ausgezahlt wird die gezogene Nummer. Bestimme e so, dass das Spiel fair ist.*

Lösung. *Wir bezeichnen mit X den Gewinn des Spielers. Weil jedes Los mit der gleichen Wahrscheinlichkeit gezogen wird, erhalten wir*

x_i	$1 - e$	$2 - e$	$3 - e$
$P(X = x_i)$	$\frac{1}{3}$	$\frac{1}{3}$	$\frac{1}{3}$

Der Erwartungswert von X beträgt also

$$E(X) = \frac{1}{3} \cdot (1 - e) + \frac{1}{3} \cdot (2 - e) + \frac{1}{3} \cdot (3 - e) = \frac{1}{3} \cdot (1 + 2 + 3 - e - e - e) = 2 - e.$$

Die Bedingung $E(X) = 0$ liefert folgende Gleichung:

$$0 = 2 - e \quad \Leftrightarrow \quad e = 2$$

Das Spiel ist also für den Einsatz $e = 2$ fair.

Angeberwissen: Eigenschaften des Erwartungswertes

Für eine beliebige reelle Zahl a und beliebige Zufallsvariablen X und Y gilt:

- $E(a \cdot X) = a \cdot E(X)$;

- $E(X + Y) = E(X) + E(Y)$

Beispiel. *Ein Würfel werde zweimal geworfen. Es bezeichne X die Augenzahl im ersten Wurf und Y die Augenzahl im zweiten Wurf. Dann kann der Erwartungswert der Augensumme $X + Y$ wie folgt berechnet werden:*

$$E(X + Y) = E(X) + E(Y) = 3,5 + 3,5 = 7.$$

3.3 Varianz

Neben dem Erwartungswert spielt auch die Varianz bzw. die Standardabweichung eine wichtige Rolle. Man nennt diese Größen auch **Streumaße**.

Definition: Varianz und Standardabweichung

Es sei X eine Zufallsvariable mit den möglichen Werten $x_1, x_2, ..., x_n$. Wir gehen davon aus, dass der Erwartungswert $\mu = E(X)$ bereits berechnet wurde. Die Zahl

$$V(X) = (x_1 - \mu)^2 \cdot P(X = x_1) + \cdots + (x_n - \mu)^2 \cdot P(X = x_n)$$

heißt die **Varianz** von X. Die Wurzel

$$\sigma = \sqrt{V(X)}$$

aus der Varianz heißt **Standardabweichung**.

Beispiel. *Aus einer Urne mit 4 blauen und 3 weißen Kugeln werden nacheinander 2 Kugeln ohne Zurücklegen gezogen. Es sei X die Anzahl der blauen gezogenen Kugeln. Berechne die Varianz und die Standardabweichung von X.*

Lösung. *X kann die Werte 0, 1 und 2 annehmen. Dabei gilt*

$$P(X = 0) = \frac{3}{7} \cdot \frac{2}{6} = \frac{1}{7};$$

$$P(X = 1) = \frac{3}{7} \cdot \frac{4}{6} + \frac{4}{7} \cdot \frac{3}{6} = \frac{4}{7};$$

$$P(X = 2) = \frac{4}{7} \cdot \frac{3}{6} = \frac{2}{7}.$$

Mit diesen Werten können wir nun den Erwartungswert berechnen:

$$\mu = E(X) = 0 \cdot \frac{1}{7} + 1 \cdot \frac{4}{7} + 2 \cdot \frac{2}{7} = \frac{8}{7}.$$

Für die Varianz erhalten wir

$$V(X) = \left(0 - \frac{8}{7}\right)^2 \cdot \frac{1}{7} + \left(1 - \frac{8}{7}\right)^2 \cdot \frac{4}{7} + \left(2 - \frac{8}{7}\right)^2 \cdot \frac{2}{7} = \frac{20}{49}.$$

Die Standardabweichung ist gegeben durch

$$\sigma = \sqrt{\frac{20}{49}} \approx 0{,}64.$$

3.4   Aufgaben zum Vertiefen: Zufallsvariablen

Aufgabe S-40   **Lösung auf Seite LS-46**

Auf dem Oktoberfest gibt es ein Glücksrad mit drei Feldern. Für einen Euro Einsatz
darf man einmal drehen. Die Gewinnfelder sind wie folgt verteilt:
Der Bereich, in dem man nichts gewinnt, nimmt zwei Drittel des gesamten Rades
ein. Der Rest des Rades teilt sich in zwei gleich große Bereiche, in denen man einen
Euro oder drei Euro gewinnen kann.
Die Zufallsvariable X beschreibt, wie viel ausgezahlt wird.

a) Berechne den Erwartungswert und die Standardabweichung von X.

b) Ist das Spiel fair? Wenn nein, zu wessen Gunsten ist es ausgelegt?

c) Nachdem Du dich beschwert hast, schlägt dir der Händler einen Deal vor. Er
   würde dir statt drei Euro im entsprechenden Feld fünf Euro auszahlen, allerdings erhöht sich der Einsatz auf zwei Euro. Solltest Du darauf eingehen?

Aufgabe S-41   **Lösung auf Seite LS-47**

Gegeben ist die Zufallsvariable X, die die Werte 0,1,2,3 und 4 annehmen kann. Es gilt
$P(X \leq 2) = 0{,}7$. Die Wahrscheinlichkeitsverteilung von X ist in folgender Tabelle
gegeben:

k	0	1	2	3	4
$P(X = k)$	0,1	?	0,4	0,1	?

a) Berechne die fehlenden Werte der Tabelle.

b) Gib die Wahrscheinlichkeit von $P(X \leq 1)$ und $P(X \leq 4)$ an.

c) Stelle die Wahrscheinlichkeitsverteilung von X als Histogramm dar!

d) Stelle die Wahrscheinlichkeitsverteilung von X als kummuliertes Histogramm
   dar!

Aufgabe S-42 **Lösung auf Seite LS-48**

Die Klasse 10c betreibt beim nächsten Weihnachtsbasar die Tombola. Dazu entwirft sie ein Glücksrad, welches die Auszahlung an die Teilnehmer*innen anzeigt und mit einem Euro Einsatz gedreht werden darf. Sie haben bereits entschieden, dass es drei Felder geben soll. Das Feld mit drei Euro Auszahlung soll ein Fünftel des Rades einnehmen, das zweite Feld zeigt einen Euro und das letzte null Euro.
Wie muss der restliche Bereich in zwei Sektoren geteilt werden, damit die Klasse einen durchschnittlichen Gewinn von 20 Cent pro Drehung erzielt?

Aufgabe S-43 **Lösung auf Seite LS-48**

In der untenstehenden Abbildung ist die Verteilung einer Zufallsvariablen X dargestellt. Die Wertemenge ist $\{0; 1; 2\}$.

a) Bestimme den Erwartungswert der Verteilung aus der Grafik.

b) Ist X binomialverteilt?

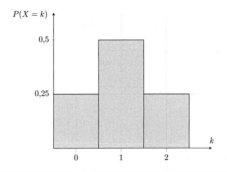

Aufgabe S-44   **Lösung auf Seite LS-49**

Berechne den Erwartungswert der folgenden Zufallsvariablen.

a) Ein 6-seitiger Laplace-Würfel wird geworfen. Die Zufallsvariable gibt die Augenzahl eines Wurfes wieder.

b) Bei einem Glückspiel wird eine Münze einmal geworfen. Bei Zahl gewinnt man fünf Euro und bei Kopf verliert man sechs Euro. Die Zufallsvariable gibt den Gewinn bei einem Münzwurf an.

c) Ein Würfel wird 20-mal geworfen. Die Zufallsvariable gibt an, wie oft die Zahl 3 gefallen ist.

d) In einer Urne befinden sich 12 Kugeln, darunter 4 schwarze und 8 weiße. Daraus werden 6 Kugeln ohne Zurücklegen und ohne Beachtung der Reihenfolge gezogen. Die Zufallsvariable gibt an, wie viele weiße Kugeln gezogen wurden.

Aufgabe S-45   **Lösung auf Seite LS-51**

In einem Freizeitpark wird folgendes Glücksspiel angeboten: In einer Urne befinden sich zehn Lose, jeweils fünf „Nieten" und fünfmal „Gewinn". Gegen einen Einsatz von zwei Euro kannst Du an folgendem Gewinnspiel teilnehmen:
Du ziehst aus der Urne ein Los, ziehst Du „Gewinn", darfst Du erneut ziehen, ziehst Du „Niete", hast Du sofort verloren. Um zu gewinnen, musst Du insgesamt dreimal „Gewinn" ziehen. Den Gewinn in Höhe von acht Euro erhälst Du, wenn die drei Gewinnerlose an der Kasse des Freizeitparks abgegeben werden.

a) Mit welcher Wahrscheinlichkeit gewinnst Du?

b) Wie hoch muss der Gewinn sein, damit es sich um ein faires Spiel handelt?

Aufgabe S-46   **Lösung auf Seite LS-51**

Die Abbildung zeigt vier Histogramme von binomialverteilten Zufallsvariablen. Ordne die dargestellten Histogramme den jeweiligen Kennwerten zu und begründe Deine Entscheidung!

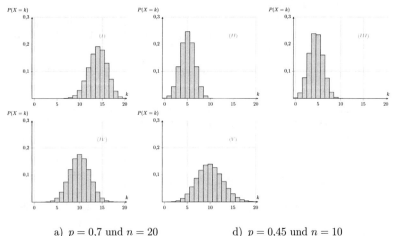

a) $p = 0,7$ und $n = 20$ d) $p = 0,45$ und $n = 10$
b) $p = 0,5$ und $n = 20$ e) $p = 0,2$ und $n = 50$
c) $p = 0,5$ und $n = 10$

Aufgabe S-47   **Lösung auf Seite LS-53**

Gegeben seien die Zufallsvariablen X und $Y = 2 \cdot X + 3$.
X nimmt die Werte -1 und 2 jeweils zu gleicher Wahrscheinlichkeit und den Wert 5 mit Wahrscheinlichkeit $0,2$ an.

a) Bestimme den Erwartungswert und die Varianz von X.

b) Erstelle ein Histogramm von Y.

c) Bestimme den Erwartungswert und die Varianz von Y.

Aufgabe S-48   **Lösung auf Seite LS-54**

In einer Urne befinden sich sechs 50-Cent-Münzen, drei 1-Euro-Münzen und eine 2-Euro-Münze. Es werden zufällig zwei Münzen (ohne Zurücklegen) herausgenommen. Die Zufallsvariable X beschreibt den Geldbetrag der gezogenen Münzen.

a) Erstelle die Wahrscheinlichkeitsverteilung der Zufallsvariable X (in Tabellenform) und berechne den Erwartungswert $E(X)$.

b) Bestimme die Standardabweichung von X.

Aufgabe S-49   **Lösung auf Seite LS-55**

Eine repräsentative Studie testet gebrauchte Autos auf ihren Status im Bereich „Autonomes Fahren". Die Ergebnisse zeigen, dass 80% der Autos bereits Abstandssensoren, 40% Parkassistenzsysteme und nur 5% Spurhaltesysteme besitzen. Es werden nun 100 Autos zufällig ausgewählt.

a) Berechne die Wahrscheinlichkeit, dass das vierte ausgewählte Auto das erste ist, welches ein Parkassistenzsystem besitzt.

b) Die Zufallsvariable X beschreibt die Anzahl ausgewählter Autos mit Spurhaltesystemen. Berechne die Wahrscheinlichkeit, dass X einen Wert annimmt, der höchstens um eine Standardabweichung von ihrem Erwartungswert abweicht.

4 Bernoulli-Ketten und Binomialverteilung

4.1 Bernoulli-Ketten

In vielen Situationen ist man daran interessiert, ob ein bestimmtes Ereignis eintreten wird (Treffer/Erfolg) oder nicht (Niete/Misserfolg). Zum Beispiel interessiert man sich beim Würfel oft dafür, ob die Sechs erscheint (Treffer) oder eine andere Zahl (Niete).

Definition: Bernoulli-Kette/Experiment

Ein Zufallsexperiment mit genau zwei unterschiedlichen Ausgängen (Treffer/Niete) nennt man **Bernoulli-Experiment**. Wenn man die Wahrscheinlichkeit für einen Treffer mit p bezeichnet, dann ist $1 - p$ die Wahrscheinlichkeit für eine Niete.

Falls man ein Bernoulli-Experiment n-mal durchführt, dann spricht man von einer **Bernoulli-Kette der Länge n**.

Die Wahrscheinlichkeit für verschiedene Trefferanzahlen in einer Bernoulli-Kette führt zur Formel von Bernoulli bzw. zur Binomialverteilung:

4.2 Binomialverteilung

Fakt: Formel der Binomialverteilung

Es bezeichne X die Anzahl der Treffer in einer Bernoulli-Kette der Länge n mit Trefferwahrscheinlichkeit p. Dann gilt

$$P(X = k) = B(n; p; k) = \binom{n}{k} \cdot p^k \cdot (1 - p)^{n-k}.$$

Beispiel. *Ein Würfel werde 10-mal geworfen. Mit welcher Wahrscheinlichkeit treten dabei genau 4 Sechsen auf?*

Lösung. *Es handelt sich um eine Bernoulli-Kette der Länge $n = 10$ mit $p = 1/6$:*

$$P(\text{„Genau 4 Sechsen"}) = \binom{10}{4} \cdot \left(\frac{1}{6}\right)^4 \cdot \left(\frac{5}{6}\right)^6 \approx 0{,}0543.$$

Im Folgenden sei X binomialverteilt mit den Parametern n und p.

- Erwartungswert:
$$E(X) = n \cdot p$$

- Varianz:
$$V(X) = n \cdot p \cdot (1 - p)$$

- „Genau k Treffer":
$$P(X = k) = B(n; p; k) = \binom{n}{k} \cdot p^k \cdot (1 - p)^{n-k}$$

- „Höchstens k Treffer" (**Kumulierte Binomialverteilung**):
$$P(X \leq k) = F(n; p; k) = \sum_{i=0}^{k} B(n; p; i)$$

- „Weniger als k Treffer":
$$P(X < k) = P(X \leq k - 1)$$

- „Mindestens k Treffer":
$$P(X \geq k) = 1 - P(X < k) = 1 - P(X \leq k - 1)$$

- „Mehr als k Treffer":
$$P(X > k) = 1 - P(X \leq k)$$

- „Mindestens k und höchstens l Treffer":
$$P(k \leq X \leq l) = P(X \leq l) - P(X \leq k - 1)$$

Merke: Mindestens vs. Wenigstens

Die Wörter „mindestens" und „wenigstens" haben die gleiche Bedeutung.

Beispiel. *Luis zieht aus einer Urne mit 10 blauen, 5 weißen und 25 roten Kugeln 10-mal mit Zurücklegen. Mit welcher Wahrscheinlichkeit zieht er dabei*

1. *genau zwei blaue Kugeln;*

2. *höchstens vier blaue Kugeln;*

3. *mehr als drei blaue Kugeln;*

4. *mindestens zwei, aber weniger als fünf blaue Kugeln.*

Wie viele rote Kugeln kann Luis erwarten?

Lösung. *Es sei X die Anzahl der blauen Kugeln. Dann ist X binomialverteilt mit den Parametern $n = 10$ und $p = 0{,}25$.*

Zu 1: Die Wahrscheinlichkeit, genau zwei blaue Kugeln zu ziehen, ist gegeben durch

$$P(X = 2) = B(10; 0{,}25; 2) = \binom{10}{2} \cdot 0{,}25^2 \cdot 0{,}75^8 \approx 0{,}2816;$$

Zu 2: Die Wahrscheinlichkeit, höchstens vier blaue Kugeln zu ziehen, ist gegeben durch

$$P(X \leq 4) = F(10; 0{,}25; 4) = \sum_{i=0}^{4} B(10; 0{,}25; i) \approx 0{,}9219;$$

Zu 3: Die Wahrscheinlichkeit, mehr als drei blaue Kugeln zu ziehen, ist gegeben durch

$$P(X > 3) = 1 - P(X \leq 3) = 1 - F(10; 0{,}25; 3) \approx 1 - 0{,}7759 = 0{,}2241;$$

Zu 4: Die Wahrscheinlichkeit, mindestens zwei und weniger als fünf blaue Kugeln zu ziehen, ist gegeben durch

$$\begin{aligned} P(2 \leq X < 5) &= P(X \leq 4) - P(X \leq 1) \\ &= F(10; 0{,}25; 4) - F(10; 0{,}25; 1) \\ &\approx 0{,}9219 - 0{,}2440 = 0{,}6779. \end{aligned}$$

Weiter sei Y die Anzahl der roten Kugeln. Dann ist Y binomialverteilt mit $n = 10$ und $p = 0{,}625$. Der Erwartungswert von Y ist gegeben durch

$$E(Y) = n \cdot p = 10 \cdot 0{,}625 = 6{,}25.$$

Luis kann also ungefähr 6 rote Kugeln erwarten.

4.3 3M-Aufgaben

> **Tipp: 3M-Aufgaben**
>
> Der folgende Aufgabentyp gehört zu den Standardaufgaben. Du solltest Dir den Lösungsweg gut verinnerlichen!

Beispiel. *Wie oft muss ein klassischer Würfel mindestens geworfen werden, sodass die Wahrscheinlichkeit, wenigstens eine Sechs zu werfen, wenigstens 90% beträgt?*

Lösung. *Es handelt sich um eine Bernoulli-Kette. Es sei X die Anzahl der gewürfelten Sechsen. Die Trefferwahrscheinlichkeit beträgt $p = 1/6$ und gesucht ist die Länge n der Bernoulli-Kette. Als Bedingung erhalten wir die Ungleichung*

$$P(X \geq 1) \geq 90\%.$$

Zuerst formen wir die Ungleichung wie folgt um:

$$P(X \geq 1) \geq 0{,}9 \qquad | \; Gegenwahrscheinlichkeit$$

$$\Leftrightarrow \quad 1 - P(X = 0) \geq 0{,}9 \qquad | \; + P(X = 0)$$

$$\Leftrightarrow \quad 1 \geq 0{,}9 + P(X = 0) \qquad | \; - 0{,}9$$

$$\Leftrightarrow \quad 0{,}1 \geq P(X = 0)$$

Die Wahrscheinlichkeit $P(X = 0)$ („Keine Sechs") ist gegeben durch :

$$P(X = 0) = \left(\frac{5}{6}\right)^n.$$

Damit ergibt sich weiter

$$0{,}1 \geq \left(\frac{5}{6}\right)^n \qquad | \; \ln$$

$$\Leftrightarrow \quad \ln(0{,}1) \geq \ln\left(\left(\frac{5}{6}\right)^n\right) \qquad | \; Rechengesetz \; \ln$$

$$\Leftrightarrow \quad \ln(0{,}1) \geq n \cdot \ln\left(\left(\frac{5}{6}\right)\right) \qquad | \; Taschenrechner$$

$$\Leftrightarrow \quad -2{,}30 \geq n \cdot (-0{,}18) \qquad | \; : (-0{,}18)$$

$$\Leftrightarrow \quad 12{,}78 \leq n$$

Dabei haben wir immer auf zwei Stellen nach dem Komma gerundet. Im letzten Schritt hat sich außerdem $\geq$ in $\leq$ verwandelt, weil wir durch eine negative Zahl geteilt haben. Es muss also mindestens 13-mal gewürfelt werden.

4.4   Aufgaben zum Vertiefen

4.4.1   Binomialverteilung

Aufgabe S-50   **Lösung auf Seite LS-57**

Ein Autohersteller produziert Getriebewellen mit einem Ausschussanteil von 2%. Berechne die Wahrscheinlichkeit, dass sich unter 100 zufällig gewählten Antriebswellen mindestens drei und höchstens sieben Ausschussartikel befinden.

Aufgabe S-51   **Lösung auf Seite LS-57**

Eine Firma für Bohrmaschinen stellt mit 20% Ausschuss her. Wie hoch ist die Wahrscheinlichkeit, dass unter 100 zufällig gewählten Bohrmaschinen kein Ausschussstück zu finden ist, bzw. genau 20 Bohrmaschinen zum Ausschuss zählen?

Aufgabe S-52   **Lösung auf Seite LS-58**

Die Zufallsgröße X sei binomialverteilt. Bestimme den Erwartungswert und die Standardabweichung von X.

   a) $n = 20$ und $p = 0{,}1$

   b) $n = 500$ und $p = 0{,}35$

   c) $n = 38$ und $p = 0{,}125$

Aufgabe S-53   **Lösung auf Seite LS-58**

Bei einem Automaten gewinnt man 25% aller Spiele. Berechne die Wahrscheinlichkeit, dass man

   a) bei 15 Spielen mindestens einmal gewinnt.

   b) bei 30 Spielen exakt zehn mal gewinnt.

Aufgabe S-54   **Lösung auf Seite LS-58**

Tim ist Liebhaber fleischfressender Pflanzen. Er bestellt so viele Samenpäckchen der seltenen Kobralilie, wie er finden kann. Am Ende hat er 54 Päckchen erworben. Seine Freundin erzählt ihm, dass 5% aller Waren beim Zoll hängen bleiben. Sie bemerkt daraufhin entsetzt, dass die Wahrscheinlichkeit, dass alle Päckchen bei ihm ankommen, nur bei 6% liegt.

a) Begründe wie sie zu dieser Schlussfolgerung kommt und nimm dazu Stellung.

b) Welche Anzahl an Päckchen kann Tim bei sich zu Hause erwarten?

Aufgabe S-55   **Lösung auf Seite LS-59**

Das erste Buch einer jungen Autorin wird zunächst mit einer Stückzahl von 100 Büchern aufgelegt. Da die Druckmaschine schon etwas in die Jahre gekommen ist, unterläuft ihr in 10% der Fälle ein Druckfehler.
Mit welcher Wahrscheinlichkeit gibt es...

a) mindestens zwei Fehldrucke?

b) genau sieben Fehldrucke?

c) höchstens 5% fehlerhafte Exemplare?

d) weniger als 14 und mehr als 8 inkorrekte Drucke?

Aufgabe S-56   **Lösung auf Seite LS-61**

In einer Urne befinden sich 13 weiße und 16 rote Kugeln, von denen zehn zufällig herausgegriffen werden. Wie hoch ist die Wahrscheinlichkeit, dass unter ihnen genau sechs Weiße sind?

Aufgabe S-57   **Lösung auf Seite LS-61**

Fußballspieler*innen absolvieren eine Trainingseinheit, um sich zu verbessern. Dazu schießen sie 50 mal auf ein Tor. Mit einer Wahrscheinlichkeit von 60% landen sie einen Treffer. Mit welcher Wahrscheinlichkeit treffen sie...

a) genau 22-mal?

b) mehr als 39-mal?

c) höchstens achtmal nicht?

d) weniger als 36- und mindestens 25-mal?

e) beim ersten, vierten, 11. und 49. Versuch?

f) Ergibt es Sinn, jede Trainingseinheit mit diesem Bernoulli-Experiment zu modellieren?

In den Abbildungen unten sind drei Binomialverteilungen dargestellt. Alle haben die gleiche Stichprobengröße $n = 30$. Ordne drei der Wahrscheinlichkeiten

$$p_1 = 0{,}6, \quad p_2 = 0{,}2, \quad p_3 = 0{,}4 \quad \text{und} \quad p_4 = 0{,}9$$

den Graphen zu und begründe deine Wahl. Es ist nicht notwendig, explizite Wahrscheinlichkeiten zu berechnen.

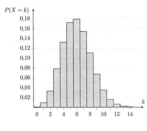
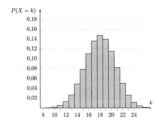

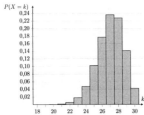

Aufgabe S-59   **Lösung auf Seite LS-63**

In einer Fabrik in Italien wird eine Schokocreme produziert. Der Vorstand will die Quote der Produktionsfehler untersuchen. Dazu testet er zunächst eine Stichprobenmenge von fünf Gläsern. Die Vergangenheit hat gezeigt, dass die Wahrscheinlichkeit, dass das erste und vierte Glas einen Fehler aufweisen, bei 0,04 liegt.

a) Mit welcher Wahrscheinlichkeit produziert die Maschine ein Ausschussexemplar? Nimm an, dass die Fehlerquote bei jedem Glas gleich groß und unabhängig von den anderen Gläsern ist.

Die Stichprobenmenge wird nun um 15 erhöht, die in a) berechnete Wahrscheinlichkeit bleibt dabei gleich. Mit welcher Wahrscheinlichkeit...

b) werden mindestens 60% korrekt produziert?

c) weist jedes vierte Glas einen Fehler auf?

d) ist genau die Hälfte der produzierten Schokocremes mangelhaft?

e) sind mindestens fünf, aber weniger als zehn fehlerhafte Exemplare dabei?

Aufgabe S-60   **Lösung auf Seite LS-63**

In den zwei untenstehenden Abbildungen ist eine Binomialverteilung der Zufallsvariable X mit dem Parameter $n = 4$ dargestellt. Die Linke zeigt die kumulative Verteilung der Werte $0, 1, 2$ und 3; die Rechte die einfache Verteilung. Ergänze die noch fehlenden Balken.

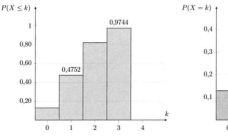

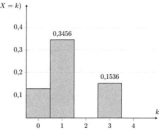

Aufgabe S-61 **Lösung auf Seite LS-65**

In Bayern war Kreistagswahl. Dabei lag die Wahlbeteiligung in einem Landkreis bei 44,9%. Im Folgenden werden nur die wahlberechtigten Personen des Landkreises betrachtet. X_n sei eine Zufallsvariable, die in einer Stichprobengröße von n Personen die Anzahl der Personen, die gewählt haben, beschreibt.

a) Gib an, mit welchen Annahmen X_n als binomialverteilt betrachtet werden kann.

b) Gib ein Ereignis an, dessen Wahrscheinlichkeit im Sachzusammenhang durch folgenden Term beschrieben wird:

$$\sum_{k=0}^{25} \binom{50}{k} \cdot 0{,}449^k \cdot 0{,}551^{50-k}$$

c) Berechne die Wahrscheinlichkeit, dass von 100 zufällig ausgewählten Personen mindestens 50 gewählt haben.

d) Berechne und interpretiere die Wahrscheinlichkeit $P(|X_{1000} - \mu| \leq 10)$!
(μ bezeichnet dabei den Erwartungswert von X_{1000})

Das Tafelwerk muss für diese Aufgabe ergänzt werden. $F(n; p; k)$ beschreibt die kummulierten Wahrscheinlichkeit einer binomialverteilten Zufallsvariable $X \leq k$ mit Kettenlänge n und Trefferwahrscheinlichkeit p.

$n = 100;\ p = 0,449$	k	$F(100; 0, 449; k)$	$n = 1000;$ $p = 0,449$	k	$F(1000; 0, 449; k)$
	...	...		...	...
	47	0,70017		437	0,23251
	48	0,76581		438	0,25241
	49	0,82257		439	0,27317
	50	0,86975		440	0,29473
	...	...		...	...
				458	0,72729
				459	0,74797
				460	0,76780
				...	...

Aufgabe S-62 **Lösung auf Seite LS-65**

Die Q12 verkauft in jeder Pause Pizzastücke, um die Abikasse zu füllen. Sie haben dazu mit der Pizzeria um die Ecke einen Vertrag geschlossen, sodass diese ihnen in jeder Pause 50 Stücke einer zufällig ausgewählten Pizzasorte liefert. Es wird jeden Tag genau eine der vier Sorten Funghi, Prosciutto, Margherita oder Tonno angeboten. Nach Beobachtungen der Schüler*innen werden an 21% der Tage Prosciutto-, an 38% der Tage Margherita- und an lediglich 8% der Tage Tonnopizzen geliefert.

a) Hannah ist Vegetarierin. Mit welcher Wahrscheinlichkeit kann sie sich an drei von fünf Tagen eine Pizza kaufen?

b) Gib ein mögliches Ereigniss A an, das zu folgender Wahrscheinlichkeit passt.

$$P(A) = \binom{5}{5} \cdot 0{,}62^5 \cdot 0{,}38^0 \approx 0{,}092$$

c) Birkan mag keine Pilze. Mit welcher Wahrscheinlichkeit kann er sich mindestens drei mal aber höchstens vier mal in der Woche eine Pizza kaufen?

d) An wie vielen Tagen in der Woche wird erwartungsgemäß eine Pizza Prosciutto geliefert?

4.4.2 3M-Aufgaben

Aufgabe S-63   **Lösung auf Seite LS-68**

Wie oft muss ein Würfel in Form eines Ikosaeders mindestens geworfen werden, um mit einer Wahrscheinlichkeit von mindestens 90%, mindestens einmal eine Eins zu werfen?

————————————————— **Tipp:** —————————————————

Ein Ikosaeder hat 20 gleich große Seitenflächen.

Aufgabe S-64   **Lösung auf Seite LS-69**

Bei einer Losbude auf einem Jahrmarkt gewinnt man mit einer Wahrscheinlichkeit von 10%. Ein sehr verzweifelter Besucher stellt sich die Frage, wie viele Lose er mindestens kaufen muss, um mit einer Wahrscheinlichkeit von mindestens 80% mindestens einmal zu gewinnen.

Aufgabe S-65   **Lösung auf Seite LS-70**

Ben schreibt eine Multiple-Choice Klausur mit 20 Fragen und ist verzweifelt. Es bleibt ihm keine andere Möglichkeit außer zu raten. Erfahrungsgemäß rät er jede dritte Frage richtig.

a) Mit welcher Wahrscheinlichkeit rät er mehr als 60% der Fragen richtig?

b) Wie oft muss er mindestens raten, um mit einer Wahrscheinlichkeit von mindestens 80%, mindestens eine korrekte Antwort abzugeben?

Aufgabe S-66   **Lösung auf Seite LS-72**

Horrible Hannah ist eine notorische Schwarzfahrerin. Allerdings ist sie stets bemüht das Risiko einer Entdeckung zu kalkulieren. Nach neusten Umfragen wird lediglich einer von 20 Schwarzfahrenden entdeckt. Wie oft darf sie höchstens ohne gültiges Ticket fahren, um mit einer Wahrscheinlichkeit von höchstens 50% mindestens einmal erwischt zu werden?

Aufgabe S-67   **Lösung auf Seite LS-73**

Bei einem extremen Kartenspiel kann es passieren, dass ein Spieler am Ende seines Zuges eine zufällige Menge an zusätzlichen Karten erhält. Die Wahrscheinlichkeit, dass dies passiert liegt bei $p = 0{,}05$.

a) Wie viele Runden muss ein Spieler mindestens spielen, um mit einer Wahrscheinlichkeit von mindestens 60%, mindestens einmal zusätzliche Karten zu erhalten?

b) Wird man lediglich einmal mit zusätzlichen Karten bestraft, kann man sich bereits glücklich schätzen. Wie viele Runden muss ein Spieler spielen, um mit einer Wahrscheinlichkeit von mindestens 5% mehr als einmal zusätzliche Karten zu erhalten?

Aufgabe S-68   **Lösung auf Seite LS-75**

Alina's Freundin Serena hat schreckliche Flugangst. Um sie zu beruhigen macht Alina eine Modellrechnung, in der sie annimmt, dass lediglich bei 0,1% aller Flugreisen etwas Unerwartetes geschieht.

a) Um ihrer Freundin zu zeigen, dass sie beruhigt sein kann, möchte Alina herausfinden, wie oft man man mindestens fliegen muss, um mit einer Wahrscheinlichkeit von mindestens 1%, mindestens einmal etwas Unerwartetes zu erleben.

b) Serena ist immer noch nicht beruhigt. Daher möchte sie berechnen, wie oft man höchstens fliegen darf, um mit einer Wahrscheinlichkeit von maximal 1%, mindestens einmal etwas Unerwartetes zu erleben.

4.4.3 Hypergeometrische Verteilung (Lotto-Prinzip)

Aufgabe S-69   **Lösung auf Seite LS-77**

In einer Portion Pommes seien insgesamt 50 Pommes vorhanden. Davon sind 10 die beliebten Locken-Fritten. Gib einen Term an, der die Wahrscheinlichkeit bestimmt, beim zufälligen „Klauen" von 8 Pommes genau k der Locken-Fritten zu ziehen! Gib darüberhinaus an, wie die Zufallsvariable X, die die Anzahl der bei diesem Verfahren gezogenen Locken-Fritten angibt verteilt ist!

Aufgabe S-70   **Lösung auf Seite LS-77**

In einer gemischten Gummibärchenpackung sind insgesamt 100 Süßigkeiten vorhanden. Laszlo greift sich blind jedes Mal 5 Teile aus der Packung und hat Angst, zufällig ein paar der 20 Lakritzschnecken zu ziehen. Wir betrachten seinen ersten Griff in die Tüte.

a) Gib an, wie wahrscheinlich es ist, dass Laszlo kein Lakritz erwischt.

b) Gib einen Term für die Wahrscheinlichkeit an, dass Laszlo genau eine Lakritz-Schnecke zieht.

c) Gib eine Beschreibung einer Zufallsvariable X aus diesem Zusammenhang an, die hypergeometrisch verteilt ist.

d) Welche Anzahl an Lakritz-Schnecken wird Laszlo bei seinem ersten Griff in eine Packung erwartungsgemäß ziehen (wenn er sehr viele Packungen öffnen würde)?

e) Ist für den zweiten Griff in die Tüte die gleiche Anzahl an Lakritz-Schnecken zu erwarten? Begründe Deine Antwort!

Meilenstein 2

Wahrscheinlichkeiten beim Roulette

Beim (französischen) Roulette wird ein Rad mit 37 Kammern (nummeriert von 0 bis 36, 18 rote ungerade Zahlen, 18 schwarze gerade Zahlen, ein grünes Feld (Null)) gedreht, sodass eine Kugel gleichverteilt in eine der Kammern fallen kann. Mit entsprechenden Auszahlquoten kann z. B. auf eine bestimmte Zahl, auf gerade/ungerade, rot/schwarz oder ein bestimmtes Drittel (1-12, 13-24, 25-36) gesetzt werden. Da es sich um ein Laplace-Experiment handelt, sind die Wahrscheinlichkeiten leicht auszurechnen:

- bestimmte Zahl: 1/37

- gerade: 18/37

- ungerade: 18/37

- rot: 18/37

- schwarz: 18/37

- Zahl in einem bestimmten Drittel: 12/37

- Zahl in einer Hälfte: 18/37

Natürlich kann auch auf mehrere Ereignisse gleichzeitig gesetzt werden. Wie Du vielleicht bemerkt hast, sorgt die Sonderrolle der Null dafür, dass das Casino auf lange Sicht „gewinnt", da die Null weder rot noch schwarz ist und auch nicht als gerade behandelt wird.

5 Testen von Hypothesen

Bei Hypothesentests überprüfen wir eine Vermutung mithilfe einer zufälligen Stichprobe. Das Testproblem besteht aus einer (Null-)Hypothese H_0 und einer Gegenhypothese H_1, die jeweils einen Annahme- und einen Ablehnungsbereich haben. Durch das Ergebnis der Stichprobe wird festgelegt, ob man sich für H_0 oder für H_1 entscheidet.

Bei der Entscheidung können folgende Fehler auftreten:

	H_0 angenommen	H_0 abgelehnt
H_0 wahr	Entscheidung richtig	**Fehler 1. Art** (α-Fehler)
H_0 falsch	**Fehler 2. Art** (β-Fehler)	Entscheidung richtig

Der Fehler 1. Art wird auch als **Signifikanzniveau** bezeichnet. In der Regel versucht man bei einem Test den Fehler 1. Art gering zu halten.

Wir starten mit einem einfachen Beispiel:

Beispiel. *Es soll überprüft werden, ob ein gegebener Würfel fair ist. Dazu machen wir folgenden Test: Der Würfel wird 50-mal geworfen. Kommt die Sechs dabei mindestens 7-mal und höchstens 12-mal, dann gehen wir davon aus, dass es sich um einen fairen Würfel handelt.*

Wir erhalten folgende Hypothesen:

$$H_0: p = \frac{1}{6}, \qquad H_1: p \neq \frac{1}{6}$$

*Der **Annahmebereich** A von H_0 lautet*

$$A = \{7, 8, 9, 10, 11, 12\}.$$

*Entsprechend ist der **Ablehnungsbereich** von H_0 gegeben durch*

$$\overline{A} = \{0, 1, \ldots, 6\} \cup \{13, 14, \ldots, 50\}.$$

*Angenommen der Würfel ist fair, aber es erscheinen 4 Sechsen. Dann würden wir uns für H_1 entscheiden, und dies wäre ein **Fehler 1. Art**.*

*Angenommen der Würfel ist nicht fair, aber es erscheinen 9 Sechsen. Dann würden wir uns für H_0 entscheiden, und dies wäre ein **Fehler 2. Art**.*

5.1   Linksseitiger Hypothesentest

Ein linksseitiger Hypothesentest hat die Form

$$H_0 : p \geq p_0, \qquad H_1 : p < p_0.$$

Große Werte der Prüfgröße sprechen also für H_0. Der Annahmebereich von H_0 sieht bei einem linksseitigen Hypothesentest wie folgt aus:

$$A = \{K + 1, \ldots, N\}.$$

Dabei ist K der **kritische Wert** und N der Umfang der Stichprobe.

Beispiel. *Bei einer Umfrage im letzten Jahr hatten 40% aller Befragten für stärkere Maßnahmen in der Umweltpolitik gestimmt. Man vermutet aber, dass der Stimmenanteil mittlerweile gesunken ist. Um diese Vermutung zu belegen, wurde eine 2. Umfrage mit 100 Teilnehmern gestartet, bei der 33 für stärkere Maßnahmen gestimmt haben. Kann man hieraus bei einem Signifikanzniveau von 5% schließen, dass der Anteil gesunken ist?*

Lösung. *Wir erhalten $H_0 : p \geq 0{,}4$, $H_1 : p < 0{,}4$. Für den Stichprobenumfang und das Signifikanzniveau gilt $N = 100$ und $\alpha = 0{,}05$. Die Tabelle auf Seite 115 liefert*

$$F(100; 0{,}4; 31) = 0{,}0398 \leq 0{,}05$$
$$F(100; 0{,}4; 32) = 0{,}0615 \geq 0{,}05 \Rightarrow (K = 32 \text{ ist zu groß})$$

Also ist der Annahmebereich gegeben durch $A = \{32, 33, \ldots 100\}$. Man kann also nicht behaupten, dass der Stimmenanteil gesunken ist.

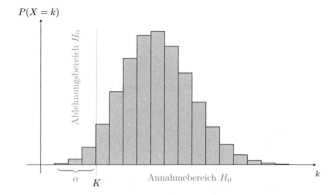

Abbildung 73: Annahmebereich beim linksseitigen Hypothesentest

5.2 Rechtsseitiger Hypothesentest

Ein rechtsseitiger Hypothesentest hat die Form

$$H_0 : p \leq p_0, \qquad H_1 : p > p_0.$$

Kleine Werte der Prüfgröße sprechen also für H_0. Der Annahmebereich von H_0 sieht bei einem rechtsseitigen Hypothesentest wie folgt aus:

$$A = \{0, 1, \ldots K\}.$$

Dabei ist K der **kritische Wert**.

Beispiel. *Es sei $N = 100, K = 49$ und $p_0 = 0{,}4$. Das Signifikanzniveau ist*

$$\alpha = 1 - F(100; 0{,}4; 49) = 1 - 0{,}9729 = 0{,}0271.$$

Beispiel. *Es sei $N = 100$, $p_0 = 0{,}1$ und $\alpha = 5\%$. Dann ergibt sich K aus der Bedingung*

$$0{,}05 \geq 1 - F(100; 0{,}1; K) \quad \Leftrightarrow \quad F(100; 0{,}1; K) \geq 0{,}95.$$

Ablesen in der Tabelle auf Seite 115 liefert $K = 15$.

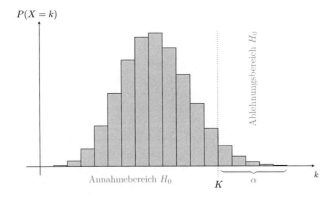

Abbildung 74: Annahmebereich beim rechtsseitigen Hypothesentest

5.3 Zweiseitiger Hypothesentest

Ein zweiseitiger Hypothesentest hat die Form

$$H_0: p = p_0, \qquad H_1: p \neq p_0.$$

In diesem Fall ist der Ablehnungsbereich $\overline{A}$ von H_0 zweigeteilt. Sehr große oder sehr kleine Werte sprechen also gegen H_0.

Beispiel. *Eine Münze wird 50-mal geworfen. Dabei tritt 30-mal Zahl auf. Kann man mit einer Irrtumswahrscheinlichkeit von 5% darauf schließen, dass die Münze unfair ist?*

Lösung. *Die Nullhypothese lautet $H_0: p = 0,5$. Für den Stichprobenumfang und das Signifikanzniveau gilt $N = 50$ und $\alpha = 0,05$. Die Tabelle liefert*

$$F(50; 0,5; 17) = 0,0164 \leq \alpha/2 = 0,025;$$
$$F(50; 0,5; 18) = 0,0325 \geq 0,025 \Rightarrow (18 \text{ ist zu groß});$$
$$1 - F(50; 0,5; 31) = 1 - 0,9675 = 0,0325 \geq \alpha/2 \Rightarrow (31 \text{ ist zu klein});$$
$$1 - F(50; 0,5; 32) = 1 - 0,9836 = 0,0164 \leq \alpha/2;$$

Also ist der Annahmebereich gegeben durch

$$A = \{18, 19, \ldots 31, 32\}.$$

Man sollte also davon ausgehen, dass es sich um eine faire Münze handelt.

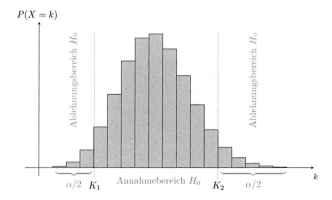

Abbildung 75: Annahmebereich beim zweiseitigen Hypothesentest

Wir fassen die Ergebnisse noch einmal zusammen:

Tipp: Vorgehensweise bei Hypothesentests

Bei Hypothesentests kannst Du wie folgt vorgehen:

1. Bestimme die Art des Hypothesentests (rechts-/links-/zweiseitig);

2. Stelle die Nullhypothese H_0 auf;

3. Finde heraus, ob Du den Annahme-/Ablehnungsbereich oder das Signifikanz-niveau berechnen sollst.

5.4   Aufgaben zum Vertiefen: Testen von Hypothesen

Aufgabe S-71   **Lösung auf Seite LS-79**

Die Wahlkampfberater*innen eines Politikers möchten seine Möglichkeiten bei der nächsten Wahl ausloten. Dazu soll die Nullhypothese „Mindestens 70% der Wähler*innen befürworten seine Politik", in einer Umfrage unter 200 Personen und mit einem Signifikanzniveau von 5% getestet werden.

a) Bestimme die dazugehörige Entscheidungsregel.

b) Nimm nun an, dass lediglich 60% der Wähler*innen seine Politik befürworten. Mit welcher Wahrscheinlichkeit wird die Hypothese trotzdem angenommen?

Das Tafelwerk muss für diese Aufgabe ergänzt werden. $F(n; p; k)$ beschreibt die kummulierten Wahrscheinlichkeit einer binomialverteilten Zufallsvariable für $X \leq k$ mit Kettenlänge n und Trefferwahrscheinlichkeit p.

$n = 200; p = 0,7$	k	$F(200; 0,7; k)$	$n = 200; p = 0,6$	k	$F(200; 0,6; k)$
	...	...		...	...
	126	0,02002		126	0,82577
	127	0,02843		127	0,86070
	128	0,03963		128	0,89058
	129	0,05421		129	0,91560
	130	0,07279		130	0,93610
	131	0,09595		131	0,95252
	...	...		...	...

Aufgabe S-72   **Lösung auf Seite LS-80**

Landbewohner*innen beschweren sich regelmäßig über die Netzqualität. Daher testen sie an 100 Tagen, ob es zu Netzausfällen kommt. Ihre Nullhypothese lautet: „An mindestens 70% der Tage kommt es zu Netzausfällen." Sie begnügen sich mit einem Signifikanzniveau von 10%.

a) Stelle die dazugehörige Entscheidungsregel auf.

b) Nimm an, dass tatsächlich an 80% der Tage Netzausfälle stattfinden. Wie hoch ist in diesem Fall die Wahrscheinlichkeit die Nullhypothese nach dem Test anzunehmen?

c) Der Telefonanbieter veröffentlicht Daten, wonach es an 50% der Tage zu Ausfällen kommt. Wie hoch ist dann die Wahrscheinlichkeit einen Fehler zweiter Art zu begehen?

Aufgabe S-73   **Lösung auf Seite LS-81**

Eine Konditorei produziert Mini-Muffins. Mit dem alten Ofen sind regelmäßig 15% der Muffins verbrannt. Daher wurde ein neuer Ofen angeschafft und die Konditormeister*innen möchten nun wissen, ob sich der Anteil der verbrannten Muffins verändert hat. Dazu sollen 100 Muffins in einem zweiseitigen Hypothesentest untersucht werden und der Fehler erster Art, also die Wahrscheinlichkeit, dass die Meister*innen irrtümlich annehmen, dass sich der Prozentsatz der verbrannten Muffins geändert hat, auf 10% beschränkt werden.

Das Tafelwerk muss für diese Aufgabe ergänzt werden. $F(n; p; k)$ beschreibt die kummulierten Wahrscheinlichkeit einer binomialverteilten Zufallsvariable für $X \leq k$ mit Kettenlänge n und Trefferwahrscheinlichkeit p.

$n = 100;\ p = 0,15$	k	$F(100; 0,15; k)$	$n = 100;\ p = 0,15$	k	$F(100; 0,15; k)$
	...	...		...	...
	7	0,01217		20	0,93368
	8	0,02748		21	0,96072
	9	0,05509		22	0,97786
	...	...		...	...

Aufgabe S-74   **Lösung auf Seite LS-83**

Ein Schreiner bezieht sein Holz von einem Großhandel. Er hat auch die Möglichkeit sein Holz stattdessen bei einer teureren, lokalen Waldbauerin zu kaufen. Diese verspricht, dass ihr Holz eine höhere Qualität, also weniger Wurmbefall, hat. Um sich seine Entscheidung zu erleichtern, prüft der Schreiner 100 Lieferungen des Großhandels. Seine Nullhypothese lautet:

H_0: Der Anteil der wurmstichigen Lieferungen beträgt weniger als 10%.

a) Bestimme die zugehörige Entscheidungsregel für ein Signifikanzniveau von 5%.

b) Standen bei der Wahl der Nullhypothese hauptsächlich monetäre oder qualitative Aspekte im Vordergrund?

Aufgabe S-75   **Lösung auf Seite LS-84**

Klimawandelleugner*innen stellen die Nullhypothese „In weniger als 10% der letzten 10 Sommermonate lag die Temperatur über der mittleren Temperatur des letzten Jahrhunderts" auf. Sie möchten diese Hypothese zu einem Signifikanzniveau von 5% testen.

a) Bestimme die dazugehörige Entscheidungsregel.

b) Nimm an, dass tatsächlich in 70% der letzten Sommermonate die Temperatur über dem Mittel lag. Mit welcher Wahrscheinlichkeit wird die Hypothese dennoch angenommen? Handelt es sich um einen Fehler erster oder zweiter Art?

Aufgabe S-76   **Lösung auf Seite LS-86**

Ein Aufsichtsratmitglied einer großen Firma möchte sich vor einer feindlichen Übernahme des Rückhalts seines Kollegiums versichern. Dazu führt er unter ihnen eine informelle Umfrage (in Form eines zweiseitigen Hypothesentests) durch. Bei der letzten Umfrage befürworteten ihn 12 seiner insgesamt 20 Kollegen und Kolleginnen. Nun möchte er wissen, ob sich dieser Wert geändert hat. Wie muss er seine Entscheidungsregel wählen, wenn er mit einer Wahrscheinlichkeit von maximal 10% einen Fehler erster Art begehen möchte?

Aufgabe S-77   **Lösung auf Seite LS-87**

Das neue Schnupfenmedikament eines Pharmaunternehmens soll auf Nebenwirkungen getestet werden. Kurz vor der Studie streiten sich der Chef der Finanzabteilung und die Chefin der PR-Abteilung über die Wahl der Nullhypothese. Zur Wahl stehen folgende Nullhypothesen:

H_0: Das Medikament hat in höchstens 10% der Fälle Nebenwirkungen.   (1)

H_0: Das Medikament hat in mindestens 10% der Fälle Nebenwirkungen.   (2)

a) Erläutere, wem welche Nullhypothese zugeordnet werden kann.

b) Die Studie arbeitet mit 200 Testpersonen und einem Signifikanzniveau von 5%. Bestimme die passende Entscheidungsregel für die zweite Nullhypothese.

Aufgabe S-78   **Lösung auf Seite LS-89**

Die lokale Stadtbücherei überlegt eine neue illustrierte Version der Harry-Potter Bücher anzuschaffen. Die Anschaffung der Bücher soll nur erfolgen, wenn mehr als 60% Prozent der Kinder Harry-Potter mögen. Die Wahrscheinlichkeit, die Bücher irrtümlich nicht anzuschaffen, soll 10% betragen.
Daher entscheidet die Bibliotheksleitung, dass die Bücher angeschafft werden, wenn in einer repräsentativen Umfrage unter 50 Kindern die Nullhypothese „Mindestens 60% der Kinder mögen Harry Potter" angenommen wird.

a) Bestimme die dazugehörige Entscheidungsregel.

b) Stand bei der Wahl der Nullhypothese der finanzielle Aspekt oder die Zufriedenheit der Kinder im Vordergrund?

c) Nimm nun an, dass tatsächlich nur 50% der Kinder Harry-Potter mögen. Wie hoch ist die Wahrscheinlichkeit einen Fehler zweiter Art zu begehen?

Aufgabe S-79   **Lösung auf Seite LS-91**

Eine Münze wird 50-mal geworfen, dabei tritt 30-mal „Zahl" auf.
Kann man mit einer Irrtumswahrscheinlichkeit von 5% darauf schließen, dass die Münze nicht ideal ist? Entwickle dazu einen passenden Hypothesentest und stelle die Entscheidungsregel auf.

6 Normalverteilung

Viele in der Natur auftretenden Größen oder Vorgänge (Messfehler, Körpergröße, IQ, ...) können durch normalverteilte Zufallsvariablen beschrieben werden. Bei der Normalverteilung handelt es sich neben der Binomialverteilung um eine nicht nur für das Mathematik-Abitur sehr wichtigen Verteilung. In diesem Kapitel wollen wir die Normalverteilung einführen und ihren Zusammenhang mit der Binomialverteilung beleuchten.

6.1 Gauß'sche Glockenkurve und Integralfunktion

Zu Beginn benötigen wir zwei Funktionen aus der Analysis, auf denen wir dann aufbauen können:

Definition: Gauß'sche Glockenfunktion

Wir bezeichnen die Funktion

$$\varphi(t) = \frac{1}{\sqrt{2\pi}} e^{-\frac{1}{2}t^2}$$

als **Gauß'sche Glockenfunktion**.
Den Graph von $\varphi(t)$ nennen wir auch **Gauß'sche Glockenkurve**.

Aus der Analysis wissen wir, dass die gesamte Fläche, die der Graph von $\varphi(t)$ mit der t-Achse einschließt genau 1 beträgt. Die sogenannte *Gauß'sche Integralfunktion* $\Phi(x)$ gibt die linke Fläche unterhalb dieser Kurve bis zur oberen Grenze x an, siehe Abbildung 76:

Definition: Standardnormalverteilung

Die Funktion

$$\Phi(x) = \int_{-\infty}^{x} \varphi(t) \, \mathrm{d}t = \frac{1}{\sqrt{2\pi}} \int_{-\infty}^{x} e^{-\frac{1}{2}t^2} \, \mathrm{d}t$$

heißt **Gauß'sche Integralfunktion** bzw. **Standardnormalverteilung**.

Die Werte der Funktion $\Phi(x)$ sind nicht einfach zu berechnen und daher tabelliert. Du kannst sie in einer Formelsammlung bzw. aus Tabellen ablesen.

Tipp: Tabelle der Standardnormalverteilung

Eine Tabelle mit Werten der Funktion $\Phi(x)$ findest Du auch am Ende dieses Buches, siehe Kapitel 8.

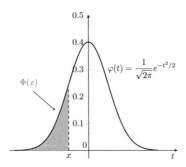

Abbildung 76: Gauß'sche Glockenfunktion $\varphi(t)$ und Beziehung zur Gauß'schen Integralfunktion $\Phi(x)$.

6.2 Kenngrößen und Wahrscheinlichkeiten der Normalverteilung

6.2.1 Die Standardnormalverteilung

Betrachten wir zunächst die sogenannte *Standardnormalverteilung*.

Definition: Zufallsvariablen mit Standardnormalverteilung

Eine reelle Zufallsvariable X heisst **standard-normalverteilt**, wenn ihre kumulierte Wahrscheinlichkeit durch die Gauß'sche Integralfunktion gegeben ist, d.h. wenn gilt:

$$P(X \leq x) = \Phi(x) = \frac{1}{\sqrt{2\pi}} \int_{-\infty}^{x} e^{-\frac{1}{2}t^2} \, dt.$$

Die Wahrscheinlichkeit, dass X zwischen zwei Werten $x_1 < x_2$ liegt, ist dann gegeben durch

$$P(x_1 \leq X \leq x_2) = \Phi(x_2) - \Phi(x_1).$$

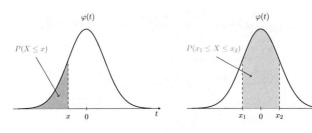

Merke: Kenngrößen der Standardnormalverteilung

Ist eine Zufallsvariable X standard-normalverteilt, so hat X den Erwartungswert $\mu = 0$ und die Varianz $\sigma^2 = 1$. In diesem Fall schreiben wir auch $X \sim N(0,1)$.

Beispiel. *Es sei X eine standard-normalverteilte Zufallsvariable. Bestimme die Wahrscheinlichkeit, dass X einen Wert zwischen 1 und 2 annimmt.*

Lösung. *Es gilt*

$$P(1 \leq X \leq 2) = P(X \leq 2) - P(X \leq 1) = \Phi(2) - \Phi(1) \approx 0{,}977 - 0{,}841 = 0{,}136.$$

Die Werte von Φ lesen wir dabei aus einer Tabelle ab.

Merke: Eigenschaften von $\Phi(x)$

Es gilt $\Phi(-x) = 1 - \Phi(x)$ und $\lim\limits_{x \to \infty} \Phi(x) = 1$ (vgl. Abbildung 77).

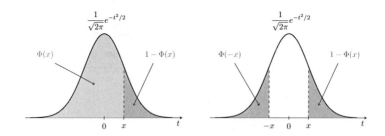

Abbildung 77: Eigenschaften und Symmetrie von $\Phi(x)$.

Tipp: Arbeiten mit Tabellen zur Standardnormalverteilung

In der Tabelle zur Normalverteilung werden meist nur Werte von $\Phi(x)$ für nichtnegative x angegeben. Mit Hilfe von $\Phi(-x) = 1 - \Phi(x)$ für $x \in \mathbb{R}$, lassen sich damit aber auch einfach Werte für negatives x bestimmen.
Beispiel: $\Phi(-1{,}23) = 1 - \Phi(1{,}23) \approx 1 - 0{,}8907 = 0{,}1093$

6.2.2 Allgemeine Normalverteilungen

Die Standardnormalverteilung ist ein Spezialfall der allgemeinen Normalverteilung.

> **Definition: Allgemeine Normalverteilung**
>
> Eine reelle Zufallsvariable Y ist **normalverteilt** mit Erwartungswert μ und Varianz σ^2 $(-\infty < \mu < \infty, \sigma^2 > 0)$, wenn für die kumulierten Wahrscheinlichkeiten gilt:
>
> $$P(Y \leq x) = \Phi_{\mu,\sigma}(x) = \int_{-\infty}^{x} \varphi_{\mu,\sigma}(t)\,\mathrm{d}t = \frac{1}{\sigma\sqrt{2\pi}} \int_{-\infty}^{x} e^{-\frac{1}{2}\left(\frac{t-\mu}{\sigma}\right)^2}\,\mathrm{d}t.$$
>
> Dabei ist
>
> $$\varphi_{\mu,\sigma}(t) = \frac{1}{\sigma\sqrt{2\pi}} \cdot e^{-\frac{1}{2}\left(\frac{t-\mu}{\sigma}\right)^2} = \frac{1}{\sigma}\varphi\left(\frac{t-\mu}{\sigma}\right)$$
>
> die sogenannte **Dichtefunktion** der Normalverteilung.

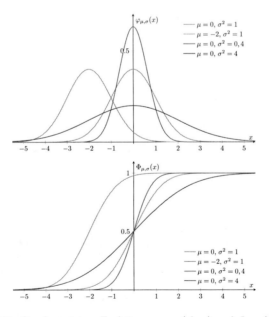

Abbildung 78: Die Graphen einiger Funktionen $\varphi_{\mu,\sigma}$ (oben) und $\Phi_{\mu,\sigma}$ (unten) mit verschiedenen Werten für μ und σ^2.

Normalverteilte Zufallsvariablen können also beliebige (endliche) Erwartungswerte μ und beliebige (positive) Varianzen σ^2 besitzen. Die Standardnormalverteilung beschreibt demnach den Spezialfall mit $\mu = 0$ und $\sigma^2 = 1$.
Abbildung 78 zeigt die Graphen der Dichte- und Verteilungsfunktion der Normalverteilung mit verschiedenen Werten für μ und σ^2. Es ist deutlich zu erkennen, dass die Dichtefunktion $\varphi_{\sigma,\mu}$ ihr Maximum bei $x = \mu$ erreicht und der zugehörige Graph symmetrisch um den Erwartungswert liegt. Mit zunehmender Standardabweichung wird der Graph von $\varphi_{\sigma,\mu}$ flacher und breiter.

Merke: Notation allgemeine Normalverteilung

Es sei Y eine normalverteilte Zufallsvariable mit Mittelwert μ und Varianz σ^2. Wir sagen dann auch, dass Y μ, σ^2-normalverteilt ist und schreiben $Y \sim N(\mu, \sigma^2)$.

Angeberwissen: Stetige Zufallsvariablen

Wir unterscheiden zwischen **diskreten** und **stetigen** Zufallsvariablen.
Eine **diskrete** Zufallsvariable kann nur endlich viele (oder abzählbar-unendlich viele) Werte annehmen. Ein Beispiel für eine diskrete Zufallsvariable ist eine binomialverteilte Zufallsvariable mit Parametern n und p, da sie lediglich die Werte in der Menge $\{0, 1, ..., n\}$ annehmen kann.
Eine **stetige** (oder kontinuierliche) Zufallsvariable ist hingehen eine Zufallsvariable die jeden beliebigen numerischen Wert in einem Intervall oder (überabzählbar) unendlich viele Werte annehmen kann. Ein Beispiel für eine stetige Zufallsvariable ist eine normalverteilte Zufallsvariable $X \sim N(\mu, \sigma^2)$, da sie jeden beliebigen Wert in $\mathbb{R}$ annehmen kann. Eine wichtige Eigenschaft von einer stetigen Zufallsvariablen X ist, dass ihre Punktwahrscheinlichkeit stets 0 ist, d.h. für alle x gilt

$$P(X = x) = 0.$$

Warum ist das so? Wir wissen dass die Summe aller möglichen Wahrscheinlichkeiten 1 ergeben muss. Eine stetige Zufallsvariable kann nun unendlich viele Werte annehmen, d.h. wenn wir jedem dieser Werte eine Wahrscheinlichkeit größer 0 zuordnen, dann wäre ihre Summe eine unendliche Summe von Werten gößer 0. Eine solche Summe kann niemals 1 ergeben. Insbesondere bedeutet dies, dass für eine normalverteilte Zufallsvariable die folgende Gleichung gilt:

$$P(X < x) = P(X \leq x).$$

Achtung! Dies gilt nicht für diskrete Zufallsvariablen, wie die Binomialverteilung.

6.2.3   Berechnen von Wahrscheinlichkeiten mit der Normalverteilung

Eine allgemeine Normalverteilung mit Parametern μ und σ^2 ist über eine lineare Transformation mit der Standardnormalverteilung verbunden. Konkret bedeutet dies, dass die oben eingeführten Verteilungsfunktionen der allgemeinen Normalverteilung $\Phi_{\mu,\sigma}$ und der Standardnormalverteilung Φ folgende Gleichung erfüllen:

$$\Phi_{\mu,\sigma}(x) = \Phi\left(\frac{x-\mu}{\sigma}\right).$$

Diese wichtige Beziehung halten wir im folgenden Fakt fest:

Fakt: Beziehung allgemeine und Standardnormalverteilung

Sei $Y \sim N(\mu,\sigma)$ eine normalverteilte Zufallsvariable. Definieren wir nun die Zufallsvariable $X = \frac{Y-\mu}{\sigma}$, so ist X standard-normalverteilt, also $X \sim N(0,1)$. Insbesondere gilt:

$$P(Y \leq x) = \Phi_{\mu,\sigma}(x) = \Phi\left(\frac{x-\mu}{\sigma}\right) = P\left(X \leq \frac{x-\mu}{\sigma}\right)$$

Mit Hilfe dieser Beziehung können wir also Wahrscheinlichkeiten mit beliebig normalverteilten Zufallsvariablen auf Wahrscheinlichkeiten mit einer standard-normalverteilten Zufallsvariable zurückführen:

Merke: Berechnungen mit allgemeinen Normalverteilungen

Sei $Y \sim N(\mu,\sigma^2)$ eine normalverteilte Zufallsvariable und $[y_1,y_2]$ (mit $y_1 < y_2$) ein Intervall. Dann gilt

$$\begin{aligned} P(y_1 \leq Y \leq y_2) &= P(Y \leq y_2) - P(Y \leq y_1) \\ &= \Phi_{\mu,\sigma}(y_2) - \Phi_{\mu,\sigma}(y_1) \\ &= \Phi\left(\frac{y_2-\mu}{\sigma}\right) - \Phi\left(\frac{y_1-\mu}{\sigma}\right). \end{aligned}$$

Wie oben erwähnt sind die Werte der Standardnormalverteilung Φ tabelliert, d.h. die Werte für $\Phi\left(\frac{y_2-\mu}{\sigma}\right)$ und $\Phi\left(\frac{y_1-\mu}{\sigma}\right)$ können in einer solchen Tabelle nachgeschlagen werden.

Die Berechnung von Wahrscheinlichkeiten mit einer allgemeinen Normalverteilung lässt sich also auf die Berechnung von Wahrscheinlichkeiten mit einer Standardnormalverteilung zurückführen. Aus diesem Grund genügt es die Standardnormalverteilung zu tabellieren.

Beispiel. *Die Zufallsvariable Y bezeichne den IQ einer zufällig ausgewählten Person in Deutschland. Y wird als normalverteilt mit Erwartungswert $\mu = 100$ und Standardabweichung $\sigma = 15$ angenommen.*
Wie hoch ist die Wahrscheinlichkeit, dass

  a) *eine zufällig ausgewählte Person einen IQ von höchstens 85 besitzt?*

  b) *eine zufällig ausgewählte Person einen IQ von mehr als 115 besitzt?*

  c) *eine zufällig ausgewählte Person einen IQ zwischen 85 und 115 besitzt?*

Lösung. *Y ist normalverteilt mit $Y \sim N(100, 15^2)$, also Erwartungswert $\mu = 100$ und Standardabweichung $\sigma = 15$.*

  a) *Wir sind interessiert an*

$$P(Y \leq 85) = \Phi_{\mu,\sigma}(85) = \Phi\left(\frac{85 - \mu}{\sigma}\right) = \Phi\left(\frac{85 - 100}{15}\right) = \Phi(-1) \overset{Tabelle}{\approx} 0{,}1587$$

  b) *Hier wird gefragt nach*

$$P(Y > 115) = 1 - P(Y \leq 115) = 1 - \Phi_{\mu,\sigma}(115) = 1 - \Phi\left(\frac{115 - \mu}{\sigma}\right) =$$

$$= 1 - \Phi(1) \overset{Tabelle}{\approx} 0{,}1587$$

  c) *Wir berechnen*

$$P(85 \leq Y \leq 115) = \Phi_{\mu,\sigma}(115) - \Phi_{\mu,\sigma}(85) = \Phi\left(\frac{115 - \mu}{\sigma}\right) - \Phi\left(\frac{85 - \mu}{\sigma}\right) =$$

$$= \Phi(1) - \Phi(-1) \overset{Tabelle}{\approx} 0{,}8413 - 0{,}1587 = 0{,}6826$$

6.3   Zusammenhang zur Binomialverteilung: Der Satz von de Moivre-Laplace

Nun kennen wir mit der *Binomialverteilung* und der *Normalverteilung* bereits die zwei wohl wichtigsten Wahrscheinlichkeitsverteilungen. Vielleicht ist Dir schon aufgefallen, dass das Histogramm einer diskreten, binomialverteilten Zufallsvariable mit Parametern n und p für große Werte von n der Form einer stetigen Gauß'schen Glockenkurve ähnelt, siehe Abbildung 79. In diesem Kapitel gehen wir dem Zusammenhang zwischen der Binomial- und Normalverteilung auf den Grund!

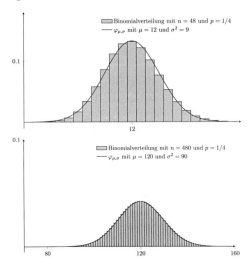

Abbildung 79: Annäherung der Binomialverteilung durch die Normalverteilung für wachsendes n. Beachte die unterschiedlichen Skalen auf der x- und y-Achse.

6.3.1   Der Satz von de Moivre-Laplace

Es sei X eine binomialverteilte Zufallsvariable mit Parametern n und p. Der Erwartungswert der Verteilung $E(X) = np$ nimmt für festes p und wachsendes n immer größere Werte an. Gleichzeitig nimmt wegen $V(X) = np(1 - p)$ die Varianz immer weiter zu. Beide Effekte sind in Abbildung 79 deutlich zu erkennen (beachte die Skalen der x- und y-Achse). Wir erkennen außerdem, dass je größer n ist, umso besser wird das Histogramm durch die allgemeine Glockenkurve $\varphi_{\mu,\sigma}$ mit $\mu = np$ und $\sigma^2 = np(1 - q)$ approximiert. In der Tat besagt der *Satz von de Moivre-Laplace*, dass im Grenzübergang n gegen Unendlich und bei passender Skalierung, die Verteilung einer binomialverteilten Zufallsvariable gegen die Normalverteilung konvergiert.

Fakt: Satz von de Moivre-Laplace

Es sei X eine binomialverteilte Zufallsvariable mit Parametern $n \in \mathbb{N}$ und $0 < p < 1$. Dann gilt für reelle Zahlen $a < b$

$$\lim_{n \to \infty} P\left(a \leq \frac{X - np}{\sqrt{np(1-p)}} \leq b\right) = \Phi(b) - \Phi(a),$$

$$\lim_{n \to \infty} P\left(\frac{X - np}{\sqrt{np(1-p)}} \leq b\right) = \Phi(b).$$

Hierbei beschreibt Φ die oben eingeführte Verteilungsfunktion der Standardnormalverteilung.

6.3.2   Normalapproximation

Der Satz von de Moivre-Laplace bildet die theoretische Grundlage um die Binomialverteilung bei großer Stichprobenanzahl durch eine Normalverteilung zu approximieren. Man spricht auch von der sogenannten *Normalapproximation*. Konkret kann aus dem Satz gefolgert werden:

Merke: Normalapproximation

Sei X eine binomialverteilte Zufallsvariable mit Parametern n und p. Dann gilt nährungsweise

$$P(X \leq k) \approx \Phi\left(\frac{k - np}{\sqrt{np(1-p)}}\right).$$

Insbesondere kann eine binomialverteilte Zufallsvariable mit Parametern n und p also durch eine normalverteilte Zufallsvariable mit Erwartungswert $\mu = np$ und Varianz $\sigma^2 = np(1-p)$ approximiert werden.

Wann liefert diese Approximation brauchbare Werte? In der Praxis hat sich folgende Faustregel bewährt:

Merke: Laplace-Bedingung für die Normalapproximation

Es sei X eine binomialverteilte Zufallsvariable mit Parametern n und p. Ist die sogenannte **Laplace-Bedingung** erfüllt, d.h. gilt

$$\sqrt{n \cdot p \cdot (1-p)} > 3,$$

so liefert die obige Normalapproximation für praktische Zwecke ausreichend genaue Werte.

Merke: σ-Regeln Binomialverteilung

Gilt die Laplace-Bedingung, so wissen wir dass die Binomialverteilung mit Parametern n und p durch eine Normalverteilung mit $\mu = np$ und $\sigma^2 = np(1-p)$ approximiert werden. In diesem Fall gelten auch die σ-Regeln der Normalverteilung (vgl. Kapitel 6.4) nährungsweise für die Binomialverteilung.

6.3.3 Stetigkeitskorrektur

Bei der Normalapproximation wird eine diskrete Wahrscheinlichkeitsverteilung durch eine stetige angenähert. In diesem Fall wird häufig eine sogenannte Stetigkeitskorrektur durchgeführt um diesen Übergang zu berücksichtigen und eine bessere Approximation zu erzielen.

Merke: Normalapproximation mit Stetigkeitskorrektur

Die Normalapproximation mit **Stetigkeitskorrektur** ergibt für eine binomialverteilte Zufallsvariable X mit Parametern n und p folgende Näherungen:

$$P(X \leq k) \approx \Phi\left(\frac{k - np + 0{,}5}{\sqrt{np(1-p)}}\right),$$

$$P(k_1 \leq X \leq k_2) \approx \Phi\left(\frac{k_2 - np + 0{,}5}{\sqrt{np(1-p)}}\right) - \Phi\left(\frac{k_1 - np - 0{,}5}{\sqrt{np(1-p)}}\right).$$

D.h. bei der Stetigkeitskorrektur wird die untere Grenze der Normalverteilung um 0,5 verkleinert und die obere Grenze um 0,5 vergrößert. Diese Korrektur kann folgendermaßen motiviert werden: Ist X binomialverteilt mit Parametern n und p und die Abbildung 80 zeigt das zugehörige Histogramm, dann ist die Wahrscheinlichkeit für $P(X \leq 14)$ durch die Summe der hellblauen Rechtecke im Histogramm gegeben. Der schwarze Graph zeigt die Dichtefunktion $\varphi_{\mu,\sigma}$ der Normalverteilung mit $\mu = np$ und $\sigma^2 = np(1-p)$. Soll die Fläche der hellblauen Rechtecke durch ein Integral über $\varphi_{\mu,\sigma}$ approximiert werden (d.h. durch $\Phi_{\mu,\sigma}$), so wird aus der Abbildung deutlich, dass als obere Integrationsgrenze 14,5 gewählt werden muss:

$$P(X \leq 14) \approx \int_{-\infty}^{14,5} \varphi_{\mu,\sigma}(x)\mathrm{d}x = \Phi_{\mu,\sigma}(14{,}5) = \Phi\left(\frac{14{,}5-\mu}{\sigma}\right) = \Phi\left(\frac{14-np+0{,}5}{\sqrt{np(1-p)}}\right).$$

Diese Diskrepanz ergibt sich aus der Tatsache, dass eine binomialverteilte Zufallsvaribale diskret ist und somit nur natürliche Zahlen als Werte annehmen kann wohingegen die Normalverteilung stetig ist. Eine ähnliche Überlegung ergibt sich für die Korrektur $-0{,}5$ für die untere Grenze.

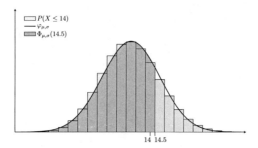

Abbildung 80: Zur Stetigkeitskorrektur bei der Normalapproximation.

Tipp: Anwendung Normalapproximation

Sei X binomialverteilt mit Parametern n und p. Gesucht ist die Wahrscheinlichkeit $P(X \leq k)$ für ein $k \in \{0, 1, 2, ..., n\}$. Die Wahrscheinlichkeit soll nährungsweise mit Hilfe einer Normalverteilung bestimmt werden.

1. Bestimme Erwartungswert und Standardabweichung von X, d.h.

$$E(X) = np, \quad \sigma(X) = \sqrt{np(1-p)}.$$

2. Prüfe ob die Laplace Bedingung erfüllt ist, d.h. ob

$$\sqrt{np(1-p)} > 3,$$

   erfüllt ist.

3. Stelle die Formel der Normalapproximation (mit Stetigkeitskorrektur) auf

$$P(X \leq k) \approx \Phi\left(\frac{k - np + 0{,}5}{\sqrt{np(1-p)}}\right).$$

4. Ziehe eine Tabelle mit Werten der Standardnormalverteilung heran und lese den Wert für $\Phi\left(\frac{k-np+0{,}5}{\sqrt{np(1-p)}}\right)$ ab.

Beispiel. *Eine Bar sammelt Zusagen für ein besonderes Event. Erfahrungsgemäß tauchen 20% aller Zusagen nicht auf. Wie groß ist die Wahrscheinlichkeit, dass von 100 Zusagen mindestens 75 und höchstens 90 tatsächlich zum Event kommen?*

a) *Berechne die gesuchte Wahrscheinlichkeit zunächst mit Hilfe der Binomialverteilung.*

b) *Begründe, dass die Annahme einer Normalverteilung gerechtfertigt ist und berechne die Wahrscheinlichkeit mit Hilfe der Normalverteilung näherungsweise (mit Stetigkeitskorrektur).*

Lösung. *Wir definieren X als die Anzahl der Gäste, die nach Zusage auch zum Event kommen.*

a) *Demnach können wir X als binomialverteilt mit $n = 100$ und $p = 0{,}8$ annehmen. Wir berechnen*

$$P(75 \leq X \leq 90) = F(100; 0{,}8; 90) - F(100; 0{,}8; 74) \approx 0{,}9977 - 0{,}0875 = 0{,}9102 \approx 91\%$$

b) Wir berechnen zunächst den Erwartungswert und die Standardabweichung von X:

$$E(X) = \mu = n \cdot p = 80$$
$$\sigma(X) = \sigma = \sqrt{n \cdot p \cdot (1-p)} = \sqrt{16} = 4$$

Da offenbar $\sigma > 3$ gilt, ist die Laplace-Bedingung erfüllt und wir können die gesuchte Wahrscheinlichkeit mit Hilfe der Normalapproximation bestimmen. Es gilt:

$$P(75 \leq X \leq 90) \approx \Phi\left(\frac{90 + 0{,}5 - 80}{4}\right) - \Phi\left(\frac{75 - 0{,}5 - 80}{4}\right)$$

$$= \Phi(2{,}625) - \Phi(-1{,}375) \overset{Tabelle}{\approx} 0{,}9957 - 0{,}0838 = 0{,}9119 \approx 91{,}2\%.$$

Der nährungsweise bestimmte Wert von $91,2\%$ liegt sehr nahe am durch die Binomialverteilung bestimmten Wert von 91%.

6.4 σ-Regeln und σ-Umgebungen einer Normalverteilung

Sei X eine $N(\mu, \sigma^2)$-verteilte Zufallsvariable. Bestimmte Intervalle um den Erwartungswert μ, deren Breite ein Vielfaches der Standardabweichung σ betragen, werden als sogenannte σ-*Umgebungen* bezeichnet. Die Wahrscheinlichkeit, dass X in einer bestimmten σ-Umgebung liegt, lässt sich unabhängig von den genauen Werten von μ und σ angeben. Dies wird in den sogenannten σ-Regeln festgehalten.

Merke: Die σ-Regeln

Für eine normalverteilte Zufallsvariable X mit Parametern μ und σ gilt

$$P(|X - \mu| \leq \sigma) \approx 68{,}27\%,$$
$$P(|X - \mu| \leq 2\sigma) \approx 95{,}45\%,$$
$$P(|X - \mu| \leq 3\sigma) \approx 99{,}73\%.$$

Außerdem gilt

$$P(|X - \mu| \leq 1{,}64\sigma) \approx 90\%,$$
$$P(|X - \mu| \leq 1{,}96\sigma) \approx 95\%,$$
$$P(|X - \mu| \leq 2{,}58\sigma) \approx 99\%.$$

Diese Regeln ergeben sich leicht über die Beziehung zur Standardnormalverteilung. Ist n eine positive ganze Zahl, dann gilt

$$P(|X - \mu| \le n\sigma) = P(X \le \mu + n\sigma) - P(X \le \mu - n\sigma)$$
$$= \Phi_{\mu,\sigma}(\mu + n\sigma) - \Phi_{\mu,\sigma}(\mu - n\sigma)$$
$$= \Phi\left(\frac{\mu + n\sigma - \mu}{\sigma}\right) - \Phi\left(\frac{\mu - n\sigma - \mu}{\sigma}\right)$$
$$= \Phi(n) - \Phi(-n)$$
$$= 2\Phi(n) - 1.$$

Der Wert von $\Phi(n)$ kann nun in einer Tabelle zur Standardnormalverteilung abgelesen werden. Da die σ-Regeln für alle Normalverteilungen mit beliebigen Werten für μ und σ gelten, erleichtern sie uns das Leben bei vielen Schätzungen und Berechnungen. Abbildung 81 veranschaulicht die σ-Regeln nochmals grafisch.

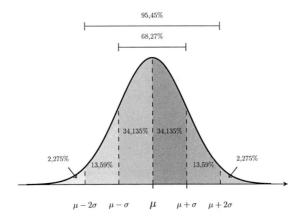

Abbildung 81: Veranschaulichung der ersten zwei σ-Umgebungen einer Normalverteilung $N(\mu, \sigma^2)$. Beachte dass es sich bei den angegebenen Prozentwerten um Näherungswerte handelt.

Beispiel. *Wir betrachten erneut die Zufallsvariable Y, die den IQ einer zufällig ausgewählten Person beschreibt (normalverteilt mit $\mu = 100$ und $\sigma = 15$). Bestimme die Wahrscheinlichkeit, dass eine zufällig ausgewählte Person einen IQ zwischen 100 und 130 hat.*

Lösung. *Wir könnten ganz analog wie im ersten Teil dieses Beispiels rechnen. Wir stellen jedoch fest, dass es sich beim Wert 100 um μ und bei 130 um den Wert von $\mu + 2\sigma$ handelt. Mit den σ-Regeln für normalverteilte Zufallsvariablen bzw. obiger Abbildung können wir daher auch schnell folgern, dass*

$$P(100 \leq Y \leq 130) \approx 34{,}13\% + 13{,}59\% = 47{,}82\%.$$

6.5 Aufgaben zum Vertiefen: Normalverteilung

Aufgabe S-80   **Lösung auf Seite LS-93**

Wie hoch ist die Wahrscheinlichkeit bei 500 Würfen einer idealen Münze mehr als 260 Mal Kopf zu werfen?

a) Gib einen Lösungsweg mit der binomialverteilten Zufallsvariable X: „Anzahl der Kopf-Würfe" an!

b) Gib einen Lösungsweg mit Hilfe der Normalverteilung an! Begründe dein Vorgehen.

c) Bestimme die gesuchte Wahrscheinlichkeit erneut mit Hilfe der Normalapproximation, aber berücksichtige diesmal die Stetigkeitskorrektur.

Aufgabe S-81   **Lösung auf Seite LS-94**

Auf einer Kirmes steht ein Glücksrad mit 20 gleichgroßen Feldern. Die Felder sind mit 1 bis 20 durchnummeriert. Innerhalb eines Jahrzehnts wird das Glücksrad 2 000 000 Mal gedreht. Die Zufallsvariable X beschreibt, wie oft dabei das Glücksrad auf der Zahl 18 stehengeblieben ist.

a) Überprüfe die Laplace-Bedingung.

b) Berechne $P(X \leq 100\,012)$.

c) Berechne $P(X \geq 100\,013)$.

d) Berechne $P(100\,012 < X < 100\,130)$.

Aufgabe S-82   **Lösung auf Seite LS-95**

Die Zufallsvariable X sei normalverteilt mit $\mu = 100$ und $\sigma = 25$. Bestimme jeweils den fehlenden Parameter t:

a) $P(X \leq 75) = t$

b) $P(X \leq t) = 0{,}90147$

c) $P(t \leq X \leq 120) = 0{,}24831$

Aufgabe S-83   **Lösung auf Seite LS-96**

Heilpraktiker*innen verkaufen hochwertiges Wasser aus einer heißen Quelle als Bade-zusatz. Dabei füllen sie das Wasser in 250 ml Flaschen ab, deren ganz genaue Füllhöhe natürlich leicht variiert. Wir wollen die Füllmenge der Flaschen als normalverteilt mit Mittelwert $\mu = 250$ und $\sigma = 5$ (in ml) modellieren.

a) Mit welcher Wahrscheinlichkeit bekommt zufällige Kundschaft eine Flasche mit höchstens 240 ml Inhalt?

b) Mit welcher Wahrscheinlichkeit bekommt zufällige Kundschaft eine Flasche mit mehr als 260 ml Inhalt?

c) Die Heilpraktiker*innen möchten einen Werbeslogan mathematisch richtig (und unter der Annahme der Normalverteilung) formulieren. Wie muss der folgende Spruch ergänzt werden?

„Unsere Heilwasser-Flaschen haben mit einer Wahrscheinlichkeit von 95% eine Mindestfüllmenge von ____ ml!"

Aufgabe S-84   **Lösung auf Seite LS-97**

Eine beliebte Paintball-Arena bietet Platz für 220 Personen und verkauft daher 220 Tagestickets. Erfahrungsgemäß kommen 5% der Personen die ein Ticket gebucht ha-ben nicht zur Arena. Die Betreiber*innen überlegen deshalb 225 Karten zu verkaufen. Mit welcher Wahrscheinlichkeit hätten sie dann ein Problem (d.h. mehr als 220 Per-sonen mit gebuchtem Ticket erscheinen an einem Tag)?
Bestimme die gesuchte Wahrscheinlichkeit zunächst mit Hilfe einer binomialverteilten Zufallsvariable und dann mit Hilfe einer Normalapproximation (mit Stetigkeitskor-rektur)!

Aufgabe S-85   **Lösung auf Seite LS-97**

Eine Fernsehserie hatte im letzten Jahr eine mittlere Einschaltquote von 10%. Das Management des Senders stellt die Nullhypothese auf, dass die Beliebtheit des Sen-ders im letzten Quartal nicht zugenommen hat.
Dazu sollen 200 Personen mittels einer Telefonaktion befragt werden. Man möchte ei-ne Sicherheit des Ergebnisses von mindestens 95% erreichen. Wie muss der Annahme- und der Ablehnungsbereich gewählt werden?
Benutze die Näherung aus dem Satz von de Moivre-Laplace.

Aufgabe S-86   **Lösung auf Seite LS-99**

Nimm an, dass der IQ einer zufälligen Person als eine binomialverteilte Zufallsvariable mit Erwartungswert $\mu = 100$ und Standardabweichung $\sigma = 15$ beschrieben werden kann. Bestimme die Wahrscheinlichkeit, dass

a) der IQ einer zufälligen Person zwischen 85 und 110 liegt.

b) der IQ einer zufälligen Person größer als 100 ist.

c) der IQ einer zufälligen Person kleiner als 70 ist.

Benutze die Näherungsformel aus de Moivre-Laplace mit Stetigkeitskorrektur.

Aufgabe S-87   **Lösung auf Seite LS-99**

Es kommen 600 Zuschauer*innen zu einem Spiel von einem kleinen Handballverein. Erfahrungsgemäß kommt eine Person mit der Wahrscheinlichkeit von $p = \frac{5}{6}$ auch zum nächsten Spiel.

a) Wie viele Zuschauer*innen sind beim nächsten Spiel zu erwarten?

b) Berechne die Standardabweichung der Zufallsvariablen X, die die Anzahl der Personen beim nächsten Spiel beschreibt.

Der Vereinsvorstand möchte folgende Werte bestimmen:

c) Welchen Wertebereich symmetrisch um den Erwartungswert nimmt X mit etwa 90%-iger Wahrscheinlichkeit an?

d) Gib einen Wertebereich an, den X mit etwa 4,5%-iger Wahrscheinlichkeit annimmt.

Begründe bei den Berechnungen Deine getroffenen Annahmen.

Aufgabe S-88   **Lösung auf Seite LS-100**

In dieser Aufgabe wollen wir uns mit zwei binomialverteilten Zufallsvariablen X und Y beschäftigen. X hat die Parameter $n = 20$ und $p = 0,5$, Y die Parameter $n = 52$ und $p = 0,5$. In der Aufgabe bezeichnet μ_X bzw. μ_Y den Erwartungswert von X bzw. Y und σ_X bzw. σ_Y die jeweilige Standardabweichung.

a) Bestimme näherungsweise die Wahrscheinlichkeit $P(\mu_X - \sigma_X \leq X \leq \mu_X + \sigma_X)$ mit dem Tafelwerk.

b) Bestimme näherungsweise die Wahrscheinlichkeit $P(\mu_Y - \sigma_Y \leq Y \leq \mu_Y + \sigma_Y)$ mit dem Tafelwerk.

c) Vergleiche die Ergebnisse aus den Teilaufgaben a) und b) mit der entsprechenden Wahrscheinlichkeit aus der σ-Regel.

d) Gib ein um den Erwartungswert von Y symmetrisches Intervall I an, so dass näherungsweise $P(Y \in I) \approx 95,4\%$ gilt und begründe Deine Wahl!

Aufgabe S-89   **Lösung auf Seite LS-101**

Eine Fabrik liefert Skateboards aus. Erfahrungsgemäß sind 2% aller Skateboards fehlerhaft.

a) Wie viele fehlerhafte Skateboards sind bei einer Lieferung von 1000 Boards zu erwarten?

b) In welchem Intervall liegt die Anzahl der fehlerhaften Skateboards mit 99,7% Sicherheit, wenn 800 Skateboards geliefert werden?

c) Bestimme die Wahrscheinlichkeit dass bei einer Bestellung von 1000 Skateboards höchstens 10 Stück fehlerhaft sind. Begründe, dass die Annahme einer Normalverteilung gerechtfertigt ist und berechne die Wahrscheinlichkeit mit Hilfe der Normalverteilung näherungsweise.

Aufgabe S-90   **Lösung auf Seite LS-102**

Eine Mathelehrkraft prüft die Schnellrechenfähigkeit seiner Schülerinnen und Schüler indem sie ein langes Aufgabenblatt mit vielen (aber einfachen) Rechenaufgaben austeilt. Dabei wird die Zeit gemessen, die ein Schüler oder eine Schülerin zur Bearbeitung benötigt. Die Bearbeitungszeit X in Minuten kann als normalverteilt angenommen werden. Im Durchschnitt benötigen die Schülerinnen und Schüler 60 Minuten zur vollständigen Bearbeitung. Ein Zehntel aller Schülerinnen und Schüler benötigt mehr als 90 Minuten.

a) Berechne die Standardabweichung der Zufallsvariable X.

b) Die Lehrkraft möchte gerne die Noten 1, 2, 3 und 4 verteilen. Dies soll so geschehen, dass je ein Viertel aller Schülerinnen und Schüler die gleiche Note haben. Für welche Bearbeitungszeit gibt es welche Note?

Meilenstein 3

Die IQ-Verteilung

Ein wissenschaftlich fundierter Lösungsvorschlag zur Diagnostik der Intelligenz von Menschen ist die Bestimmung des sogenannten Intelligenzquotienten (kurz IQ). Alfred Binet führte diesen Begriff ein und entwickelte ein Verfahren, das dazu dienen sollte, die Intelligenz zu messen. Mit standardisierten Testverfahren können IQ-Werte einer ausreichend großen repräsentativen Stichprobe sehr gut durch eine Normalverteilung (mit Mittelwert 100 und Standardabweichung 15) angenähert werden. Die Standardabweichung von 15 bedeutet dabei, dass im Bereich von 85-100 bzw. 100-115 jeweils ca. 34% aller Menschen liegen. Im Bereich zwischen einer und zwei Standardabweichungen, also einem IQ-Wert von 70-85 bzw. 115-130, liegen jeweils ca. 14% und unterhalb von 70 bzw. oberhalb von 130 liegen nur ca. 2% aller Menschen. In Deutschland liegt der Schwellenwert für eine Hochbegabung bei einer Punktzahl von 130. Die Abbildung unten zeigt die entsprechende Normalverteilungskurve mit den oben beschriebenen Bereichen. Die Wahrscheinlichkeit, dass der IQ einer zufällig ausgewählten Person in einem anderen Bereich liegt, lässt sich ebenfalls mathematisch berechnen.

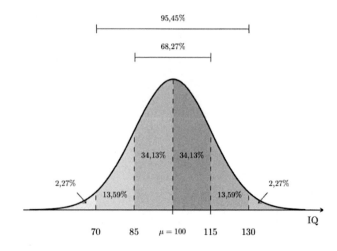

7 Kapitelübergreifende Aufgaben

Aufgabe S-91   Lösung auf Seite LS-103

Ein Glücksrad ist in zwei Sektoren eingeteilt. Die Sektoren sind mit den Zahlen 1 und 2 bezeichnet. Dabei umfasst der Sektor mit der Zahl 1 einen Winkel von 120 Grad.

a) Das Glücksrad wird dreimal gedreht. Wie groß ist die Wahrscheinlichkeit für folgende Ereignisse:

     A: „Die Zahl 1 tritt genau zweimal auf "

     B: „Es ergibt sich dreimal dieselbe Zahl "

     C: „Die Summe der Zahlen ist fünf "

b) Das Glücksrad wird so oft gedreht, bis die Summe der Zahlen mindestens vier beträgt. Wie oft muss man im Mittel drehen?

c) Wie oft muss das Glücksrad mindestens gedreht werden, damit mit mindestens 99%-iger Sicherheit mindestens einmal eine Eins erscheint.

d) Bei einem Glücksspiel wird das Glücksrad zweimal gedreht. Erscheint dabei zweimal die Zahl 1, so erhält man 2 Euro, erscheint zweimal die Zahl 2, so erhält man 1 Euro. Der Einsatz pro Spiel beträgt 1 Euro. Wie hoch ist der Erwartungswert für den Gewinn? Damit das Spiel fair ist, sollen die Sektoren neu eingeteilt werden. Mit welcher Wahrscheinlichkeit p muss dazu die Zahl 2 erscheinen?

Aufgabe S-92   Lösung auf Seite LS-107

a) Berechne die Wahrscheinlichkeit, dass man bei einer Lottoziehung mit einem Tipp 6 Richtige erzielt. Wie groß ist die Wahrscheinlichkeit, wenn man 20 Tipps in einer Runde abgibt?

b) Wie groß ist die Wahrscheinlichkeit, dass man mindestens fünf Richtige hat?

c) Wenn man ein Jahr lang jeden Tag einen Tipp abgibt, wie groß ist dann die Wahrscheinlichkeit, dass man mindestens einmal einen Vierer hat?

d) Pro Runde werden 20 Tipps abgegeben. Wie viele Runden muss man mindestens spielen, um mit mindestens 80%-iger Wahrscheinlichkeit mindestens einmal 6 Richtige zu erzielen?

Aufgabe S-93   Lösung auf Seite LS-110

Ein Professor erstellt eine Statistik zu seiner Grundlagenvorlesung. Insgesamt nehmen 350 Studierende an seiner Vorlesung teil. Jedoch besuchen nur 210 davon auch regelmäßig die angebotenen Tutorien. Von den Studierende, die die Tutorien nicht besuchen, bestand lediglich ein Viertel die Klausur. Lediglich 30 Studierende besuchten ein Tutorium und bestanden die Klausur nicht.

a) Mit welcher Wahrscheinlichkeit bestand eine zufällig ausgewählte Person die Klausur? Runde dabei auf eine Nachkommastelle.

b) Untersuche, ob der Besuch der Tutorien und das Bestehen der Klausur stochastisch unabhängige Ereignisse sind.

Üblicherweise bestehen 70% der Studierende die Klausur. Ob eine Person besteht oder nicht, soll als Bernoulli-Kette genähert werden.

c) Lag das Ergebnis der diesjährigen Klausur innerhalb einer Standardabweichung um das erwartete Ergebnis?

Da es unter den Studierenden zu Beschwerden kam und sie die Ergebnisse der Umfrage des Professors anzweifeln, führt das Studierendenwerk eine eigene Umfrage durch. Dazu befragen sie 100 Studierende.

d) Nimm an, dass die Ergebnisse des Professors zutreffend sind. Mit welcher Wahrscheinlichkeit ergibt die Umfrage, dass

i) mehr als 30 aber weniger als 70 der Befragten die Klausur bestanden haben?

ii) mehr als die Hälfte der Befragten die Klausur bestanden haben?

Benutze dazu das Ergebnis aus Teilaufgabe a).

Die Umfrage ergibt, dass 47 der Befragten die Klausur bestanden haben.

e) Kann man sich mit einer Irrtumswahrscheinlichkeit von weniger als 5% sicher sein, dass höchstens die Hälfte der Studierenden die Klausur bestanden haben?

f) Mit welcher Wahrscheinlichkeit begeht man einen Fehler zweiter Art, wenn die Resultate des Professors zutreffend waren? Beziehe dich dabei auf Ergebnisse aus den Teilaufgaben a) und e).

Zur angesetzten Nachhohlklausur treten 90 Studierende an. Die Klausur wird in zwei Räumen geschrieben. Der eine hat 40, der andere 50 Plätze.

g) Wie viele Möglichkeiten gibt es die Studierenden den zwei Räumen zuzuordnen?

Für den mündlichen Teil der Prüfung sollen die Studierenden in Fünfergruppen eingeteilt werden.

h) Wie viele Möglichkeiten gibt es hierbei, wenn man nur die Studierenden im kleineren der beiden Räume betrachtet?

Aufgabe S-94   **Lösung auf Seite LS-114**

In einer Fabrik werden Computerteile gefertigt. Bei der Fertigung gibt es zwei Arbeitsschritte, bei denen Mängel am Produkt entstehen können. Dies kann in folgendem Baumdiagramm dargestellt werden. Hierbei definieren wir die zwei folgenden Ereignisse:

$M1$: „Im ersten Arbeitsschritt tritt ein Mangel auf."

$M2$: „Im zweiten Arbeitsschritt tritt ein Mangel auf."

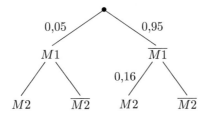

a) Vervollständige das Baumdiagramm, wenn angenommen werden kann, dass die Ereignisse $M1$ und $M2$ stochastisch unabhängig sind.

b) Mit welcher Wahrscheinlichkeit ist ein zufällig ausgewähltes Teil fehlerhaft? Runde auf zwei Nachkommastellen.

Eine bessere Fertigungsanlage senkt die Fehlerwahrscheinlichkeit im zweiten Arbeitsschritt auf 5% und hat eine erwartete Lebensdauer von einer Million Teilen. Sie kostet allerdings 800.000 €.

c) Ist die Investition in eine neue Fertigungsanlage statistisch sinnvoll, wenn jedes fehlerfrei gefertigte Teil für sieben Euro verkauft wird?

d) Warum könnte es trotzdem sinnvoll sein die neue Maschine zu kaufen?

Der Vorstand beschließt trotzdem die Investition zu tätigen. Zur Finanzierung sollen die Gehälter unproduktiver Mitarbeiter*innen gekürzt werden. Dazu werden die

Fehltage aller Mitarbeiter*innen in den letzten 100 Tagen betrachtet. Hat ein Mitarbeiter oder eine Mitarbeiterin mehr als 10% Fehltage, dann wird das Gehalt um 15% gekürzt. Die Entscheidung soll mit Hilfe eines Signifikanztests getroffen werden. Dabei soll möglichst vermieden werden, das Gehalt des Mitarbeiters oder der Mitarbeiterin zu Unrecht zu kürzen.

e) Gib eine passende Nullhypothese an und ermittle die entsprechende Entscheidungsregel für ein Signifikanzniveau von 10%. Nimm an, dass es sich bei den Fehltagen um eine binomialverteilte Zufallsgröße handelt.

f) Warum ist es möglicherweise falsch, die Fehltage als binomialverteilt anzunehmen?

Nach der Anschaffung der neuen Maschine soll getestet werden, ob diese hält, was sie verspricht. Dazu werden 50 der neu gefertigten Teile untersucht. Nimm an, dass die Maschine tatsächlich die angegebenen Spezifikationen erfüllt. Mit welcher Wahrscheinlichkeit sind...

g)   i) genau fünf Teile fehlerhaft?

    ii) weniger als fünf Teile fehlerhaft?

h) Wie viele Teile müssen mindestens untersucht werden, damit sich mit einer Wahrscheinlichkeit von mindestens 99% mindestens ein Fehlerhaftes darunter befindet?

8 Tafelwerk und Tabellen

Tabelle 1: Binomialverteilung

$$B(n;p;k) = \binom{n}{k} p^k (1-p)^{n-k}$$

n	k	0,02	0,03	0,04	0,05	0,1	1/6	0,2	0,25	0,3	1/3	0,4	0,5	k
2	0	0,9604	9409	9216	9025	8100	6944	6400	5625	4900	4444	3600	2500	2
	1	0392	0582	0768	0950	1800	2778	3200	3750	4200	4444	4800	5000	1
	2	0004	0009	0016	0025	0100	0278	0400	0625	0900	1111	1600	2500	0
3	0	0,9412	9127	8847	8574	7290	5787	5120	4219	3430	2963	2160	1250	3
	1	0576	0847	1106	1354	2430	3472	3840	4219	4410	4444	4320	3750	2
	2	0012	0026	0046	0071	0270	0694	0960	1406	1890	2222	2880	3750	1
	3			0001	0001	0010	0046	0080	0156	0270	0370	0640	1250	0
4	0	0,9224	8853	8494	8145	6561	4823	4096	3164	2401	1975	1296	0625	4
	1	0753	1095	1416	1715	2916	3858	4096	4219	4116	3951	3456	2500	3
	2	0023	0051	0089	0135	0486	1157	1536	2109	2646	2963	3456	3750	2
	3		0001	0003	0005	0036	0154	0256	0469	0756	0988	1536	2500	1
	4					0001	0008	0016	0039	0081	0124	0256	0625	0
5	0	0,9039	8587	8154	7738	5905	4019	3277	2373	1681	1317	0778	0313	5
	1	0922	1328	1699	2036	3281	4019	4096	3955	3602	3292	2592	1563	4
	2	0038	0082	0142	0214	0729	1608	2048	2637	3087	3292	3456	3125	3
	3	0001	0003	0006	0011	0081	0322	0512	0879	1323	1646	2304	3125	2
	4					0005	0032	0064	0147	0284	0412	0768	1563	1
	5						0001	0003	0010	0024	0041	0102	0313	0
6	0	0,8858	8330	7828	7351	5314	3349	2621	1780	1177	0878	0467	0156	6
	1	1085	1546	1957	2321	3543	4019	3932	3560	3025	2634	1866	0938	5
	2	0055	0120	0204	0305	0984	2009	2458	2966	3241	3292	3110	2344	4
	3	0002	0005	0011	0021	0146	0536	0819	1318	1852	2195	2765	3125	3
	4				0001	0012	0080	0154	0330	0595	0823	1382	2344	2
	5					0001	0006	0015	0044	0102	0165	0369	0938	1
	6							0001	0002	0007	0014	0041	0156	0
7	0	0,8681	8080	7515	6983	4783	2791	2097	1335	0824	0585	0280	0078	7
	1	1240	1749	2192	2573	3720	3907	3670	3115	2471	2049	1306	0547	6
	2	0076	0162	0274	0406	1240	2344	2753	3115	3177	3073	2613	1641	5
	3	0003	0008	0019	0036	0230	0781	1147	1730	2269	2561	2903	2734	4
	4			0001	0002	0026	0156	0287	0577	0972	1280	1935	2734	3
	5					0002	0019	0043	0115	0250	0384	0774	1641	2
	6						0001	0004	0013	0036	0064	0172	0547	1
	7							0001	0002	0005	0016	0078		0
8	0	0,8508	7837	7214	6634	4305	2326	1678	1001	0577	0390	0168	0039	8
	1	1389	1939	2405	2793	3826	3721	3355	2670	1977	1561	0896	0313	7
	2	0099	0210	0351	0515	1488	2605	2936	3115	2965	2731	2090	1094	6
	3	0004	0013	0029	0054	0331	1042	1468	2076	2541	2731	2787	2188	5
	4		0001	0002	0004	0046	0261	0459	0865	1361	1707	2322	2734	4
	5					0004	0042	0092	0231	0467	0683	1239	2188	3
	6						0004	0012	0038	0100	0171	0413	1094	2
	7							0001	0004	0012	0024	0079	0313	1
	8								0001	0002	0007	0039		0
9	0	0,8338	7602	6925	6303	3874	1938	1342	0751	0404	0260	0101	0020	9
	1	1531	2116	2597	2985	3874	3489	3020	2253	1557	1171	0605	0176	8
	2	0125	0262	0433	0629	1722	2791	3020	3003	2668	2341	1612	0703	7
	3	0006	0019	0042	0077	0446	1302	1762	2336	2668	2731	2508	1641	6
	4		0001	0003	0006	0074	0391	0661	1168	1715	2049	2508	2461	5
	5					0008	0078	0165	0389	0735	1024	1672	2461	4
	6					0001	0010	0028	0087	0210	0341	0743	1641	3
	7						0001	0003	0012	0039	0073	0212	0703	2
	8								0001	0004	0009	0035	0176	1
	9										0001	0003	0020	0
		0,98	0,97	0,96	0,95	0,9	5/6	0,8	0,75	0,7	2/3	0,6	0,5	k

Tabelle 2: Binomialverteilung

$$B(n;p;k) = \binom{n}{k} p^k (1-p)^{n-k}$$

p	0,02	0,03	0,04	0,05	0,1	1/6	0,2	0,25	0,3	1/3	0,4	0,5	
n **k**													
10 0	0,8171	7374	6648	5987	3487	1615	1074	0563	0283	0173	0061	0010	10
1	1668	2281	2770	3151	3874	3230	2684	1877	1211	0867	0403	0098	9
2	0153	0317	0519	0746	1937	2907	3020	2816	2335	1951	1209	0439	8
3	0008	0026	0058	0105	0574	1550	2013	2503	2668	2601	2150	1172	7
4		0001	0004	0010	0112	0543	0881	1460	2001	2276	2508	2051	6
5				0001	0015	0130	0264	0584	1029	1366	2007	2461	5
6					0001	0022	0055	0162	0368	0569	1115	2051	4
7						0003	0008	0031	0090	0163	0425	1172	3
8							0001	0004	0015	0031	0106	0439	2
9									0001	0003	0016	0098	1
10											0001	0010	0
15 0	0,7386	6333	5421	4633	2059	0649	0352	0134	0048	0023	0005		15
1	2261	2938	3388	3658	3432	1947	1319	0668	0305	0171	0047	0005	14
2	0323	0636	0988	1348	2669	2726	2309	1559	0916	0600	0219	0032	13
3	0029	0085	0178	0307	1285	2363	2501	2252	1700	1299	0634	0139	12
4	0002	0008	0022	0049	0428	1418	1876	2252	2186	1948	1268	0417	11
5		0001	0002	0006	0105	0624	1032	1652	2061	2143	1859	0916	10
6				0001	0019	0208	0430	0918	1472	1786	2066	1527	9
7					0003	0054	0138	0393	0811	1148	1771	1964	8
8						0011	0035	0131	0348	0574	1181	1964	7
9						0002	0007	0034	0116	0223	0612	1527	6
10							0001	0007	0030	0067	0245	0916	5
11								0001	0006	0015	0074	0417	4
12									0001	0003	0017	0139	3
13										0003	0032		2
14											0005		1
15													0
20 0	0,6676	5438	4420	3585	1216	0261	0115	0032	0008	0003			20
1	2725	3364	3683	3774	2702	1043	0577	0211	0068	0030	0005		19
2	0528	0988	1458	1887	2852	1982	1369	0670	0279	0143	0031	0002	18
3	0065	0183	0365	0596	1901	2379	2054	1339	0716	0429	0124	0011	17
4	0006	0024	0065	0133	0898	2022	2182	1897	1304	0911	0350	0046	16
5		0002	0009	0023	0319	1294	1746	2023	1789	1457	0747	0148	15
6			0001	0003	0089	0647	1091	1686	1916	1821	1244	0370	14
7					0020	0259	0546	1124	1643	1821	1659	0739	13
8					0004	0084	0222	0609	1144	1480	1797	1201	12
9					0001	0022	0074	0271	0654	0987	1597	1602	11
10						0005	0020	0099	0308	0543	1171	1762	10
11						0001	0005	0030	0120	0247	0710	1602	9
12							0001	0008	0039	0093	0355	1201	8
13								0002	0010	0029	0146	0739	7
14									0002	0007	0049	0370	6
15										0001	0013	0148	5
16											0003	0046	4
17												0011	3
18												0002	2
19													1
20													0
	0,98	0,97	0,96	0,95	0,9	5/6	0,8	0,75	0,7	2/3	0,6	0,5	k

Tabelle 3: Kumulierte Binomialverteilung $\quad F(n;p;k) = B(n;p;0) + \cdots + B(n;p;k)$

p	0,02	0,03	0,04	0,05	0,1	1/6	0,2	0,25	0,3	1/3	0,4	0,5	
n **k**													
2 0	0,9604	9409	9216	9025	8100	6944	6400	5625	4900	4444	3600	2500	1
1	9996	9991	9984	9975	9900	9722	9600	9375	9100	8889	8400	7500	0
0	0,9412	9127	8847	8574	7290	5787	5120	4219	3430	2963	2160	1250	2
3 1	9988	9974	9953	9928	9720	9259	8960	8438	7840	7407	6480	5000	1
2		9999	9999	9999	9990	9954	9920	9844	9730	9630	9360	8750	0
0	0,9224	8853	8494	8145	6561	4823	4096	3164	2401	1975	1296	0625	3
4 1	9977	9948	9909	9860	9477	8681	8192	7383	6517	5926	4752	3125	2
2		9999	9998	9995	9963	9838	9728	9492	9163	8889	8208	6875	1
3					9999	9992	9984	9961	9919	9877	9744	9375	0
0	0,9039	8587	8154	7738	5905	4019	3277	2373	1681	1317	0778	0313	4
1	9962	9915	9852	9774	9185	8038	7373	6328	5282	4609	3370	1875	3
5 2	9999	9997	9994	9988	9914	9645	9421	8965	8369	7901	6826	5000	2
3					9995	9967	9933	9844	9692	9547	9130	8125	1
4					9999	9997	9990	9976	9959	9898	9688	9688	0
0	0,8858	8330	7828	7351	5314	3349	2621	1780	1177	0878	0467	0156	5
1	9943	9875	9785	9672	8857	7368	6554	5339	4202	3512	2333	1094	4
6 2	9999	9995	9988	9978	9842	9377	9011	8306	7443	6804	5443	3438	3
3				9999	9987	9913	9830	9624	9295	8999	8208	6563	2
4					9999	9993	9984	9954	9891	9822	9590	8906	1
5					—	9999	9998	9993	9986	9959	9959	9844	0
0	0,8681	8080	7515	6983	4783	2791	2097	1335	0824	0585	0280	0078	6
1	9921	9829	9706	9556	8503	6698	5767	4450	3294	2634	1586	0625	5
2	9997	9991	9980	9962	9743	9042	8520	7564	6471	5706	4199	2266	4
7 3			9999	9998	9973	9824	9667	9294	8740	8267	7102	5000	3
4					9998	9980	9953	9871	9712	9547	9037	7734	2
5						9999	9996	9987	9962	9931	9812	9375	1
6							9999	9998	9995	9984	9984	9922	0
0	0,8508	7837	7214	6634	4305	2326	1678	1001	0577	0390	0168	0039	7
1	9897	9777	9619	9428	8131	6047	5033	3671	2553	1951	1064	0352	6
2	9996	9987	9969	9942	9619	8652	7969	6785	5518	4682	3154	1445	5
8 3			9998	9996	9950	9693	9437	8862	8059	7414	5941	3633	4
4					9996	9954	9896	9727	9420	9121	8263	6367	3
5						9996	9988	9958	9887	9803	9502	8555	2
6							9999	9996	9987	9974	9915	9648	1
7								9999	9999	9994	9994	9961	0
0	0,8338	7602	6925	6303	3874	1938	1342	0751	0404	0260	0101	0020	8
1	9869	9718	9522	9288	7748	5427	4362	3003	1960	1431	0705	0195	7
2	9994	9980	9955	9916	9470	8217	7382	6007	4628	3772	2318	0898	6
3			9999	9997	9994	9917	9520	9144	8343	7297	6503	4826	2539	5
9 4					9991	9911	9804	9511	9012	8552	7334	5000	4
5					9999	9989	9969	9900	9747	9576	9007	7461	3
6						9999	9997	9987	9957	9917	9750	9102	2
7							9999	9996	9990	9962	9805	1
8										9997	9981	0
	0,98	0,97	0,96	0,95	0,9	5/6	0,8	0,75	0,7	2/3	0,6	0,5	**k**

Beachte! Wenn Werte im blau unterlegten Eingang abgelesen werden (d.h. $p > 0.5$), dann muss die Differenz $1 - $ „abgelesener Wert" berechnet werden.

Beispiel: $F(8; 0,6; 3) = 1 - 0,8263 = 0,1737$

Tabelle 4: Kumulierte Binomialverteilung

$$F(n;p;k) = B(n;p;0) + \cdots + B(n;p;k)$$

p	0,02	0,03	0,04	0,05	0,1	1/6	0,2	0,25	0,3	1/3	0,4	0,5	
n / **k**													
10 0	0,8171	7374	6648	5987	3487	1615	1074	0563	0283	0173	0061	0010	9
1	9838	9655	9419	9139	7361	4845	3758	2440	1493	1041	0464	0107	8
2	9991	9972	9938	9885	9298	7752	6778	5256	3828	2991	1673	0547	7
3		9999	9996	9990	9872	9303	8791	7759	6496	5593	3823	1719	6
4				9999	9984	9845	9672	9219	8497	7869	6331	3770	5
5					9999	9976	9936	9803	9527	9234	8338	6231	4
6							9997	9991	9965	9894	9803	9452	8281	3
7							9999	9996	9984	9966	9877	9453	2
8									9999	9996	9983	9893	1
9											9999	9990	0
11 0	0,8007	7153	6382	5688	3138	1346	0859	0422	0198	0116	0036	0005	10
1	9805	9587	9308	8981	6974	4307	3221	1971	1130	0752	0302	0059	9
2	9988	9963	9917	9848	9104	7268	6174	4552	3127	2341	1189	0327	8
3		9998	9993	9985	9815	9044	8389	7133	5696	4726	2963	1133	7
4				9999	9973	9755	9496	8854	7897	7110	5328	2744	6
5					9997	9954	9884	9657	9218	8779	7535	5000	5
6						9994	9980	9924	9784	9614	9007	7256	4
7						9999	9998	9988	9957	9912	9707	8867	3
8								9999	9994	9986	9941	9673	2
9										9999	9993	9941	1
10												9995	0
12 0	0,7847	6938	6127	5404	2824	1122	0687	0317	0138	0077	0022	0002	11
1	9769	9514	9191	8816	6590	3813	2749	1584	0850	0540	0196	0032	10
2	9985	9952	9893	9804	8891	6774	5584	3907	2528	1811	0834	0193	9
3	9999	9997	9990	9978	9744	8748	7946	6488	4925	3931	2253	0730	8
4			9999	9998	9957	9637	9274	8424	7237	6315	4382	1939	7
5					9995	9921	9806	9456	8822	8223	6652	3872	6
6						9987	9961	9858	9614	9336	8418	6128	5
7						9998	9994	9972	9905	9812	9427	8062	4
8							9999	9996	9983	9961	9847	9270	3
9									9998	9995	9972	9807	2
10											9997	9968	1
11												9998	0
13 0	0,7690	6730	5882	5133	2542	0935	0550	0238	0097	0051	0013	0001	12
1	9731	9436	9068	8646	6213	3365	2337	1267	0637	0385	0126	0017	11
2	9980	9938	9865	9755	8661	6281	5017	3326	2025	1387	0579	0112	10
3	9999	9995	9986	9969	9658	8419	7473	5843	4206	3224	1686	0461	9
4			9999	9997	9935	9489	9009	7940	6543	5520	3530	1334	8
5					9991	9873	9700	9198	8346	7587	5744	2905	7
6					9999	9976	9930	9757	9376	8965	7712	5000	6
7						9997	9988	9944	9818	9653	9023	7095	5
8							9998	9990	9960	9912	9679	8666	4
9								9999	9994	9984	9922	9539	3
10									9999	9998	9987	9888	2
11											9999	9983	1
12												9999	0
	0,98	0,97	0,96	0,95	0,9	5/6	0,8	0,75	0,7	2/3	0,6	0,5	k

Tabelle 5: Kumulierte Binomialverteilung $\qquad F(n;p;k) = B(n;p;0) + \cdots + B(n;p;k)$

p	0,02	0,03	0,04	0,05	0,1	1/6	0,2	0,25	0,3	1/3	0,4	0,5	
n / k													
14 — 0	0,7536	6528	5647	4877	2288	0779	0440	0178	0068	0034	0008	0001	13
1	9690	9355	8941	8470	5846	2960	1979	1010	0475	0274	0081	0009	12
2	9975	9923	9833	9700	8416	5795	4481	2811	1608	1053	0398	0065	11
3	9999	9994	9981	9958	9559	8063	6982	5213	3552	2612	1243	0287	10
4			9999	9996	9908	9310	8702	7415	5842	4755	2793	0898	9
5					9985	9809	9562	8883	7805	6898	4859	2120	8
6					9998	9959	9884	9617	9067	8505	6925	3953	7
7						9993	9976	9897	9685	9424	8499	6047	6
8						9999	9996	9979	9917	9826	9417	7880	5
9								9997	9983	9960	9825	9102	4
10								9998	9993	9961	9713		3
11									9999	9994	9935		2
12										9999	9991		1
13											9999		0
15 — 0	0,7386	6333	5421	4633	2059	0649	0352	0134	0048	0023	0005		14
1	9647	9270	8809	8291	5490	2596	1671	0802	0353	0194	0052	0005	13
2	9970	9906	9797	9638	8159	5322	3980	2361	1268	0794	0271	0037	12
3	9998	9992	9976	9945	9444	7685	6482	4613	2969	2092	0905	0176	11
4		9999	9998	9994	9873	9102	8358	6865	5155	4041	2173	0592	10
5					9978	9726	9390	8516	7216	6184	4032	1509	9
6					9997	9934	9819	9434	8689	7970	6098	3036	8
7						9987	9958	9827	9500	9118	7869	5000	7
8						9998	9992	9958	9848	9692	9050	6964	6
9							9999	9992	9964	9915	9662	8491	5
10								9999	9993	9982	9907	9408	4
11									9999	9997	9981	9824	3
12											9997	9963	2
13												9995	1
14													0
16 — 0	0,7238	6143	5204	4401	1853	0541	0282	0100	0033	0015	0003		15
1	9601	9182	8673	8108	5147	2272	1407	0635	0261	0137	0033	0003	14
2	9963	9887	9758	9571	7893	4868	3518	1971	0994	0594	0183	0021	13
3	9998	9989	9968	9930	9316	7291	5981	4050	2459	1660	0652	0106	12
4		9999	9997	9991	9830	8866	7983	6302	4499	3391	1666	0384	11
5				9999	9967	9622	9183	8104	6598	5469	3288	1051	10
6					9995	9899	9733	9204	8247	7374	5272	2273	9
7					9999	9979	9930	9729	9257	8735	7161	4018	8
8						9996	9985	9925	9743	9500	8577	5982	7
9							9998	9984	9929	9841	9417	7728	6
10								9997	9984	9960	9809	8949	5
11									9997	9992	9951	9616	4
12										9999	9991	9894	3
13											9999	9979	2
14												9997	1
15													0
	0,98	0,97	0,96	0,95	0,9	5/6	0,8	0,75	0,7	2/3	0,6	0,5	**k**

Tabelle 6: Kumulierte Binomialverteilung $\quad F(n;p;k) = B(n;p;0) + \cdots + B(n;p;k)$

p	0,02	0,03	0,04	0,05	0,1	1/6	0,2	0,25	0,3	1/3	0,4	0,5	
n **k**													**k**
17 0	0,7093	5958	4996	4181	1668	0451	0225	0075	0023	0010	0002		16
1	9554	9091	8535	7922	4818	1983	1182	0501	0193	0096	0021	0001	15
2	9956	9866	9714	9498	7618	4435	3096	1637	0774	0442	0123	0012	14
3	9997	9986	9960	9912	9174	6887	5489	3530	2019	1304	0464	0064	13
4		9999	9996	9988	9779	8604	7582	5739	3887	2814	1260	0245	12
5				9999	9953	9496	8943	7653	5968	4777	2639	0717	11
6					9992	9853	9623	8929	7752	6739	4478	1662	10
7					9999	9965	9891	9598	8954	8281	6405	3145	9
8						9993	9974	9876	9597	9245	8011	5000	8
9						9999	9995	9969	9873	9727	9081	6855	7
10							9999	9994	9968	9920	9652	8339	6
11								9999	9993	9981	9894	9283	5
12									9999	9997	9975	9755	4
13											9996	9936	3
14											9999	9988	2
15												9999	1
16													0
18 0	0,6951	5780	4796	3972	1501	0376	0180	0056	0016	0007	0001		17
1	9505	8997	8393	7735	4503	1728	0991	0395	0142	0068	0013	0001	16
2	9948	9843	9667	9419	7338	4027	2713	1353	0600	0327	0082	0007	15
3	9996	9982	9950	9891	9018	6479	5010	3057	1646	1017	0328	0038	14
4		9999	9994	9985	9718	8318	7164	5187	3327	2311	0942	0154	13
5				9998	9936	9347	8671	7175	5344	4122	2088	0481	12
6					9988	9794	9487	8610	7217	6085	3743	1189	11
7					9998	9947	9837	9431	8593	7767	5634	2403	10
8						9989	9958	9807	9404	8924	7368	4073	9
9						9998	9991	9946	9790	9567	8653	5927	8
10							9998	9988	9939	9856	9424	7597	7
11								9998	9986	9961	9797	8811	6
12									9997	9992	9943	9519	5
13										9999	9987	9846	4
14											9998	9962	3
15												9993	2
16												9999	1
19 0	0,6812	5606	4604	3774	1351	0313	0144	0042	0011	0005	0001		18
1	9454	8900	8249	7547	4203	1502	0829	0310	0104	0047	0008		17
2	9939	9817	9616	9335	7055	3643	2369	1114	0462	0240	0055	0004	16
3	9995	9978	9939	9868	8850	6070	4551	2631	1332	0787	0230	0022	15
4		9998	9993	9980	9648	8011	6733	4654	2822	1879	0696	0096	14
5			9999	9998	9914	9176	8369	6678	4739	3519	1629	0318	13
6					9983	9719	9324	8251	6655	5431	3081	0835	12
7					9997	9921	9767	9225	8180	7207	4878	1796	11
8						9982	9933	9713	9161	8538	6675	3238	10
9						9997	9984	9911	9675	9352	8139	5000	9
10						9999	9997	9977	9895	9759	9115	6762	8
11								9995	9972	9926	9648	8204	7
12								9999	9994	9981	9884	9165	6
13									9999	9996	9969	9682	5
14										9999	9994	9904	4
15											9999	9978	3
16												9996	2
17													1
	0,98	0,97	0,96	0,95	0,9	5/6	0,8	0,75	0,7	2/3	0,6	0,5	**k**

Tabelle 7: Kumulierte Binomialverteilung $\quad F(n;p;k) = B(n;p;0) + \cdots + B(n;p;k)$

n	k	0,02	0,03	0,04	0,05	0,1	1/6	0,2	0,25	0,3	1/3	0,4	0,5	
20	0	0,6676	5438	4420	3585	1216	0261	0115	0032	0008	0003			19
	1	9401	8802	8103	7358	3918	1304	0692	0243	0076	0033	0005		18
	2	9929	9790	9561	9245	6769	3287	2061	0913	0355	0176	0036	0002	17
	3	9994	9973	9926	9841	8671	5666	4115	2252	1071	0605	0160	0013	16
	4		9997	9990	9974	9568	7688	6297	4148	2375	1515	0510	0059	15
	5			9999	9997	9888	8982	8042	6172	4164	2972	1256	0207	14
	6					9976	9629	9133	7858	6080	4793	2500	0577	13
	7					9996	9888	9679	8982	7723	6615	4159	1316	12
	8					9999	9972	9900	9591	8867	8095	5956	2517	11
	9						9994	9974	9861	9520	9081	7553	4119	10
	10						9999	9994	9961	9829	9624	8725	5881	9
	11							9999	9991	9949	9870	9435	7483	8
	12								9998	9987	9963	9790	8684	7
	13									9997	9991	9935	9423	6
	14										9998	9984	9793	5
	15											9997	9941	4
	16												9987	3
	17												9998	2
50	0	0,3642	2181	1299	0769	0052	0001							49
	1	7358	5553	4005	2794	0338	0012	0002						48
	2	9216	8108	6767	5405	1117	0066	0013	0001					47
	3	9822	9372	8609	7604	2503	0238	0057	0005					46
	4	9968	9832	9510	8964	4312	0643	0185	0021	0002				45
	5	9995	9963	9856	9622	6161	1388	0480	0071	0007	0001			44
	6	9999	9993	9964	9882	7702	2506	1034	0194	0025	0005			43
	7		9999	9992	9968	8779	3911	1904	0453	0073	0017	0001		42
	8			9999	9992	9421	5421	3073	0916	0183	0050	0002		41
	9				9998	9755	6830	4437	1637	0402	0127	0008		40
	10					9906	7986	5836	2622	0789	0284	0022		39
	11					9968	8827	7107	3816	1390	0571	0057	0001	38
	12					9990	9373	8139	5110	2229	1035	0133	0002	37
	13					9997	9693	8894	6370	3279	1715	0280	0005	36
	14					9999	9862	9393	7481	4468	2612	0540	0013	35
	15						9943	9692	8369	5692	3690	0955	0033	34
	16						9978	9856	9017	6839	4868	1561	0077	33
	17						9992	9937	9449	7822	6046	2369	0164	32
	18						9998	9975	9713	8594	7126	3356	0325	31
	19						9999	9991	9861	9152	8036	4465	0595	30
	20							9997	9937	9522	8741	5610	1013	29
	21							9999	9974	9749	9244	6701	1611	28
	22								9990	9877	9576	7660	2399	27
	23								9996	9944	9778	8438	3359	26
	24								9999	9976	9892	9022	4439	25
	25									9991	9951	9427	5561	24
	26									9997	9979	9686	6641	23
	27									9999	9992	9840	7601	22
	28										9997	9924	8389	21
	29										9999	9966	8987	20
	30											9986	9405	19
	31											9995	9676	18
	32											9998	9836	17
	33											9999	9923	16
	34												9967	15
	35												9987	14
	36												9995	13
	37												9999	12
		0,98	0,97	0,96	0,95	0,9	5/6	0,8	0,75	0,7	2/3	0,6	0,5	k

Tabelle 8: Kumulierte Binomialverteilung $F(n;p;k) = B(n;p;0) + \cdots + B(n;p;k)$

p		0,02	0,03	0,04	0,05	0,1	1/6	0,2	0,25	0,3	1/3	0,4	0,5	
n	k													
	0	0,1326	0476	0169	0059									99
	1	4033	1946	0872	0371	0003								98
	2	6767	4198	2321	1183	0019								97
	3	8590	6473	4295	2578	0078								96
	4	9492	8179	6289	4360	0237	0001							95
	5	9845	9192	7884	6160	0576	0004							94
	6	9959	9688	8936	7660	1172	0013	0001						93
	7	9991	9894	9525	8720	2061	0038	0003						92
	8	9998	9968	9810	9369	3209	0095	0009						91
	9		9991	9932	9718	4513	0213	0023						90
	10		9998	9978	9885	5832	0427	0057	0001					89
	11			9993	9957	7030	0777	0126	0004					88
	12			9998	9985	8018	1297	0253	0010					87
	13				9995	8761	2000	0469	0025	0001				86
	14				9999	9274	2874	0804	0054	0002				85
	15					9601	3877	1285	0111	0004				84
	16					9794	4942	1923	0211	0010	0001			83
	17					9900	5994	2712	0376	0022	0002			82
	18					9954	6965	3621	0630	0045	0005			81
	19					9980	7803	4602	0995	0089	0011			80
	20					9992	8481	5595	1488	0165	0024			79
	21					9997	8998	6540	2114	0288	0048			78
	22					9999	9370	7389	2864	0479	0091	0001		77
	23						9621	8109	3711	0755	0164	0003		76
	24						9783	8687	4617	1136	0281	0006		75
	25						9881	9125	5535	1631	0458	0012		74
	26						9938	9442	6417	2244	0715	0024		73
	27						9969	9659	7224	2964	1066	0046		72
	28						9985	9800	7925	3768	1524	0084		71
	29						9993	9888	8505	4623	2093	0148		70
	30						9997	9939	8962	5491	2766	0248		69
	31						9999	9969	9307	6331	3525	0399	0001	68
	32							9985	9554	7107	4344	0615	0002	67
	33							9993	9724	7793	5188	0913	0004	66
100	34							9997	9836	8371	6019	1303	0009	65
	35							9999	9906	8839	6803	1795	0018	64
	36							9999	9948	9201	7511	2386	0033	63
	37								9973	9470	8123	3068	0060	62
	38								9986	9660	8631	3822	0105	61
	39								9993	9790	9034	4621	0176	60
	40								9997	9875	9341	5433	0284	59
	41								9999	9928	9566	6225	0443	58
	42								9999	9960	9724	6967	0666	57
	43									9979	9831	7635	0967	56
	44									9989	9900	8211	1356	55
	45									9995	9943	8689	1841	54
	46									9997	9969	9070	2421	53
	47									9999	9983	9362	3087	52
	48										9992	9577	3822	51
	49										9996	9729	4602	50
	50										9998	9832	5398	49
	51										9999	9900	6178	48
	52											9942	6914	47
	53											9968	7579	46
	54											9983	8159	45
	55											9991	8644	44
	56											9996	9033	43
	57											9998	9334	42
	58											9999	9557	41
	59												9716	40
	60												9824	39
	61												9895	38
	62												9940	37
	63												9967	36
	64												9982	35
	65												9991	34
	66												9996	33
	67												9998	32
	68												9999	31
		0,98	0,97	0,96	0,95	0,9	5/6	0,8	0,75	0,7	2/3	0,6	0,5	k

Tabelle 9: Normalverteilung $\Phi(x) = \dfrac{1}{\sqrt{2\pi}} \displaystyle\int_{-\infty}^{x} e^{-t^2/2}\, dt$

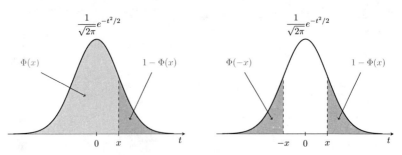

x	0	1	2	3	4	5	6	7	8	9
0,0	0,5000	0,5040	0,5080	0,5120	0,5160	0,5199	0,5239	0,5279	0,5319	0,5359
0,1	0,5398	0,5438	0,5478	0,5517	0,5557	0,5596	0,5636	0,5675	0,5714	0,5753
0,2	0,5793	0,5832	0,5871	0,5910	0,5948	0,5987	0,6026	0,6064	0,6103	0,6141
0,3	0,6179	0,6217	0,6255	0,6293	0,6331	0,6368	0,6406	0,6443	0,6480	0,6517
0,4	0,6554	0,6591	0,6628	0,6664	0,6700	0,6736	0,6772	0,6808	0,6844	0,6879
0,5	0,6915	0,6950	0,6985	0,7019	0,7054	0,7088	0,7123	0,7157	0,7190	0,7224
0,6	0,7257	0,7291	0,7324	0,7357	0,7389	0,7422	0,7454	0,7486	0,7517	0,7549
0,7	0,7580	0,7611	0,7642	0,7673	0,7704	0,7734	0,7764	0,7794	0,7823	0,7852
0,8	0,7881	0,7910	0,7939	0,7967	0,7995	0,8023	0,8051	0,8078	0,8106	0,8133
0,9	0,8159	0,8186	0,8212	0,8238	0,8264	0,8289	0,8315	0,8340	0,8365	0,8389
1,0	0,8413	0,8438	0,8461	0,8485	0,8508	0,8531	0,8554	0,8577	0,8599	0,8621
1,1	0,8643	0,8665	0,8686	0,8708	0,8729	0,8749	0,8770	0,8790	0,8810	0,8830
1,2	0,8849	0,8869	0,8888	0,8907	0,8925	0,8944	0,8962	0,8980	0,8997	0,9015
1,3	0,9032	0,9049	0,9066	0,9082	0,9099	0,9115	0,9131	0,9147	0,9162	0,9177
1,4	0,9192	0,9207	0,9222	0,9236	0,9251	0,9265	0,9279	0,9292	0,9306	0,9319
1,5	0,9332	0,9345	0,9357	0,9370	0,9382	0,9394	0,9406	0,9418	0,9429	0,9441
1,6	0,9452	0,9463	0,9474	0,9484	0,9495	0,9505	0,9515	0,9525	0,9535	0,9545
1,7	0,9554	0,9564	0,9573	0,9582	0,9591	0,9599	0,9608	0,9616	0,9625	0,9633
1,8	0,9641	0,9649	0,9656	0,9664	0,9671	0,9678	0,9686	0,9693	0,9699	0,9706
1,9	0,9713	0,9719	0,9726	0,9732	0,9738	0,9744	0,9750	0,9756	0,9761	0,9767
2,0	0,9772	0,9778	0,9783	0,9788	0,9793	0,9798	0,9803	0,9808	0,9812	0,9817
2,1	0,9821	0,9826	0,9830	0,9834	0,9838	0,9842	0,9846	0,9850	0,9854	0,9857
2,2	0,9861	0,9864	0,9868	0,9871	0,9875	0,9878	0,9881	0,9884	0,9887	0,9890
2,3	0,9893	0,9896	0,9898	0,9901	0,9904	0,9906	0,9909	0,9911	0,9913	0,9916
2,4	0,9918	0,9920	0,9922	0,9925	0,9927	0,9929	0,9931	0,9932	0,9934	0,9936
2,5	0,9938	0,9940	0,9941	0,9943	0,9945	0,9946	0,9948	0,9949	0,9951	0,9952
2,6	0,9953	0,9955	0,9956	0,9957	0,9959	0,9960	0,9961	0,9962	0,9963	0,9964
2,7	0,9965	0,9966	0,9967	0,9968	0,9969	0,9970	0,9971	0,9972	0,9973	0,9974
2,8	0,9974	0,9975	0,9976	0,9977	0,9977	0,9978	0,9979	0,9979	0,9980	0,9981
2,9	0,9981	0,9982	0,9982	0,9983	0,9984	0,9984	0,9985	0,9985	0,9986	0,9986
3,0	0,9987	0,9987	0,9987	0,9988	0,9988	0,9989	0,9989	0,9989	0,9990	0,9990
3,1	0,9990	0,9991	0,9991	0,9991	0,9992	0,9992	0,9992	0,9992	0,9993	0,9993
3,2	0,9993	0,9993	0,9994	0,9994	0,9994	0,9994	0,9994	0,9995	0,9995	0,9995
3,3	0,9995	0,9995	0,9995	0,9996	0,9996	0,9996	0,9996	0,9996	0,9996	0,9997
3,4	0,9997	0,9997	0,9997	0,9997	0,9997	0,9997	0,9997	0,9997	0,9997	0,9998

Beachte! Aufgrund der Symmetrie der Verteilung gilt $\Phi(-x) = 1 - \Phi(x)$ für alle $x \in \mathbb{R}$.
Dies erlaubt die Berechnung von negativen Argumenten.

Beispiel: $\Phi(-1{,}23) = 1 - \Phi(1{,}23) = 1 - 0{,}8907 = 0{,}1093$